**Springer-Lehrbuch**

Weitere Bände in der Reihe http://www.springer.com/series/1183

Peter Knabner · Wolf Barth

# Lineare Algebra

## Aufgaben und Lösungen

Unter Mitarbeit von
Fabian Brunner
Volker Grimm
Matthias Herz
Fabian Klingbeil
Alexander Prechtel
Raphael Schulz
Juliett Kille
Cornelia Weber

Springer Spektrum

Peter Knabner
Lehrstuhl Angewandte Mathematik 1
Universität Erlangen-Nürnberg
Department Mathematik
Erlangen, Deutschland

Wolf Barth†
Erlangen, Deutschland

ISSN 0937-7433
Springer-Lehrbuch
ISBN 978-3-662-54990-2 ISBN 978-3-662-54991-9 (eBook)
DOI 10.1007/978-3-662-54991-9

Die Deutsche Nationalbibliothek verzeichnet diese Publikation in der Deutschen Nationalbibliografie; detaillierte bibliografische Daten sind im Internet über http://dnb.d-nb.de abrufbar.

Springer Spektrum


Planung: Dr. Annika Denkert

Gedruckt auf säurefreiem und chlorfrei gebleichtem Papier

Springer Spektrum ist Teil von Springer Nature
Die eingetragene Gesellschaft ist Springer-Verlag GmbH Deutschland
Die Anschrift der Gesellschaft ist: Heidelberger Platz 3, 14197 Berlin, Germany

# Vorwort

Zentraler und notwendiger Bestandteil der Aneignung von Mathematik ist das eigenständige Tun, vorerst angeleitet durch Übungsaufgaben. Zur Kontrolle des eigenen Erfolgs sind (Muster)Lösungen notwendig. Für das Stoffgebiet der linearen Algebra des ersten Studienjahres eines Mathematikstudiums und zum Teil darüber hinaus geschieht dies in diesem Band anhand der Übungsaufgaben aus dem Lehrbuch *Peter, Knabner; Wolf Barth: Lineare Algebra* (Knabner und Barth 2012) indem für alle Aufgaben dieses Lehrbuchs Lösungen entwickelt werden. Die Lösungen beziehen sich in ihrer Argumentation stark auf das obige Lehrbuch, so dass die Aufgaben in erster Linie der Lernkontrolle in diesem Zusammenhang dienen. Aber auch wenn der Stoff durch andere Lehrbücher oder Skripte erarbeitet wurde, sollte die Bearbeitung der Aufgaben und insbesondere der Vergleich der hier angebotenen Lösungen mit eigenen, die eventuell anderen Argumentationslinien folgen, zur Vertiefung des Stoffes beitragen. Für die vielen enthaltenen „Rechen"aufgaben (mit K wie Kalkül gekennzeichnet, zur Abgrenzung von T(heorie) und G(eometrie)) dürfte der Lösungsweg sowieso unabhängig von Abweichungen in der Stoffdarstellung sein. Ab und zu finden sich in den Aufgaben und Lösungswegen kommentierende Bemerkungen, manchmal werden Aufgaben bei fortgeschrittenem Kenntnisstand neu aufgegriffen. Die Aufgaben stammen zum großen Teil aus dem Fundus des zweitgenannten Autors aus einer weit über 20 Jahre reichenden Lehrtätigkeit an der FAU Erlangen-Nürnberg. Der Ursprung der meisten Aufgaben ist daher nicht mehr rekonstruierbar. In den wenigen Fällen, wo benutzte Quellen noch bekannt waren, sind diese angegeben. Für keine der Aufgabenstellungen wird Originalität beansprucht.

Um den Umfang dieses Bandes zu begrenzen, wurden keine weiteren Aufgaben aufgenommen. Solche finden sich etwa im Umfang von 2 zu 1 mit kurzgehaltenen Lösungen auf der Website: http://www.math.fau.de/knabner/LA (der für Ansicht und Download benötigte Benutzername lautet LA-Aufgaben und das dazugehörige Passwort UVie<y6i).

Der zweitgenannte Autor ist kurz vor der Fertigstellung dieses Bandes verstorben, daher übernimmt der erstgenannte Autor allein die Verantwortung für den vorgelegten Text. Die (stark verzögerte) Fertigstellung wäre nicht möglich gewesen ohne umfangreiche Hilfe über die Jahre. Dienjenigen, die bei den einschlägigen Vorlesungen des erstgenannten Autors entweder als wissenschaftlicher Assistent bei der Ausarbeitung der Lösungen beteiligt waren oder die TeX-Version realisiert haben, sind auf dem Titelblatt genannt. Hinzu kommen Dr. Vadym Aizinger, Dipl.-Technomath. Tobias Elbinger, Dr. Florian Frank, Dr. Markus Gahn, apl. Prof. Dr. Serge Kräutle, apl. Prof. Dr. Wilhelm Merz, PD Dr. Maria Neuss-Radu, M.Sc. Jens Oberlander, Dr. Nadja Ray, M. Sc. Balthasar Reuter, M. Sc. Andreas Rupp, Robert Ternes, M. Sc. Alexander Vibe. Ihnen allen und insbesondere Herrn Clemens Heine und Frau Dr. Annika Denkert vom Springer Verlag, die zur Fertigstellung immer wieder ermutigt haben, sei herzlich gedankt.

Erlangen, im April 2017 | Peter Knabner

# Hinweise zur Benutzung des Buchs

Um die Versuchung einzudämmen, gleich nach der Aufgabe die Lösung zu lesen, sind diese räumlich getrennt. Die Abschnitte der Aufgaben werden eingeleitet durch eine Kurzzusammenfassung der wichtigsten Begriffe und Ergebnisse. Alle unspezifizierten Referenzen inklusive der Randnummern beziehen sich auf Knabner und Barth 2012. Randnummern im Beweisteil sind zur Unterscheidung nur lokal für den Abschnitt, d. h. nur von der Form (n), nicht (m.n) wie in Knabner und Barth 2012.

# Inhaltsverzeichnis

## Teil I Aufgaben

# Teil II Lösungen

# Teil I
# Aufgaben

# Aufgaben zu Kapitel 1
# Der Zahlenraum $\mathbb{R}^n$ und der Begriff des reellen Vektorraums

## 1.1 Lineare Gleichungssysteme

*Inhalt von Abschnitt 1.1 ist die Entwicklung des* GAUSSschen Eliminationsverfahrens *(Hauptsatz 1.5) zur Umformung eines $A \in \mathbb{R}^{(m,n)}$ (eines LGS in n Unbekannten und m Gleichungen) in* (reduzierte) Zeilenstufenform, *woraus sich dann die Lösbarkeit (liegt nicht vor bei widersprüchlichen Gleichungen $0 = b$ für $b \neq 0$) und bei Lösbarkeit die* Parameter *und davon abhängig die* allgemeine Lösung *ableiten lassen. Dieser Schritt ist unabhängig von der Umformung auf Zeilenstufenform und heißt* Rückwärtssubstitution.

**Aufgabe 1.1 (K)** Wenn fünf Ochsen und zwei Schafe acht Taels Gold kosten, sowie zwei Ochsen und acht Schafe auch acht Taels, was ist dann der Preis eines Tieres? (Chiu-Chang Suan-Chu, ~300 n.Chr.)

**Aufgabe 1.2 (T)** Für ein LGS in zwei Variablen der Form

$$a_{1,1}x_1 + a_{1,2}x_2 = b_1 , \qquad (1)$$
$$a_{2,1}x_1 + a_{2,2}x_2 = 0 \qquad (2)$$

ist seit mindestens 3650 Jahren die *Methode der falschen Annahme* bekannt:

Sei $a_{2,2} \neq 0$ und (1), (2) eindeutig lösbar.

Sei $x_1^{(1)} \neq 0$ eine beliebige „Schätzung" für $x_1$. Aus (2) berechne man $x_2^{(1)}$, so dass $\left(x_1^{(1)}, x_2^{(1)}\right)$ die Gleichung (2) erfüllen. Die Gleichung (1) wird i. Allg. nicht richtig sein, d. h.

$$a_{1,1}x_1^{(1)} + a_{1,2}x_2^{(1)} =: \tilde{b}_1 \neq b_1 .$$

Korrigiere $x_1^{(1)}$ durch $x_1^{(2)} := x_1^{(1)} b_1 / \tilde{b}_1$ . Bestimme wieder $x_2^{(2)}$, so dass $\left(x_1^{(2)}, x_2^{(2)}\right)$ die Gleichung (2) erfüllen. Zeigen Sie: $(x_1, x_2) = \left(x_1^{(2)}, x_2^{(2)}\right)$ .

**Aufgabe 1.3 (K)** Lösen Sie die folgenden Gleichungssysteme mit Hilfe des GAUSSschen Eliminationsverfahrens:

a)

$$\begin{aligned} -2x_1 + x_2 + 3x_3 - 4x_4 &= -12 \\ -4x_1 + 3x_2 + 6x_3 - 5x_4 &= -21 \\ - x_2 + 2x_3 + 2x_4 &= -2 \\ -6x_1 + 6x_2 + 13x_3 + 10x_4 &= -22 \end{aligned}$$

b)

$$\begin{aligned} x_1 + x_2 + 2x_3 &= 3 \\ 2x_1 + 2x_2 + 5x_3 &= -4 \\ 5x_1 + 5x_2 + 11x_3 &= 6 \end{aligned}$$

c)

$$\begin{aligned} x_1 + x_2 &= 0 \\ x_2 + x_3 &= 0 \\ &\vdots \\ x_{n-1} + x_n &= 0 \\ x_n + x_1 &= 0 \end{aligned}$$

**Aufgabe 1.4 (K)**

a) Bestimmen Sie in Abhängigkeit von $\alpha, \beta \in \mathbb{R}$ die Lösungsmenge aller $\boldsymbol{x} = (x_\nu)_{\nu=1,\ldots,4}$ mit $A\boldsymbol{x} = \boldsymbol{b}$, wobei

$$A = \begin{pmatrix} 1 & 2 & 3 & -1 \\ 1 & 3 & 0 & 1 \\ 2 & 4 & \alpha & -2 \end{pmatrix}, \quad \boldsymbol{b} = \begin{pmatrix} 5 \\ 9 \\ \beta \end{pmatrix}.$$

b) Bestimmen Sie weiterhin die Lösungsmenge des zugehörigen homogenen Gleichungssystems $A\boldsymbol{x} = \boldsymbol{0}$.

**Aufgabe 1.5 (T)** Ein 9-Tupel $(x_1, \ldots, x_9)$ heiße *magisches Quadrat* der Ordnung 3, wenn

$$\begin{aligned} x_1 + x_2 + x_3 &= x_4 + x_5 + x_6 = x_7 + x_8 + x_9 = x_1 + x_4 + x_7 \\ &= x_2 + x_5 + x_8 = x_3 + x_6 + x_9 = x_1 + x_5 + x_9 = x_3 + x_5 + x_7 \end{aligned}$$

gilt. Stellen Sie ein lineares Gleichungssystem auf, das zu diesen sieben Bedingungen äquivalent ist, und bestimmen Sie den Lösungsraum (mit reellen Komponenten). Wie sieht der Lösungsraum mit rationalen Komponenten aus? Was lässt sich über ganzzahlige Lösungen sagen? Gibt es auch eine Lösung, für die $x_i \in \mathbb{N}$, $i = 1, \ldots, 9$? (siehe J. W. von Goethe [1]: Faust. Der Tragödie erster Teil, Hexenküche).

---

[1] Johann Wolfgang von Goethe *28. August 1749 in Frankfurt am Main †22. März 1832 in Weimar

**Aufgabe 1.6 (K)** Bringen Sie die folgenden Matrizen durch elementare Zeilenumformungen auf Zeilenstufenform:

a)

$$\begin{pmatrix} 1 & 2 & 2 & 3 \\ 1 & 0 & -2 & 0 \\ 3 & -1 & 1 & -2 \\ 4 & -3 & 0 & 2 \end{pmatrix}.$$

b)

$$\begin{pmatrix} 2 & 1 & 3 & 2 \\ 3 & 0 & 1 & -2 \\ 1 & -1 & 4 & 3 \\ 2 & 2 & -1 & 1 \end{pmatrix}.$$

**Aufgabe 1.7 (T)** Zeigen Sie, dass die Elementarumformung (II) die Lösungsmenge eines LGS nicht verändert.

**Aufgabe 1.8 (T)** Zeigen Sie (durch vollständige Induktion) die Behauptungen (MM.13) und (MM.14).

## 1.2 Vektorrechnung im $\mathbb{R}^n$ und der Begriff des $\mathbb{R}$-Vektorraums

*Der* $n$-Tupel- *oder* Skalarenvektorraum $\mathbb{R}^n$ *ist der grundlegende* $\mathbb{R}$-Vektorraum, *dessen Eigenschaften axiomatisch verallgemeinert werden. Für* Geraden *im* $\mathbb{R}^n$ *oder einem* $\mathbb{R}$*-Vektorraum* $V$ *gilt allgemein die* explizite Darstellung, *für* $n = 2$ *gibt es auch die* implizite Darstellung *als Lösung einer linearen Gleichung, was zum Begriff der* Hyperebene *verallgemeinert wird. Über* $\mathbb{R}^n$ *hinaus ergeben sich weitere* $\mathbb{R}$*-Vektorräume, die einem* $\mathbb{R}^k$ *„entsprechen" wie* $\mathbb{R}^{(m,n)}$, $S_0(\Delta)$, $S_1(\Delta)$, $\mathbb{R}_l(x)$ *oder aber „andersartig" sind wie* $\mathbb{R}(x)$, $\mathbb{R}^{\mathbb{N}}$, $\mathrm{Abb}(M, \mathbb{R})$.

**Aufgabe 1.9 (K)** Zeigen Sie:

a) Die drei Geraden im $\mathbb{R}^2$

$$L_1 := \begin{pmatrix} -7 \\ 0 \end{pmatrix} + \mathbb{R}\begin{pmatrix} 2 \\ 1 \end{pmatrix}, \quad L_2 := \begin{pmatrix} 5 \\ 0 \end{pmatrix} + \mathbb{R}\begin{pmatrix} -1 \\ 1 \end{pmatrix}, \quad L_3 := \begin{pmatrix} 0 \\ 8 \end{pmatrix} + \mathbb{R}\begin{pmatrix} -1 \\ 4 \end{pmatrix}$$

schneiden sich in einem Punkt.

b) Die drei Punkte $(10, -4)^t$, $(4, 0)^t$ und $(-5, 6)^t$ liegen auf einer Geraden.

**Aufgabe 1.10 (K)** Es sei $L \subset \mathbb{R}^2$ die Gerade durch die Punkte $(-1, 3)^t$ und $(5, -2)^t$, sowie $M \subset \mathbb{R}^2$ die Gerade durch die Punkte $(-2, -2)^t$ und $(1, 6)^t$. Berechnen Sie den Schnittpunkt von $L$ und $M$.

**Aufgabe 1.11 (K)** Zeigen Sie, dass die drei Geraden im $\mathbb{R}^2$ mit den Gleichungen

$$x + 2y - 1 = 0, \quad 3x + y + 2 = 0, \quad -x + 3y - 4 = 0$$

durch einen Punkt verlaufen und berechnen Sie diesen Punkt.

**Aufgabe 1.12 (G)** Es seien $L_1, L_2, L_3$ und $L_4$ vier verschiedene Geraden in der Ebene $\mathbb{R}^2$ derart, dass sich je zwei dieser Geraden in einem Punkt treffen. $S_{i,j}$ bezeichne den Schnittpunkt der Geraden $L_i$ und $L_j$, $(1 \le i < j \le 4)$. Die sechs Schnittpunkte $S_{i,j}$, $1 \le i < j \le 4$ seien alle verschieden. Dann liegen die Mittelpunkte der drei Strecken $\overline{S_{1,2}S_{3,4}}$, $\overline{S_{1,3}S_{2,4}}$ und $\overline{S_{1,4}S_{2,3}}$ auf einer Geraden. Beweisen Sie diese Aussage für den Spezialfall, dass die Geraden durch die Gleichungen

$$y = 0, \quad x = 0, \quad x + y = 1, \quad \frac{x}{\lambda} + \frac{y}{\mu} = 1 \quad (\lambda \neq \mu)$$

gegeben sind, wobei $\lambda, \mu \neq 0, \lambda \neq \mu$. Der allgemeine Fall folgt dann durch Koordinatentransformation (siehe Aufgabe 4.4').

**Aufgabe 1.13 (T)** Sei $M \neq \emptyset$ eine Menge, $(W, +, \cdot)$ ein $\mathbb{R}$-Vektorraum.
Zeigen Sie: Auf $\mathrm{Abb}(M, W)$ wird durch $+$ und $\cdot$ wie in Definition 1.31 eine $\mathbb{R}$-Vektorraumstruktur eingeführt.

## 1.3 Lineare Unterräume und das Matrix-Vektor-Produkt

*Auf dem Begriff der* Linearkombination *aufbauend werden* lineare Hülle span(*A*) *und allgemeiner* linearer Unterraum *eingeführt. Mit dem* Matrix-Vektor-Produkt *ergibt sich sowohl eine Darstellung der Lösungsmenge von LGS als auch von linearen Unterräumen, die von endlich vielen n-Tupeln erzeugten* sind. *Die Lösungsmenge eines homogenen LGS ist ein linearer Unterraum, die eines inhomogenen LGS gibt Anlass zum Begriff* des affinen Unterraums.

**Aufgabe 1.14 (K)** Betrachten Sie die acht Mengen von Vektoren $\boldsymbol{x} = (x_1, x_2)^t \in \mathbb{R}^2$ definiert durch die Bedingungen

a) $x_1 + x_2 = 0$,
b) $(x_1)^2 + (x_2)^2 = 0$,
c) $(x_1)^2 - (x_2)^2 = 0$,
d) $x_1 - x_2 = 1$,
e) $(x_1)^2 + (x_2)^2 = 1$,
f) Es gibt ein $t \in \mathbb{R}$ mit $x_1 = t$ und $x_2 = t^2$,
g) Es gibt ein $t \in \mathbb{R}$ mit $x_1 = t^3$ und $x_2 = t^3$,
h) $x_1 \in \mathbb{Z}$.

Welche dieser Mengen sind lineare Unterräume?

**Aufgabe 1.15 (K)** Liegt der Vektor $(3, -1, 0, -1)^t \in \mathbb{R}^4$ im Unterraum, der von den Vektoren $(2, -1, 3, 2)^t$, $(-1, 1, 1, -3)^t$ und $(1, 1, 9, -5)^t$ aufgespannt wird?

**Aufgabe 1.16 (T)** Es seien $U_1, U_2 \subset V$ lineare Unterräume eines $\mathbb{R}$-Vektorraums $V$. Zeigen Sie: $U_1 \cup U_2$ ist genau dann ein linearer Unterraum, wenn $U_1 \subset U_2$ oder $U_2 \subset U_1$.

**Aufgabe 1.17 (K)** Beweisen Sie Bemerkungen 1.51, indem Sie jeweils die genaue Anzahl von Additionen und Multiplikationen bestimmen.

**Aufgabe 1.18 (T)** Beweisen Sie Korollar 1.55.

**Aufgabe 1.19 (T)** Beweisen Sie Lemma 1.56.

## 1.4 Lineare (Un-)Abhängigkeit und Dimension

Lineare Unabhängigkeit *von Vektoren wird durch den Test nach Hauptsatz 1.62 überprüft.* Voller Spaltenrang, *d. h. lineare Unabhängigkeit der Spalten der Koeffizientenmatrix, ist äquivalent mit Eindeutigkeit bei linearen Gleichungssystemen. Ein endlich erzeugter Vektorraum hat nach dem Basis-Auswahl-Satz (Satz 1.71) eine endliche Basis invarianter Länge.* Zeilenrang *und* Spaltenrang *sind immer gleich (Hauptsatz 1.80), dieser* Rang *hängt über die* Dimensionsformel I *mit der Dimension des homogenen Lösungsraums zusammen (Theorem 1.82). Jeder Unterraum des* $\mathbb{R}^n$ *läßt sich als Lösungsraum eines linearen Gleichungssystems schreiben. Der (Zeilen-)Rang der Koeffizientenmatrix ist seine* Kodimension.

**Aufgabe 1.20 (T)** Es sei $U \subset V$ ein $k$-dimensionaler Untervektorraum. Zeigen Sie, dass für jede Teilmenge $M \subset U$ die folgenden Eigenschaften äquivalent sind:

(i) $M$ ist eine Basis von $U$,

(ii) $M$ ist linear unabhängig und besteht aus $k$ Vektoren,

(iii) $M$ spannt $U$ auf und besteht aus $k$ Vektoren.

**Aufgabe 1.21 (K)** Berechnen Sie den Zeilenrang der Matrix

$$A = \begin{pmatrix} 1 & 3 & 6 & 10 \\ 3 & 6 & 10 & 15 \\ 6 & 10 & 15 & 21 \\ 10 & 15 & 21 & 28 \end{pmatrix}$$

**Aufgabe 1.22 (K)** Es seien

$$U := \{\boldsymbol{x} \in \mathbb{R}^4 : x_1 + 2x_2 = x_3 + 2x_4\}\,, \quad V := \{\boldsymbol{x} \in \mathbb{R}^4 : x_1 = x_2 + x_3 + x_4\}\,.$$

Bestimmen Sie Basen von $U, V, U \cap V$ und $U + V$.

**Aufgabe 1.23 (T)** Seien $n, k \in \mathbb{N}$, seien $\boldsymbol{v}_1, \boldsymbol{v}_2, \ldots, \boldsymbol{v}_n \in \mathbb{R}^k$ Vektoren, und sei $\boldsymbol{w}_i := \sum_{j=1}^{i} \boldsymbol{v}_j$ für $i = 1, \ldots, n$. Man zeige, dass das System $(\boldsymbol{v}_1, \boldsymbol{v}_2, \ldots, \boldsymbol{v}_n)$ genau dann linear unabhängig ist, wenn das System $(\boldsymbol{w}_1, \boldsymbol{w}_2, \ldots, \boldsymbol{w}_n)$ linear unabhängig ist.

**Aufgabe 1.24 (K)** Im reellen Vektorraum $\mathbb{R}^5$ seien folgende Vektoren gegeben:

$$\boldsymbol{u}_1 = (-1, 4, -3, 0, 3)^t, \boldsymbol{u}_2 = (2, -6, 5, 0, -2)^t, \boldsymbol{u}_3 = (-2, 2, -3, 0, 6)^t.$$

Sei $U$ der von $\boldsymbol{u}_1, \boldsymbol{u}_2, \boldsymbol{u}_3$ aufgespannte Unterraum im $\mathbb{R}^5$. Bestimmen Sie ein reelles lineares Gleichungssystem, dessen Lösungsraum genau $U$ ist.

**Aufgabe 1.25 (T)** Für eine fest gegebene Zerlegung $\Delta$ von $[a, b]$ definiere man

$$S_1^{-1}(\Delta) := \{f : [a, b] \to \mathbb{R} : f \text{ ist eine Gerade auf } [x_i, x_{i+1}), i = 0, \ldots, n-2 \\ \text{bzw. auf } [x_{n-1}, x_n]\} .$$

Gegenüber $S_1(\Delta)$ wird also der stetige Übergang bei $x_i, i = 1, \ldots, n-1$ nicht gefordert. Man zeige: $S_1^{-1}(\Delta)$ mit den punktweise definierten Operationen ist ein $\mathbb{R}$-Vektorraum und $S_1(\Delta)$ ein linearer Unterraum. Man gebe eine Basis von $S_1^{-1}(\Delta)$ an und verifiziere

$$\dim S_1^{-1}(\Delta) = 2n .$$

**Aufgabe 1.26 (K)** Welche der folgenden Systeme von Funktionen $f_\nu, \nu \in \mathbb{N}$, sind linear unabhängig (als Vektoren im Vektorraum $C(\mathbb{R}, \mathbb{R})$)?

a) $f_\nu(x) = e^{\nu x}$,
b) $f_\nu(x) = x^2 + 2\nu x + \nu^2$,
c) $f_\nu(x) = \frac{1}{\nu + x^2}$,

jeweils für $x \in \mathbb{R}$.

## 1.5 Das euklidische Skalarprodukt im $\mathbb{R}^n$ und Vektorräume mit Skalarprodukt

Das Skalarprodukt (SKP) *wird konkret auf dem* $\mathbb{R}^n$ *als euklidisches SKP und mit analogen Eigenschaften als abstrakter Begriff auf geeigneten* $\mathbb{R}$*-Vektorräumen eingeführt. Ein SKP induziert* eine Norm, *für das euklidische SKP* die euklidische Norm, *jedoch ist der Normbegriff allgemeiner. Mittels des SKP können wir einen* (nichtorientierten) Winkel *zwischen zwei Vektoren definieren. Insbesondere kann von* Orthogonalität *von Vektoren und vom* orthogonalen Komplement *einer Menge gesprochen werden. Das Auffinden eines Elementes kleinsten Abstandes zu einem (endlichdimensionalen) Unterraum ist über die* Fehlerorthogonalität *mit dem SKP verknüpft und wird daher als* orthogonale Projektion *(Hauptsatz 1.102) bezeichnet. Diese bildet die Grundlage für die Bestimmung einer* Orthonormalbasis (ONB) *durch das* Schmidtsche Orthogonalisierungsverfahren *(Theorem 1.112). Hat der Unterraum, auf den projiziert wird, eine ONB, so lässt sich die orthogonale Projektion* explizit *mit den* Fourier-Koeffizienten *angeben.*

**Aufgabe 1.27 (K)** Es sei $U \subset \mathbb{R}^5$ der von den Vektoren $(1, 2, 0, 2, 1)^t$ und $(1, 1, 1, 1, 1)^t$ aufgespannte Unterraum. Bestimmen Sie eine Orthonormalbasis von $U$ und von $U^\perp$.

**Aufgabe 1.28 (T)** Es seien $\boldsymbol{x}, \boldsymbol{y}, \boldsymbol{z} \in V$ für einen $\mathbb{R}$-Vektorraum $V$ mit SKP und erzeugter Norm $\| \, . \, \|$.

Zeigen Sie:

a) $| \|\boldsymbol{x}\| - \|\boldsymbol{y}\| | \leq \|\boldsymbol{x} - \boldsymbol{y}\|$,
b) $\|\boldsymbol{x}\| = \|\boldsymbol{y}\| \quad \Leftrightarrow \quad (\boldsymbol{x} - \boldsymbol{y}) \perp (\boldsymbol{x} + \boldsymbol{y})$,
c) ist $\boldsymbol{x} \neq \mathbf{0}$ und $\boldsymbol{y} \neq \mathbf{0}$, so gilt

$$\left\| \frac{\boldsymbol{x}}{\|\boldsymbol{x}\|^2} - \frac{\boldsymbol{y}}{\|\boldsymbol{y}\|^2} \right\| = \frac{\|\boldsymbol{x} - \boldsymbol{y}\|}{\|\boldsymbol{x}\| \cdot \|\boldsymbol{y}\|},$$

d) $\|\boldsymbol{x} - \boldsymbol{y}\| \cdot \|\boldsymbol{z}\| \leq \|\boldsymbol{y} - \boldsymbol{z}\| \cdot \|\boldsymbol{x}\| + \|\boldsymbol{z} - \boldsymbol{x}\| \cdot \|\boldsymbol{y}\|$.

Interpretieren Sie b) geometrisch.

**Aufgabe 1.29 (T)** Zeigen Sie, dass $\langle \,.\, \rangle$ nach (1.86) ein SKP auf $V$ ist nach (1.84), dass dies aber falsch ist, wenn die Bedingung

$$f(a) = f(b) = 0$$

gestrichen wird.

**Aufgabe 1.30 (T)** Man zeige: Eine zweimal stetig differenzierbare Funktion $u$, die (1.82) erfüllt (klassische Lösung der Randwertaufgabe), erfüllt auch (1.83) (schwache Lösung der Randwertaufgabe).
*Hinweis*: Partielle Integration.

**Aufgabe 1.31 (T)** Sei $V$ ein $\mathbb{R}$-Vektorraum mit SKP $(\,.\,)$ und Basis $\boldsymbol{u}_1, \ldots, \boldsymbol{u}_n$. Seien $\boldsymbol{u} = \sum_{i=1}^n \alpha_i \boldsymbol{u}_i$, $\boldsymbol{v} = \sum_{i=}^n \beta_i \boldsymbol{u}_i$ beliebige Elemente in $V$. Zeigen Sie

$$(\boldsymbol{u} \,.\, \boldsymbol{v}) = \sum_{i,j=1}^{n} \alpha_i \left(\boldsymbol{u}_i \,.\, \boldsymbol{u}_j\right) \beta_j \,.$$

Schreiben Sie die Definitheit von $(\,.\,)$ als Bedingung an die GRAMsche Matrix.

## 1.6 Mathematische Modellierung: Diskrete lineare Probleme und ihre Herkunft

*Für die großen Beispiele 3 (Massenketten) und 2 (Elektrisches Netzwerk) wird eine gemeinsame LGS-Form* (1.19) *gefunden, die sich aus einer Erhaltungsgleichung und einem konstitutiven Gesetz für Kanten-/Fluß-Variablen* $\boldsymbol{y}$ *ergibt. Das LGS* (1.19) *für* $\boldsymbol{y}$ *und eine Knoten-Variable* $\boldsymbol{x}$ *können auch zu einem LGS nur für* $\boldsymbol{x}$ *umgeformt werden* ((MM.41)).

**Aufgabe 1.32** Bestimmen Sie Ströme und Spannungen in folgendem Netzwerk:

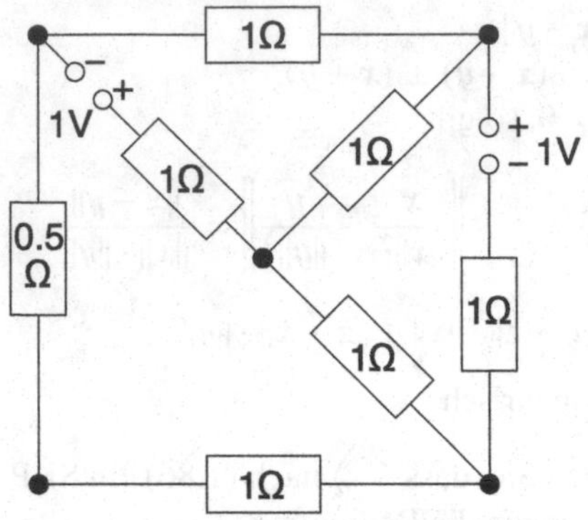


**Aufgabe 1.33** Gegeben ist das folgende Netzwerk mit einer Spannungsquelle und einer Stromquelle:

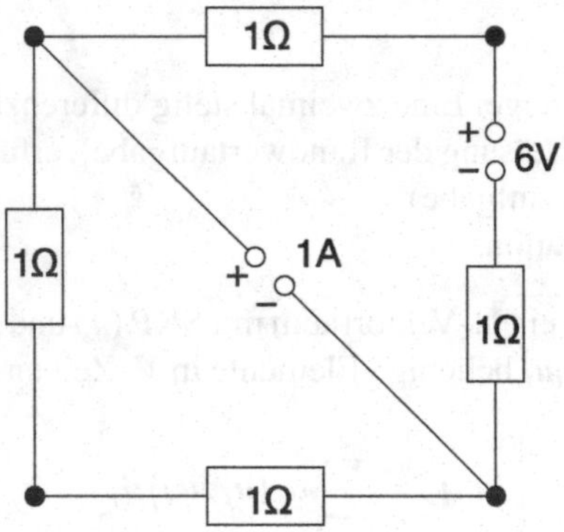


a) Wie können Sie die Stromquelle in das Netzwerkmodell einbauen?
b) Berechnen Sie die Spannungen und Ströme im Netzwerk.

**Aufgabe 1.34** Gegeben ist ein Gleichstromnetzwerk mit Inzidenzmatrix $A$, Leitwertmatrix $C$, Vektoren $\boldsymbol{x}$ der Potentiale, $\boldsymbol{y}$ der Ströme, $\boldsymbol{e}$ der Spannungen und $\boldsymbol{b}$ der Spannungsquellen.

a) Die an einem Widerstand dissipierte Leistung ist bekanntlich $P = U\,I$, wenn $U$ der Spannungsabfall am Widerstand und $I$ der Strom ist. Stellen Sie eine Formel für die gesamte im Netzwerk dissipierte Leistung auf.
b) Die von einer Spannungsquelle zur Verfügung gestellte Leistung ist ebenfalls $P = U\,I$, wobei $U$ die Spannung der Quelle und $I$ die Stärke des entnommenen Stromes ist. Stellen Sie eine Formel für die von allen Spannungsquellen erbrachte Leistung auf.
c) Zeigen Sie, dass die Größen aus a) und b) identisch sind.

## 1.7 Affine Räume I

*Mit dem Begriff des* affinen Raums *kann zwischen* Vektoren *und* Punkten *unterschieden werden, ohne einen Bezugspunkt einführen zu müssen. Die* Affinkombination *tritt an Stelle der Linearkombination, und darauf aufbauend ersetzen* affine Hülle, affine Unabhängigkeit *und* affine Basis *die entsprechenden Vektorraumbegriffe.*

**Aufgabe 1.35 (K, nach FISCHER 1978, S. 27)** Der affine Unterraum $A \subset \mathbb{A}^3$ sei gegeben durch die Gleichung

$$2x_1 + x_2 - 3x_3 = 1.$$

a) Geben Sie drei affin unabhängige Punkte $a_1, a_2, a_3 \in A$ an.
b) Stellen Sie $x = (x_1, x_2, x_3)^t \in A$ als Affinkombination von $a_1, a_2$ und $a_3$ dar.

**Aufgabe 1.36 (K, nach FISCHER 1978, S. 27)**

a) Zeigen Sie, dass die Punkte

$$p_1 = (1, 0, 1)^t\,, \quad p_2 = (0, 3, 1)^t\,, \quad p_3 = (2, 1, 0)^t \in \mathbb{A}^3$$

affin unabhängig sind.
b) Stellen Sie jeden der Punkte

$$a_1 = (2, 5, -1)^t\,, \quad a_2 = (-2, 5, 2)^t\,, \quad a_3 = (-5, 2, 5)^t \in \mathbb{A}^3$$

als Affinkombination von $p_1, p_2, p_3$ dar.

**Aufgabe 1.37 (K)** Die Punkte

$$p = (p_1, p_2)^t\,, \quad q = (q_1, q_2)^t\,, \quad r = (r_1, r_2)^t \in \mathbb{A}^2$$

seien affin unabhängig. Bestimmen Sie Gleichungen

$$\begin{aligned} \alpha(x) &= a_1x_1 + a_2x_2 + a = 0 && \text{der Geraden } pq \\ \beta(x) &= b_1x_1 + b_2x_2 + b = 0 && \text{der Geraden } qr \\ \gamma(x) &= c_1x_1 + c_2x_2 + c = 0 && \text{der Geraden } rp \end{aligned}$$

im Dreieck $\triangle$ zu den Ecken $p, q, r$.

**Aufgabe 1.38 (T)** Sei $A$ ein affiner Raum zum $\mathbb{R}$-Vektorraum $V$, $a_0, \ldots, a_m \in A$, $i \in \{1, \ldots, m\}$. Dann gilt

$$\overrightarrow{a_0a_1}, \ldots, \overrightarrow{a_0a_m} \quad \text{sind linear unabhängig}$$
$$\Leftrightarrow$$
$$\overrightarrow{a_ia_0}, \ldots, \overrightarrow{a_ia_{i-1}}, \overrightarrow{a_ia_{i+1}}, \ldots, \overrightarrow{a_ia_m} \quad \text{sind linear unabhängig.}$$

**Aufgabe 1.39 (G)**

a) Beweisen Sie, dass sich die drei Mittelsenkrechten eines Dreiecks in einem Punkt schneiden.
b) Beweisen Sie, dass sich die drei Höhen eines Dreiecks in einem Punkt schneiden.

**Aufgabe 1.40 (G)** Beweisen Sie: Bei einem Tetraeder schneiden sich die Verbindungsgeraden der Mitten gegenüberliegender Kanten in einem Punkt.

**Aufgabe 1.41 (G)** Die Standardbasisvektoren $\boldsymbol{e}_1 = (1,0,0)^t$, $\boldsymbol{e}_2 = (0,1,0)^t$, $\boldsymbol{e}_3 = (0,0,1)^t$ des $\mathbb{R}^3$ spannen ein Dreieck $D$ auf. Finden Sie einen 2-dimensionalen Unterraum $E$ des $\mathbb{R}^3$ und eine orthogonale Projektion $\pi$ auf $E$, so dass $\pi(D)$ ein gleichseitiges Dreieck ist.

# Aufgaben zu Kapitel 2
# Matrizen und lineare Abbildungen

## 2.1 Lineare Abbildungen

*Bei* linearen Abbildungen *ist das* Bild *ein linearer Unterraum und Injektivität wird durch den trivialen* Kern *charakterisiert.* Bewegungen *sind zusammengesetzt aus Translationen und orthogonalen* Transformationen, *die die euklidische Länge erhalten.*

**Aufgabe 2.1 (T)** Beweisen oder widerlegen Sie: Für alle Mengen $A, B, C$ und Abbildungen $f : A \to B, g : B \to C$ gilt:

a) Sind $f$ und $g$ injektiv, so auch $g \circ f$.
b) Sind $f$ und $g$ surjektiv, so auch $g \circ f$.
c) Ist $f$ injektiv und $g$ surjektiv, so ist $g \circ f$ bijektiv.
d) Ist $g \circ f$ bijektiv, so ist $g$ surjektiv und $f$ injektiv.
e) Ist $g \circ f$ bijektiv, so ist $g$ injektiv und $f$ surjektiv.

**Aufgabe 2.2 (T)** Zeigen Sie Satz 2.2.

Da der Satz (in der 1. Auflage) etwas missverständlich formuliert ist, sei er wiederholt:

Es sei $\Phi : V \to W$ eine lineare Abbildung zwischen $\mathbb{R}$-Vektorräumen $V, W$.

a) $\Phi$ ist genau dann injektiv, wenn für jedes System $\mathcal{B} \subset V$ gilt: Sind die Vektoren $\boldsymbol{v}_i \in \mathcal{B}$ linear unabhängig, so sind auch die Bildvektoren $\Phi\boldsymbol{v}_i \in \Phi(\mathcal{B})$ linear unabhängig.
b) Spannt $\mathcal{B}$ den Raum $V$ auf, dann spannt $\Phi(\mathcal{B})$ den Raum Bild $\Phi$ auf für jedes System $\mathcal{B} \subset V$.
c) $\Phi$ ist genau dann surjektiv, wenn für jedes System $\mathcal{B} \subset V$ gilt: Spannen die Vektoren $\boldsymbol{v}_i \in \mathcal{B}$ den Raum $V$ auf, so spannen ihre Bilder $\Phi\boldsymbol{v}_i \in \Phi(\mathcal{B})$ den Raum $W$ auf.

**Aufgabe 2.3 (T)** Sei $V$ ein endlichdimensionaler $\mathbb{R}$-Vektorraum mit Skalarprodukt. Es seien $U, W \subset V$ endlichdimensionale Untervektorräume und $\Phi : V \to V$ eine orthogonale Abbildung mit $\Phi(U) = W$. Beweisen Sie, dass $\Phi$ das orthogonale Komplement von $U$ auf das orthogonale Komplement von $W$ abbildet.

**Aufgabe 2.4 (G)** Es seien $\boldsymbol{a}$ und $\boldsymbol{b} \in \mathbb{R}^2$ zwei Einheitsvektoren und $S_{\boldsymbol{a}}$, bzw. $S_{\boldsymbol{b}}$ die Spiegelung an der Geraden senkrecht zu $\boldsymbol{a}$, bzw. $\boldsymbol{b}$.

a) Leiten Sie Formeln für $S_{\boldsymbol{a}} \circ S_{\boldsymbol{b}}$ und $S_{\boldsymbol{b}} \circ S_{\boldsymbol{a}}$ her.
b) Zeigen Sie: Es ist $S_{\boldsymbol{a}} \circ S_{\boldsymbol{b}} = S_{\boldsymbol{b}} \circ S_{\boldsymbol{a}}$ genau dann, wenn

$$\boldsymbol{a} = \pm \boldsymbol{b} \quad \text{oder} \quad (\boldsymbol{a} \,.\, \boldsymbol{b}) = 0 \,.$$

**Aufgabe 2.5 (G)** Es seien $g$ und $h$ zwei Geraden im euklidischen $\mathbb{R}^2$, welche sich unter dem Winkel $\alpha$ mit $0 < \alpha \leq \frac{\pi}{2}$ schneiden. Seien $s_g$ und $s_h$ die Spiegelungen an $g$ bzw. $h$.

a) Für welche $\alpha$ gibt es eine natürliche Zahl $n$ mit $(s_g \circ s_h)^n = \mathrm{id}$?
b) Für welche $\alpha$ ist $s_g \circ s_h = s_h \circ s_g$?

## 2.2 Lineare Abbildungen und ihre Matrizendarstellung

*Wegen des* Prinzips der linearen Ausdehnung *(Hauptsatz 2.23) hat bei endlichdimensionalen Vektorräumen jede lineare Abbildung eine* Darstellungsmatrix *zu gewählten Basen und umgekehrt. Im endlichdimensionalen Fall kann also zwischen Homomorphismen und Matrizen hin und her gegangen werden, d. h. Matrizenaussagen übertragen sich auf Homomorphismen. Dann liegt auch* Isomorphie *genau bei gleicher Dimension vor (Theorem 2.28). Zwischen Vektorräumen gleicher endlicher Dimension ist eine lineare Abbildung injektiv genau dann, wenn sie surjektiv ist (Hauptsatz 2.31).*

**Aufgabe 2.6 (T)** Seien $V, W$ zwei $\mathbb{R}$-Vektorräume. Zeigen Sie, dass auf $\mathrm{Hom}(V, W)$ durch (2.15) Verknüpfungen definiert werden und $\mathrm{Hom}(V, W)$ mit diesen Verknüpfungen ein $\mathbb{R}$-Vektorraum ist.

**Aufgabe 2.7 (T)** Man verallgemeinere die Suche nach einer Quadraturformel aus Bemerkung 2.30 auf die Forderung (Notation wie dort)

$$I(f) = I_n(f) \text{ für alle } f \in V_n \,.$$

Dabei ist $V_n$ ein $n$-dimensionaler Funktionenraum mit Basis $f_1, ..., f_n$.

a) Schreiben Sie diese Forderung als äquivalentes LGS für die Gewichte $m_1, ..., m_n$.
b) Die Stützstellen seien

$$t_i = a + (i-1)h\,, \quad h := (b-a)/(n-1)\,, \quad i = 1, ..., n\,. \tag{1}$$

Formulieren Sie diese LGS für die Fälle:

(i) $V_n = \mathbb{R}_{n-1}(x)$ mit LAGRANGEschen Basispolynomen,
(ii) $V_n = \mathbb{R}_{n-1}(x)$ mit Monombasis,
(iii) $V_{n-1} = S_0(\Delta)$ mit Basis nach (1.34). Hierbei bezeichnet $\Delta$ die Zerlegung des Intervalls $[a, b]$, die durch die obigen Stützstellen (1) gegeben ist. ,
(iv) $V_n = S_1(\Delta)$ mit Basis nach (1.36)–(1.37).

Was können Sie über die eindeutige Lösbarkeit der LGS aussagen und wo können Sie die Lösung angeben (bei (i) reicht $n = 3$ und äquidistante Stützstellen: KEPLERsche Fassregel)?

c) Bei $V_3 = \mathbb{R}_2(x)$ ergibt sich ein spezielles Phänomen: Berechnen Sie für äquidistante Stützstellen für $f(t) = t^3$

$$I(f) - I_3(f)\,.$$

Was folgern Sie hieraus?

*Hinweis:*

(i) Für Integrale gilt:

$$\int_a^b f(t)\,dt = (b-a)\int_0^1 f((b-a)s + a)\,ds\,.$$

(ii) Sind $f_i$ die LAGRANGE-Basispolynome auf $[a, b]$ zu $t_i$ nach (1), dann sind $g_i(s) := f_i((b-a)s + a)$ die LAGRANGE-Basispolynome auf $[0, 1]$ zu $\tilde{t}_i := (i-1)/(n-1)$, $i = 1, ..., n$. (Begründung?)

**Aufgabe 2.8 (K)** Es sei $V = \mathbb{R}_2[x]$ der $\mathbb{R}$-Vektorraum der Polynome vom Grad $\leq 2$. Bestimmen Sie eine Matrix zur linearen Abbildung $\Phi : V \to V$, $f \to \frac{df}{dx}$, bezüglich

a) der Basis $1, x, x^2 \in V$,
b) der Basis $(x-1)^2, x^2, (x+1)^2 \in V$.

**Aufgabe 2.9 (K)** Es sei $V$ der Vektorraum der reellen, symmetrischen zweireihigen Matrizen und

$$A = \begin{pmatrix} a & b \\ b & c \end{pmatrix} \in V\,.$$

Der Homomorphismus $\Phi : V \to V$ sei definiert durch $\Phi(S) := A^t S A$. Man berechne die Darstellungsmatrix von $\Phi$ bezüglich der Basis

$$S_1 = \begin{pmatrix} 1 & 0 \\ 0 & 0 \end{pmatrix}, \quad S_2 = \begin{pmatrix} 0 & 1 \\ 1 & 0 \end{pmatrix}, \quad S_3 = \begin{pmatrix} 0 & 0 \\ 0 & 1 \end{pmatrix}$$

von $V$.

## 2.3 Matrizenrechnung

*Matrizen sind* Darstellungsmatrizen *linearer Abbildungen und deren Komposition entspricht der* Matrizenmultiplikation. *Mit dem* Tensorprodukt *zweier Vektoren, einer Rang-1-Matrix, läßt sich die orthogonale Projektion auf Geraden und Hyperebenen und additiv auch auf allgemeine Unterräume beschreiben. Die orthogonale Projektion wird zur* Projektion *verallgemeinert, die eng mit der direkten Zerlegung in Unterräume zusammenhängt (Hauptsatz 2.44).* Inverse Matrizen *sind Darstellungsmatrizen inverser linearer Abbildungen. Elementare Umformungen können durch Multiplikation mit* Elementarmatrizen *realisiert werden. Spezielle Eigenschaften einer Matrix wie* symmetrisch *oder* orthogonal *können mit der* transponierten Matrix *formuliert werden. Eine Projektion ist orthogonal genau dann, wenn sie symmetrisch ist (Satz 2.64).*

**Aufgabe 2.10 (K)** Verifizieren Sie Bemerkung 2.27.

**Bemerkung zu Aufgabe 2.10** Benutzen Sie folgende Aussagen über die trigonometrischen Funktionen:

$$\cos(\varphi + \psi) = \cos(\varphi)\cos(\psi) - \sin(\varphi)\sin(\psi)\,,$$
$$\sin(\varphi + \psi) = \cos(\varphi)\sin(\psi) + \sin(\varphi)\cos(\psi)\,,$$
$$\sin(\tfrac{\pi}{2}) = 1, \quad \cos(\tfrac{\pi}{2}) = 0, \quad (\cos(\varphi))^2 + (\sin(\varphi))^2 = 1\,.$$

**Aufgabe 2.11 (K)** Verifizieren Sie (2.40).

**Aufgabe 2.12 (T)** Zeigen Sie Satz 2.46, 1). D. h. genauer zeigen Sie:

Sei $V = V_1 \oplus \cdots \oplus V_n$ ein $\mathbb{R}$-Vektorraum. Dann läßt sich jedes $\boldsymbol{v} \in V$ in eindeutiger Weise darstellen durch

$$\boldsymbol{v} = \sum_{j=1}^{n} \boldsymbol{v}_j$$

und durch $P_i(\boldsymbol{v}) = \boldsymbol{v}_i$ werden Abbildungen $P_i \in \mathrm{Hom}(V, V)$ definiert, für die (2.60) und (2.61) gilt und $V_j = \mathrm{Bild}\, P_j$. Andererseits erzeugen $P_i \in \mathrm{Hom}(V, V)$, $i = 1, \ldots, n$ mit (2.60) und (2.61) eine direkte Zerlegung von $V$ durch ihre Bildräume.

**Aufgabe 2.13 (T)** Arbeiten Sie Bemerkung 2.49 aus.

**Aufgabe 2.14 (K)** Zeigen Sie die Aussagen aus Bemerkungen 2.50, 2) über invertierbare (obere) Dreiecksmatrizen.

**Aufgabe 2.15 (T)** Zeigen Sie, dass für alle $A \in \mathbb{R}^{(p,n)}$ der Rang von $A$ mit dem Rang von $AA^t$ und von $A^tA$ übereinstimmt.

**Aufgabe 2.16 (T)** Seien $A \in \mathbb{R}^{(m,n)}$, $B \in \mathbb{R}^{(n,p)}$ beliebig. Zeigen Sie:
$\mathrm{Rang}(AB) \leq \min(\mathrm{Rang}\, A, \mathrm{Rang}\, B)$.

**Aufgabe 2.17 (T)** Es sei $C \in \mathbb{R}^{(m,n)}$ eine Matrix von Rang $k$. Man beweise: Es gibt Matrizen $A \in \mathbb{R}^{(m,k)}$ und $B \in \mathbb{R}^{(k,n)}$ mit $C = AB$.

**Aufgabe 2.18 (K)** Es sei $A$ eine reelle $n \times n$-Matrix, $\mathbb{1}$ die Einheitsmatrix, es sei $(A - \mathbb{1})$ invertierbar, und es sei $B := (A + \mathbb{1})(A - \mathbb{1})^{-1}$. Man beweise

a) $(A + \mathbb{1})(A - \mathbb{1})^{-1} = (A - \mathbb{1})^{-1}(A + \mathbb{1})$ durch Betrachtung von

$$(A - \mathbb{1} + 2\mathbb{1})(A - \mathbb{1})^{-1} - (A - \mathbb{1})^{-1}(A - \mathbb{1} + 2\mathbb{1}).$$

b) $(B - \mathbb{1})$ ist invertierbar, indem man $B - (A - \mathbb{1})(A - \mathbb{1})^{-1} = 2(A - \mathbb{1})^{-1}$ zeigt.

c) $(B + \mathbb{1})(B - \mathbb{1})^{-1} = A$.

## 2.4 Lösbare und nichtlösbare lineare Gleichungssysteme

*Die* Kern-Bild-Orthogonalität *verbindet die 4 fundamentalen linearen Unterräume zu einem LGS und erlaubt eine allgemeine Lösbarkeitscharakterisierung dafür (Hauptsatz 2.69). Das* Ausgleichsproblem *ist immer lösbar und die Lösungen durch die* Normalgleichungen *charakterisiert (Hauptsatz 2.73). Im mehrdeutigen Fall kann die Lösung kleinster euklidischer Norm ausgewählt werden und so die* Pseudoinverse $A^+$ *für jedes* $A \in \mathbb{R}^{(m,n)}$ *definiert werden (Hauptsatz 2.79). Die Pseudoinverse ist durch 4 Eigenschaften charakterisiert (Satz 2.80). Die Elimination der Einträge unterhalb des Diagonalelements im* Gauss*-Verfahren zu* $A \in \mathbb{R}^{(n,n)}$ *kann mit einer* Frobenius-Matrix *beschrieben werden, woraus sich eine* LR-Zerlegung *von A ergibt, sofern keine Vertauschungen vorgenommen werden (Hauptsatz 2.89).*

**Aufgabe 2.19 (K)** Bestimmen Sie die Normalgleichungen für quadratische Regression.

**Aufgabe 2.20 (K)** Verifizieren Sie die Angaben von Bemerkungen 2.82, 4).

**Aufgabe 2.21 (T)** Zeigen Sie, dass eine LDR-Zerlegung, d. h. eine Darstellung von $A \in \mathbb{R}^{(n,n)}$ als

$$A = LDR\,,$$

wobei $L$ und $R$ normierte untere bzw. obere Dreiecksmatrizen sind und $D$ eine Diagonalmatrix, eindeutig ist für ein invertierbare Matrix $A$.

**Aufgabe 2.22 (T)** Arbeiten Sie die Gültigkeit von (2.131) aus.

**Aufgabe 2.23 (K)** Gegeben sei die Matrix

$$A = \begin{pmatrix} 1\,0\,0\,0 \\ 1\,1\,0\,0 \\ 1\,1\,1\,0 \\ 1\,1\,1\,1 \end{pmatrix}.$$

a) Stellen Sie die Matrix $A$ als Produkt von Frobenius-Matrizen dar.
b) Invertieren Sie die Matrix $A$.

**Aufgabe 2.24 (K)** Gegeben seien eine Matrix $A = (\boldsymbol{a}^{(1)}, \boldsymbol{a}^{(2)}, \boldsymbol{a}^{(3)}, \boldsymbol{a}^{(4)}) \in \mathbb{R}^{(3,4)}$ und ein Vektor $\boldsymbol{v} \in \mathbb{R}^3$ gemäß

$$A = \begin{pmatrix} 1 & 2 & 1 & 2 \\ 0 & 1 & -1 & 2 \\ 1 & -2 & 5 & -6 \end{pmatrix}, \qquad \boldsymbol{v} = \begin{pmatrix} -1 \\ 4 \\ 1 \end{pmatrix}.$$

a) Berechnen Sie den Kern von $A^t$.
b) Bestimmen Sie $\dim \operatorname{Kern} A$. Welcher Zusammenhang muss zwischen den Komponenten des Vektors $\boldsymbol{b} = (b_1, b_2, b_3)^t \in \mathbb{R}^3$ bestehen, damit das lineare Gleichungssystem $A\boldsymbol{x} = \boldsymbol{b}$ lösbar ist? Ist die Lösung im Existenzfall eindeutig?

c) Berechnen Sie den Rang von $A$ unter Beachtung von $\boldsymbol{a}^{(1)} \perp \boldsymbol{a}^{(2)}$ und bestimmen Sie eine ONB von Bild $A$.

d) Bestimmen Sie alle $\boldsymbol{x} \in \mathbb{R}^4$ mit

$$\|A\boldsymbol{x} - \boldsymbol{v}\| = \min\{\|A\boldsymbol{y} - \boldsymbol{v}\| : \boldsymbol{y} \in \mathbb{R}^4\}$$

und geben Sie $A^+\boldsymbol{v}$ an.

**Aufgabe 2.25 (K)** Zu den Messwerten

| $t_i$ | $-1$ | 0 | 1 | 2 |
|---|---|---|---|---|
| $y_i$ | 2 | 1 | 2 | 3 |

sollen Polynome $P_n(t) = \sum_{k=0}^{n} a_k t^k$, $n = 1, 2, 3$, so bestimmt werden, dass der mittlere quadratische Fehler

$$F(P_n) := \frac{1}{4} \sum_{i=1}^{4} (P_n(t_i) - y_i)^2$$

minimal wird. Berechnen Sie jeweils $F(P_n)$ und skizzieren Sie die Funktionen $P_n$.

## 2.5 Permutationsmatrizen und die LR-Zerlegung einer Matrix

Permutationen *können aus* Transpositionen *oder aus* Zyklen *aufgebaut werden. Eine* Signums-*Funktion ist ein Gruppen-Homomorphismus nach* $(\{-1, 1\}, \cdot)$ *mit dem Wert* $-1$ *für Transpositionen. Permutationsmatrizen erzeugen eine Komponentenvertauschung und beschreiben daher den Vertauschungsschritt im* Gauss*-Verfahren, so dass das* Gauss*-Verfahren eine LR-Zerlegung einer zeilenpermutierten Matrix PA erzeugt (Theorem 2.100).*

**Aufgabe 2.26 (K)** Stellen Sie alle Permutationen $\sigma \in \Sigma_4$ als Zyklus oder als Produkt zyklischer Permutationen dar.

**Aufgabe 2.27 (T)** Zeigen Sie für die zyklische Permutation $\sigma = (i_1, i_2, \ldots, i_k)$

$$\operatorname{sign}(\sigma) = (-1)^{k+1}.$$

**Aufgabe 2.28 (T)** Formulieren und zeigen Sie die nach (2.141) benutzte analoge Aussage zu Satz 2.87.

**Aufgabe 2.29 (T)** Arbeiten Sie die Einzelheiten zum Erhalt der Darstellungen (2.142) und (2.143) aus.

**Aufgabe 2.30 (T)** Bestimmen Sie die Pseudoinverse einer Matrix in (reduzierter) Zeilenstufenform.

## 2.6 Die Determinante

*Die* Determinante *ist eine vorzeichenbehaftete normierte Volumenform für das von den Spalten der Matrix aufgespannte Parallelotop, so dass der* Determinanten-Multiplikations-Satz *(Theorem 2.111) und die* Entwicklung nach Zeile oder Spalte *gelten und als Folge die Kästchenregel (Hauptsatz 2.114). Sie definiert eine* Orientierungsrelation *von $\mathbb{R}^n$ mit 2 Äquivalenzklassen.*

**Aufgabe 2.31 (K) (VANDERMONDEsche Determinante)**
Betrachte $A_n \in \mathbb{R}^{(n,n)}$ definiert nach (2.149). Sei $g_n(t_1, \ldots, t_n) := \det(A_n)$.

a) Zeigen Sie

$$g_n(t_1, \ldots, t_n) = (t_2 - t_1) \ldots (t_n - t_1)\, g_{n-1}(t_2, \ldots, t_n) .$$

*Hinweis:* Durch geeignete Spaltenumformungen kann die erste Zeile von $A_n$ auf $\boldsymbol{e}_1^t$ transformiert und dann die Kästchenregel angewendet werden.

b) Zeigen Sie

$$\det(A_n) = \prod_{\substack{i,j=1 \\ i<j}}^{n} \left(t_j - t_i\right) .$$

**Aufgabe 2.32 (K)** Berechnen Sie die Determinante der Matrix

$$\begin{pmatrix} 0 & 1 & 1 & 1 & 1 \\ 2 & 0 & 2 & 2 & 2 \\ 3 & 3 & 0 & 3 & 3 \\ 4 & 4 & 4 & 0 & 4 \\ 5 & 5 & 5 & 5 & 0 \end{pmatrix} .$$

**Aufgabe 2.33 (K)** Es seien $a, a_1, \ldots, a_n \in \mathbb{R}$. Beweisen Sie

$$\det \begin{pmatrix} a & 0 & \ldots & 0 & a_1 \\ 0 & a & & 0 & a_2 \\ \vdots & & \ddots & & \vdots \\ 0 & 0 & & a & a_n \\ a_1 & a_2 & \ldots & a_n & a \end{pmatrix} = a^{n+1} - a^{n-1}(a_1^2 + \ldots + a_n^2) .$$

**Aufgabe 2.34 (K)** Sei $n > 1$. Unter den $n^2$ Elementen $a_{ik}$ einer $n$-reihigen quadratischen Matrix $A$ seien genau $n + 1$ Elemente gleich 1, die übrigen seien gleich Null.

a) Zeigen Sie: $\det(A) \in \{0, 1, -1\}$.
b) Geben Sie für $n = 3$ jeweils ein Beispiel an. Welcher der drei Fälle tritt für $n = 2$ nicht ein?

**Aufgabe 2.35 (K)** Es sei $A = (a_{i,j})_{i,j} \in \mathbb{R}^{(n,n)}$ mit $a_{i,j} = (-1)^i \cdot i$ für $i + j > n$ und $a_{i,j} = 0$ sonst, also z. B.

$$A_1 = -1, \quad A_2 = \begin{pmatrix} 0 & -1 \\ 2 & 2 \end{pmatrix}, \quad A_3 = \begin{pmatrix} 0 & 0 & -1 \\ 0 & 2 & 2 \\ -3 & -3 & -3 \end{pmatrix}, \quad A_4 = \begin{pmatrix} 0 & 0 & 0 & -1 \\ 0 & 0 & 2 & 2 \\ 0 & -3 & -3 & -3 \\ 4 & 4 & 4 & 4 \end{pmatrix}.$$

Man berechne $\det(A_n)$ für beliebiges $n$.

**Aufgabe 2.36 (T)** Seien $A, B, C, D$ reelle $n \times n$-Matrizen und $X = \left(\begin{array}{c|c} A & B \\ \hline C & D \end{array}\right)$ die durch sie in Blockschreibweise gegebene $2n \times 2n$-Matrix. Es sei $\det A \neq 0$. Man zeige:

a) Dann gilt:

$$\det(X) = \det(A)\det(D - CA^{-1}B)$$

b) Ist auch $AC = CA$, dann gilt

$$\det(X) = \det(AD - CB)$$

(siehe auch Bemerkungen 2.53, 1)).

## 2.7 Das Vektorprodukt

*Das Vektorprodukt $\boldsymbol{a} \times \boldsymbol{b}$ ist eine innere Verknüpfung auf dem $\mathbb{R}^3$, bilinear und schiefsymmetrisch, so dass $\boldsymbol{a} \times \boldsymbol{b}$ orthogonal zu $\boldsymbol{a}$ und $\boldsymbol{b}$ ist und $\|\boldsymbol{a} \times \boldsymbol{b}\|$ die Fläche des aufgespannten Parallelogramms (Hauptsatz 2.130).*

**Aufgabe 2.37 (G)** Zeigen Sie: Der Punkt $\boldsymbol{x} \in \mathbb{R}^3$ hat von der Ebene: $\boldsymbol{w} + \mathbb{R}\boldsymbol{a} + \mathbb{R}\boldsymbol{b}$ den Abstand

$$\frac{|(\boldsymbol{w} - \boldsymbol{x} \,.\, \boldsymbol{a} \times \boldsymbol{b})|}{\|\boldsymbol{a} \times \boldsymbol{b}\|}$$

und deuten Sie diesen Quotienten als

$$\text{Höhe} = \frac{\text{Volumen}}{\text{Grundfläche}}$$

eines Parallelotops.

**Aufgabe 2.38 (Jacobi (T))** Zeigen Sie für alle $\boldsymbol{a}, \boldsymbol{b}, \boldsymbol{c} \in \mathbb{R}^3$

$$\boldsymbol{a} \times (\boldsymbol{b} \times \boldsymbol{c}) + \boldsymbol{b} \times (\boldsymbol{c} \times \boldsymbol{a}) + \boldsymbol{c} \times (\boldsymbol{a} \times \boldsymbol{b}) = \boldsymbol{0}.$$

**Aufgabe 2.39 (K)** Finden Sie eine Parametrisierung der Geraden

$L_1$ mit den Plücker-Koordinaten $(1, 0, 0, 0, 1, 0)$,
$L_2$ mit den Plücker-Koordinaten $(1, -1, 0, 1, 1, 1)$.

**Aufgabe 2.40 (T)** Es sei $L \subset \mathbb{R}^3$ eine Gerade mit Richtungsvektor $\boldsymbol{v}$. Zeigen Sie:

a) Sei $\boldsymbol{x} \in L$ ein beliebiger Punkt und $\boldsymbol{m} := \boldsymbol{x} \times \boldsymbol{v}$. Zeigen Sie: $\boldsymbol{m}$ hängt nicht davon ab, welchen Punkt $\boldsymbol{x} \in L$ man wählt, ist also der *Momentenvektor*.
b) $(\boldsymbol{v} \,.\, \boldsymbol{m}) = 0$.
c) Die Gerade $L$ ist durch ihren Richtungsvektor und ihren Momentenvektor eindeutig bestimmt.
d) Zu je zwei Vektoren $\boldsymbol{0} \neq \boldsymbol{v} \in \mathbb{R}^3$ und $\boldsymbol{m} \in \mathbb{R}^3$ mit $(\boldsymbol{v} \,.\, \boldsymbol{m}) = 0$ gibt es eine eindeutig bestimmte Gerade $L \subset \mathbb{R}^3$, welche $\boldsymbol{v}$ als Richtungsvektor und $\boldsymbol{m}$ als Momentenvektor besitzt.

## 2.8 Affine Räume II

*Der linearen Abbildung bzw. dem linearen Isomorphismus entspricht bei affinen Räumen die* affin-lineare Abbildung *bzw. die* Affinität. Baryzentrische Koordinaten *sind die eindeutige Darstellung bezüglich einer* affinen Basis.

**Aufgabe 2.41 (T)** Zeigen Sie Bemerkungen 2.137, 1).

**Aufgabe 2.42 (T)** Beweisen Sie Bemerkungen 2.139, 1).

# Aufgaben zu Kapitel 3
# Vom $\mathbb{R}$-Vektorraum zum $K$-Vektorraum: Algebraische Strukturen

## 3.1 Gruppen und Körper

Gruppen *und* Körper *sind die algebraischen Grundstrukturen, deren Eigenschaften durch* Homomorphismen *übertragen werden. Wichtige Körper neben* $\mathbb{Q}, \mathbb{R}$ *sind* $\mathbb{F}_p$ *für* $p$ Primzahl *und* $\mathbb{C}$, *worin der* Fundamentalsatz der Algebra *(Hauptsatz B.33) gilt.*

### Aufgabe 3.1 (K)

a) Bestimmen Sie $\det(A)$, $A^2$ und $A^{-1}$ für die komplexe $2 \times 2$-Matrix

$$A = \begin{pmatrix} 1+i & -i \\ i & 1-i \end{pmatrix} .$$

b) Lösen Sie das lineare Gleichungssystem

$$\begin{aligned} x + iy \quad\quad &= i \\ y + iz &= i \\ ix + \quad\quad + z &= i \,. \end{aligned}$$

### Aufgabe 3.2 (K)

a) Bestimmen Sie den Rang der Matrix

$$\begin{pmatrix} 1 & 1 & 0 \\ 0 & 1 & 1 \\ 1 & 0 & 1 \end{pmatrix}$$

über dem Körper $\mathbb{F}_2$ und über dem Körper $\mathbb{F}_5$.

b) Lösen Sie das lineare Gleichungssytem über $\mathbb{F}_2$ und über $\mathbb{F}_5$

$$\begin{aligned} x + y \quad\quad &= 1 \\ y + z &= 0 \\ x + \quad\quad + z &= 1 \,. \end{aligned}$$

**Aufgabe 3.3 (T)** Welche der folgenden Teilmengen von $\mathbb{R}^{(n,n)}$ bilden eine Gruppe bezüglich der Matrizenmultiplikation?

a) Die Menge aller oberen Dreiecksmatrizen,
b) die Menge aller oberen Dreiecksmatrizen mit Determinante ungleich 0,
c) die Menge aller normierten oberen Dreiecksmatrizen,
d) für festes $B \in \mathrm{GL}(n, \mathbb{R})$ die Menge $\{A \in \mathrm{GL}(n, \mathbb{R}) : A^t BA = B\}$.

**Aufgabe 3.4 (T)** Zeigen Sie, dass die folgende Menge unter der Matrizenmultiplikation eine Gruppe ist:

$$\mathrm{Sp}(2n) := \left\{ \left(\begin{array}{c|c} A & B \\ \hline C & D \end{array}\right) \in \mathbb{R}^{(2n,2n)} : \begin{array}{l} A, B, C, D \in \mathbb{R}^{(n,n)}, \\ AB^t = BA^t,\ CD^t = DC^t, \\ AD^t - BC^t = \mathbb{1}_n, A^t D - C^t B = \mathbb{1}_n \end{array} \right\} .$$

## 3.2 Vektorräume über allgemeinen Körpern

*Ein Vektorraum kann auch über einem allgemeinen Körper $K$ gebildet werden, insbesondere entsprechen $\mathbb{R}$-Vektorräume durch* Komplexifizierung *$\mathbb{C}$-Vektorräumen und $\mathbb{C}$-Vektorräume sind auch $\mathbb{R}$-Vektorräume. Vektorraumstruktur und innere Verknüpfungen wirken zusammen bei der* $K$-Algebra.

**Aufgabe 3.5 (K)**

a) Ist $V$ ein $n$-dimensionaler $K$-Vektorraum, wobei $\#(K) = p \in \mathbb{N}$, dann ist auch $V$ endlich und

$$\#(V) = p^n .$$

b) In $V = (\mathbb{F}_2)^7$ sei

$$U := \mathrm{span}\left((1000110)^t, (0100011)^t, (0010111)^t, (0001101)^t\right) .$$

Zeigen Sie, dass das Erzeugendensystem linear unabhängig ist und berechnen Sie $\#(U)$.

**Aufgabe 3.6** Es sei $K$ ein Körper mit $p$ Elementen. Zeigen Sie:

a) Die Anzahl der Elemente in der Gruppe $\mathrm{GL}(n, K)$ ist

$$\#(\mathrm{GL}(n, K)) = \prod_{\nu=0}^{n-1} (p^n - p^\nu) .$$

b) Die Anzahl der Elemente in der Gruppe $\mathrm{SL}(n, K)$ ist

$$\frac{1}{p-1} \cdot \#(\mathrm{GL}(n, K)) .$$

c) Geben Sie für $p = 2$ die Matrizen aller bijektiven linearen Abbildungen von $V$ in sich an, wobei $V$ ein zweidimensionaler Raum über $K$ sei.

**Aufgabe 3.7 (T)** Bekanntlich trägt $\mathbb{C}^n$ die Struktur eines Vektorraumes über dem Körper $\mathbb{C}$, aber auch über dem Körper $\mathbb{R}$.

a) Ergänzen Sie die Vektoren $\boldsymbol{b}_1 = (1, 0, 1)^t$ und $\boldsymbol{b}_2 = (1, -1, 0)^t$ zu einer Basis des $\mathbb{C}$-Vektorraums $\mathbb{C}^3$ und zu einer Basis des $\mathbb{R}$-Vektorraums $\mathbb{C}^3$.
b) Die Abbildung $h : \mathbb{C}^n \to \mathbb{R}^m$ sei eine lineare Abbildung der $\mathbb{R}$-Vektorräume $\mathbb{C}^n$ und $\mathbb{R}^m$. Zeigen Sie, dass

$$f : \mathbb{C}^n \to \mathbb{C}^m,\ f(\boldsymbol{x}) = h(\boldsymbol{x}) - ih(i\boldsymbol{x})$$

eine lineare Abbildung der $\mathbb{C}$-Vektorräume $\mathbb{C}^n$ und $\mathbb{C}^m$ ist.
c) Sei nun $f : \mathbb{C}^n \to \mathbb{C}^m$ eine lineare Abbildung der $\mathbb{C}$-Vektorräume $\mathbb{C}^n$ und $\mathbb{C}^m$. Zeigen Sie, dass es eine lineare Abbildung $h : \mathbb{C}^n \to \mathbb{R}^m$ der $\mathbb{R}$-Vektorräume $\mathbb{C}^n$ und $\mathbb{R}^m$ gibt, so dass $f(\boldsymbol{x}) = h(\boldsymbol{x}) - ih(i\boldsymbol{x})$ für alle $\boldsymbol{x} \in \mathbb{C}^n$.

## 3.3 Euklidische und unitäre Vektorräume

Euklidische *($K = \mathbb{R}$) bzw.* unitäre *($K = \mathbb{C}$) Vektorräume besitzen zusätzlich ein* inneres Produkt $\langle\ .\ \rangle$*, durch das Winkel und Länge (*Norm*) definiert wird. Die* Polarisationsformel (3.23) *erlaubt die Wiedergewinnung des inneren Produkts aus der Norm. Der Zusammenhang von $\mathbb{C}$- und $\mathbb{R}$-Vektorräumen erlaubt die Übertragung aller Begriffe und Zusammenhänge von euklidischen auf unitäre Vektorräume.*

**Aufgabe 3.8 (T)** Sei $(V, (\ .\ ))$ ein euklidischer $\mathbb{R}$-Vektorraum und $V_\mathbb{C}$ seine Komplexifizierung nach (3.11). Dann ist

$$\langle (x, y) . (x', y') \rangle := ((x . x') + (y . y')) + i\,((y . x') - (x . y')) \qquad (1)$$

für $(x, y), (x', y') \in V_\mathbb{C}$ ein inneres Produkt auf $V_\mathbb{C}$.

**Aufgabe 3.9 (K)** Sei $V$ ein $\mathbb{K}$-Vektorraum mit innerem Produkt $\langle\ .\ \rangle$, $\|\,.\,\|$ die erzeugte Norm. Zeigen Sie, dass $\langle\ .\ \rangle$ wie folgt durch die Norm $\|\,.\,\|$ ausgedrückt werden kann:

a) $\langle \boldsymbol{x} . \boldsymbol{y} \rangle = \frac{1}{4}(\|\boldsymbol{x} + \boldsymbol{y}\|^2 - \|\boldsymbol{x} - \boldsymbol{y}\|^2)$ für $\mathbb{K} = \mathbb{R}$,
b) $\langle \boldsymbol{x} . \boldsymbol{y} \rangle = \frac{1}{4}(\|\boldsymbol{x} + \boldsymbol{y}\|^2 - \|\boldsymbol{x} - \boldsymbol{y}\|^2 + i\|\boldsymbol{x} + i\boldsymbol{y}\|^2 - i\|\boldsymbol{x} - i\boldsymbol{y}\|^2)$ für $\mathbb{K} = \mathbb{C}$.

**Aufgabe 3.10 (T)** Zeigen Sie Satz 3.22.

**Aufgabe 3.11 (T)** Seien $V, W$ $\mathbb{R}$ Vektorräume, $V_\mathbb{C}$, $W_\mathbb{C}$ ihre Komplexifizierung nach (3.11), sei $\Phi \in \mathrm{Hom}_\mathbb{R}(V, W)$.

a) Sei $\Phi_\mathbb{C} : V_\mathbb{C} \to W_\mathbb{C}$ definiert durch

$$\Phi_\mathbb{C}((x, y)) = (\Phi(x), \Phi(y))\ . \qquad (2)$$

Dann gilt $\Phi_{\mathbb{C}} \in \mathrm{Hom}_{\mathbb{C}}(V_{\mathbb{C}}, W_{\mathbb{C}})$.

b) Seien $V, W$ euklidisch mit SKP $(\,.\,)_V$ bzw. $(\,.\,)_W$ und $\langle\,.\,\rangle_V$ bzw. $\langle\,.\,\rangle_W$ das innere Produkt auf $V_{\mathbb{C}}$ bzw. $W_{\mathbb{C}}$ nach Aufgabe 3.8, dann gilt

$$(\Phi_{\mathbb{C}})^{\dagger} = (\Phi^{\dagger})_{\mathbb{C}}\,.$$

## 3.4 Der Quotientenvektorraum

*Mittels* Äquivalenzrelationen *können Mengen in* Äquivalenzklassen *gefasert werden, insbesondere ein Vektorraum $V$ durch „Zusammenfassung" aller Elemente eines Unterraums $U$ zu einem* Quotientenraum $V/U$ *mit* $\dim V/U = \dim V - \dim U$ *(Theorem 3.36). Mit* $U = \mathrm{Kern}\,\Phi$ *kann ein Homomorphismus $\Phi$ injektiv „gemacht werden" (Theorem 3.37)*

**Aufgabe 3.12 (T)** Es sei $V$ ein $K$-Vektorraum mit einer Basis $\boldsymbol{v}_1, \ldots, \boldsymbol{v}_n$ und $U \subset V$ der von $\boldsymbol{v}_1 + \ldots + \boldsymbol{v}_n$ erzeugte Unterraum. Bestimmen Sie eine Basis des Quotientenraums $V/U$.

**Aufgabe 3.13 (T)** Es seien $U, U'$ lineare Teilräume eines Vektorraums $V$ und $\boldsymbol{x}, \boldsymbol{x}' \in V$. Man zeige:

$$\boldsymbol{x} + U \subset \boldsymbol{x}' + U' \iff U \subset U' \text{ und } \boldsymbol{x}' - \boldsymbol{x} \in U'.$$

**Aufgabe 3.14 (K)** Sei $U \subset \mathbb{R}^4$ der Untervektorraum des $\mathbb{R}^4$, der von den Vektoren $\boldsymbol{u}_1 = (1, 2, -1, 1)^t$ und $\boldsymbol{u}_2 = (-1, -2, 1, -2)^t$ erzeugt wird, und $V \subset \mathbb{R}^4$ der Untervektorraum des $\mathbb{R}^4$, der von $\boldsymbol{v}_1 = (1, 2, -1, -2)^t$, $\boldsymbol{v}_2 = (-1, 3, 0, -2)^t$ und $\boldsymbol{v}_3 = (2, -1, -1, 1)^t$ erzeugt wird. Zeigen Sie, dass $U$ ein Untervektorraum von $V$ ist, und geben Sie eine Basis des Raums $V/U$ an.

**Aufgabe 3.15 (K)** Es sei $V$ der $\mathbb{R}$-Vektorraum aller Funktionen $f : \mathbb{R} \to \mathbb{R}$ und $U$ die Teilmenge

$$U := \{f : \mathbb{R} \to \mathbb{R} : f(0) = 0\} \subset V\,.$$

a) Zeigen Sie: $U \subset V$ ist ein Untervektorraum.
b) Geben Sie einen Isomorphismus $V/U \to \mathbb{R}$ an.

## 3.5 Der Dualraum

*Der (algebraische)* Dualraum $V^*$ *ist (im endlichdimensionalen, euklidischen Fall) isomorph zu $V$ (Riesz, Theorem 3.48) und besitzt zu jeder Basis von $V$ eine* Dualbasis. *Die* duale *Abbildung ist eine Verallgemeinerung der* adjungierten *Abbildung im unitären Fall.*

**Aufgabe 3.16 (K)** Es sei $\Phi : \mathbb{R}^3 \to \mathbb{R}^3$ die lineare Abbildung mit der darstellenden Matrix

$$A := \begin{pmatrix} 1 & 2 & 3 \\ 2 & 3 & 1 \\ 3 & 1 & 2 \end{pmatrix}$$

und $f, g : \mathbb{R}^3 \to \mathbb{R}$ die Linearform

$$f : (x_1, x_2, x_3) \mapsto x_1 + x_2 - x_3 \ , \ g : (x_1, x_2, x_3) \mapsto 3x_1 - 2x_2 - x_3 \ .$$

Bestimmen Sie die Linearformen $\Phi^*(f) : \mathbb{R}^3 \to \mathbb{R}$ und $\Phi^*(g) : \mathbb{R}^3 \to \mathbb{R}$.

**Aufgabe 3.17 (T)** Es seien $V, W$ Vektorräume über einen Körper $K$ und $\Phi : V \to W$ eine lineare Abbildung. Weiter seien $V^*$, $W^*$ die zu $V, W$ dualen Vektorräume und $\Phi^*$ die zu $\Phi$ duale Abbildung. Man zeige: $\Phi$ ist genau dann injektiv, wenn $\Phi^*$ surjektiv ist.

**Aufgabe 3.18 (K)** Geben Sie zu den Vektoren

$$\boldsymbol{x}_1 = (1, 0, -2)^t \ , \quad \boldsymbol{x}_2 = (-1, 1, 0)^t \ , \quad \boldsymbol{x}_3 = (0, -1, 1)^t \ \in \mathbb{R}^3$$

die Linearformen $\varphi_i$ mit $\varphi_i(\boldsymbol{x}_j) = \delta_{i,j}$ an.

**Aufgabe 3.19 (K)** (Hermite-Interpolation) Sei

$$V = \mathbb{R}_3[x]$$

der $\mathbb{R}$-Vektorraum der Polynome vom Grad $\leq 3$. Durch

$$\varphi_1(f) = f(1) \ , \quad \varphi_2(f) = f'(1) \ ,$$
$$\varphi_3(f) = f(-1) \ , \ \varphi_4(f) = f'(-1)$$

werden Linearformen $\varphi_i : V \to \mathbb{R}$ definiert. (Dabei bezeichne $f'$ die Ableitung von $f$.)

a) Zeigen Sie, dass $\varphi_1, \ldots, \varphi_4$ eine Basis des Dualraums $V^*$ von $V$ bilden.
b) Bestimmen Sie die dazu duale Basis von $V$.

# Aufgaben zu Kapitel 4
# Koordinatentransformationen und Normalformen von Matrizen

## 4.1 Basiswechsel und Koordinatentransformationen

*Basiswechsel führen zu einer* kontravarianten Koordinatentransformation (Übergangsmatrix) *(siehe Theorem 4.3) und transformieren die Darstellungsmatrix nach* (4.4) *(„Äquivalenz"-Relation). Bei gleichen Basen im Urbild- und Bildraum ($\mathcal{B}_1 = \mathcal{B}_2$) entsteht die* Ähnlichkeitsrelation *(Definition 4.6). Ist die Transformationsmatrix orthogonal/unitär, so spricht man von* unitär ähnlich *(Definition 4.11). Die einfachste äquivalente Darstellung entsteht bei* (orthogonaler/unitärer) Diagonalisierbarkeit *(Definition 4.6 und Definition 4.11).*

**Aufgabe 4.1 (K)** Der Homomorphismus $\varphi : \mathbb{R}^3 \to \mathbb{R}^2$ werde bezüglich der Standardbasen durch die Matrix

$$M = \begin{pmatrix} 0 & 2 & 2 \\ 1 & -2 & 2 \end{pmatrix}$$

beschrieben. Man berechne die Darstellungsmatrix von $\varphi$ bezüglich der Basis

$$\boldsymbol{a}_1 = (0,1,1)^t\,, \quad \boldsymbol{a}_2 = (1,0,3)^t\,, \quad \boldsymbol{a}_3 = (1,0,1)^t$$

des $\mathbb{R}^3$ und der Basis

$$\boldsymbol{b}_1 = (1,1)^t\,, \quad \boldsymbol{b}_2 = (1,-1)^t$$

des $\mathbb{R}^2$.

**Aufgabe 4.2 (K)** Geben Sie die Darstellungsmatrix der linearen Abbildung

$$f : \mathbb{R}^3 \to \mathbb{R}^3\,, \quad \begin{pmatrix} x_1 \\ x_2 \\ x_3 \end{pmatrix} \mapsto \begin{pmatrix} x_2 \\ x_3 \\ x_1 \end{pmatrix}$$

bezüglich der kanonischen Basis des $\mathbb{R}^3$ an und bezüglich der Basis

$$a_1 = \begin{pmatrix}1\\0\\1\end{pmatrix}, \quad a_2 = \begin{pmatrix}0\\1\\1\end{pmatrix}, \quad a_3 = \begin{pmatrix}1\\1\\0\end{pmatrix} \in \mathbb{R}^3 .$$

**Aufgabe 4.3 (K)** Im $\mathbb{R}^4$ seien die Vektoren

$$a_1 = \begin{pmatrix}1\\2\\0\\0\end{pmatrix}, \quad a_2 = \begin{pmatrix}2\\1\\0\\0\end{pmatrix}, \quad a_3 = \begin{pmatrix}0\\0\\1\\2\end{pmatrix}, \quad a_4 = \begin{pmatrix}0\\0\\2\\1\end{pmatrix}$$

gegeben. Weiter sei $f : \mathbb{R}^4 \to \mathbb{R}^4$ eine lineare Abbildung mit

$$f(a_1) = a_2 , \quad f(a_2) = a_1 , \quad f(a_3) = f(a_4) = a_3 + a_4 .$$

Geben Sie die Darstellungsmatrix von $f$ in der Standardbasis des $\mathbb{R}^4$ an.

**Aufgabe 4.4 (T)** Durch

$$C \sim C' :\Leftrightarrow \text{Es gibt invertierbare } A \in K^{(n,n)} \text{ bzw. } B \in K^{(m,m)} , \\ \text{so dass } B^{-1}CA = C'$$

wird auf $K^{(m,n)}$ eine Äquivalenzrelation definiert.

**Aufgabe 4.4'**
Beweisen Sie den allgemeinen Fall für Aufgabe 1.12.

## 4.2 Eigenwerttheorie

Eigenvektoren *erzeugen gerade die invarianten eindimensionalen Unterräume einer Matrix, der Streckungsfaktor* $\lambda$ *ist der* Eigenwert *dazu. Die Dimension des* Eigenraums *ist die* geometrische Vielfachheit $j_\lambda$. *Die Eigenwerte sind gerade die Nullstellen des* charakteristischen *Polynoms* $\chi$ *(Definition 4.28), dies ergibt die* algebraische Vielfachheit $r_\lambda$, *für die* $j_\lambda \leq r_\lambda$ *gilt (Satz 4.46). Eine Matrix ist diagonalisierbar, genau dann wenn eine Basis aus Eigenvektoren existiert (Theorem 4.20) genau dann, wenn* $\chi$ *in Linearfaktoren zerfällt und immer* $j_\lambda = r_\lambda$ *(Hauptsatz 4.47) genau dann, wenn die (direkte) Summe aus den Eingenräumen den ganzen Raum ergibt (Theorem 4.42). Eine komplexe Matrix hat immer eine* komplexe SCHUR-Normalform *(Hauptsatz 4.51)* (Trigonalisierbarkeit*). Eigenwerte, Spur und Determinante sind Invarianten unter Ähnlichkeitstransformationen (Satz 4.30).*

**Aufgabe 4.5 (K)** Gekoppelte Federn, wie am Anfang dieses Paragraphen, kann man sehr schön experimentell aufbauen (siehe Abbildung 1). Die senkrechten Schwingungen kann man aber sehr schlecht beobachten, weil die Federn schnell horizontal ins Wackeln kommen. Einfacher ist das, wenn man die untere Masse mit einer dritten Feder (wie in Abbildung 1) stabilisiert. Dies entspricht dem Fall $n = 2$ mit beidseitiger Einspannung aus Beispiel 3(1), (MM.3) in der dynamischen Form (siehe 3(6)). Die Bewegungsgleichungen lauten dann

$$m\ddot{y}^1 = k(y^2 - 2y^1),$$
$$m\ddot{y}^2 = k(y^1 - 2y^2).$$

Bestimmen Sie (für $k = m = 1$) Eigenwerte und Eigenvektoren der Koeffizientenmatrix dieses Systems.

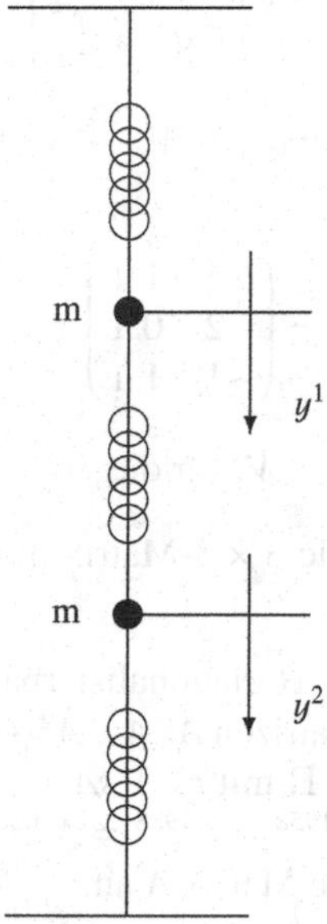


**Abb. 1** Senkrecht schwingende, gekoppelte Federn

**Aufgabe 4.6 (K)** Bestimmen Sie alle Eigenwerte und die Dimensionen aller Eigenräume für die Matrizen

$$M = \begin{pmatrix} 3 & -2 & 4 \\ 4 & -3 & 4 \\ -2 & 1 & -3 \end{pmatrix} \quad \text{und} \quad N = \begin{pmatrix} 3 & -2 & 4 \\ 3 & -3 & 2 \\ -2 & 1 & -3 \end{pmatrix}$$

und entscheiden Sie, ob $M$ und $N$ ähnlich sind.

**Aufgabe 4.7 (K)** Im $\mathbb{R}$-Vektorraum aller Abbildungen von $\mathbb{R}$ in $\mathbb{R}$ betrachte man den von den Funktionen

$$f(x) = e^x, \quad g(x) = xe^x, \quad h(x) = e^{-x}$$

aufgespannten Unterraum $V = \mathbb{R}f + \mathbb{R}g + \mathbb{R}h$ und den Endomorphismus

$$\Phi : V \to V, \quad F \mapsto F' \quad \text{(Differentiation)}$$

von $V$. Bestimmen Sie die Eigenwerte und Eigenräume von $\Phi$.

**Aufgabe 4.8 (K)** Entscheiden Sie, welche der folgenden Matrizen zueinander ähnlich sind und welche nicht, und begründen Sie Ihre Antwort:

a) $A = \begin{pmatrix} 1 & 1 \\ 0 & 1 \end{pmatrix}, \quad B = \begin{pmatrix} 1 & 1 \\ 1 & 0 \end{pmatrix}, \quad C = \begin{pmatrix} 1 & 0 \\ 1 & 1 \end{pmatrix}.$

b) $A = \begin{pmatrix} 1 & 0 & 0 \\ 0 & -1 & 0 \\ 0 & 0 & -1 \end{pmatrix}, \quad B = \frac{1}{9}\begin{pmatrix} -1 & 4 & 8 \\ 4 & -7 & 4 \\ 8 & 4 & -1 \end{pmatrix}.$

**Aufgabe 4.9 (K)** Seien $V = \mathbb{R}^3$ und $f : V \to V$ die lineare Abbildung mit der Matrix

$$A = \begin{pmatrix} 3 & -1 & 1 \\ 2 & 0 & 1 \\ -1 & 1 & 1 \end{pmatrix}.$$

Bestimmen Sie alle Unterräume $U \subset V$, für die $f(U) \subset U$.

**Aufgabe 4.10 (K)** Sei $A$ eine reelle $3 \times 3$-Matrix mit charakteristischem Polynom $\det(A - \lambda \mathbb{1}) = -\lambda^3 + \lambda$.

a) Man begründe, dass $A$ über $\mathbb{R}$ diagonalisierbar ist.
b) Man gebe den Rang der Matrizen $A$, $A^2$, $A^2 + \mathbb{1}$, $A^2 - \mathbb{1}$ an.
c) Man bestimme alle $r, s, t \in \mathbb{R}$ mit $r\mathbb{1} + sA + tA^2 = 0$.
d) Man zeige, dass $A^{1954} = A^{1958} = A^{1988} = A^{2000} = A^2$ ist.
e) Man gebe eine solche reelle Matrix $A$ an.

**Aufgabe 4.11 (K)** Gegeben seien die Matrizen

$$A = \begin{pmatrix} 1 & 2 & 3 \\ 0 & 2 & 3 \\ 0 & 0 & -2 \end{pmatrix}, \quad B = \begin{pmatrix} 1 & 5 & 6 \\ 0 & 0 & 2 \\ 0 & 2 & 0 \end{pmatrix}, \quad C = \begin{pmatrix} 1 & 0 & 0 \\ 1 & 2 & 0 \\ 1 & 1 & 2 \end{pmatrix}.$$

Man beweise oder widerlege:

a) Es gibt eine invertierbare Matrix $T$ mit $A = T^{-1}BT$.
b) Es gibt eine invertierbare Matrix $T$ mit $A = T^{-1}CT$.

**Aufgabe 4.12 (K)** Zeigen Sie, dass die Matrix

$$A = \begin{pmatrix} 2 & 1 & 0 \\ 0 & 1 & -1 \\ 0 & 2 & 4 \end{pmatrix} \in \mathbb{R}^{(3,3)}$$

über $\mathbb{R}$ nicht diagonalisierbar, aber trigonalisierbar ist. Geben Sie ein $S \in \mathrm{GL}(3, \mathbb{R})$ an, so dass $SAS^{-1}$ eine Dreiecksmatrix ist.

**Aufgabe 4.13 (T)** Sei $A \in \mathbb{K}^{(n,n)}$. Zeigen Sie:
Der Lösungsraum von

$$\ddot{x}(t) = Ax(t)\,, \quad t \in [a,b] \text{ für } a, b \in \mathbb{R},\ a < b \tag{1}$$

ist ein Vektorraum der Dimension $2n$.
*Hinweis:* Man benutze das folgende Ergebnis der Analysis: Es gibt genau ein $\boldsymbol{x} \in C([a,b], \mathbb{K}^n)$, so dass (1) gilt und $\boldsymbol{x}(a) = \boldsymbol{x}_0, \dot{\boldsymbol{x}}(a) = \boldsymbol{x}_0{}'$ für beliebige vorgegebene $\boldsymbol{x}_0, \boldsymbol{x}_0{}' \in \mathbb{K}^n$ (siehe auch Beispiel 7.44, Bemerkungen 8.66,7)).

**Aufgabe 4.14 (T)** Sei $A \in \mathbb{R}^{(n,n)}$, $A$ sei diagonalisierbar, wobei nicht alle Eigenwerte reell sind. Zeigen Sie: $A$ ist reell ähnlich zu einer Blockdiagonalmatrix, die genau der Block-Diagonalen der Matrix aus Theorem 4.55 entspricht.

**Aufgabe 4.15 (T)** Sei $A \in \mathbb{K}^{(n,n)}$. Dann lässt sich $A$ eindeutig in einen symmetrischen bzw. hermiteschen Anteil $A_S$ und einen antisymmetrischen bzw. antihermiteschen Anteil $A_A$ zerlegen.

**Aufgabe 4.16 (T)** Arbeiten Sie Beispiel 4.57 im Detail aus.

## 4.3 Unitäre Diagonalisierbarkeit: Die Hauptachsentransformation

*Selbstadjungierte Matrizen sind orthogonal/unitär diagonalisierbar mit reellen Eigenwerten (Hauptsatz 4.58:* Hauptachsentransformation*) und die unitär diagonalisierbaren Matrizen sind genau die normalen (Hauptsatz 4.66). Normale Matrizen haben eine* Spektraldarstellung (4.47) *aus (eindimensionalen) orthogonalen Projektionen. Normalität bleibt unter Ähnlichkeitstransformationen erhalten (Satz 4.63) und Eigenräume von normalen Matrizen sind zueinander orthogonal (Satz 4.65).*

**Aufgabe 4.17 (K)** Sei $A$ eine symmetrische, reelle $3\times 3$-Matrix, deren fünfte Potenz die Einheitsmatrix $\mathbb{1}$ ist. Man zeige $A = \mathbb{1}$.

**Aufgabe 4.18 (K)** Zeigen Sie, dass die Matrix

$$S := \frac{1}{6}\begin{pmatrix} 1 & 2 & 3 \\ 2 & 3 & 1 \\ 3 & 1 & 2 \end{pmatrix}$$

mittels einer orthogonalen Matrix $A$ auf Diagonalform $D = A^{-1} S A$ gebracht werden kann, und geben Sie die Matrix $D$ explizit an.

**Aufgabe 4.19 (K)** Üben Sie auf die Matrix

$$S = \begin{pmatrix} -1 & 0 & 2 & 0 \\ 0 & -1 & 0 & 2 \\ 2 & 0 & -1 & 0 \\ 0 & 2 & 0 & -1 \end{pmatrix} \in \mathbb{R}^{(4,4)}$$

eine Hauptachsentransformation aus, d. h. bestimmen Sie eine Matrix $A \in \mathbb{R}^{4\times 4}$, so dass $A^t S A$ diagonal ist.

**Aufgabe 4.20 (T)** Zeigen Sie, dass jedes $\Phi \in \mathrm{Hom}(V, V)$, das (4.45) erfüllt, unitär ist.

## 4.4 Blockdiagonalisierung aus der Schur-Normalform

*Für eine Matrix $A$ gilt $\chi_A(A) = 0$ (Satz von* Cayley-Hamilton*, Theorem 4.81), das* Minimalpolynom *$\mu_A$ (Definition 4.83) teilt also $\chi_A$. Eine Zerlegung von $\chi_A$ ergibt eine direkte Zerlegung in $A$-invariante Unterräume (Theorem 4.88), und diese sind zerlegbar in die* Haupträume *(Definition 4.91, Theorem 4.93). Diese Ähnlichkeit zu einer Blockdiagonalmatrix ist aus der* Schur-*Normalform auch über die* Sylvester-*Gleichung erhältlich (Theorem 4.98).*

**Aufgabe 4.21 (K)** Finden Sie die Unterräume $U_i$ aus Theorem 4.88 für die Zerlegung des charakteristischen Polynoms der Matrix

$$C = \begin{pmatrix} 0 & 1 \\ 1 & 0 \end{pmatrix}$$

in seine beiden Linearfaktoren.

**Aufgabe 4.22 (T)** Es sei $D$ eine $n \times n$-Matrix mit $n$ verschiedenen Eigenwerten. Zeigen Sie für jede $n \times n$-Matrix $C$

$$CD = DC \quad \Leftrightarrow \quad C = p(D)$$

mit einem Polynom $p(\lambda)$.

**Aufgabe 4.23 (T)** Der Matrizenraum $\mathbb{R}^{(2,2)}$ werde aufgefasst als vier-dimensionaler Vektorraum. Zeigen Sie für jede Matrix $C \in \mathbb{R}^{(2,2)}$, dass alle ihre Potenzen $\mathbb{1}, C, C^2, C^3, \ldots$ in einer Ebene liegen.

**Aufgabe 4.24 (K)** Bestimmen Sie das Minimalpolynom der Matrix

$$B = \begin{pmatrix} 1 & 0 & 1 \\ 0 & 1 & 0 \\ 0 & 0 & 2 \end{pmatrix}.$$

**Aufgabe 4.25 (T)** Vervollständigen Sie den Beweis von Satz 4.100.

**Aufgabe 4.26 (K)** Zeigen Sie Lemma 4.102.

**Aufgabe 4.27 (T)** Sei $A \in \mathbb{K}^{(n,n)}$ nilpotent.
Zeigen Sie: $\mathbb{1} - A$ ist invertierbar und geben sie die Inverse an.

**Aufgabe 4.28 (K)** Gegeben sei die Matrix

$$C = \begin{pmatrix} 1 & -1 & -1 & 1 \\ 1 & 4 & 1 & -3 \\ -1 & -2 & 0 & 2 \\ 0 & 0 & -1 & 1 \end{pmatrix}.$$

a) Trigonalisieren Sie $C$, d. h. bestimmen Sie ein $A \in \mathrm{GL}(4, \mathbb{C})$, sodass $A^{-1}CA$ eine obere Dreiecksmatrix ist.
b) Bestimmen Sie ausgehend von a) durch Lösen der SYLVESTER-Gleichung ein $B \in \mathrm{GL}(4, \mathbb{C})$, sodass $B^{-1}CB$ Blockdiagonalform hat.

## 4.5 Die JORDANsche Normalform

*Kettenbasen (Definition 4.103) ergeben den* JORDAN-*Block (zum Eigenwert 0) als Normalform für nilpotente Matrizen (Definition 4.77, Theorem 4.106) und daraus folgt die (komplexe)* JORDANsche Normalform *(Hauptsatz 4.112) und die* JORDAN-Zerlegung *(Theorem 4.114). Eine reelle* JORDANSCHE *Normalform hat* (2, 2) *Drehstreckungen auf der Diagonalen als Folge echt komplexer Eigenwerte (Theorem 4.118).*

**Aufgabe 4.29 (T)** Sei $A \in K^{(n,n)}, B \in K^{(n,n)}, A^{n-1} \neq 0, B^{n-1} \neq 0, A^n = B^n = 0$ für einen Körper $K$. Man beweise: Die Matrizen $A$ und $B$ sind ähnlich zueinander.

**Aufgabe 4.30 (K)** Man betrachte die Begleitmatrix nach (4.5). Unter Beachtung von Bemerkung 4.27 und Beispiel 4.57 bestimme man die JORDANsche Normalform von $A$ unter der Annahme, dass $\chi(\lambda)$ in $K[x]$ in Linearfaktoren zerfällt.

**Aufgabe 4.31 (K)** Sei

$$C := \begin{pmatrix} 0 & 0 & 0 & 0 & 0 \\ 1 & 0 & 0 & 0 & 0 \\ -1 & 0 & 0 & 0 & 0 \\ 1 & 1 & 1 & 0 & 0 \\ 0 & 0 & 0 & 1 & 0 \end{pmatrix}$$

darstellende Matrix eines Endomorphismus $\Phi : \mathbb{R}^5 \to \mathbb{R}^5$ bezüglich der kanonischen Basis des $\mathbb{R}^5$.

a) Bestimmen Sie Basen der Eigen- und Haupträume zu den Eigenwerten von $\Phi$.
b) Geben Sie eine Matrix $M$ in JORDANscher Normalform und eine Basis $\mathcal{B}$ des $\mathbb{R}^5$ an, so dass $J$ die darstellende Matrix von $\Phi$ bezüglich $\mathcal{B}$ ist.

**Aufgabe 4.32 (K)** Gegeben sei die von einem Parameter $p \in \mathbb{R}$ abhängige Matrix

$$A(p) := \begin{pmatrix} 0 & 1 & p \\ 1 & 0 & -1 \\ 0 & 1 & 0 \end{pmatrix}.$$

a) Man bestimme das charakteristische Polynom von $A(p)$.
b) Man bestimme die JORDANsche Normalform von $A(p)$.
c) Man bestimme das Minimalpolynom von $A(p)$.

**Aufgabe 4.33 (K)** Sei das Polynom $\varphi(t) = (t-1)^3(t+1)^2 \in \mathbb{C}[t]$ gegeben.

a) Welche JORDANschen Normalformen treten bei komplexen $5 \times 5$-Matrizen mit dem charakteristischen Polynom $\varphi$ auf?
b) Zeigen Sie: Zwei komplexe $5 \times 5$-Matrizen mit dem charakteristischen Polynom $\varphi$ sind ähnlich, wenn ihre Minimalpolynome übereinstimmen.

**Aufgabe 4.34 (K)** Sei

$$A = \begin{pmatrix} 2 & 2 & 1 \\ -1 & -1 & -1 \\ 1 & 2 & 2 \end{pmatrix} \in \mathbb{C}^{(3,3)}.$$

a) Bestimmen Sie die Eigenwerte und Eigenräume von $A$.
b) Geben Sie die JORDANsche Normalform von $A$ an.
c) Bestimmen Sie das Minimalpolynom von $A$.

## 4.6 Die Singulärwertzerlegung

*Eine Singulärwertzerlegung (SVD) diagonalisiert mittels verschiedener, aber orthogonaler Basistransformationen (Definition 4.125) und existiert für eine beliebige rechteckige Matrix (Hauptsatz 4.127) und damit existiert eine (verallgemeinerte) Spektraldarstellung (4.101) aus (eindimensionalen) „schiefen" Projektionen. Aus der SVD ist die Pseudoinverse sofort angebbar (Theorem 4.129).*

**Aufgabe 4.35 (T)** Sei $A \in \mathbb{K}^{(n,n)}$. Zeigen Sie für die Singulärwerte $\sigma_i$:

a) $|\det(A)| = |\prod_{i=1}^{m} \sigma_i|$.
b) $\det(A) = 0 \Rightarrow \det(A^+) = 0$.

**Aufgabe 4.36 (T)** Seien $A \in \mathbb{K}^{(m,n)}$, $m \geq n$ und $\operatorname{Rang} A = n$ mit der Singulärwertzerlegung $A = U\Sigma V^\dagger$. Man leite die Beziehung der Pseudoinversen

$$A^+ = V\Sigma^+ U^\dagger, \quad \Sigma^+ = \begin{pmatrix} \sigma_1^{-1} & 0 & \dots & \dots & \dots & 0 \\ & \ddots & \ddots & & & \vdots \\ 0 & & \sigma_n^{-1} & 0 & \dots & 0 \end{pmatrix}$$

mit Hilfe der Normalgleichungen her.

**Aufgabe 4.37 (K)** Gegeben sei die Matrix

$$A = \begin{pmatrix} 1 & 2 \\ 2 & 0 \\ 0 & 1 \\ 1 & 1 \end{pmatrix}.$$

a) Bestimmen Sie eine normierte Singulärwertzerlegung $A = U\Sigma V^\dagger$ mit orthogonalen Matrizen $U$ und $V$.
b) Bestimmen Sie ausgehend von der Singulärwertzerlegung die Pseudoinverse $A^+$ von $A$.

**Aufgabe 4.38 (K)** Sei $A \in \mathbb{K}^{(n,n)}$ mit der Singulärwertzerlegung $A = U\Sigma V^\dagger$ gegeben, wobei $\Sigma = \operatorname{diag}(\sigma_1, \dots, \sigma_n)$.
Zeigen Sie, dass die Matrix

$$H = \left(\begin{array}{c|c} 0 & A^\dagger \\ \hline A & 0 \end{array}\right)$$

die Eigenvektoren $\frac{1}{\sqrt{2}}\begin{pmatrix} \boldsymbol{v}_i \\ \pm\boldsymbol{u}_i \end{pmatrix}$ zu den $2n$ Eigenwerten $\pm\sigma_i$ besitzt, wobei $\boldsymbol{v}_i$ die Spalten von $V$ und $\boldsymbol{u}_i$ die von $U$ seien.

## 4.7 Positiv definite Matrizen und quadratische Optimierung

*Eine* positiv definite *Matrix $A$ (Definition 4.133) ($A > 0$) ist durch positive Eigenwerte charakterisiert (Satz 4.135) und hat eine eindeutige* CHOLESKY*-Zerlegung (Satz 4.142). Es gibt ein zum LGS äquivalentes quatratisches Minimierungsproblem (Satz 4.144), das der orthogonalen Projektion in der* Energienorm *entspricht (Satz 4.146). Bei zusätzlichen Gleichungsnebenbedingungen gilt die Lösungscharakterisierung mit* LAGRANGE*-Multiplikatoren (Satz 4.148) und der* Dualitätssatz *(Satz 4.150)* (Sattelpunkteigenschaft *für das* LAGRANGE-Funktional *(Satz 4.151)) Eigenwerte erfüllen das* Minimax-Theorem *(Satz 4.152).*

**Aufgabe 4.39 (T)** Sei $A \in \mathbb{K}^{(n,n)}$ selbstadjungiert. Zeigen Sie: Es gibt ein $\lambda \in \mathbb{R}$, so dass

$$A + \lambda \mathbb{1} \text{ positiv definit}$$

ist.

**Aufgabe 4.40 (K)** Sei $A \in \mathbb{K}^{(n,n)}$ selbstadjungiert, $A > 0$ und orthogonal bzw. unitär. Zeigen Sie, dass dann notwendigerweise $A = \mathbb{1}$ gilt.

**Aufgabe 4.41 (T)** Unter den Voraussetzungen von Satz 4.152 gilt

$$\lambda_j = \max_{\substack{U \text{ Unterraum} \\ \text{von } V, \dim U = j}} \min_{\substack{\boldsymbol{v} \in U \\ \boldsymbol{v} \neq \boldsymbol{0}}} f(\boldsymbol{v}) \,.$$

**Aufgabe 4.42 (T)** Formulieren und beweisen Sie Minimums- und Maximums-Minimumsprobleme zur Beschreibung von Singulärwerten analog zu Bemerkungen 4.153, 3) und Aufgabe 4.41.

**Aufgabe 4.43 (T)** Für $A \in \mathbb{K}^{(n,n)}$ gelte $A = A^\dagger$ und die Hauptminoren erfüllen $\det(A_r) > 0$ für alle $1 \leq r \leq n$, wobei die Matrizen $A_r$ von $A$ wie in Satz 4.142 definiert sind. Zeigen Sie, dass $A$ positiv definit ist (mit vollständiger Induktion und unter Verwendung der CHOLESKY-Zerlegung).

**Aufgabe 4.44 (T)** Für $\boldsymbol{b} \in \mathbb{K}^m$ definiere man $\boldsymbol{x}_b$ als Lösung des Problems

$$A\boldsymbol{x}_b = \boldsymbol{b} \text{ und } \|\boldsymbol{x}_b\| \text{ minimal},$$

wobei $A \in \mathbb{K}^{(m,n)}$, $m < n$, $\operatorname{Rang}(A) = m$. Bestimmen Sie mit Hilfe von LAGRANGE-Multiplikatoren eine explizite Darstellung für die Pseudoinverse $A^+$ von $A$, für die $A^+\boldsymbol{b} = \boldsymbol{x}_b$ für alle $\boldsymbol{b} \in \mathbb{K}^m$ gilt.

**Aufgabe 4.45 (K)** Für das Funktional

$$f : \mathbb{R}^3 \to \mathbb{R}, \quad f(x_1, x_2, x_3) = \frac{5}{2}x_1^2 + \frac{1}{2}x_2^2 + \frac{1}{2}x_3^2 - x_1x_3 - x_1 + x_2 - 2x_3$$

werde das (primale) Minimierungsproblem

$$\text{Minimiere } f(x_1, x_2, x_3)$$
$$\text{unter der Nebenbedingung}$$
$$x_1 + x_2 + x_3 = 1$$

betrachtet.

a) Zeigen Sie, dass dieses Problem eine eindeutige Minimalstelle $\bar{\boldsymbol{x}} = (\bar{x}_1, \bar{x}_2, \bar{x}_2)^t$ besitzt.
b) Ermitteln Sie die Minimalstelle $\bar{\boldsymbol{x}}$ unter Verwendung von LAGRANGE-Multiplikatoren und bestimmen Sie den Minimalwert.
c) Formulieren Sie das zugehörige duale Problem und zeigen Sie, dass dieses denselben Extremalwert besitzt wie das primale Problem.

# Aufgaben zu Kapitel 5
# Bilinearformen und Quadriken

## 5.1 $\alpha$-Bilinearformen

*Analog zu linearen Abbildungen von V nach V für einen* $\mathbb{K}$*-Vektorraum V haben* $\alpha$-Bilinearformen *eine* Darstellungsmatrix *$G(\mathcal{B})$ (Satz 5.3). Da Bilinearformen lineare Abbildungen von V nach $V^*$ entsprechen (Satz 5.9), ist das Transformationsverhalten von $G(\mathcal{B})$* zweifach kovariant *(Theorem 5.6).*

**Aufgabe 5.1 (K)** Es sei $V$ der $\mathbb{R}$-Vektorraum der reellen Polynome vom Grad $\leq 2$ und $\varphi$ die Bilinearform

$$\varphi(f, g) := \int_{-1}^{1} f(x)g(x)\,dx$$

auf $V$. Bestimmen Sie die darstellende Matrix von $\varphi$ in Bezug auf die Basis $1, x, x^2$ (vgl. (1.81)).

**Aufgabe 5.2 (K)** Es sei $V$ der $\mathbb{R}$-Vektorraum der reellen Polynome vom Grad $\leq 1$. Bestimmen Sie in Bezug auf die Basis $1, x$ die darstellende Matrix der Bilinearform:

a) $\varphi(f, g) := \int_0^1 \int_0^1 (x + y) f(x) g(y)\,dxdy$,
b) $\psi(f, g) := \int_0^1 \int_0^1 (x - y) f(x) g(y)\,dxdy$.
c) Bestimmen Sie eine Basis von $V$, bezüglich der $\varphi$ eine darstellende Matrix in Diagonalform hat.

**Aufgabe 5.3 (K)** Auf $V = C([a, b], \mathbb{K})$ sei die Abbildung

$$\varphi : V \times V \to \mathbb{K}\,, \quad \varphi(v, w) := \int_a^b v(x)k(x)\overline{w(x)}\,dx$$

definiert, wobei $k \in C([a, b], \mathbb{R})$. Zeigen Sie:

a) $\varphi$ ist eine hermitesche $\alpha$–Bilinearform für $\alpha(c) = \bar{c}$, $c \in \mathbb{K}$.
b) Falls $k(x) > 0$ für alle $x \in [a, b]$ gilt, dann ist $\varphi$ positiv definit.

**Aufgabe 5.4 (T)** Es sei $\varphi$ eine Bilinearform auf dem endlichdimensionalen $K$-Vektorraum $V$. Zeigen Sie die Äquivalenz der beiden folgenden Aussagen:

(i) $\text{Rang}(\varphi) \leq k$.

(ii) Es gibt $f_1, g_1, \ldots, f_k, g_k \in V^*$ mit $\varphi = f_1 \otimes g_1 + \ldots + f_k \otimes g_k$.

**Aufgabe 5.5 (K)** Es bezeichne $\boldsymbol{e}_1, \boldsymbol{e}_2, \boldsymbol{e}_3 \in \mathbb{R}^3$ die Standardbasis und

$$\boldsymbol{a}_1 := (1,1,0)\,, \quad \boldsymbol{a}_2 := (0,1,1)\,, \quad \boldsymbol{a}_3 := (1,0,1)\,.$$

a) Es bezeichne $\varphi$ die Bilinearform auf dem $\mathbb{R}^3$ mit $\varphi(\boldsymbol{e}_i, \boldsymbol{e}_j) = \delta_{i,j}$. Bestimmen Sie die darstellende Matrix von $\varphi$ in der Basis $\boldsymbol{a}_1, \boldsymbol{a}_2, \boldsymbol{a}_3$.
b) Es bezeichne $\psi$ die Bilinearform auf dem $\mathbb{R}^3$ mit $\psi(\boldsymbol{a}_i, \boldsymbol{a}_j) = \delta_{i,j}$. Bestimmen Sie die darstellende Matrix von $\psi$ in der Standardbasis.

**Aufgabe 5.6 (T)** Man zeige, dass jede nicht entartete orthosymmetrische Bilinearform entweder symmetrisch oder antisymmetrisch ist.

**Aufgabe 5.7 (T)** Beweisen Sie Bemerkungen 5.20, 2).

**Aufgabe 5.8 (T)** Zeigen Sie Beispiele 5.11, 3).

## 5.2 Symmetrische Bilinearformen und hermitesche Formen

*Jede $\alpha$-Bilinearform erzeugt eine* quadratische Form, *aus der* symmetrische/hermitesche *Formen rekonstruiert werden können* (Polarisationsformel *Theorem 5.29). Symmetrische/hermitesche Formen sind diagonalisierbar (Hauptsatz 5.31), so dass der* SYLVESTERsche Trägheitssatz *(Theorem 5.35) gilt, so dass es eine Signatur gibt. Von besonderer Wichtigkeit sind* positiv definierte *Formen.*

**Aufgabe 5.9 (T)**

a) Finden Sie auf $\mathbb{R}^2$ die symmetrischen Bilinearformen zu den quadratischen Formen $q_1, \ldots, q_4$ mit

$$q_1(x,y) = x^2\,, \quad q_2(x,y) = x^2 - y^2\,, \quad q_3(x,y) = 2xy\,, \quad q_4(x,y) = (x+y)^2\,.$$

b) Zeigen Sie: Die quadratische Form

$$q(x,y) = ax^2 + 2bxy + cy^2$$

gehört genau dann zu einer nicht entarteten symmetrischen Bilinearform, wenn

$$b^2 \neq ac\,.$$

**Aufgabe 5.10 (K)** Bezüglich der Standardbasis des $\mathbb{R}^3$ sei eine Bilinearform $b$ durch die Darstellungsmatrix

$$\begin{pmatrix} 0 & 0 & 1 \\ 0 & 1 & 0 \\ 1 & 0 & 0 \end{pmatrix}$$

gegeben. Man gebe eine Basis von $\mathbb{R}^3$ an, bezüglich der $b$ Diagonalform hat.

**Aufgabe 5.11 (K)** Für $A, B \in \mathbb{R}^{(n,n)}$ setze man (vergleiche (4.6))

$$\varphi_n(A, B) := \mathrm{sp}(AB) . \tag{1}$$

a) Man zeige, dass $\varphi_n$ eine symmetrische Bilinearform auf $\mathbb{R}^{(n,n)}$ ist und berechne die Darstellungsmatrix $(\varphi_2(e_k, e_i))_{i,k=1,\dots,4}$ für die Basis

$$e_1 = \begin{pmatrix} 1 & 0 \\ 0 & 0 \end{pmatrix}, \quad e_2 = \begin{pmatrix} 0 & 1 \\ 0 & 0 \end{pmatrix}, \quad e_3 = \begin{pmatrix} 0 & 0 \\ 1 & 0 \end{pmatrix}, \quad e_4 = \begin{pmatrix} 0 & 0 \\ 0 & 1 \end{pmatrix}$$

von $\mathbb{R}^{(2,2)}$.

b) Man gebe eine Basis $f_1, f_2, f_3, f_4$ von $\mathbb{R}^{(2,2)}$ an mit

$$\varphi_2(f_i, f_k) = 0 \quad \text{für} \quad 1 \le i < k \le 4$$

und berechne die Werte $\varphi_2(f_i, f_i)$ für $i = 1, \dots, 4$.

c) Ist $\varphi_2$ positiv definit?

**Aufgabe 5.12 (T)** Zeigen Sie: Für eine symmetrische Bilinearform $\varphi$ auf $\mathbb{C}^n$ sind äquivalent:

(i) $\mathrm{Rang}(\varphi) \le 2$.

(ii) $\varphi = (f \otimes g)_s$ mit $f, g \in V^*$.

## 5.3 Quadriken

Quadriken *können durch Koordinatentransformation auf eine* affine *oder* euklidische Normalform *gebracht werden (Theorem 5.44 bzw. Theorem 5.50) und damit klassifiziert werden (Tabelle 5.1, Tabelle 5.4). Ist die Matrix A invertierbar, liegt eine* Mittelpunktquadrik *vor.*

**Aufgabe 5.13 (K)** Sei $q : \mathbb{A}^3 \to \mathbb{R}$ gegeben durch

$$q(x_1, x_2, x_3) = x_1^2 + 2x_1x_2 + 2x_1x_3 + x_2^2 + 2x_2x_3 + x_3^2 + 2x_1 + 4x_2 + 2x_3 + 2$$

und die Quadrik $Q$ sei definiert durch $Q = \{\boldsymbol{x} \in \mathbb{A}^3 \ : \ q(\boldsymbol{x}) = 0\}$.

a) Transformieren Sie $Q$ in affine Normalform, d. h. bestimmen Sie eine affine Transformation $F(\boldsymbol{x}) = C\boldsymbol{x} + \boldsymbol{t}$ mit $C \in \mathrm{GL}(3, \mathbb{R})$ und $\boldsymbol{t} \in \mathbb{A}^3$, sodass die Gleichung $q(F(\boldsymbol{x})) = 0$ affine Normalform hat.

b) Um welche Quadrik handelt es sich bei $Q$?

**Aufgabe 5.14 (K)** Sei $q : \mathbb{A}^3 \to \mathbb{R}$ gegeben durch

$$q(x_1, x_2, x_3) = x_1^2 + 2x_1x_2 + x_2^2 + 2\sqrt{2}x_1 + 6\sqrt{2}x_2 + 3x_3$$

und die Quadrik $Q$ sei definiert durch $Q = \{\boldsymbol{x} \in \mathbb{A}^3 \ : \ q(\boldsymbol{x}) = 0\}$.

a) Transformieren Sie $Q$ in euklidische Normalform, d. h. bestimmen Sie eine Bewegung $F(\boldsymbol{x}) = C\boldsymbol{x} + \boldsymbol{t}$ mit $C \in \mathrm{O}(3, \mathbb{R})$ und $\boldsymbol{t} \in \mathbb{R}^3$, sodass die Gleichung $q(F(\boldsymbol{x})) = 0$ euklidische Normalform hat.
b) Um welche Quadrik handelt es sich bei $Q$?

**Aufgabe 5.15 (K)** Sei

$$Q = \left\{(x, y, z) \in \mathbb{A}^3 : \frac{5}{16}x^2 + y^2 + \frac{5}{16}z^2 - \frac{3}{8}xz - \frac{1}{2}x - \frac{1}{2}z = 0\right\}.$$

a) Man zeige, dass $Q$ ein Ellipsoid ist und bestimme dessen Mittelpunkt und Hauptachsen.
b) Man gebe eine affin-lineare Abbildung $f : \mathbb{A}^3 \to \mathbb{A}^3$ an, so dass $f$ eine Bijektion der Einheitssphäre $S^2 = \{(x, y, z) \in \mathbb{R}^3 : x^2 + y^2 + z^2 = 1\}$ auf $Q$ induziert.

**Aufgabe 5.16 (K)** Man zeige, dass durch die Gleichung

$$5x^2 - 2xy + 5y^2 + 10x - 2y - 6 = 0$$

eine Ellipse im $\mathbb{R}^2$ definiert ist. Ferner bestimme man ihren Mittelpunkt, ihre Hauptachsen, die Hauptachsenlängen und skizziere die Ellipse.

**Aufgabe 5.17 (T)** Sei $K$ ein Körper mit $\mathrm{Char}(K) \neq 2$, $A \in K^{(n,n)}$ symmetrisch, $\boldsymbol{b} \in K^n$, $c \in K$ und die Abbildung $q : K^n \to K$ sei definiert durch $q(\boldsymbol{x}) := \boldsymbol{x}^t A\boldsymbol{x} + 2\boldsymbol{b}^t\boldsymbol{x} + c$. Durch

$$Q = \{\boldsymbol{x} \in K^n \ : \ q(\boldsymbol{x}) = 0\}$$

sei eine Quadrik gegeben, die nicht ganz in einer Hyperebene des $K^n$ enthalten ist. Man zeige, dass $Q$ genau dann eine Mittelpunktsquadrik ist, wenn $A\boldsymbol{x} = -\boldsymbol{b}$ lösbar ist.

**Aufgabe 5.18 (K)** Im euklidischen $\mathbb{A}^3$ seien zwei Geraden $g_1$ und $g_2$ gegeben:

$$g_1 = \mathbb{R}\begin{pmatrix}1\\1\\0\end{pmatrix}, \quad g_2 = \begin{pmatrix}0\\0\\1\end{pmatrix} + \mathbb{R}\begin{pmatrix}0\\1\\1\end{pmatrix}.$$

$E$ sei die Ebene durch 0, die senkrecht zu $g_2$ ist.

a) Berechnen Sie für einen Punkt $(p_1, p_2, p_3)^t \in \mathbb{A}^3$ seinen Abstand von $g_2$.

b) Zeigen Sie, dass

$$Q = \{(p_1, p_2, p_3)^t \in \mathbb{A}^3 : p_1^2 + 2p_1p_2 - 2p_2p_3 - p_3^2 + 2p_2 - 2p_3 + 1 = 0\}$$

die Menge der Punkte des $\mathbb{A}^3$ ist, die von $g_1$ und $g_2$ denselben Abstand haben. Wie lautet die affine Normalform und die geometrische Bezeichnung der Quadrik $Q$? Begründen Sie Ihre Antwort.

c) Der Schnitt der Quadrik $Q$ mit der Ebene $E$ ist ein Kegelschnitt. Um was für einen Kegelschnitt handelt es sich bei $Q \cap E$?

## 5.4 Alternierende Bilinearformen

Alternierende Bilinearformen *haben eine Normalform (Hauptsatz 5.54).* Der orthogonalen Gruppe *bei symmetrischen Bilinearformen entspricht die* symplektische Gruppe.

**Aufgabe 5.19 (K)** Es sei $A$ eine reelle $(n \times n)$-Matrix mit zugehörigem charakteristischem Polynom $\chi_A(x)$. Zeigen Sie: Ist $A$ antisymmetrisch, so ist für eine Nullstelle $\lambda$ aus $\mathbb{C}$ von $\chi_A(x)$ auch $-\lambda$ Nullstelle von $\chi_A(x)$.

**Aufgabe 5.20 (T)** Es sei $V$ ein endlichdimensionaler $\mathbb{R}$-Vektorraum. Zeigen Sie:

a) Für eine alternierende Bilinearform $\varphi$ auf $V$ sind äquivalent:

   (i) $\mathrm{Rang}(\varphi) \leq 2k$,

   (ii) es gibt Linearformen $f_1, g_1, ..., f_k, g_k \in V^*$ mit $\varphi = f_1 \wedge g_1 + ... + f_k \wedge g_k$.

b) Für zwei Linearformen $f, g \in V^*$ sind äquivalent:

   (i) $f \wedge g = 0$,

   (ii) $f$ und $g$ sind linear abhängig.

**Aufgabe 5.21 (T)** Zeigen Sie: Durch

$$\varphi(f, g) := \int_0^1 f(x)g'(x)\,dx$$

wird eine nicht entartete alternierende Bilinearform auf dem $\mathbb{R}$-Vektorraum der über dem Intervall $[0, 1]$ stetig differenzierbaren Funktionen $f$ mit $f(0) = f(1) = 0$ definiert.

**Aufgabe 5.22 (T)** Es sei $\Lambda$ der $\mathbb{R}$-Vektorraum der alternierenden Bilinearformen auf $\mathbb{R}^4$. Zeigen Sie:

a) Ist $f^1, ..., f^4 \in (\mathbb{R}^4)^*$ die Dualbasis zur kanonischen Basis des $\mathbb{R}^4$, so bilden die alternierenden Bilinearformen

$$f^1 \wedge f^2,\quad f^1 \wedge f^3,\quad f^1 \wedge f^4,\quad f^2 \wedge f^3,\quad f^2 \wedge f^4,\quad f^3 \wedge f^4$$

eine Basis von $\Lambda$.

b) Durch

$$p(f^i \wedge f^j, f^k \wedge f^l) := \begin{cases} 0 & \text{falls } \{i, j\} \cap \{k, l\} \neq \emptyset \\ \operatorname{sign}(\sigma) & \text{falls } \sigma \in \Sigma_4 \text{ definiert durch } 1, 2, 3, 4 \mapsto i, j, k, l \end{cases}$$

wird auf $\Lambda$ eine nicht entartete symmetrische Bilinearform definiert. Geben Sie die darstellende Matrix von $p$ in der Basis aus a) an.

c) Für $\varphi \in \Lambda$ ist $p(\varphi, \varphi) = 0$ genau dann, wenn $\varphi = f \wedge g$ mit $f, g \in (\mathbb{R}^4)^*$.

# Aufgaben zu Kapitel 6
# Polyeder und lineare Optimierung

## 6.1 Elementare konvexe Geometrie

Lineare Optimierungsprobleme *(LP) können mit* Schlupfvariablen *nur mit Gleichungsnebenbedingungen geschrieben werden. Die von Nebenbedingungen im (LP) definierten Mengen sind immer* konvex.

**Aufgabe 6.1 (G)** Im $\mathbb{R}^n$ seien $\boldsymbol{e}_0 := \boldsymbol{0}$ und $\boldsymbol{e}_i$, $i = 1, \ldots, n$, die Koordinatenvektoren. Zeigen Sie: $\boldsymbol{x} = (x_i)_{i=1,\ldots,n}$ liegt genau dann in der konvexen Hülle $\operatorname{conv}(\boldsymbol{e}_0, \boldsymbol{e}_1, \ldots, \boldsymbol{e}_n)$, wenn

$$x_i \geq 0 \quad \text{für } i = 1, \ldots, n \quad \text{und} \quad x_1 + \ldots + x_n \leq 1 .$$

**Aufgabe 6.2 (G)** Es seien $p, q, r$ wie in Aufgabe 1.37. Zeigen Sie: Das Dreieck $\Delta$ zu den Eckpunkten $p, q, r$, d. h. die konvexe Hülle $\operatorname{conv}(p, q, r)$ (siehe Beispiel 1.127) ist die Menge der Punkte $x \in \mathbb{A}^2$, für welche

$$\begin{aligned} &\alpha(x) \text{ dasselbe Vorzeichen wie } \alpha(r) , \\ &\beta(x) \text{ dasselbe Vorzeichen wie } \beta(p) , \\ &\gamma(x) \text{ dasselbe Vorzeichen wie } \gamma(q) \end{aligned}$$

hat.
Was ist eine Darstellung der Seiten, aufbauend auf Aufgabe 1.37?

## 6.2 Polyeder

*Die* Einschränkungsmenge *bei einem (LP) ist ein* Polyeder. *Ein Simplex der Dimension m ist ein Polyeder, entstanden aus dem Schnitt von m+1 Halbräumen (Theorem 6.20). Polyeder haben volle Dimension genau dann, wenn ihr* Inneres *nicht leer ist (Satz 6.21). Die Dimension einer Seite wird bestimmt durch die Anzahl der aktiven, linear unabhängigen Nebenbedingungen (Theorem 6.30), Theorem 6.34 charakterisiert den Fall m = 0, die* Ecke.

**Aufgabe 6.3 (G)** Bestimmen Sie die Ecken des Polyeders (Hyperwürfel)

$$W: \quad -1 \leq x_\nu \leq 1 \quad (1 \leq \nu \leq n)$$

im $\mathbb{R}^n$. Wie viele Ecken sind es?

**Aufgabe 6.4 (G)**

a) Bestimmen Sie die Seitenflächen der Simplizes $S, S' \subset \mathbb{R}^3$ mit den Ecken

$$\begin{aligned} S &: (1,1,1)^t, \quad (1,-1,-1)^t, \quad (-1,1,-1)^t, \quad (-1,-1,1)^t, \\ S' &: (1,1,-1)^t, \quad (1,-1,1)^t, \quad (-1,1,1)^t, \quad (-1,-1,-1)^t. \end{aligned}$$

b) Bestimmen Sie die Ecken des Polyeders $S \cap S' \subset \mathbb{R}^3$.

**Aufgabe 6.5 (G)** Bestimmen Sie die Ecken des Polyeders im $\mathbb{R}^3$ definiert durch $x_1 \geq 0, x_2 \geq 0, x_3 \geq 0$ und

a) $x_1 + x_2 \leq 1, \quad x_1 + x_3 \leq 1, \quad x_2 + x_3 \leq 1,$
b) $x_1 + x_2 \geq 1, \quad x_1 + x_3 \geq 1, \quad x_2 + x_3 \geq 1.$

**Aufgabe 6.6 (K)** Bringen Sie durch Einführen von Schlupfvariablen die folgenden Systeme von Ungleichungen auf Gleichungsform vom Typ

$$(A, \mathbb{1}_m)\begin{pmatrix} \boldsymbol{x} \\ \boldsymbol{y} \end{pmatrix} = \boldsymbol{b}, \quad \begin{pmatrix} \boldsymbol{x} \\ \boldsymbol{y} \end{pmatrix} \geq \boldsymbol{0}$$

a) $x_1 + 2x_2 \geq 3, \quad x_1 - 2x_2 \geq -4, \quad x_1 + 7x_2 \leq 6,$
b) $x_1 + x_2 \geq 2, \quad x_1 - x_2 \leq 4, \quad x_1 + x_2 \leq 7.$

Zeigen Sie, dass in a) eine Bedingung weggelassen werden kann, ohne das Polyeder zu verändern.

**Aufgabe 6.7 (T)** Sei $S$ das Simplex, das von den $m+1$ affin unabhängigen Punkten $\boldsymbol{p}_0, \ldots, \boldsymbol{p}_m$ erzeugt wird. Zeigen Sie induktiv, dass die $d$-dimensionalen Seiten des Simplex $S$ genau die Simplizes sind, die von $d+1$ dieser Punkte aufgespannt werden.

## 6.3 Beschränkte Polyeder

*Ein* beschränktes *Polyeder der Dimension $m$ hat mindestens $m+1$ $(m-1)$-dimensionale Seiten und insbesondere Ecken (Theorem 6.42) und ist die* konvexe Hülle *seiner Ecken (Satz 6.45). Die konvexe Hülle eines* Kegels *über $M$ ist der Kegel über die konvexe Hülle von $M$ (Satz 6.45).*

**Aufgabe 6.8 (K)** Welches der beiden Polyeder aus Aufgabe 6.5 ist beschränkt, welches unbeschränkt? (Beweis!)

**Aufgabe 6.9 (T)** Sei $V$ ein $\mathbb{R}$-Vektorraum, $M_1, M_2 \subset V$ und $\boldsymbol{q} \in V$.

a) Man zeige: $\mathrm{cone}_{\boldsymbol{q}}(M_1 \cup M_2) = \mathrm{cone}_{\boldsymbol{q}}(M_1) \cup \mathrm{cone}_{\boldsymbol{q}}(M_2)$.

b) Gilt auch $\text{cone}_q(M_1 \cap M_2) = \text{cone}_q(M_1) \cap \text{cone}_q(M_2)$? Geben Sie einen Beweis oder ein Gegenbeispiel an.

**Aufgabe 6.10 (T)** Sei $V$ ein $\mathbb{R}$-Vektorraum, $M \subset V$. Zeigen Sie, dass $\text{cone}_0(M)$ genau dann konvex ist, falls

$$\boldsymbol{x}, \boldsymbol{y} \in \text{cone}_0(M) \Rightarrow \boldsymbol{x} + \boldsymbol{y} \in \text{cone}_0(M)$$

gilt.

## 6.4 Das Optimierungsproblem

*Das Infimum einer Linearform auf einem Polyeder ist das Infimum auf seinen Kanten und im beschränkten Fall auch auf den Ecken (Hauptsatz 6.48). Ist eine Ecke nicht optimal, kann auf einer Kante abgestiegen werden (Satz 6.53). Das einschränkende Polyeder bei einem (LP) kann mit oder ohne Schlupf oder in komprimierter Form geschrieben werden.*

**Aufgabe 6.11 (K)** Gegeben sei ein Polyeder $P \subset \mathbb{R}^3$ durch

$$x_1 \geq 0\,, \quad x_2 \geq 0\,, \quad x_3 \geq 0\,, \quad x_1 \leq 1 + x_2 + x_3\,.$$

a) Bestimmen Sie alle Ecken von $P$.
b) Nimmt die Funktion $f(\boldsymbol{x}) = x_1 - x_2 - 2x_3$ auf $P$ ein Maximum oder Minimum an? Bestimmen Sie gegebenenfalls einen Punkt $\boldsymbol{p} \in P$, wo dies der Fall ist.

**Aufgabe 6.12 (K)** Lösen Sie die vorhergehende Aufgabe für das Polyeder

$$x_1 \geq 0\,, \quad x_2 \geq 0\,, \quad x_3 \geq 0\,, \quad x_3 \geq x_1 + 2x_2 - 1$$

und $f(\boldsymbol{x}) := 2x_3 - x_1$.

**Aufgabe 6.13 (K)** Drei Zementhersteller $Z_1, Z_2$ und $Z_3$ beliefern zwei Großbaustellen $G_1, G_2$. Die tägliche Zementproduktion und der Bedarf in Tonnen sind

| $Z_1$ | $Z_2$ | $Z_3$ | $G_1$ | $G_2$ |
|---|---|---|---|---|
| 20 | 30 | 50 | 40 | 60 |

.

Die Transportkosten in Euro betragen pro Tonne von $Z_i$ nach $G_j$

| | $Z_1$ | $Z_2$ | $Z_3$ |
|---|---|---|---|
| $G_1$ | 70 | 20 | 40 |
| $G_2$ | 10 | 100 | 60 |

.

Formulieren Sie das Problem, die täglichen Transportkosten zu minimieren in der Standardform

$$f(\boldsymbol{x}) = \min\,, \quad A\boldsymbol{x} = \boldsymbol{b}\,, \quad \boldsymbol{x} \geq \boldsymbol{0}\,.$$

## 6.5 Ecken und Basislösungen

*Eine Ecke entspricht einer* zulässigen *Basislösung (Theorem 6.56). Die* Phase I *des* Simplex-Verfahrens *kann durch Lösen eines (LP) mit bekannter zulässiger Basislösung bewältigt werden (Theorem 6.59). Eine Ecke ist optimal, wenn die* reduzierten Kosten *nichtnegativ sind (Satz 6.60).*

**Aufgabe 6.14 (K, Dantzig 1966, p. 105)** Gegeben sei das System

$$\begin{cases} \begin{pmatrix} 2 & 3 & -2 & -7 \\ 1 & 1 & 1 & 3 \\ 1 & -1 & 1 & 5 \end{pmatrix} \begin{pmatrix} x_1 \\ \vdots \\ x_4 \end{pmatrix} = \begin{pmatrix} 1 \\ 6 \\ 4 \end{pmatrix} \\ \boldsymbol{x} \geq \boldsymbol{0} \end{cases}$$

Bestimmen Sie die Basislösungen für die Basismengen

$$B = \{1,2,3\} \quad \text{bzw.} \quad \{1,2,4\}\,, \quad \{1,3,4\}\,, \quad \{2,3,4\}\,.$$

Welche dieser Basislösungen sind zulässig?

**Aufgabe 6.15 (K)** Gegeben sei das System

$$\begin{pmatrix} 1 & 1 \\ 1 & -1 \\ -1 & -1 \\ -1 & 1 \end{pmatrix} \begin{pmatrix} x_1 \\ x_2 \end{pmatrix} \leq \begin{pmatrix} 1 \\ 1 \\ 1 \\ 1 \end{pmatrix}.$$

Bestimmen Sie rechnerisch alle zulässigen Basislösungen und verifizieren Sie Ihr Ergebnis anhand einer Skizze der zulässigen Menge.

**Aufgabe 6.16 (K)** Man zeige, dass $(1,1)^t$ eine entartete Ecke des Polyeders $P \subset \mathbb{R}^2$ ist, das durch die Ungleichungen

$$x_1 + x_2 \leq 2\,, \quad x_1 - x_2 \leq 0\,, \quad x_1 - 2x_2 \leq -1$$

gegeben ist.

## 6.6 Das Simplex-Verfahren

*Ist eine Ecke nicht optimal und* nicht entartet, *führt ein* Austauschschritt *bei Existenz zu einer Ecke mit kleinerem Funktionalwert (Hauptsatz 6.61).*

**Aufgabe 6.17 (K)** Gegeben sei das System

$$\begin{cases} \begin{pmatrix} 2 & 1 & 3 \\ 0 & 1 & 1 \end{pmatrix} \begin{pmatrix} x_1 \\ x_2 \\ x_3 \end{pmatrix} = \begin{pmatrix} 1 \\ 1 \end{pmatrix} \\ \boldsymbol{x} \geq \boldsymbol{0}. \end{cases}$$

Ermitteln Sie mit Phase I des Simplex-Verfahrens eine zulässige Basislösung.

**Aufgabe 6.18 (K)** Lösen Sie das Optimierungsproblem

$$\begin{cases} -x_1 + 2x_2 + 4x_3 = \max \\ 2x_1 + x_2 + x_3 + y_1 = 7 \\ -x_1 - x_2 + x_3 + x_4 + y_2 = 1 \\ -3x_1 + 2x_2 + x_3 - x_5 + y_3 = 8 \\ \boldsymbol{x} \geq \boldsymbol{0}, \ \boldsymbol{y} \geq \boldsymbol{0} \end{cases}$$

mit dem Simplex-Verfahren.

**Aufgabe 6.19 (K)** Lösen Sie das Optimierungsproblem

$$\begin{cases} x_1 - x_2 + x_3 = \min \\ 2x_1 + x_2 + x_3 \quad = 4 \\ x_1 + x_2 \quad = 2 \\ \boldsymbol{x} \geq \boldsymbol{0} \end{cases}$$

mit dem Simplex-Verfahren.

## 6.7 Optimalitätsbedingungen und Dualität

*Das Lemma von* FARKAS *(Theorem 6.66) beschreibt den Kegel zur konvexen Hülle von Vektoren und damit kann die Lösung eines (LP) über eine* Komplementaritätsbedingung *charakterisiert werden (*KARUSH-KUHN-TUCKER*-Bedingung, Hauptsatz 6.68). Ein* duales Problem *hängt mit (LP) über den* Dualitätssatz *(Theorem 6.71) zusammen.*

**Aufgabe 6.20 (T)** Zeigen Sie anhand eines Gegenbeispiels, dass die Implikation „(ii)⇒(i)" in Satz 6.64 i. Allg. nicht für ein beliebiges differenzierbares Funktional $f$ gilt, d.h. (6.42) impliziert nicht, dass ein lokales Extremum vorliegt. (vgl. auch Bemerkungen 6.65,2).

**Aufgabe 6.21 (T)** Sei $A$ ein affiner Raum zu dem $\mathbb{R}$-Vektorraum $V$. $f : A \to \mathbb{R}$ heißt *konvex*, wenn

$$f(\alpha x + (1-\alpha)y) \leq \alpha f(x) + (1\alpha)f(y) \quad \text{für alle } \alpha \in [0,1]\,, \quad x, y \in A\,.$$

Zeigen Sie: Ist $A = \mathbb{R}^n$ und $f$ differenzierbar, so ist $f$ konvex im Sinn von (6.47).

**Aufgabe 6.22 (T)** Formulieren und beweisen Sie Alternativsätze nach Bemerkungen 6.67, 4).

**Aufgabe 6.23 (T)** Verifizieren Sie Bemerkungen 6.67, 5).

**Aufgabe 6.24 (T)** Entwickeln Sie die in Bemerkungen 6.72, 1) angekündigte Aussage und beweisen Sie diese durch Rückführung auf die Standardform von Theorem 6.71. Dabei kann $\boldsymbol{x}_2$ durch $\boldsymbol{x}_2 = \boldsymbol{x}_2^1 - \boldsymbol{x}_2^2$, $\boldsymbol{x}_2^i \geq \boldsymbol{0}$ ausgedrückt werden.

# Aufgaben zu Kapitel 7
# Lineare Algebra und Analysis

## 7.1 Normierte Vektorräume

*Ein linearer Operator zwischen $\mathbb{K}$-Vektorräumen ist stetig (in $\boldsymbol{v} = \boldsymbol{0}$) genau dann, wenn er beschränkt ist (Theorem 7.4). Auf endlichdimensionalen $\mathbb{K}$-Vektorräumen sind alle Normen äquivalent (Hauptsatz 7.10).*

**Aufgabe 7.1 (T)** Gegeben sei ein normierter $\mathbb{K}$-Vektorraum $(V, \| \, . \, \|)$. Zeigen Sie:

$$| \|\boldsymbol{v}\| - \|\boldsymbol{w}\| | \leq \|\boldsymbol{v} - \boldsymbol{w}\|$$

für $\boldsymbol{v}, \boldsymbol{w} \in V$.

**Aufgabe 7.2 (T)**

a) Man zeige die HÖLDERsche Ungleichung

$$| \langle \boldsymbol{x} \, . \, \boldsymbol{y} \rangle | \leq \|\boldsymbol{x}\|_p \|\boldsymbol{y}\|_q$$

auf dem euklidischen Raum $(\mathbb{K}^n, \langle \, . \, \rangle)$ für den Spezialfall $p = 1, q = \infty$. Man informiere sich über die YOUNGsche Ungleichung und zeige damit den allgemeinen Fall.

b) Zeigen Sie die Dreiecksungleichung für die in Bemerkungen 7.17, 3) definierte Norm auf $V/U$.

**Aufgabe 7.3 (T)** Sei $V$ ein $n$-dimensionaler $\mathbb{K}$-Vektorraum. Zeigen Sie: Für eine fest gewählte Basis $\{\boldsymbol{v}_1, \ldots, \boldsymbol{v}_n\}$ ist $\| \, . \, \|'$ eine Norm auf $V$, wobei

$$\|\boldsymbol{v}\|' := \Big\| \sum_{i=1}^{n} a_i \boldsymbol{v}_i \Big\|' := \Big( \sum_{i=1}^{n} |a_i|^2 \Big)^{1/2} = \|\boldsymbol{a}\|_2 \, .$$

**Aufgabe 7.4 (T)** Im Folgenraum $l^2(\mathbb{R})$ mit der vom inneren Produkt $\langle \, . \, \rangle$ induzierten Norm $\|(x_n)_n\|_2 := \left(\sum_{n=1}^{\infty} x_n^2\right)^{1/2}$ betrachte man die lineare Abbildung

$$T : l^2(\mathbb{R}) \to l^2(\mathbb{R}),\ A := (a_n)_n \mapsto B := (b_n)_n \quad \text{mit } b_n = \begin{cases} 0 & \text{für } n = 1\,, \\ a_{n-1} & \text{sonst}\,. \end{cases}$$

a) Zeigen Sie, dass für alle $A, B \in l^2(\mathbb{R})$ gilt: $\langle TA\,.\,TB\rangle = \langle A\,.\,B\rangle$.
b) Zeigen Sie, dass $T$ injektiv ist.
c) Geben Sie eine Abbildung $\tilde{T}$ an mit $\tilde{T} \circ T = \text{id}$. Ist $T$ bijektiv?

**Aufgabe 7.5 (T)** Sei $1 \le p \le q < \infty$. Zeigen Sie $(l^p(\mathbb{K}), \|\,.\,\|_p) \subset (l^q(\mathbb{K}), \|\,.\,\|_q)$, indem Sie auch die Abschätzung

$$\|(x_n)_n\|_q \le \|(x_n)_n\|_p \text{ für alle } (x_n)_n \in l^p(\mathbb{K})$$

beweisen.

## 7.2 Normierte Algebren

*Die* erzeugte Operatornorm *ist* verträglich *mit den Vektornormen (Theorem 7.23) und* submultiplikativ *(Satz 7.26). Die erzeugten Normen für die p-Normen auf $\mathbb{K}^n$ sind die* Spaltensummen- *($p = 1$),* Spektral- *($p = 2$) und* Zeilensummennorm *($p = \infty$) (Theorem 7.30). Am* Spektralradius *$\rho(A)$ einer Matrix liegt beliebig dicht eine Matrixnorm (Theorem 7.32) und daher ist die Matrixpotenz eine Nullfolge genau dann, wenn $\rho(A) < 1$. Die* NEUMANNsche Reihe *konvergiert für $\rho(A) < 1$ (Theorem 7.37) und die* Matrixexponentialfunktion *immer (Theorem 7.42). Eine allgemeine Lösung einer* Anfangswertaufgabe *für ein* homogenes System linearer Differentialgleichungen 1. Ordnung *wird durch* $\exp(At)\boldsymbol{y}_0$ *gegeben (Beispiel 7.44).*

**Aufgabe 7.6 (T)** Sei $V$ ein $n$-dimensionaler $\mathbb{K}$-Vektorraum. Zeigen Sie, dass für $n > 1$ die FROBENIUS-Norm eine submultiplikative Norm auf $L[V, V]$ ist, aber keine erzeugte Norm.

**Aufgabe 7.7 (T)** Die Gesamtnorm $\|\cdot\|_G$ einer Matrix $A \in \mathbb{K}^{(n,n)}$ sei definiert durch

$$\|A\|_G := n \max_{1 \le i,j \le n} |a_{ij}|\,.$$

Zeigen Sie, dass die Gesamtnorm $\|\cdot\|_G$ zur Maximumsnorm $\|\cdot\|_\infty$ und zur 1-Norm $\|\cdot\|_1$ verträglich ist.

**Aufgabe 7.8 (T)** Sei $\|\cdot\|$ eine submultiplikative Norm auf $\mathbb{K}^{(n,n)}$ und $A \in \mathbb{K}^{(n,n)}$. Zeigen Sie, dass die folgenden Aussagen äquivalent sind:

(i) $\rho(A) = \|A\|$.

(ii) Es gilt $\|A^k\| = \|A\|^k$ für alle $k = 1, 2, \ldots$

**Aufgabe 7.9** Sei $\|\,.\,\|$ eine Norm auf $\mathbb{K}^{(n,n)}$, die nicht notwendigerweise erzeugt ist. Zeigen Sie, dass es eine Konstante $C > 0$ gibt, so dass gilt:

$$\|AB\| \le C\|A\|\,\|B\| \text{ für alle } A, B \in \mathbb{K}^{(n,n)}\,.$$

**Aufgabe 7.10 (K)** Zeigen Sie, dass für

$$A = \begin{pmatrix} 2 & 0 \\ 0 & 3 \end{pmatrix} \text{ und } B = \begin{pmatrix} 0 & 1 \\ 0 & 0 \end{pmatrix}$$

gilt:

$$AB \neq BA \quad \text{und} \quad \exp(A+B) \neq \exp(A)\exp(B) .$$

**Aufgabe 7.11 (K)** Betrachtet wird die Matrix

$$A = \begin{pmatrix} a+1 & 1 \\ -1 & a-1 \end{pmatrix} \qquad \text{mit } a \neq 0 .$$

a) Zeigen Sie mit dem Satz von Cayley-Hamilton und vollständiger Induktion, dass gilt:

$$A^k = a^{k-1}(kA - a(k-1)\mathbb{1}) , \quad k \geq 1 .$$

b) Lösen Sie die Anfangswertaufgabe

$$\dot{\boldsymbol{y}}(t) = A\boldsymbol{y}(t) , \quad t \in \mathbb{R} , \quad \boldsymbol{y}(t_0) = \begin{pmatrix} 1 \\ -1 \end{pmatrix} .$$

**Aufgabe 7.12** Seien $A, B \in \mathbb{K}^{(n,n)}$ und es gelte $A = \exp(B)$. Zeigen Sie:

$$A \text{ ist unitär} \quad \Leftrightarrow \quad B \text{ ist schiefhermitesch} .$$

**Aufgabe 7.13 (T)** Leiten Sie mittels (7.29) eine Lösungsdarstellung her für die Anfangswertaufgabe (7.20) bei allgemeinem $A \in \mathbb{K}^{(n,n)}$ mit Eigenwerten in $\mathbb{K}$.

**Aufgabe 7.14 (T)** Leiten Sie mittels (7.26) und (7.29) eine reelle Lösungsdarstellung her für die Anfangswertaufgabe (7.20) für allgmeines $A \in \mathbb{R}^{(n,n)}$ .

**Aufgabe 7.15 (T)**

a) Zeigen Sie, dass für $\boldsymbol{x} \in \mathbb{K}^n$ gilt: $\|\boldsymbol{x}\|_2 \leq \|\boldsymbol{x}\|_1 \leq \sqrt{n}\|\boldsymbol{x}\|_2$.
b) Zeigen Sie, dass die Normen

$$\|u\|_\infty := \max_{x \in [0,1]} |u(x)| \quad \text{und} \quad \|u\|_2 := \Big( \int_0^1 |u(x)|^2 \, dx \Big)^{\frac{1}{2}}$$

im Raum $V = C([0,1], \mathbb{K})$ der stetigen Funktionen auf dem Intervall $[0,1]$ nicht äquivalent sind.

## 7.3 Hilbert-Räume

*In einem* Hilbert-Raum *existiert die* orthogonale Projektion *auf konvexe, abgeschlossene Mengen eindeutig (Hauptsatz 7.50) und damit gilt der* Rieszsche Darstellungssatz *(Theorem 7.53). Es gibt die* Besselsche Ungleichung *(Theorem 7.66) und ein Orthonormalsystem ist eine* Schauder-Basis *genau dann, wenn die* Vollständigkeitsrelation *bzw.* Parseval-Identiät *gilt (Theorem 7.71).* Schauder*-Basen im $L^2$ führen zur* Fourier-Analyse *(Satz 7.74).*

**Aufgabe 7.16 (T)** Es sei $(V, \langle\,.\,\rangle)$ ein euklidischer oder unitärer Vektorraum. Zeigen Sie:

a) Für konvergente Folgen $(v_n)_n$ und $(w_n)_n$ gilt

$$\left\langle \lim_{n\to\infty} v_n \,.\, \lim_{n\to\infty} w_n \right\rangle = \lim_{n\to\infty} \langle v_n \,.\, w_n \rangle .$$

b) Für konvergente Reihen $\sum_{n=1}^{\infty} v_n$ gilt

$$\left\langle \sum_{n=1}^{\infty} v_n \,.\, w \right\rangle = \sum_{n=1}^{\infty} \langle v_n \,.\, w \rangle .$$

**Aufgabe 7.17 (T)** Sei $(V, \langle\,.\,\rangle)$ ein $\mathbb{K}$-Hilbert-Raum, $\|\,.\,\|$ die erzeugte Norm. Zeigen Sie:

$$\|\boldsymbol{x}\| = \sup_{\|\boldsymbol{y}\|=1} |\langle \boldsymbol{y} \,.\, \boldsymbol{x} \rangle| .$$

**Aufgabe 7.18 (T)** Sei $V$ ein $\mathbb{C}$-Hilbert-Raum und $\Phi \in L[V, V]$. Man zeige:

$$\Phi \text{ selbstadjungiert} \Leftrightarrow \langle \Phi\boldsymbol{x} \,.\, \boldsymbol{x} \rangle \in \mathbb{R} \text{ für alle } \boldsymbol{x} \in V .$$

**Aufgabe 7.19 (K)** Verifizieren Sie, dass

$$g_k(x) := \begin{cases} \frac{1}{\sqrt{\pi}} \sin(kx) & \text{für } k = 1, 2, \ldots \\ \frac{1}{\sqrt{2\pi}} & \text{für } k = 0 \\ \frac{1}{\sqrt{\pi}} \cos(kx) & \text{für } k = -1, -2, \ldots \end{cases}$$

mit $k \in \mathbb{Z}$ ein Orthonormalsystem in $L^2([-\pi, \pi], \mathbb{R})$ ist.

**Aufgabe 7.20 (T)** Sei $(X, \|\cdot\|)$ ein normierter $\mathbb{C}$-Vektorraum und $\mathcal{B} = \{\boldsymbol{v}_i \ :\ i \in \mathbb{N}\}$ eine Schauder-Basis von $X$. Zeigen Sie, dass $X$ separabel ist.
Hinweis: Zeigen Sie, dass $M := \{\sum_{n=1}^{N} \alpha_n \boldsymbol{v}_n \ :\ N \in \mathbb{N},\ \alpha_1, \alpha_2, \ldots \in \mathbb{Q} + i\mathbb{Q}\}$ abzählbar und dicht in $X$ ist.

**Aufgabe 7.21 (T)** Zeigen Sie, dass $\mathcal{B} = \{(e_n^i)_n \ :\ i \in \mathbb{N}\}$ mit

$$(e_n^i)_n = (0, \ldots, 0, \overset{i}{1}, 0, \ldots)$$

eine Schauder-Orthonormalbasis des Hilbert-Raums $(l^2(\mathbb{K}), \langle\,.\,\rangle)$ ist.

## 7.4 Ausblick: Lineare Modelle, nichtlineare Modelle, Linearisierung

*Durch Linearisierungen 1. (*Jacobi*-Matrix) und 2. Ordnung (*Hesse*-Matrix) kann auf Aussagen zu LGS bzw. quadratischen Minimierungsproblemen zurückgegriffen werden.*

**Aufgabe 7.22** Sei $\Omega \subset \mathbb{R}^2$ offen, $f \in C^2(\Omega, \mathbb{R})$, sei $\nabla f(\boldsymbol{x}_0) = \boldsymbol{0}$,

$$\delta := \partial_{x_1,x_1} f(\boldsymbol{x}_0)\, \partial_{x_2,x_2} f(\boldsymbol{x}_0) - (\partial_{x_1,x_2} f(\boldsymbol{x}_0))^2 \quad \text{und } a := \partial_{x_1,x_1} f(\boldsymbol{x}_0)\,.$$

Zeigen Sie:

a) Ist $\delta > 0,\ a > 0$, so liegt in $\boldsymbol{x}_0$ ein lokales Minimum vor.
b) Ist $\delta > 0,\ a < 0$, so liegt in $\boldsymbol{x}_0$ ein lokales Maximum vor.
c) Ist $\delta < 0$, so liegt in $\boldsymbol{x}_0$ kein lokales Extremum vor.

# Aufgaben zu Kapitel 8
# Einige Anwendungen der Linearen Algebra

## 8.1 Lineare Gleichungssysteme, Ausgleichsprobleme und Eigenwerte unter Datenstörungen

*Die* Konditionszahl *beschreibt die relative Fehlerverstärkung bei LGS (Theorem 8.2). Die ab-* geschnittene SVD *(Satz 8.7) oder die* TIKHONOV*-Regularisierung (Theorem 8.9) regularisieren schlecht gestellte LGS. Die stetige Abhängigkeit von Eigenwerten von Störungen kann beliebig schlecht sein , nur bei (einfachen) Eigenwerten im diagonalisierbaren Fall liegt* LIPSCHITZ*-Stetigkeit vor (Satz 8.13, Satz 8.16).*

**Aufgabe 8.1 (K)** Bestimmen Sie für $0 < \varepsilon < 1$ die Konditionszahl der Matrix

$$A = \begin{pmatrix} 1 & 0 \\ 0 & \varepsilon \end{pmatrix}$$

bezüglich $\|\,.\,\|_\infty$ und $\|\,.\,\|_2$.

**Aufgabe 8.2 (T)** Betrachtet wird das LGS $Ax = b$ mit $A \in \mathrm{GL}(n, \mathbb{K})$, $b \in \mathbb{K}^n$. Sei $\|\,.\,\|$ eine erzeugte Norm auf $\mathbb{K}^n$ und $\kappa(A)$ die Konditionszahl von $A$ bezüglich $\|\,.\,\|$. Zu $x \in \mathbb{K}^n$ betrachte man das Residuum $r(x) = Ax - b$. Man zeige die folgenden a posteriori Abschätzungen für den absoluten und relativen Fehler:

$$\frac{\|r(x)\|}{\|A\|} \le \|x - A^{-1}b\| \le \|A^{-1}\|\,\|r(x)\|\,,$$

$$\frac{1}{\kappa(A)}\frac{\|r(x)\|}{\|b\|} \le \frac{\|x - A^{-1}b\|}{\|A^{-1}b\|} \le \kappa(A)\frac{\|r(x)\|}{\|b\|}\,.$$

**Aufgabe 8.3 (K)** Man betrachte das LGS $Ax = b$ mit

$$A = \begin{pmatrix} 40 & 40 \\ 39 & 40 \end{pmatrix} \quad \text{und} \quad b = \begin{pmatrix} 80 \\ 79 \end{pmatrix}.$$

Geben Sie Schranken für die relativen Fehler

$$S_A := \frac{\|\delta A\|_\infty}{\|A\|_\infty}, \quad S_b = \frac{\|\delta \boldsymbol{b}\|_\infty}{\|\boldsymbol{b}\|_\infty}$$

an, damit für die Lösung $\tilde{\boldsymbol{x}} = \boldsymbol{x} + \delta\boldsymbol{x}$ des gestörten Problems $(A + \delta A)\tilde{\boldsymbol{x}} = \delta\boldsymbol{b} + \boldsymbol{b}$ der relative Fehler $\|\delta\boldsymbol{x}\|_\infty / \|\boldsymbol{x}\|_\infty$ kleiner gleich $10^{-2}$ ausfällt.

**Aufgabe 8.4 (T)** Sei $A \in \mathbb{K}^{(n,n)}$, $A = A^\dagger$, $A > 0$. Dann wissen wir laut Satz 4.142, dass $A$ eine CHOLESKY-Zerlegung $A = LL^\dagger$ besitzt. Zeigen Sie:

$$\kappa_2(L) = \kappa_2(L^\dagger) = \sqrt{\kappa_2(A)} \leq \kappa_2(A) .$$

**Aufgabe 8.5 (T)** Für $\alpha > 0$ sei $\boldsymbol{x}_\alpha$ die Lösung des TIKHONOV-regularisierten Problems (8.7). Zeigen Sie

$$\|A\boldsymbol{x}_\alpha - \boldsymbol{b}\|_2 \overset{\alpha\to 0}{\longrightarrow} 0 \quad \Leftrightarrow \quad \boldsymbol{b} \in \operatorname{Bild}(A) .$$

**Aufgabe 8.6 (T)** Satz von GERSCHGORIN: Sei $A \in \mathbb{K}^{(n,n)}$, $\lambda \in \mathbb{C}$ ein Eigenwert von $A$, dann gibt es ein $j \in \{1, \ldots, n\}$, so dass

$$|\lambda - a_{j,j}| \leq \sum_{i=1, i\neq j}^{n} |a_{j,i}| =: r_j .$$

Die Eigenwerte liegen daher in der Vereinigung der GERSCHGORIN-Kreise $\overline{B}_{r_j}(a_{j,j})$ ($\subset \mathbb{C}$).

## 8.2 Klassische Iterationsverfahren für lineare Gleichungssysteme und Eigenwerte

Linear-stationäre Iterationsverfahren *für LGS mit Iterationsmatrix $M$ konvergieren global genau dann, wenn $\rho(M) < 1$ (Theorem 8.20).* Das Gradientenverfahren *konvergiert mit Kontraktionszahl $(\kappa - 1)/(\kappa + 1)$ für die Konditionszahl $\kappa$ (Satz 8.24). Die* Potenzmethode *approximiert den bertragsgrößten Eigenwert.*

**Aufgabe 8.7 (K)** Für die Matrizen

$$B_1 = \begin{pmatrix} 1 & -2 & 2 \\ -1 & 1 & -1 \\ -2 & -2 & 1 \end{pmatrix}, \quad B_2 = \frac{1}{2}\begin{pmatrix} 2 & -1 & -1 \\ 2 & 2 & -2 \\ 1 & 1 & 2 \end{pmatrix}$$

sollen die Gleichungssysteme $B_i\boldsymbol{x} = \boldsymbol{b}$ $(i = 1, 2)$ iterativ gelöst werden. Man überprüfe für das JACOBI- und das GAUSS-SEIDEL-Verfahren die globale Konvergenz für $B_1$ bzw. $B_2$.

**Aufgabe 8.8 (K)** Man betrachte das System $A\boldsymbol{x} = \boldsymbol{b}$ mit

$$A \in \mathbb{R}^{(n,n)} \text{ und } \boldsymbol{b} \in \mathbb{R}^n , \ A \text{ nach (MM.11)} .$$

Die Eigenwerte der Systemmatrix $M \in \mathbb{R}^{(n,n)}$ des Iterationsverfahrens

$$x^{(k+1)} = Mx^{(k)} + Nb, \quad k = 0, 1, 2, \ldots,$$

wobei $M$ und $N$ gemäß dem Jacobi-Verfahren gewählt seien, lauten $\cos\left(\frac{j\pi}{n+1}\right)$, $j = 1, \ldots, n$ nach Beispiel 3(10). Für welche Werte des Parameters $\omega \in \mathbb{R}$ konvergiert das gedämpfte Jacobi-Verfahren

$$x^{(k+1/2)} = Mx^{(k)} + Nb, \quad x^{(k+1)} = x^{(k)} - \omega(x^{(k)} - x^{(k+1/2)})\ ?$$

**Aufgabe 8.9 (T)** Sei $A \in \mathbb{R}^{(n,n)}$ mit $A^t = A$ und $A > 0$ gegeben.

a) Zeigen Sie, dass für zwei Vektoren $x, y \in \mathbb{R}^n$ mit $x^t y = 0$ stets

$$\frac{|\langle x \,.\, y\rangle_A|}{\|x\|_A \|y\|_A} \leq \frac{\kappa_2(A) - 1}{\kappa_2(A) + 1}$$

gilt, wobei $\kappa_2(A)$ die Konditionszahl von $A$ bezüglich $\|\,.\,\|_2$ bezeichne.
b) Zeigen Sie anhand eines Beispiels für $n = 2$, dass die Abschätzung aus a) scharf ist.

**Aufgabe 8.10 (T)** Gegeben sei die folgende Netzstruktur, für deren Knoten Gewichte bestimmt werden sollen:

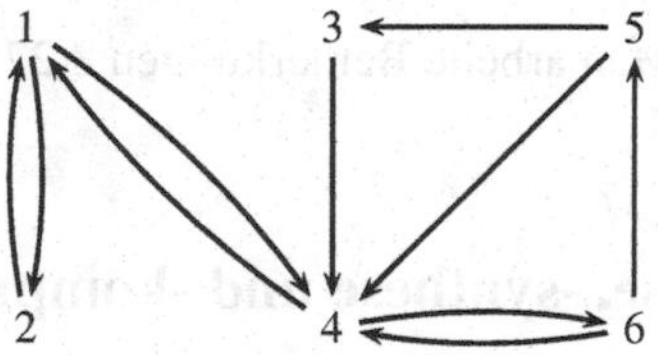


a) Stellen Sie die gewichtete Adjazenzmatrix $B$ zu diesem Netzwerk auf und berechnen Sie durch Lösen von $(B^t - \mathbb{1})x = \mathbf{0}$ Gewichte $x = (x_1, \ldots, x_6)^t$ für die einzelnen Seiten, wobei die Normierung $\|x\|_1 = n = 6$ gelten soll.
b) Das Netzwerk wird nun modifiziert, indem die Verbindungen zwischen den Knoten 1 und 4 entfernt werden. Welches Problem tritt nun bei der Ermittlung der Gewichte auf und warum?
c) Berechnen Sie für das modifizierte Netzwerk die Gewichte mit einer Dämpfung von $\omega = 0.85$, indem Sie die Lösung $x$ von $(\mathbb{1} - \omega B^t)x = (1 - \omega)\mathbf{1}$ bestimmen.

Hinweis: Für das Lösen von Gleichungssystemen können Sie ein Software-Werkzeug (z. B. MATLAB) verwenden.

**Aufgabe 8.11** Beim Page-Rank-Verfahren werde zusätzlich angenommen, dass von jedem Knoten des Netzwerkes mindestens eine Kante ausgeht. Zeigen Sie:

a) Das Gleichungssystem (8.12) ist äquivalent zur Eigenvektorgleichung

$$x = Mx\,, \quad \|x\|_1 = n\,, \quad x > \mathbf{0}\,, \tag{1}$$

wobei $M = (\omega B^t + (1-\omega)S)$ und $S = (1/n)_{i,j=1,\dots,n}$.

b) Sei $V = \{x \in \mathbb{R}^n \,:\, \sum_{i=1}^n x_i = 0\}$. Dann gilt $Mv \in V$ für alle $v \in V$ und

$$\|Mv\|_1 \leq c\|v\|_1 \quad \text{für alle } v \in V$$

mit $c = \max_{1\leq j\leq n} |1 - 2\min_{1\leq i\leq n} M_{i,j}| < 1$.

c) Sei $x_0 \geq \mathbf{0}$ ein beliebiger Vektor mit $\|x_0\|_1 = n$ und sei $\overline{x}$ die (eindeutige) Lösung von (8.13) bzw. (1). Zeigen Sie, dass dann $\lim_{k\to\infty} M^k x_0 = \overline{x}$ gilt. Die Potenzmethode konvergiert also gegen die Lösung der Eigenvektorgleichung und damit gegen die Lösung von (8.13).

**Aufgabe 8.12 (K)** Schreiben Sie eine MATLAB-Funktion

```
x = pagerank(B,omega) ,
```

die mit Hilfe der Potenzmethode einen Gewichtsvektor $x = (x_1, \dots, x_n)^t$ für die Gewichte der Seiten $x_1, \dots, x_n$ einer Netzstruktur nach dem Page-Rank-Algorithmus berechnet (siehe Aufgabe 8.11c). Eingabeparameter sind die gewichtete Adjazenzmatrix $B \in \mathbb{R}^{(n,n)}$ einer Netzstruktur und der Wichtungsfaktor $0 < \omega < 1$. Das Programm soll so viele Iterationen durchführen, bis $\|Mx_k - x_k\|_1 < 10^{-10}$ für die $k$-te Iterierte $x_k = M^k x_0$ gilt. Überprüfen Sie Ihr Programm anhand des Beispiels aus Aufgabe 8.10c).

**Aufgabe 8.13 (T)** Man arbeite Bemerkungen 8.27 2) und 3) aus.

## 8.3 Datenanalyse, -synthese und -kompression

Mehrskalen-Wavelet-Basen *erlauben eine schnelle Wavelet-Transformation (Theorem 8.29). Die* diskrete (inverse) Fourier-*Transformation kann mit der* schnellen Fourier-Transformation *(Hauptsatz 8.35) durchgeführt werden.*

**Aufgabe 8.14 (K)** Verifizieren Sie die Identitäten (8.61) und (8.62).

**Aufgabe 8.15 (K)** Auf dem Raum $V_2 = S_0(\Delta_2)$ der Treppenfunktionen über dem Intervall $[0, 1]$ soll der Basiswechsel von der Basis $M_2 = \{f_{2,0}, f_{2,1}, f_{2,2}, f_{2,3}\}$ in die Zweiskalenbasis $M_1 \cup N_1 = \{f_{1,0}, f_{1,1}, g_{1,0}, g_{1,1}\}$ untersucht werden, wobei die Funktionen $f_{k,j}$ und $g_{k,j}$ wie in (8.57) bzw. (8.59) definiert seien.

a) Skizzieren Sie die Basisfunktionen der Zweiskalenbasis $M_1 \cup N_1$.
b) Bestimmen Sie die Übergangsmatrix $A$ des Basisübergangs und zeigen Sie, dass $A^{-1} = A^t$ gilt.
c) Stellen Sie die Funktion $\chi_{[0,1]}(x) = \sum_{k=0}^3 \frac{1}{2} f_{2,k}(x)$ in der Zweiskalenbasis $M_1 \cup N_1$ dar

(i) durch Multiplikation mit $A^{-1}$,
(ii) unter Verwendung der schnellen Wavelet-Transformation (8.63)

und vergleichen Sie die Anzahl der jeweils benötigten Rechenoperationen.

**Aufgabe 8.16 (T)** Es sei $N = 2^p$, $p \in \mathbb{N}$ und $C \in \mathbb{C}^{(N,N)}$ eine *zirkulante Matrix*, d. h.

$$C = \begin{pmatrix} c_0 & c_1 & \dots & c_{N-2} & c_{N-1} \\ c_{N-1} & c_0 & c_1 & \dots & c_{N-2} \\ \vdots & \ddots & \ddots & \ddots & \vdots \\ c_2 & \dots & c_{N-1} & c_0 & c_1 \\ c_1 & c_2 & \dots & c_{N-1} & c_0 \end{pmatrix}.$$

Sei weiter $F_N$ die $N$-dimensionale FOURIER-Matrix

$$F_N = \begin{pmatrix} \omega^0 & \omega^0 & \dots & \omega^0 \\ \omega^0 & \omega^1 & \dots & \omega^{N-1} \\ \omega^0 & \omega^2 & \dots & \omega^{2(N-1)} \\ \vdots & \vdots & \vdots & \vdots \\ \omega^0 & \omega^{N-1} & \dots & \omega^{(N-1)^2} \end{pmatrix} \in \mathbb{C}^{(N,N)}$$

mit den Einheitswurzeln $\omega = e^{-i2\pi/N}$. Man beweise, dass dann gilt:

$$CF_N^\dagger = F_N^\dagger D \quad \text{mit } D = \operatorname{diag}(\lambda_i)_{i=0,\dots,N-1},$$

wobei $\lambda_i$ die Eigenwerte von $C$ sind. Daraus schließe man, dass die Eigenwerte einer zirkulanten Matrix durch eine FOURIER-Transformation ihrer ersten (komplex-konjugierten) Spalte berechnet werden können.

## 8.4 Lineare Algebra und Graphentheorie

*Graphen kann eine* Adjazenz- *und eine* Inzidenzmatrix *zugeordnet werden und einer Matrix ein* Adjazenzgraph- Irreduzibilität *und* Zusammenhang *entsprechen sich (Satz 8.43).*

**Aufgabe 8.17 (K)** Bestimmen Sie für den Graphen aus Aufgabe 8.10 die Adjazenzmatrix und die Inzidenzmatrix.

**Aufgabe 8.18 (T)** Zeigen Sie die Irreduzibilität der Matrix

$$A = \begin{pmatrix} 2 & -1 & & & \\ -1 & 2 & -1 & & \\ & \ddots & \ddots & \ddots & \\ & & -1 & 2 & -1 \\ & & & -1 & 2 \end{pmatrix} \in \mathbb{R}^{(n,n)}.$$

## 8.5 (Invers-)Monotone Matrizen und Input-Output-Analyse

*Nichtnegative Matrizen haben $\rho(A)$ als Eigenwert (Satz von* Perron *und* Frobenius*, Hauptsatz 8.51).* Invertierbare *$M$*-Matrizen *sind durch eine „positive" „Oberlösung" charakterisiert (Hauptsatz 8.54).*

**Aufgabe 8.19 (T)** Zeigen Sie, dass Matrizen $B = (b_{i,j}) \in \mathbb{R}^{(n,n)}$ mit (8.86) äquivalent in der Form (8.87) geschrieben werden können.

**Aufgabe 8.20 (T)** Zeigen Sie Korollar 8.60.

**Aufgabe 8.21 (T)** Sei $B \in \mathbb{R}^{(n,n)}$ symmetrisch.

a) Dann gilt im euklidischen Skalarprodukt

$$(B\boldsymbol{x}\,.\,\boldsymbol{x}) = \sum_{j=1}^{n}\left(\sum_{k=1}^{n} b_{j,k}|x_j|^2 - \sum_{j<k} b_{j,k}|x_i - x_j|^2\right).$$

Wenn $B$ (8.86) erfüllt und nicht-negative Zeilensummen hat (d. h. diagonaldominant ist), dann ist $B \geq 0$.

b) Gilt verschärft (8.88), so ist $B > 0$.

## 8.6 Kontinuierliche und diskrete dynamische Systeme

*Die Lösungen von linearen Differenzen- oder Differentialgleichungen 1. Ordnung lassen sich mit* Fundamentallösungen *darstellen im* homogenen *(Theorem 8.68) und im* inhomogenen *Fall* (Variation der Konstanten, *Hauptsatz 8.73).* Stabilität *und* asymptotische Stabilität *werden über das Fundamentalsystem beschrieben (Theorem 8.78, Theorem 8.85), d. h. im autonomen Fall über die Eigenwerte der Matrix (Hauptsatz 8.81,Theorem 8.87). Kontinuierliche werden durch (zeit-)diskrete Systeme approximiert (Theorem 8.95) und sind wieder (Orts-)Diskretisierungen von partiellen Differentialgleichungen. Für* stochastische Matrizen *konvergiert die Fixpunktiteration unter Zusatzbedingungen (Satz 8.104, Satz 8.109).*

**Aufgabe 8.22** Versehen Sie in der Entwicklung des Diffusionsmodells in Beispiel 3(12) jede Größe mit einer konsistenten (SI-)Einheit.

**Aufgabe 8.23** Wird in Beispiel 3(12) (bei äquidistanter Zerlegung) $u$ nicht als stückweise konstant auf den $F_i$, sondern als Interpolierende durch $(x_i, u_i)$, $i = 0, \ldots, n$ in $S_1(\Delta)$ aufgefasst, ist in (MM.115) $h^2(\dot{u}(t))$ zu ersetzen durch $M(\dot{u}(t))$ für ein $M \in \mathbb{R}^{(m,m)}$. Bestimmen Sie die Matrix $M$ explizit.

**Aufgabe 8.24** Analog zu Beispiel 3(12) leite man die diskrete *stationäre* und *instationäre Wärmeleitungsgleichung* her, indem folgende Ersetzungen vorgenommen werden: Konzentration – Temperatur $T$, Ficksches Gesetz – Fouriersches Gesetz, Massenfluss – Wärmestromdichte, Diffusionskoeffizient – Wärmeleitfähigkeit, Erhaltung der Masse – Erhaltung der Energie $E$, was ein weiteres konstruktives Gesetz $E = E(T)$ braucht, linear auszudrücken mittels Dichte und spezifischer Wärmekapazität.

**Aufgabe 8.25** Sei $A_k \in \mathbb{K}^{(n,n)}$ und $A = \lim_{k\to\infty} A_k$ existiere. Dann existiert auch $P := \lim_{k\to\infty} \frac{1}{k} \sum_{i=0}^{k-1} A_i$.

**Aufgabe 8.26** Zwei sich verneinende Nachrichten der Form $N_1$ :=„Der alte Holzmichl lebt" bzw. $N_2$ :=„Der alte Holzmichl ist tot" werden mündlich weitergegeben und zwar mit folgender stochastischer Übergangsmatrix

$$A = \begin{pmatrix} 1-p & q \\ p & 1-q \end{pmatrix}, \text{ wobei } 0 < p, q < 1 .$$

Zeigen Sie

$$\lim_{k\to\infty} A^k = \frac{1}{p+q} \begin{pmatrix} q & q \\ p & p \end{pmatrix} ,$$

d. h. ein Gerücht wird langfristig gleich wahrscheinlich mit der Wahrheit (bei $p = q = \frac{1}{2}$). Man untersuche auch die Grenzfälle $p \in \{0, 1\}$ oder $q \in \{0, 1\}$.

# Teil II
# Lösungen

# Lösungen zu Kapitel 1
# Der Zahlenraum $\mathbb{R}^n$ und der Begriff des reellen Vektorraums

## 1.1 Lineare Gleichungssysteme

**Lösung zu Aufgabe 1.1** Die Aufgabe führt auf das LGS

$$5x + 2y = 8$$
$$2x + 8y = 8\,,$$

wobei $x$ für den Preis eines Ochsen in Taels Gold und $y$ für den Preis eines Schafes in Taels Gold steht. Das LGS besitzt die eindeutige Lösung $x = \frac{4}{3}$ und $y = \frac{2}{3}$. Das heißt ein Ochse kostet $1.\overline{3}$ Taels Gold und ein Schaf $0.\overline{6}$ Taels Gold.

**Bemerkung zu Aufgabe 1.1** Wir haben als Zahlenmenge die reellen Zahlen $\mathbb{R}$ zugrunde gelegt, hätten dies aber auch mit den rationalen Zahlen $\mathbb{Q}$ tun können, wenn Koeffizienten und rechte Seiten wie hier zu $\mathbb{Q}$ gehören. Daher erhalten wir auch Lösungskomponenten in $\mathbb{Q}$, nicht aber in den ganzen Zahlen $\mathbb{Z}$, obwohl Koeffizienten und rechte Seiten zu $\mathbb{Z}$ gehören. Die Lösungskomponenten sind nur dann in $\mathbb{Z}$, wenn zum Beispiel die Multiplikatoren bei den Umformungsschritten alle ganzzahlig sind und nur Pivotelemente mit Betrag 1 entstehen.

Ärgerlich für den chinesischen Bauern an der Lösung des Problems ist wohl auch, das der Tael bei allen Varianten ein dezimales System war, so dass die Preise nicht korrekt mit „kleineren" Münzen ausgedrückt werden können. Aber eine Modifikation der rechten Seite zu $8{,}004$ (8 Tael und 4 Li) führt zu einer Lösung in Tael, Qian, Fen und Li.

**Lösung zu Aufgabe 1.2** Da $a_{2,2} \neq 0$, lässt sich die zweite Gleichung aus Aufgabe 1.2 eindeutig nach $x_2^{(1)}$ auflösen:

$$x_2^{(1)} = -\frac{a_{2,1}}{a_{2,2}} x_1^{(1)}$$

Weiter ist $\tilde{b}_1 \neq 0$, denn sonst wäre $\left(x_1^{(1)}, x_2^{(1)}\right)$ die Lösung zum homogenen LGS zu (1), (2), das nach Theorem 1.8 auch eindeutig lösbar ist, also $x_1^{(1)} = 0$ (siehe Bemerkungen 1.9, 2)) entgegen der Annahme. Wegen der Homogenität von der zweiten Gleichung ist für beliebiges $\alpha \in \mathbb{R}$

$$x_1^{(2)} := \alpha x_1^{(1)}\ ,\ x_2^{(2)} := \alpha x_2^{(1)}$$

auch eine Lösung derselbigen (siehe Bemerkungen 1.9, 3)) und $x_2^{(2)}$ ist durch $x_1^{(2)}$ eindeutig bestimmt. Es reicht also $\alpha$ so zu bestimmen, dass auch die erste Gleichung gilt, also

$$a_{1,1}\alpha x_1^{(1)} + a_{1,2}\alpha x_2^{(1)} = \alpha\tilde{b}_1 \stackrel{!}{=} b_1\ ,$$

was wegen $\tilde{b}_1 \neq 0$ genau durch $\alpha = b_1/\tilde{b}_2$ möglich ist. $\left(x_1^{(2)}, x_2^{(2)}\right)^t$[1] ist dann das im Verfahren beschriebene Lösungstupel.

**Bemerkung zu Aufgabe 1.2** Wesentlich ist hier Bemerkungen 1.9, 3). Allgemeiner ist dies die Eigenschaft, dass die Lösungsmenge eines homogenen LGS ein Vektorraum ist (siehe (1.41)).

## Lösung zu Aufgabe 1.3

a) Mit dem Gaussschen Eliminationsverfahren ergibt sich:

$$\left(\begin{array}{cccc|c} -2 & 1 & 3 & -4 & -12 \\ -4 & 3 & 6 & -5 & -21 \\ 0 & -1 & 2 & 2 & -2 \\ -6 & 6 & 13 & 10 & -22 \end{array}\right) \to \left(\begin{array}{cccc|c} -2 & 1 & 3 & -4 & -12 \\ 0 & 1 & 0 & 3 & 3 \\ 0 & -1 & 2 & 2 & -2 \\ 0 & 3 & 4 & 22 & 14 \end{array}\right)$$

$$\to \left(\begin{array}{cccc|c} -2 & 1 & 3 & -4 & -12 \\ 0 & 1 & 0 & 3 & 3 \\ 0 & 0 & 2 & 5 & 1 \\ 0 & 0 & 4 & 13 & 5 \end{array}\right) \to \left(\begin{array}{cccc|c} -2 & 1 & 3 & -4 & -12 \\ 0 & 1 & 0 & 3 & 3 \\ 0 & 0 & 2 & 5 & 1 \\ 0 & 0 & 0 & 3 & 3 \end{array}\right).$$

Die Lösung ist eindeutig, da alle Pivotelemente ungleich 0 sind und erhältlich durch Rückwärtssubstitution:

$$x_4 = 1\ , \qquad x_3 = \frac{1}{2}(1-5) = -2\ ,$$

$$x_2 = 3 - 3 = 0\ , \qquad x_1 = -\frac{1}{2}(-12 - 3(-2) + 4) = 1\ .$$

Damit lautet die eindeutige Lösung $(x_1, x_2, x_3, x_4)^t = (1, 0, -2, 1)^t$.

b) Mit dem Gaussschen Eliminationsverfahren ergibt sich:

$$\left(\begin{array}{ccc|c} 1 & 1 & 2 & 3 \\ 2 & 2 & 5 & -4 \\ 5 & 5 & 11 & 6 \end{array}\right) \to \left(\begin{array}{ccc|c} 1 & 1 & 2 & 3 \\ 0 & 0 & 1 & -10 \\ 0 & 0 & 1 & -9 \end{array}\right) \to \left(\begin{array}{ccc|c} 1 & 1 & 2 & 3 \\ 0 & 0 & 1 & -10 \\ 0 & 0 & 0 & 1 \end{array}\right).$$

Das System besitzt keine Lösung, d. h. die Lösungsmenge $L$ ist leer, $L = \emptyset$.

[1] Zur Notation $\boldsymbol{x}^t$ siehe S. 30 in Knabner und Barth 2012

c) Mit dem GAUSSschen Eliminationsverfahren ergibt sich:

$$\left(\begin{array}{cccccc|c} 1 & 1 & & & & & 0 \\ & 1 & 1 & & & & \vdots \\ & & \ddots & \ddots & & & \vdots \\ & & & & 1 & 1 & \vdots \\ 1 & & & & & 1 & 0 \end{array}\right) \to \left(\begin{array}{cccccc|c} 1 & 1 & & & & & 0 \\ & 1 & 1 & & & & \vdots \\ & & \ddots & \ddots & & & \vdots \\ & & & & 1 & 1 & \vdots \\ & -1 & & & & 1 & 0 \end{array}\right) \to \left(\begin{array}{cccccc|c} 1 & 1 & & & & & 0 \\ & 1 & 1 & & & & \vdots \\ & & \ddots & \ddots & & & \vdots \\ & & & & 1 & 1 & \vdots \\ & & 1 & & & 1 & 0 \end{array}\right) \to \cdots$$

Fährt man so fort, ergibt sich nach $n-2$ Schritten die Gestalt

$$\begin{array}{cc} \text{wenn } n \text{ gerade ist} & \text{wenn } n \text{ ungerade ist} \\ \left(\begin{array}{ccccc|c} 1 & 1 & & & & 0 \\ & 1 & 1 & & & \vdots \\ & & \ddots & \ddots & & \vdots \\ & & & 1 & 1 & \vdots \\ & & & 1 & 1 & 0 \end{array}\right) & \left(\begin{array}{ccccc|c} 1 & 1 & & & & 0 \\ & 1 & 1 & & & \vdots \\ & & \ddots & \ddots & & \vdots \\ & & & 1 & 1 & \vdots \\ & & & -1 & 1 & 0 \end{array}\right) \end{array}.$$

Im ungeraden Fall ergibt sich nach einem letzten Schritt

$$\left(\begin{array}{ccccc|c} 1 & 1 & & & & 0 \\ & 1 & 1 & & & \vdots \\ & & \ddots & \ddots & & \vdots \\ & & & 1 & 1 & \vdots \\ & & & & 2 & 0 \end{array}\right)$$

und das homogene System besitzt nur die triviale Lösung, da alle Pivotelemente ungleich 0 sind. Im geraden Fall ergibt sich im letzten Schritt

$$\left(\begin{array}{ccccc|c} 1 & 1 & & & & 0 \\ & 1 & 1 & & & \vdots \\ & & \ddots & \ddots & & \vdots \\ & & & 1 & 1 & \vdots \\ 0 & \ldots & \ldots & \ldots & 0 & 0 \end{array}\right)$$

und das System erlaubt alle Tupel $(a, -a, a, -a, \cdots, a, -a)^t$ mit $a \in \mathbb{R}$ beliebig als Lösungen. Es gilt also für die Lösungsmenge $L$:

$$L = \begin{cases} \{(0, \cdots, 0)^t\} & \text{für } n \text{ ungerade} \\ \{(a, -a, \cdots, a, -a)^t : a \in \mathbb{R}\} & \text{für } n \text{ gerade.} \end{cases}$$

**Bemerkung zu Aufgabe 1.3** Das Gauss-*Verfahren* ist ein *Algorithmus*, d. h. alle Schritte sind (nach Wahl einer Pivotauswahlstrategie) festgelegt. Die Aufgaben 1.1 und 1.2 hätte man also sowohl einem numerisch rechnenden Werkzeugkasten wie Matlab oder einem symbolisch rechnenden Computer-Algebra-System (Cas) wie Maple überlassen können. Bei Aufgabe 1.3 dagegen muss ein Bildungsgesetz erkannt werden. Genau genommen hätte die Lösungsraumdarstellung mit vollständiger Induktion (Satz B.3) bewiesen werden müssen.

## Lösung zu Aufgabe 1.4

a) Mit dem Gaussschen Eliminationsverfahren ergibt sich zunächst:

$$\left(\begin{array}{cccc|c} 1 & 2 & 3 & -1 & 5 \\ 1 & 3 & 0 & 1 & 9 \\ 2 & 4 & \alpha & -2 & \beta \end{array}\right) \to \left(\begin{array}{cccc|c} 1 & 2 & 3 & -1 & 5 \\ 0 & 1 & -3 & 2 & 4 \\ 0 & 0 & \alpha-6 & 0 & \beta-10 \end{array}\right).$$

Im Fall $\alpha = 6$ und $\beta \neq 10$ hat das LGS keine Lösung. In Fall $\alpha = 6$ und $\beta = 10$ ergibt sich

$$\left(\begin{array}{cccc|c} 1 & 2 & 3 & -1 & 5 \\ 0 & 1 & -3 & 2 & 4 \\ 0 & 0 & 0 & 0 & 0 \end{array}\right) \tag{1}$$

und durch Rückwärtssubstitution

$$\begin{aligned} x_2 &= 4 + 3x_3 - 2x_4 \\ x_1 &= 5 + x_4 - 3x_3 - 2(4 + 3x_3 - 2x_4) = -3 - 9x_3 + 5x_4 \end{aligned} \tag{2}$$

und damit $L = \{(-3 - 9\lambda_3 + 5\lambda_4, 4 + 3\lambda_3 - 2\lambda_4, \lambda_3, \lambda_4)^t : \lambda_3, \lambda_4 \in \mathbb{R}\}$. Schließlich ergibt sich im Fall $\alpha \neq 6$ durch Rückwärtssubstitution

$$\begin{aligned} x_3 &= \frac{\beta-10}{\alpha-6} \\ x_2 &= 4 + 3\cdot\frac{\beta-10}{\alpha-6} - 2x_4 \\ x_1 &= 5 - 2\left(4 + 3\cdot\frac{\beta-10}{\alpha-6} - 2x_4\right) - 3\cdot\frac{\beta-10}{\alpha-6} + x_4 = -3 - 9\cdot\frac{\beta-10}{\alpha-6} + 5x_4 \end{aligned} \tag{3}$$

und damit die Lösungsmenge $L$ zu

$$L = \left\{\left(-3 - 9\cdot\frac{\beta-10}{\alpha-6} + 5\lambda_4, 4 + 3\cdot\frac{\beta-10}{\alpha-6} - 2\lambda_4, \frac{\beta-10}{\alpha-6}, \lambda_4\right)^t : \lambda_4 \in \mathbb{R}\right\}. \tag{4}$$

b) Im homogenen Fall lautet das System

$$\left(\begin{array}{cccc|c} 1 & 2 & 3 & -1 & 0 \\ 0 & 1 & -3 & 2 & 0 \\ 0 & 0 & \alpha-6 & 0 & 0 \end{array}\right),$$

also für $\alpha = 6$

$$\left(\begin{array}{cccc|c} 1 & 2 & 3 & -1 & 0 \\ 0 & 1 & -3 & 2 & 0 \\ 0 & 0 & 0 & 0 & 0 \end{array}\right).$$

Hieraus ergibt sich durch Rückwärtssubstitution

$$\begin{aligned} x_2 &= 3x_3 - 2x_4 \\ x_1 &= -2(3x_3 - 2x_4) - 3x_3 + x_4 = -9x_3 + 5x_4\,, \end{aligned}$$

also $L = \{(-9\lambda_3 + 5\lambda_4, 3\lambda_3 - 2\lambda_4, \lambda_3, \lambda_4)^t \,:\, \lambda_3, \lambda_4 \in \mathbb{R}\}$.
Im Fall $\alpha \neq 6$ ergibt sich durch Rückwärtssubstitution

$$\begin{aligned} x_3 &= 0 \\ x_2 &= -2x_4 \\ x_1 &= x_4 - 2(-2x_4) = 5x_4 \end{aligned} \tag{5}$$

und damit $L = \{(5\lambda_4, -2\lambda_4, 0, \lambda_4)^t \,:\, \lambda_4 \in \mathbb{R}\}$.

**Bemerkung zu Aufgabe 1.4** Umformung auf Zeilenstufenform und Rückwärtssubstitution sind unabhängig voneinander. Daher lässt sich die obige Lösung verkürzen: Bei (1) sind $x_3$ und $x_4$ freie Parameter, bei (3) nur $x_4$ und $x_3$ (= $(\beta - 10)/(\alpha - 6)$) ist festgelegt. (4) entsteht also aus (2) durch diese Festlegung. Analoges gilt für (5). Für das homogene LGS kann direkt Theorem 1.8 angewendet werden: In (2) bzw. (4) ist der parameterunabhängige Summand (d. h. unabhängig von $\lambda_3, \lambda_4$ bzw. $\lambda_3, \alpha, \beta$ sind fest gegebene Werte) eine spezielle Lösung des inhomogenen LGS und der parameterabhängige Summand die allgemeine Lösung des homogenen LGS.

**Lösung zu Aufgabe 1.5** Eine mögliche Formulierung, die die Bedingungen in der angegebenen Reihenfolge belässt, ist das homogene LGS in 9 Unbekannten aus 7 Gleichungen mit der Koeffizientenmatrix

$$\begin{pmatrix} 1 & 1 & 1 & -1 & -1 & -1 & 0 & 0 & 0 \\ 0 & 0 & 0 & 1 & 1 & 1 & -1 & -1 & -1 \\ -1 & 0 & 0 & -1 & 0 & 0 & 0 & 1 & 1 \\ 1 & -1 & 0 & 1 & -1 & 0 & 1 & -1 & 0 \\ 0 & 1 & -1 & 0 & 1 & -1 & 0 & 1 & -1 \\ -1 & 0 & 1 & 0 & -1 & 1 & 0 & 0 & 0 \\ 1 & 0 & -1 & 0 & 0 & 0 & -1 & 0 & 1 \end{pmatrix} \begin{array}{c} \textcircled{1} \\ \textcircled{2} \\ \textcircled{3} \\ \textcircled{4} \\ \textcircled{5} \\ \textcircled{6} \\ \textcircled{7} \end{array}$$

Um das Gaussche Eliminationsverfahren durchführen zu können, ordnen wir um zu $\textcircled{7}, \textcircled{5}, \textcircled{3}, \textcircled{4}, \textcircled{6}, \textcircled{2}, \textcircled{1}$ und machen folgende Umformungen $\textcircled{3}^I = \textcircled{3} + \textcircled{7}$, $\textcircled{4}^I = \textcircled{4} - \textcircled{7}$, $\textcircled{6}^I = \textcircled{6} + \textcircled{7}$, $\textcircled{1}^I = \textcircled{1} - \textcircled{7}$; $\textcircled{4}^{II} = \textcircled{4}^I + \textcircled{5}$, $\textcircled{1}^{II} = \textcircled{1}^I - \textcircled{5}$; $\textcircled{3}^{II} = -\textcircled{3}^I$, $\textcircled{1}^{III} = \textcircled{1}^{II} - 3 \cdot \textcircled{3}^I$; $\textcircled{1}^{IV} = \textcircled{1}^{III} + 4 \cdot \textcircled{4}^{II}$, $\textcircled{2}^I = \textcircled{2} - \textcircled{4}^{II}$, $\textcircled{6}^{II} = -\textcircled{6}^I$; $\textcircled{1}^V = \textcircled{1}^{IV} + 2 \cdot \textcircled{6}^{II}$, $\textcircled{2}^{II} = \textcircled{2}^I - \textcircled{6}^{II}$; $\textcircled{1}^{VI} = \textcircled{1}^V + 2 \cdot \textcircled{2}^{II}$ und erhalten so die Zeilenstufenform

$$\begin{pmatrix} 1 & 0 & -1 & 0 & 0 & 0 & -1 & 0 & 1 \\ 0 & 1 & -1 & 0 & 1 & -1 & 0 & 1 & -1 \\ 0 & 0 & 1 & 1 & 0 & 0 & 1 & -1 & -2 \\ 0 & 0 & 0 & 1 & 0 & -1 & 2 & 0 & -2 \\ 0 & 0 & 0 & 0 & 1 & -1 & 1 & 0 & -1 \\ 0 & 0 & 0 & 0 & 0 & 3 & -4 & -1 & 2 \\ 0 & 0 & 0 & 0 & 0 & 0 & 0 & 0 & 0 \end{pmatrix} \begin{matrix} ⑦ \\ ⑤ \\ ③^{II} \\ ④^{II} \\ ⑥^{II} \\ ②^{II} \\ ①^{VI} \end{matrix}$$

Durch Rückwärtssubstitution lässt sich die allgemeine Lösung bestimmen. Alle Pivotelemente sind 1 bis auf die letzte Zeile. Dennoch liegt eine Lösung vor mit Komponenten in $\mathbb{Z}$ (wenn die Parameter in $\mathbb{Z}$ gewählt werden), da die Parameter als entsprechende Vielfache angesetzt werden können. (Da das LGS homogen ist mit Koeffizienten in $\mathbb{Z}$, gilt dies allgemein: Warum?) Also:

$$\begin{aligned} x_9 &= 3\lambda_9, \quad x_8 = 3\lambda_8, \quad x_7 = 3\lambda_7, \qquad (6)\\ x_6 &= 4\lambda_7 + \lambda_8 - 2\lambda_9, \\ x_5 &= x_6 - x_7 + x_9 = \lambda_7 + \lambda_8 + \lambda_9 \\ x_4 &= x_6 - 2x_7 + 2x_9 = -2\lambda_7 + \lambda_8 + 4\lambda_9 \\ x_3 &= -x_4 - x_7 + x_8 + 2x_9 = -\lambda_7 + 2\lambda_8 + 2\lambda_9 \\ x_2 &= x_3 - x_5 + x_6 - x_8 + x_9 = 2\lambda_7 - \lambda_8 + 2\lambda_9 \\ x_1 &= x_3 + x_7 - x_9 = 2\lambda_7 + 2\lambda_8 - \lambda_9 \,. \end{aligned}$$

Es gibt aber neben ganzzahligen Lösungen auch solche mit Komponenten nur in $\mathbb{N}$. Eine ohne die Vorüberlegungen offensichtliche ist

$$\boldsymbol{x} = (n, \ldots, n)^t \quad \text{für jedes } n \in \mathbb{N} \,.$$

Ganzzahlige Lösungen können auch für nichtganzzahlige Parameter entstehen. Wählt man $\lambda_7 = 8/3$, $\lambda_8 = 1/3$, $\lambda_9 = 6/3$, erhält man die Lösung

$$\boldsymbol{x} = (4, 9, 2, 3, 5, 7, 8, 1, 6)^t \,. \qquad (7)$$

Hier sind also alle Komponenten paarweise verschieden und aus $[1, 9]$, d. h.

$$\text{jedes } n \in \mathbb{N},\ 1 \le n \le 9 \text{ kommt genau einmal vor.} \qquad (8)$$

Wenn diese Zusatzbedingung erfüllt ist, spricht man i. Allg. erst von einem *magischen Quadrat.* Diese sind also nicht vollständig mittels LGS untersuchbar. Die Lösung (7) war schon im alten China bekannt (Lo-Shu), auch mit dem GOETHE-Zitat wird sie in Verbindung gebracht (GLAESER (2008, ...)), A Zahlen, S. 406). Üblicherweise wird sie in der Form

$$\begin{pmatrix} x_1 & x_2 & x_3 \\ x_4 & x_5 & x_6 \\ x_7 & x_8 & x_9 \end{pmatrix}, \tag{9}$$

d. h. als Matrix in 3 Zeilen und Spalten geschrieben, d. h. die definierenden Bedingungen sind (neben (8)) die

$$\begin{gathered}\text{Gleichheit von Zeilen-, Spalten-, Diagonalen- und} \\ \text{Gegendiagonalensumme.}\end{gathered} \tag{10}$$

**Bemerkung zu Aufgabe 1.5** Sucht man eingeschränkt Lösungen, die (8) erfüllen, so muss die Konstante, mit der alle Zeilen-, Spalten- und Diagonalsummen gleich sind, gleich 15 sein, denn: Sei $Z_1 := x_1 + x_2 + x_3$, $Z_2 := x_4 + x_5 + x_6$, $Z_3 := x_7 + x_8 + x_9$. Dann ist $Z_1 = Z_2 = Z_3 =: c$ und so $Z_1 + Z_2 + Z_3 = 3c$ und andererseits $Z_1 + Z_2 + Z_3 = \sum_{k=1}^{9} k = 10 \cdot 9/2 = 45$ (allgemein gilt $\sum_{k=1}^{n} k = (n+1)n/2$). Also

$$c = 15. \tag{11}$$

(Analog mit $S_1 := x_1 + x_4 + x_7$, $S_2 := x_2 + x_5 + x_8$, $S_3 := x_3 + x_6 + x_9$). Damit lässt sich alternativ das folgende inhomogene LGS betrachten:

$$\left(\begin{array}{ccccccccc|c} 1&1&1&0&0&0&0&0&0&15 \\ 0&0&0&1&1&1&0&0&0&15 \\ 0&0&0&0&0&0&1&1&1&15 \\ 1&0&0&1&0&0&1&0&0&15 \\ 0&1&0&0&1&0&0&1&0&15 \\ 0&0&1&0&0&1&0&0&1&15 \\ 1&0&0&0&1&0&0&0&1&15 \\ 0&0&1&0&1&0&1&0&0&15 \end{array}\right) \tag{12}$$

Da in der allgemeinen Lösung (6) gilt $Z_3 = 3(\lambda_7 + \lambda_8 + \lambda_9)$ $(= Z_2 = Z_3)$ bedeutet (8) die Zusatzbedingung

$$\lambda_7 + \lambda_8 + \lambda_9 = 5 \quad \text{bzw.} \quad \lambda_7 = 5 - \lambda_8 - \lambda_9$$

und damit die allgemeine Lösung

$$\begin{aligned} x_1 &= 10 & & -3\lambda_9 \\ x_2 &= 10 & -3\lambda_8 & \\ x_3 &= -5 & +3\lambda_8 & +3\lambda_9 \\ x_4 &= -10 & +3\lambda_8 & +6\lambda_9 \\ x_5 &= 5 & & \\ x_6 &= 20 & -3\lambda_8 & -6\lambda_9 \\ x_7 &= 15 & -3\lambda_8 & -3\lambda_9 \\ x_8 &= & 3\lambda_8 & \\ x_9 &= & & 3\lambda_9 \end{aligned} \tag{13}$$

Das „Zentralelement“ $x_5$ ist also auf $x_5 = 5$ festgelegt. Das lässt sich auch direkt einsehen

$$4c = D_1 + D_2 + Z_2 + S_2 = 3c + 3x_5,$$

$$\text{wobei} \quad D_1 := x_1 + x_5 + x_9, \quad D_2 := x_3 + x_5 + x_7 .$$

Man beachte, dass es auch in dieser Lösungsmenge Lösungen mit natürlichen Komponenten gibt, die nicht die Magische Quadrat-Bedingung (8) erfüllen: z. B. für $\lambda_8 = 3$, $\lambda_9 = 1$ erhält man

$$(7, 1, 7, 5, 5, 5, 3, 9, 3)^t \quad \text{als Lösung.}$$

Die Summenidentität (11) lässt sich auf *magische Quadrate der Ordnung n* übertragen: Hier handelt es sich um $n^2$ Zahlen (als Matrix in $n$ Zeilen und Spalten geschrieben), die (10) und (8) erfüllen. Für diese gilt für die Summe

$$c = \frac{n^3 + n}{2},$$

denn

$$\frac{n^2(n^2+1)}{2} = \sum_{k=1}^{n^2} k = \sum_{i=1}^{n} S_i = nc,$$

wobei wie oben die $S_i$, $i = 1, \ldots, n$, die Spaltensummen bezeichnen.

## Lösung zu Aufgabe 1.6

a)

$$\begin{array}{rrrrl} 1 & 2 & 2 & 3 & \textcircled{1} \\ 1 & 0 & -2 & 0 & \textcircled{2} \\ 3 & -1 & 1 & -2 & \textcircled{3} \\ 4 & -3 & 0 & 2 & \textcircled{4} \end{array} \qquad \begin{array}{rrrrl} 1 & 2 & 2 & 3 & \textcircled{1} \\ 0 & -2 & -4 & -3 & \textcircled{2}' = \textcircled{2} - \textcircled{1} \\ 0 & -7 & -5 & -11 & \textcircled{3}' = \textcircled{3} - 3\textcircled{1} \\ 0 & -11 & -8 & -10 & \textcircled{4}' = \textcircled{4} - 4\textcircled{1} \end{array}$$

$$\begin{array}{rrrrl} 1 & 2 & 2 & 3 & \textcircled{1} \\ 0 & 1 & 2 & 3/2 & \textcircled{2}'' = -1/2\textcircled{2}' \\ 0 & 0 & 9 & -1/2 & \textcircled{3}'' = \textcircled{3}' + 7\textcircled{2}'' \\ 0 & 0 & 14 & 13/2 & \textcircled{4}'' = \textcircled{4}' + 11\textcircled{2}'' \end{array} \qquad \begin{array}{rrrrl} 1 & 2 & 2 & 3 & \textcircled{1} \\ 0 & 1 & 2 & 3/2 & \textcircled{2}'' \\ 0 & 0 & 1 & -1/18 & \textcircled{3}''' = 1/9\textcircled{3}'' \\ 0 & 0 & 0 & 131/18 & \textcircled{4}''' = \textcircled{4}'' - 14\textcircled{3}''' \end{array}$$

b)

$$\begin{array}{rrrrl} 2 & 1 & 3 & 2 & \textcircled{1} \\ 3 & 0 & 1 & -2 & \textcircled{2} \\ 1 & -1 & 4 & 3 & \textcircled{3} \\ 2 & 2 & -1 & 1 & \textcircled{4} \end{array} \qquad \begin{array}{rrrrl} 1 & -1 & 4 & 3 & \textcircled{3} \\ 0 & 3 & -11 & -11 & \textcircled{2}' = \textcircled{2} - 3\textcircled{3} \\ 0 & 3 & -5 & -4 & \textcircled{1}' = \textcircled{1} - 2\textcircled{3} \\ 0 & 4 & -9 & -5 & \textcircled{4}' = \textcircled{4} - 2\textcircled{3} \end{array}$$

$$\begin{array}{rrrrl} 1 & -1 & 4 & 3 & \textcircled{3} \\ 0 & 3 & -11 & -11 & \textcircled{2}' \\ 0 & 0 & 6 & 7 & \textcircled{1}'' = \textcircled{1}' - \textcircled{2}' \\ 0 & 0 & 17/3 & 29/3 & \textcircled{4}'' = \textcircled{4}' - 4/3\textcircled{2}' \end{array} \qquad \begin{array}{rrrrl} 1 & -1 & 4 & 3 & \textcircled{3} \\ 0 & 3 & -11 & -11 & \textcircled{2}' \\ 0 & 0 & 6 & 7 & \textcircled{1}'' \\ 0 & 0 & 0 & 55/18 & \textcircled{4}''' = \textcircled{4}'' - 17/18\textcircled{1}'' \end{array}$$

**Lösung zu Aufgabe 1.7** Sei $(p_1, \ldots, p_n)$ eine Lösung von (LG) (S. 7), d. h.

$$\sum_{k=1}^{n} a_{i,k} p_k = b_i, \text{ dann auch } \sum_{k=1}^{n} a_{i,k} c p_k = c \sum_{k=1}^{n} a_{i,k} p_k = c b_i,\ i = 1, \ldots, n\,,$$

d. h. eine Lösung von (LG) ist auch eine Lösung des transformierten Systems (auch für $c = 0$). Ist $c \neq 0$, kann der obige Schritt durch Kürzen von $c$ auch umgekehrt werden, d. h. eine Lösung des transformierten Systems ist auch eine Lösung von

(LG) (alternativ: Umformung des transformierten Systems mit (II) mit $1/c$, siehe Definition 1.3).

**Lösung zu Aufgabe 1.8** Sei $m \in \mathbb{N}$ die Anzahl von Zeilen und Spalten von $A$, definiert man

$$a_k := \frac{m-k+2}{m-k+1} \text{ für } k = 1, \ldots, m \quad \text{und} \quad B_k := \begin{pmatrix} a_k & -1 & & & 0 \\ -1 & 2 & \ddots & & \\ & \ddots & \ddots & \ddots & \\ & & \ddots & \ddots & -1 \\ 0 & & & -1 & 2 \end{pmatrix}$$

mit $k$ Zeilen und Spalten, dann ist $B_m = A$, so dass es für den Nachweis von (MM.13) reicht zu zeigen für $k = 2, \ldots, m$: $B_k$ wird durch elementare Umformungen vom Typ (III) mit $c = 1/a_k, \ldots, 1/a_2$ umgeformt zu

$$R_k = \begin{pmatrix} a_k & -1 & & & 0 \\ & a_{k-1} & \ddots & & \\ & & \ddots & \ddots & \\ & & & \ddots & -1 \\ 0 & & & & a_1 \end{pmatrix}. \tag{14}$$

(14) wird durch (un)vollständige Induktion über $k$ gezeigt.
Für den Induktionsschritt $k \to k+1$ beachte man $2 - 1/a_k = a_{k-1}$, also $k = 2$:

$$B_2 = \begin{pmatrix} a_2 & -1 \\ -1 & 2 \end{pmatrix} \underset{\substack{\text{Typ (III)} \\ c=1/a_2}}{\longrightarrow} \begin{pmatrix} a_2 & -1 \\ 0 & 2 - 1/a_2 \end{pmatrix} = \begin{pmatrix} a_2 & -1 \\ 0 & a_1 \end{pmatrix}.$$

$k \to k+1$:

$$B_k \underset{\substack{\text{Typ (III)} \\ c=1/a_k}}{\longrightarrow} \begin{pmatrix} a_k & -1 & & & & & 0 \\ 0 & 2 - 1/a_k & -1 & & & & \\ & -1 & 2 & -1 & & & \\ & & -1 & 2 & -1 & & \\ & & & \ddots & \ddots & \ddots & \\ & & & & \ddots & \ddots & -1 \\ 0 & & & & & -1 & 2 \end{pmatrix} = \left(\begin{array}{c|c} a_k & -1 \; 0 \cdots 0 \\ \hline 0 & \\ \vdots & B_{k-1} \\ 0 & \end{array}\right)$$

$$\underset{\substack{\text{Ind. Vor.} \\ \text{Typ (III)} \\ c=1/a_{k-1}, \ldots, 1/a_2}}{\longrightarrow} \left(\begin{array}{c|c} a_k & -1 \; 0 \cdots 0 \\ \hline 0 & \\ \vdots & R_{k-1} \\ 0 & \end{array}\right) = R_k .$$

**Bemerkung zu Aufgabe 1.8** Da (14) nur für $k = 1, \dots, n$ und nicht für $k \in \mathbb{N}$ gezeigt wird, handelt es sich nur um eine endliche Rekursion, zu deren Begründung Satz B.3 nicht nötig ist.

## 1.2 Vektorrechnung im $\mathbb{R}^n$ und der Begriff des $\mathbb{R}$-Vektorraums

### Lösung zu Aufgabe 1.9

a) $\boldsymbol{x} \in L_1 \cap L_2 \quad \Leftrightarrow \quad$ es existieren $s, t \in \mathbb{R}$, so dass

$$\begin{pmatrix}-7\\0\end{pmatrix} + s\begin{pmatrix}2\\1\end{pmatrix} = \begin{pmatrix}5\\0\end{pmatrix} + t\begin{pmatrix}-1\\1\end{pmatrix} \text{ bzw. } \begin{pmatrix}2\\1\end{pmatrix}s + \begin{pmatrix}1\\-1\end{pmatrix}t = \begin{pmatrix}12\\0\end{pmatrix} .$$

Es ist also ein LGS mit zwei Gleichungen und Unbekannten zu lösen. Das GAUSSsche Eliminationsverfahren liefert

$$\left(\begin{array}{cc|c}2 & 1 & 12\\1 & -1 & 0\end{array}\right) \to \left(\begin{array}{cc|c}1 & -1 & 0\\2 & 1 & 12\end{array}\right) \to \left(\begin{array}{cc|c}1 & -1 & 0\\0 & 3 & 12\end{array}\right),$$

also $t = 4$, $(s = 4)$ und somit $\boldsymbol{x} = \begin{pmatrix}5\\0\end{pmatrix} + 4\begin{pmatrix}-1\\1\end{pmatrix} = \begin{pmatrix}1\\4\end{pmatrix}$.

Einsetzen in $L_3$: $\boldsymbol{x} = \begin{pmatrix}0\\8\end{pmatrix} + r\begin{pmatrix}-1\\4\end{pmatrix}$ liefert zwei Bestimmungsgleichungen für $r$, welche beide die gleiche Lösung haben sollten:

$$\begin{pmatrix}1\\-4\end{pmatrix} = r\begin{pmatrix}-1\\4\end{pmatrix} \Leftrightarrow r = -1 .$$

b) Die Gerade durch $\begin{pmatrix}10\\-4\end{pmatrix}, \begin{pmatrix}4\\0\end{pmatrix}$ ist nach Satz 1.18 die Menge der $\boldsymbol{x} \in \mathbb{R}^2$, so dass

$$\boldsymbol{x} = \begin{pmatrix}4\\0\end{pmatrix} + t\begin{pmatrix}6\\-4\end{pmatrix}.$$

$\boldsymbol{x} = \begin{pmatrix}-5\\6\end{pmatrix}$ liegt auf dieser Geraden, da die sich ergebenden zwei Gleichungen für $t$ die gleiche Lösung haben:

$$\begin{pmatrix}-9\\6\end{pmatrix} = t\begin{pmatrix}6\\-4\end{pmatrix} \Leftrightarrow t = -\frac{3}{2} .$$

**Bemerkung zu Aufgabe 1.9** Wegen der expliziten Darstellung (siehe Lemma 1.17) bedeutet Schnittpunktbestimmung zweier Geraden im $\mathbb{R}^2$ Lösen eines LGS aus zwei Gleichungen mit zwei Unbekannten (aus $n$ Gleichungen bei Geraden im $\mathbb{R}^n$).

**Lösung zu Aufgabe 1.10** Die Geraden sind

$$L = \left\{ \begin{pmatrix} -1 \\ 3 \end{pmatrix} + \lambda_1 \begin{pmatrix} 6 \\ -5 \end{pmatrix} : \lambda_1 \in \mathbb{R} \right\} \quad \text{und} \quad M = \left\{ \begin{pmatrix} -2 \\ -2 \end{pmatrix} + \lambda_2 \begin{pmatrix} 3 \\ 8 \end{pmatrix} : \lambda_2 \in \mathbb{R} \right\}.$$

Die Bedingung, dass ein Punkt im Schnitt ist, ergibt das LGS

$$\lambda_1 \begin{pmatrix} 6 \\ -5 \end{pmatrix} + \lambda_2 \begin{pmatrix} -3 \\ -8 \end{pmatrix} = \begin{pmatrix} -1 \\ -5 \end{pmatrix}$$

mit der Lösung $(\lambda_1, \lambda_2)^t = (1/9, 5/9)^t$ und damit den Schnittpunkt

$$S = (-1/3, 22/9)^t.$$

**Lösung zu Aufgabe 1.11** Die drei Gleichungen stellen ein inhomogenes LGS mit zwei Unbekannten dar, das mit Gauss auf Lösbarkeit überprüft werden kann.

$$\left(\begin{array}{cc|c} 1 & 2 & 1 \\ 3 & 1 & -2 \\ -1 & 3 & 4 \end{array}\right) \to \left(\begin{array}{cc|c} 1 & 2 & 1 \\ 0 & -5 & -5 \\ 0 & 5 & 5 \end{array}\right) \to \left(\begin{array}{cc|c} 1 & 2 & 1 \\ 0 & 1 & 1 \\ 0 & 0 & 0 \end{array}\right).$$

Die letzte Zeile zeigt die Lösbarkeit, wegen der nichtverschwindenden Pivotelemente in Zeile 1 und 2 ist die Lösung eindeutig, nämlich

$$y = 1, \quad x = 1 - 2y = -1.$$

**Bemerkung zu Aufgabe 1.11** Hier liegt die implizite Geradendarstellung (Satz 1.19) vor. Schnitte von $k$ Geraden ergeben sich direkt als Lösung eines LGS aus $k$ Gleichungen.

**Lösung zu Aufgabe 1.12** Die sechs Schnittpunkte sind gegeben durch

$$S_{1,2} = 0,\ S_{1,3} = \boldsymbol{e}_1,\ S_{1,4} = \lambda\boldsymbol{e}_1,\ S_{2,3} = \boldsymbol{e}_2,\ S_{2,4} = \mu\boldsymbol{e}_2,\ S_{3,4} = \frac{(1-\mu)\lambda\boldsymbol{e}_1 + (\lambda-1)\mu\boldsymbol{e}_2}{\lambda - \mu}.$$

Die drei Mittelpunkte der Strecken $\overline{S_{1,2}S_{3,4}}$, $\overline{S_{1,3}S_{2,4}}$ und $\overline{S_{1,4}S_{2,3}}$ berechnen sich durch

$$m_k = \frac{1}{2}(S_{i,j} + S_{k,4})$$

mit $\{i, j, k\} = \{1, 2, 3\}$ und $i < j$, d.h.

$$m_1 = \frac{\lambda\boldsymbol{e}_1 + \boldsymbol{e}_2}{2},\ m_2 = \frac{\boldsymbol{e}_1 + \mu\boldsymbol{e}_2}{2},\ m_3 = \frac{(1-\mu)\lambda\boldsymbol{e}_1 + (\lambda-1)\mu\boldsymbol{e}_2}{2(\lambda-\mu)}.$$

Für diese drei Punkte gilt die Identität

$$\lambda(m_2 - m_3) = \frac{\lambda\mu}{2(\lambda - \mu)}((\lambda - 1)\boldsymbol{e}_1 + (1 - \mu)\boldsymbol{e}_2) = \mu(m_1 - m_3)$$

und damit liegen Sie (nach Lemma 1.17) auf einer Geraden.

**Lösung zu Aufgabe 1.13** Die Operationen auf Abb($M$, $W$) sind „punktweise“ definiert, d. h. für $f, g \in \mathrm{Abb}(M, W)$

$$\begin{aligned}(f + g)(x) &= f(x) + g(x) \quad \text{für } x \in M\,,\\ (\lambda g)(x) &= \lambda f(x) \quad \text{für } x \in M\,.\end{aligned}$$

Dadurch reduziert sich die Gültigkeit der 8 Bedingungen für einen $\mathbb{R}$-Vektorraum auf jeweils die gleiche Bedingung für $W$. Als Beispiel werde (M.V1) betrachtet

$$\begin{aligned}((\lambda + \mu)f)(x) &\overset{\text{Def.}}{=} (\lambda + \mu)f(x) \overset{\text{(M.V1) für } W}{=} \lambda f(x) + \mu f(x)\\ &\overset{\text{Def.}}{=} (\lambda f + \mu f)(x) \quad \text{für alle } x \in M, \text{ also}\\ (\lambda + \mu)f &= \lambda f + \mu f \quad \text{für } \lambda, \mu \in \mathbb{R},\ f \in \mathrm{Abb}(M, W)\,.\end{aligned}$$

Insbesondere setzen sich neutrale und inverse Elemente „punktweise“ zusammen, also

$$0(x) := 0\,, \quad (-f)(x) := -f(x) \quad \text{für } x \in M\,.$$

**Bemerkung zu Aufgabe 1.13** Dies ist der bisher allgemeinste $\mathbb{R}$-Vektorraum, $W = \mathbb{R}$ (als $\mathbb{R}$-Vektorraum) ergibt wieder Abb($M$, $\mathbb{R}$).

## 1.3 Lineare Unterräume und das Matrix-Vektor-Produkt

**Lösung zu Aufgabe 1.14** Die Menge werde jeweils mit $M$ bezeichnet.

a) Ja, da $M$ die Lösungsmenge eines homogenen LGS (1.41) ist.

b) Ja, da $M = \{(0, 0)^t\}$.

c) Nein, da $\boldsymbol{x} = (1, -1)^t$, $\boldsymbol{y} = (1, 1)^t \in M$, aber $\boldsymbol{x} + \boldsymbol{y} = (2, 0)^t \notin M$ ($M$ = Geradenpaar).

d) Nein, da $M$ Lösungsmenge eines inhomogenen LGS:

$$\boldsymbol{x}, \boldsymbol{y} \in M,\ \boldsymbol{z} := \boldsymbol{x} + \boldsymbol{y} \ : \quad z_1 - z_2 = 2,\ \text{d. h. } \boldsymbol{z} \notin M\,.$$

e) Nein, da für $\boldsymbol{x} \in M$, $\lambda \in \mathbb{R}$, $|\lambda| \neq 1$ für $\boldsymbol{y} = \lambda\boldsymbol{x}$ gilt: $y_1^2 + y_2^2 = \lambda^2 \neq 1$, d. h. $\boldsymbol{y} \notin M$ ($M$ = Kreis).

f) Nein, da $x_2 = t^2 = x_1^2$ und deswegen analog zu e) für $\lambda \neq 1$ gilt: $y_1 = \lambda t =: \widetilde{t}$, aber $y_2 = \lambda x_2 = \lambda t^2 \neq \lambda^2 t^2 = \widetilde{t}^2$ ($M$ = Parabel).

g) Ja: Wegen $\{t^3 : t \in \mathbb{R}\} = \mathbb{R}$ ist die Bedingung äquivalent zu $x_1 - x_2 = 0$: siehe a).

h) Nein: Sei $x_1 = 1, \lambda = 1/2 \in \mathbb{R}$, dann ist $\lambda x_1 \notin \mathbb{Z}$.

**Lösung zu Aufgabe 1.15** Die Frage lautet nach der Existenz von $\lambda_1, \lambda_2, \lambda_3 \in \mathbb{R}$, so dass

$$\begin{pmatrix} 3 \\ -1 \\ 0 \\ -1 \end{pmatrix} = \lambda_1 \begin{pmatrix} 2 \\ -1 \\ 3 \\ 2 \end{pmatrix} + \lambda_2 \begin{pmatrix} -1 \\ 1 \\ 1 \\ -3 \end{pmatrix} + \lambda_3 \begin{pmatrix} 1 \\ 1 \\ 9 \\ -5 \end{pmatrix}.$$

Dies entspricht der Frage nach der Lösbarkeit des LGS mit der folgenden erweiterten Koeffizientenmatrix, auf die also das GAUSS-Verfahren angewendet wird:

$$\left(\begin{array}{ccc|c} 2 & -1 & 1 & 3 \\ -1 & 1 & 1 & -1 \\ 3 & 1 & 9 & 0 \\ 2 & -3 & -5 & -1 \end{array}\right) \longrightarrow \left(\begin{array}{ccc|c} 1 & -1 & -1 & 1 \\ 0 & 1 & 3 & 1 \\ 0 & 4 & 12 & -3 \\ 0 & -1 & -3 & -3 \end{array}\right) \longrightarrow \left(\begin{array}{ccc|c} 1 & -1 & -1 & 1 \\ 0 & 1 & 3 & 1 \\ 0 & 0 & 0 & -7 \\ 0 & 0 & 0 & -2 \end{array}\right) \text{ ist nicht lösbar.}$$

**Lösung zu Aufgabe 1.16** „$\Leftarrow$“: $U_1 \cup U_2 = U_1$ bei $U_2 \subset U_1$ und $U_1 \cup U_2 = U_2$ bei $U_1 \subset U_2$, ist also in beiden Fällen ein linearer Unterraum.
„$\Rightarrow$“: 1. Fall: $U_1 \subset U_2$: Die Behauptung gilt.
2. Fall: $U_1 \not\subset U_2$, d. h. es gibt ein $\overline{\boldsymbol{u}} \in U_1$, sodass $\overline{\boldsymbol{u}} \notin U_2$. Sei $\boldsymbol{u} \in U_2$, dann gilt $\boldsymbol{v} := \boldsymbol{u} + \overline{\boldsymbol{u}} \in U_1 \cup U_2$, da $\boldsymbol{u}, \overline{\boldsymbol{u}} \in U_1 \cup U_2$. Wäre $\boldsymbol{v} \in U_2$, dann auch $\overline{\boldsymbol{u}} = \boldsymbol{v} - \boldsymbol{u} \in U_2$ im Widerspruch zur Definition, also ist $\boldsymbol{v} \in U_1$. Damit ist auch $\boldsymbol{u} = \boldsymbol{v} - \overline{\boldsymbol{u}} \in U_1$, es gilt also $U_2 \subset U_1$.

**Lösung zu Aufgabe 1.17** Zur Verdeutlichung wird zwischen Multiplikationen/Divisionen (M) und Additionen (A) unterschieden.

zu 1) Ein SKP im $\mathbb{R}^n$ benötigt $n$ M und $(n-1)$ A, zusammen $2n - 1$ Operationen. Eine SAXPY-Operation benötigt $n$ M und $n$ A, zusammen $2n$ Operationen.

zu 2) Ein Matrix-Vektor-Produkt $A\boldsymbol{x}$ mit $A \in \mathbb{R}^{(m,n)}$ benötigt $m(n\text{M} + (n-1)\text{A})$, zusammen $m(2n-1)$ Operationen.

zu 3) Die Rückwärtssubstitution für ein Staffelsystem mit $r = n = m$ benötigt:
$n$ M (für die Division durch das Pivotelement),
$\sum_{\nu=1}^{n}(n-\nu)$ M (für die „bekannten“ Produkte) und
$\sum_{\nu=1}^{n}(n-\nu)$ A (für deren Addition und die Subtraktion der Summe von der rechten Seite).

Es gilt:

$$\sum_{k=1}^{n} k = (n+1)n/2 \quad \text{(Beweis durch vollständige Induktion)}\,,\ \text{also} \tag{15}$$

$$\text{M:} \quad n + \sum_{\nu=1}^{n-1} \nu = n + n(n-1)/2 = n(n+1)/2\,,$$

$$\text{A:} \quad n(n-1)/2,$$

zusammen: $n^2$ Operationen.

zu 4) Es sei $n = m = r$ vorausgesetzt. Der Aufwand zur Suche des Pivotelements und für einen Zeilentausch wird nicht berücksichtigt (man vergleiche dazu Algorithmus 2, S. 268). Fasst man die einzelnen elementaren Zeilenumformungen zu Schritten zusammen, die die „Bereinigung" einer ganzen Spalte (unter dem Diagonalelement) beinhalten, gibt es also $n-1$ Schritte (Man vergleiche Abschnitt 2.4.3 und 2.5.2). Im $\nu$-ten Schritt sind 1 Division (zur Bestimmung des Multiplikators) und für jede der letzten $n-\nu$ Zeilen $n-\nu$ Multiplikationen und Additionen nötig, also

$$\begin{aligned}\text{M:} \quad \sum_{\nu=1}^{n-1}(n-\nu)(1+n-\nu) &= \sum_{\nu=1}^{n-1}\nu(1+\nu) = \sum_{\nu=1}^{n-1}\nu + \sum_{\nu=1}^{n-1}\nu^2 \\ &= n(n-1)/2 + (n-1)n(2n-1)/6 = n(n^2-1)/3 \\ &= 1/3n^3 + \mathrm{O}(n)\end{aligned}$$

nach (15) und der nachfolgenden Identität

$$\sum_{k=1}^{n} k^2 = n(n+1)(2n+1)/6 = \frac{1}{3}n^3 + \mathrm{O}(n^2). \tag{16}$$

$$\begin{aligned}\text{A:} \quad \sum_{\nu=1}^{n-1}(n-\nu)(n-\nu) &= \sum_{\nu=1}^{n-1}\nu^2 = (n-1)n(2n-1)/6 \\ &= \frac{1}{3}n^3 - \frac{1}{3}n^2 + \frac{1}{6}n = \frac{1}{3}n^3 + \mathrm{O}(n^2)\,.\end{aligned}$$

Zusammen: $\frac{2}{3}n^3 - \frac{1}{6}n - \frac{1}{3}n^2 + \mathrm{O}(n^2)$.

**Lösung zu Aufgabe 1.18** Sei $U := \{\boldsymbol{x} \in \mathbb{R}^n : A\boldsymbol{x} = \boldsymbol{b}\}$ mit $A \in \mathbb{R}^{(m,n)}$, $\boldsymbol{b} \in \mathbb{R}^m$ und es existiere ein $\boldsymbol{x} \in U$. Nach Theorem 1.8 ist

$$U = \overline{\boldsymbol{x}} + \{\boldsymbol{x} \in \mathbb{R}^n \ : \ A\boldsymbol{x} = \boldsymbol{0}\} =: \overline{\boldsymbol{x}} + W$$

und nach (1.41) ist $W$ ein linearer Unterraum.

Ist das LGS homogen, dann ist $U = W$ ein Unterraum. Ist $U$ ein linearer Unterraum, dann gilt $\boldsymbol{0} \in U$, d. h. $\boldsymbol{b} = A\boldsymbol{0} = \boldsymbol{0}$.

**Lösung zu Aufgabe 1.19**

zu 1) Sei $A = \boldsymbol{v} + U, \boldsymbol{w} \in A$, d. h. $\boldsymbol{w} = \boldsymbol{v} + \overline{\boldsymbol{u}}$ für ein $\overline{\boldsymbol{u}} \in U$, also

$$\begin{aligned} \boldsymbol{x} \in A &\Leftrightarrow \boldsymbol{x} = \boldsymbol{v} + \boldsymbol{u} \quad \text{für ein } \boldsymbol{u} \in U \\ &\Leftrightarrow \boldsymbol{x} = \boldsymbol{v} + \overline{\boldsymbol{u}} + \boldsymbol{u} - \overline{\boldsymbol{u}} \quad \text{für ein } \boldsymbol{u} \in U \\ &\Leftrightarrow \boldsymbol{x} = \boldsymbol{w} + \widetilde{\boldsymbol{u}} \quad \text{für } \widetilde{\boldsymbol{u}} \in U \Leftrightarrow \boldsymbol{x} \in \boldsymbol{w} + U, \end{aligned}$$

zu $\boldsymbol{w}$ sei dabei $\widetilde{\boldsymbol{u}} := \boldsymbol{u} - \overline{\boldsymbol{u}}$, zu $\widetilde{\boldsymbol{u}}$ sei $\overline{\boldsymbol{u}} := \boldsymbol{u} - \widetilde{\boldsymbol{u}}$.

zu 2) Sei $\overline{\boldsymbol{a}} \in A$. Nach 1) reicht es zu zeigen $A = \overline{\boldsymbol{a}} + U$ mit $U := U_1 \cap U_2$. Allgemein gilt: Sind $\boldsymbol{x}_1, \boldsymbol{x}_2 \in A = \boldsymbol{v} + U$, d. h. $A$ affiner Raum, dann ist

$$\begin{aligned} &\boldsymbol{x}_1 - \boldsymbol{x}_2 \in U\,, \\ \text{denn} \quad &\boldsymbol{x}_1 - \boldsymbol{x}_2 = \boldsymbol{v} + \boldsymbol{u}_1 - (\boldsymbol{v} + \boldsymbol{u}_2) = \boldsymbol{u}_1 - \boldsymbol{u}_2 \in U \quad \text{wegen} \quad \boldsymbol{u}_1, \boldsymbol{u}_2 \in U\,. \end{aligned}$$

„$\subset$": Sei $\boldsymbol{x} \in A$, dann folgt wegen

$$\begin{aligned} &\boldsymbol{x} = \overline{\boldsymbol{a}} + \boldsymbol{x} - \overline{\boldsymbol{a}} \quad \text{und der Vorbemerkung:} \\ &\boldsymbol{x} - \overline{\boldsymbol{a}} \in U_i, i = 1, 2, \quad \text{also} \quad \boldsymbol{x} - \overline{\boldsymbol{a}} \in U_1 \cap U_2 \quad \text{und damit} \\ &\boldsymbol{x} \in \overline{\boldsymbol{a}} + U_1 \cap U_2 \end{aligned}$$

„$\supset$": Sei $\boldsymbol{x} = \bar{\boldsymbol{a}} + \boldsymbol{u}, \boldsymbol{u} \in U_1 \cap U_2$, also mit $\bar{\boldsymbol{a}} = \boldsymbol{v}_1 + \overline{\boldsymbol{u}}_1 = \boldsymbol{v}_2 + \overline{\boldsymbol{u}}_2, \overline{\boldsymbol{u}}_i \in U_i, i = 1, 2$, ist auch $\boldsymbol{x} = \boldsymbol{v}_1 + \overline{\boldsymbol{u}}_1 + \boldsymbol{u} \in \boldsymbol{v}_1 + U_1 = A_1$ und $\boldsymbol{x} \in \boldsymbol{v}_2 + U_2 = A_2$, also $\boldsymbol{x} \in A$.

## 1.4 Lineare (Un-)Abhängigkeit und Dimension

**Lösung zu Aufgabe 1.20** (i) $\Rightarrow$ (ii) und (i) $\Rightarrow$ (iii) folgt sofort aus der Definition von Basis und Dimension.

(ii) $\Rightarrow$ (i): Es bleibt zu zeigen: $U = \text{span}(M)$. Angenommen, $W := \text{span}(M) \neq U$, dann gibt es nach Satz 1.70 Vektoren $\boldsymbol{u}_1, \ldots, \boldsymbol{u}_s$, so dass $M \cup \{\boldsymbol{u}_1 \ldots \boldsymbol{u}_s\}$ eine Basis von $U$ ist. Dann ist aber $\dim U = k+s > k$ im Widerspruch zur Annahme $\dim U = k$.

(iii) $\Rightarrow$ (i): Es bleibt zu zeigen: $M$ ist linear unabhängig. Angenommen, $M$ ist linear abhängig. Nach Satz 1.71 gibt es ein $M' \subset M$, so dass $M'$ linear unabhängig ist und $\text{span}(M') = \text{span}(M) = U$ gilt, d. h. $M'$ ist eine Basis von $U$. Nach Annahme ist $M' \neq M$, hat also weniger als $k$ Elemente im Widerspruch zur Annahme $\dim U = k$.

**Lösung zu Aufgabe 1.21**

$$A = \begin{pmatrix} 1 & 3 & 6 & 10 \\ 3 & 6 & 10 & 15 \\ 6 & 10 & 15 & 21 \\ 10 & 15 & 21 & 28 \end{pmatrix} \rightarrow \begin{pmatrix} 1 & 3 & 6 & 10 \\ 0 & -3 & -8 & -15 \\ 0 & -8 & -21 & -39 \\ 0 & -15 & -39 & -72 \end{pmatrix} \rightarrow \begin{pmatrix} 1 & 3 & 6 & 10 \\ 0 & 3 & 8 & 15 \\ 0 & 0 & \frac{1}{3} & 1 \\ 0 & 0 & 1 & 3 \end{pmatrix} \rightarrow \begin{pmatrix} 1 & 3 & 6 & 10 \\ 0 & 3 & 8 & 15 \\ 0 & 0 & 1 & 3 \\ 0 & 0 & 1 & 3 \end{pmatrix} \rightarrow \begin{pmatrix} 1 & 3 & 6 & 10 \\ 0 & 3 & 8 & 15 \\ 0 & 0 & 1 & 3 \\ 0 & 0 & 0 & 0 \end{pmatrix}$$

Damit ist die Dimension des Lösungsraums zu $A\boldsymbol{x} = \boldsymbol{0}$ gleich 1, da das LGS den Freiheitsgrad $x_4$ hat (Rückwärtssubstitution!). Nach der Dimensionsformel $I$ (Theorem 1.82) also (Zeilen-)Rang von $A = 4 - 1 = 3$.

**Lösung zu Aufgabe 1.22** Die eine Gleichung in 4 Unbekannten, die $U$ bzw. $V$ definiert, befindet sich also trivialerweise in Zeilenstufenform und als Parameter können drei beliebige Komponenten gewählt werden, da alle Einträge von $\boldsymbol{a}_1$ nicht verschwinden (siehe Spezialfall 4 in 1.2). Wir wählen die Komponenten 2, 3, 4 und erhalten eine Basis, indem wir diese mit einer Basis des $\mathbb{R}^3$ besetzen, z. B. die Standardbasis (vgl. Beweis von Theorem 1.82). Dies liefert als Basis von $U$:

$$\begin{aligned} \boldsymbol{v}_1 &= (-2, 1, 0, 0)^t \\ \boldsymbol{v}_2 &= (1, 0, 1, 0)^t \\ \boldsymbol{v}_3 &= (2, 0, 0, 1)^t \,. \end{aligned}$$

Analog ergibt sich für $V$

$$\begin{aligned} \boldsymbol{w}_1 &= (1, 1, 0, 0)^t \\ \boldsymbol{w}_2 &= (1, 0, 1, 0)^t \\ \boldsymbol{w}_3 &= (1, 0, 0, 1)^t \,. \end{aligned}$$

Für $U \cap V$ müssen beide Gleichungen erfüllt sein. Gauss liefert dazu in analoger Weise, durch Setzen der freien Komponenten 3 und 4 auf die Einheitsvektoren

$$\begin{pmatrix} 1 & 2 & -1 & -2 \\ 1 & -1 & -1 & -1 \end{pmatrix} \to \begin{pmatrix} 1 & 2 & -1 & -2 \\ 0 & -3 & 0 & 1 \end{pmatrix}$$

und daher die Basisvektoren

$$\boldsymbol{u} := (1, 0, 1, 0)^t \quad (= \boldsymbol{v}_2 = \boldsymbol{w}_2) \quad \boldsymbol{v} = (4, 1, 0, 3)^t \,.$$

In beiden Fällen gilt

$$\boldsymbol{v} = \boldsymbol{v}_1 + 3\boldsymbol{v}_3 \quad \text{bzw.} \quad \boldsymbol{v} = \boldsymbol{w}_1 + 3\boldsymbol{w}_3 \,,$$

wie sich etwa auch durch Lösen der entsprechenden inhomogenen LGS (siehe RLGS nach Satz 1.44) ermitteln lässt. Nach dem Beweis von Satz 1.86 ergänzt man die Basis von $U \cap V$, d. h. $\boldsymbol{u}, \boldsymbol{v}$ zu einer Basis von $U$, – dies geht mit $\boldsymbol{v}_1$ oder $\boldsymbol{v}_3$ – und zu einer Basis von $V$, d. h. – dies geht mit $\boldsymbol{w}_1$ oder $\boldsymbol{w}_3$ – dann ist $\boldsymbol{u}, \boldsymbol{v}, \boldsymbol{v}_1, \boldsymbol{w}_1$ eine Basis von $U + V$. Insbesondere ist $\dim U + V = 4$ und damit nach Bemerkungen 1.77,2) auch $U + V = \mathbb{R}^4$.

**Lösung zu Aufgabe 1.23** „⇒": Es seien $\boldsymbol{v}_1, \ldots, \boldsymbol{v}_n$ linear unabhängig. Sei $\boldsymbol{0} = \sum_{i=1}^n c_i \boldsymbol{w}_i$, so dass nach Hauptsatz 1.62 $c_1 = \ldots = c_n = 0$ zu zeigen ist.

$$\sum_{i=1}^{n} c_i \boldsymbol{w}_i = \sum_{i=1}^{n} c_i \sum_{j=1}^{i} \boldsymbol{v}_j = \sum_{i=1}^{n} c_i \sum_{j=1}^{n} X_i(j) \boldsymbol{v}_j ,$$

wobei $X_i(j) = 1$ für $1 \leq j \leq i$, $X_i(j) = 0$ für $i < j \leq n$, also

$$0 = \sum_{i=1}^{n} c_i \boldsymbol{w}_i = \sum_{i=1}^{n} \sum_{j=1}^{n} X_i(j) c_i \boldsymbol{v}_j = \sum_{j=1}^{n} \sum_{i=1}^{n} X_i(j) c_i \boldsymbol{v}_j = \sum_{j=1}^{n} \left( \sum_{i=j}^{n} c_i \right) \boldsymbol{v}_j \quad \text{(vgl. (B.6))} .$$

Nach Hauptsatz 1.62 ist also $\sum_{i=1}^{j} c_i = 0$, also $c_1 = 0$ und damit $c_2 = -c_1 = 0, \ldots, c_n = 0$.

„$\Leftarrow$“: Es seien $\boldsymbol{w}_1, \ldots, \boldsymbol{w}_n$ linear unabhängig. Wegen $\boldsymbol{w}_i = \sum_{j=1}^{i} \boldsymbol{v}_j$, $\boldsymbol{w}_{i-1} = \sum_{j=1}^{i-1} \boldsymbol{v}_j$, also $\boldsymbol{w}_i - \boldsymbol{w}_{i-1} = \boldsymbol{v}_i$ für $i = 2, \ldots, n$ und $\boldsymbol{v}_1 = \boldsymbol{w}_1$ folgt aus $\mathbf{0} = \sum_{i=1}^{n} c_i \boldsymbol{v}_i$ wegen

$$\begin{aligned} \sum_{i=1}^{n} c_i \boldsymbol{v}_i &= c_1 \boldsymbol{w}_1 + \sum_{i=2}^{n} c_i (\boldsymbol{w}_i - \boldsymbol{w}_{i-1}) = \sum_{i=1}^{n} c_i \boldsymbol{w}_i - \sum_{i=2}^{n} c_i \boldsymbol{w}_{i-1} \\ &= \sum_{i=1}^{n} c_i \boldsymbol{w}_i - \sum_{i=1}^{n-1} c_{i+1} \boldsymbol{w}_i = \sum_{i=1}^{n-1} (c_i - c_{i+1}) \boldsymbol{w}_i + c_n \boldsymbol{w}_n . \end{aligned}$$

Nach Hauptsatz 1.62 ist also $c_n = 0$, $c_i - c_{i+1} = 0$ für $i = 1, \ldots, n-1$, also $c_{n-1} = c_n = 0, \ldots, c_1 = 0$.

**Lösung zu Aufgabe 1.24** Die Vorgehensweise wird im Beweis von Korollar 1.83 beschrieben: Sei

$$\begin{pmatrix} \boldsymbol{u}_1^t \\ \boldsymbol{u}_2^t \\ \boldsymbol{u}_3^t \end{pmatrix} = \begin{pmatrix} -1 & 4 & -3 & 0 & 3 \\ 2 & -6 & 5 & 0 & -2 \\ -2 & 2 & -3 & 0 & 6 \end{pmatrix} ,$$

dann ist eine Basis von $W := \{\boldsymbol{y} \in \mathbb{R}^5 : B\boldsymbol{y} = \mathbf{0}\}$ zu bestimmen. Dies geschieht mit dem Gaussschen Eliminationsverfahren:

$$\begin{pmatrix} -1 & 4 & -3 & 0 & 3 \\ 2 & -6 & 5 & 0 & -2 \\ -2 & 2 & -3 & 0 & 6 \end{pmatrix} \to \begin{pmatrix} 1 & -4 & 3 & 0 & -3 \\ 0 & 2 & -1 & 0 & 4 \\ 0 & -6 & 3 & 0 & 0 \end{pmatrix} \to \begin{pmatrix} 1 & -4 & 3 & 0 & -3 \\ 0 & 2 & -1 & 0 & 4 \\ 0 & 0 & 0 & 0 & 12 \end{pmatrix} .$$

Aus dieser Zeilenstufenform ergibt Rückwärtssubstitution die Darstellung der Lösungsmenge $a_5 = 0$, $a_3$, $a_4$ beliebig, $a_2 = \frac{a_3}{2}$, $a_1 = 4a_2 - 3a_3$, d. h. durch die Wahl $(a_3, a_4) = (1, 0)$ bzw. $= (0, 1)$ die Basis

$$\boldsymbol{a}_1 = \begin{pmatrix} -1 \\ \frac{1}{2} \\ 1 \\ 0 \\ 0 \end{pmatrix}, \quad \boldsymbol{a}_2 = \begin{pmatrix} 0 \\ 0 \\ 0 \\ 1 \\ 0 \end{pmatrix} ,$$

wobei $\boldsymbol{a}_2$ direkt hätte abgelesen werden können. Also:

$$U = \{\boldsymbol{x} \in \mathbb{R}^5 : A\boldsymbol{x} = \boldsymbol{0}\} \text{ mit } A = \begin{pmatrix} -1 & \frac{1}{2} & 1 & 0 & 0 \\ 0 & 0 & 0 & 1 & 0 \end{pmatrix}.$$

**Lösung zu Aufgabe 1.25** $S_1^{-1}(\varDelta)$ ist ein $\mathbb{R}$-Vektorraum, da es ein linearer Unterraum von $\text{Abb}([a,b],\mathbb{R})$ ist. Dies liegt daran, dass z. B. $\mathbb{R}_1(X)$ ein $\mathbb{R}$-Vektorraum ist und daher auch die Geraden auf $[x_{i-1}, x_i)$, $i = 1,\ldots,n-1$, bzw. $[x_{n-1}, x_n]$ eingeschränkt, so dass Linearkombinationen von $f, g \in S_1^{-1}(\varDelta)$ wieder in $S_1^{-1}(\varDelta)$ liegen. $S_1(\varDelta)$ ist eine Teilmenge und damit ein Unterraum von $S_1^{-1}(\varDelta)$.

Als mögliche Basis sei definiert: Sei $I_i := [x_{i-1}, x_i)$, $i = 1,\ldots,n-1$, $I_n := [x_{n-1}, x_n]$, $h_i := x_i - x_{i-1}$,

$$\left.\begin{aligned} f_i^{(1)}(x) &:= \begin{cases} (x_i - x)/h_i & , x \in I_i \\ 0 & , x \text{ sonst} \end{cases} \\ f_i^{(2)}(x) &:= \begin{cases} (x - x_{i-1})/h_i & , x \in I_i \\ 0 & , x \text{ sonst.} \end{cases} \end{aligned}\right\} , i = 1,\ldots,n\,.$$

Damit sind mit $B := \{f_i^{(1)}, f_i^{(2)} : i = 1,\ldots,n\}$ Funktionen in $S_1^{-1}(\varDelta)$ definiert , die höchstens auf $I_i$ von Null verschieden sind. Wir betrachten eine Linearkombination daraus, d. h.

$$f := \sum_{i=1}^{n} \alpha_i f_i^{(1)} + \sum_{i=1}^{n} \beta_i f_i^{(2)}\,. \tag{17}$$

Jeder der Knoten $x_j$ gehört zu genau einem $I_k$: $x_i \in I_{i+1}$ für $i = 0,\ldots,n-1$ und $x_n \in I_n$, dann

$$\begin{aligned} f(x_i) &= \alpha_{i+1} f_{i+1}{}^{(1)}(x_i) + \beta_{i+1} f_{i+1}{}^{(2)}(x_i) \\ &= \alpha_{i+1}, \quad i = 0,\ldots,n-1\,. \end{aligned} \tag{18}$$

Betrachtet man $x \in I_i$, $i = 1,\ldots,n$, d. h.

$$f(x) = \alpha_i f_i^{(1)}(x) + \beta_i f_i^{(2)}(x)$$

und den Grenzwert $x \to x_i$, dann folgt

$$f(x) \to \alpha_i \cdot 0 + \beta_i \cdot 1 = \beta_i, \quad \text{d. h. } f(x_i-) := \lim_{x \to x_i-} f(x)\,. = \beta_i, \quad i = 1,\ldots,n\,. \tag{19}$$

Damit sind die Koeffizienten in einer Linearkombination eindeutig festgelegt, d. h. $B := \{f_i^{(1)}, f_i^{(2)} : i = 1,\ldots,n\}$ ist linear unabhängig (siehe (1.47)).

Andererseits sei $f \in S_1^{-1}(\varDelta)$ und $\alpha_i$ , $\beta_i$ nach (18), (19) definiert, zu zeigen ist die Gültigkeit von (17). Da $f|_{I_i}$ eine Gerade ist, ist $f|_{I_i}$ durch $f(x_{i-1})$ und $f(\overline{x})$ für ein $\overline{x} \in I_i$, $\overline{x} > x_{i-1}$ eindeutig festgelegt:

$$f(x) = \frac{f(x_{i-1})(\overline{x} - x)}{\overline{x} - x_{i-1}} + \frac{f(\overline{x})(x - x_{i-1})}{\overline{x} - x_{i-1}} \quad \text{für } x \in I_i .$$

Hält man $x$ fest und betrachtet den Grenzübergang $\overline{x} \to x_i-$, ergibt sich

$$\begin{aligned} f(x) &= \frac{f(x_{i-1})(x_i - x)}{h_i} + \frac{f(x_i-)(x - x_{i-1})}{h_i} \\ &= \alpha_i f_i^{(1)}(x) + \beta_i f_i^{(2)}(x) = \sum_{j=1}^{n} \alpha_j f_j^{(1)}(x) + \sum_{j=1}^{n} \beta_j f_j^{(2)}(x) \end{aligned}$$

und damit gilt auch $\operatorname{span}(B) = S_1^{-1}(\Delta)$.

**Lösung zu Aufgabe 1.26**

a) Linear unabhängig: Angenommen, das Funktionensystem sei linear abhängig, dann gibt es ein $j \in \mathbb{N}$ und ein endliches $I \subset \mathbb{N}, j \notin I$, so dass für gewisse $c_i \in \mathbb{R}, c_i \neq 0$ gilt:

$$e^{jx} = \exp(jx) = \sum_{i \in I} c_i \exp(ix) \text{ für } x \in \mathbb{R}$$

Daraus folgt:

$$1 = \sum_{i \in I} c_i \exp((i - j)x)$$

Sei $I = I_1 \cup I_2$, wobei $I_1 := \{i \in I : i < j\}$ und $I_2 := \{i \in I : j \leq i\}$. Dann ist $I_1 \neq \emptyset$ oder $I_2 \neq \emptyset$ und

$$\sum_{i \in I} c_i \exp((i - j)x) = \sum_{i \in I_1} \ldots + \sum_{i \in I_2} \ldots =: s_1(x) + s_2(x)$$

und $s_1(x) \to 0$ für $x \to \infty$, wenn $I_1 \neq \emptyset$.

Mit $I_2 = \emptyset$ ist ein Widerspruch erreicht, ansonsten gilt zusätzlich bei Wahl von $i_* = \max\{i : i \in I_2\}$ wegen

$$|s_2(x)| \geq |c_{i_*}| \exp((i_* - j)x) - \sum_{i \in I_2 \setminus \{i_*\}} |c_i| \exp((i - j)x)$$

$s_2(x) \to \infty$ für $x \to \infty$, ein Widerspruch.

b) Es gilt $f_\nu \in \mathbb{R}_2[x]$. Nach Bemerkungen 1.74, 5) ist $\dim \mathbb{R}_2[x] = 3$. Da $\{f_\nu : \nu \in \mathbb{N}\}$ mehr als 3 verschiedene Elemente besitzt, ist die Menge linear abhängig (z. B. Bemerkungen 1.60, 7)).

c) Linear unabhängig: Eine endliche lineare Relation lässt sich umformen zu

$$0 = \sum_{i=1}^{n} c_i \frac{1}{i+x^2} = \sum_{i=1}^{n} c_i \left( \prod_{j\neq i}^{n} (j+x^2) \right) / \left( \prod_{j=1}^{n} (j+x^2) \right)$$
$$= \left( \sum_{i=1}^{n} c_i \prod_{j\neq i}^{n} (j+x^2) \right) / \left( \prod_{j=1}^{n} (j+x^2) \right)$$

für $x \in \mathbb{R}$. Statt einer endlichen Indexmenge $I$ kann immer o. B. d. A. $I = \{1, \ldots, n\}$, $n \geq 2$, benutzt werden, da fehlende Summanden mit Koeffizienten gleich 0 „aufgefüllt" werden können. Dies ist äquivalent mit

$$0 = \sum_{i=1}^{n} c_i \prod_{j\neq i}^{n} (j+x^2) .$$

Es geht also um die lineare Unabhängigkeit der Funktionen $g_i^{(n)}(x) := \prod_{j\neq i}^{n} j+x^2, i = 1, \ldots, n$. Wir zeigen

$$\text{span}\{g_i^{(n)} : i = 1, \ldots, n\} = \text{span}\{x^{2k} : k = 0, \ldots, n-1\} =: \mathbb{R}_{n-1}^{(2)}[x] . \qquad (20)$$

Analog zu den Überlegungen zu $\mathbb{R}_n[x]$ gilt $\dim \mathbb{R}_{n-1}^{(2)}[x] = n$ und damit sind nach Aufgabe 1.20 auch $\{g_j^{(n)} : j = 1, \ldots, n\}$ linear unabhängig. Für (20) reicht es „$\supset$" zu zeigen, da sich die „$\subset$" durch Ausmultiplizieren der Produkte und Ausklammern der $x^{2k}, k = 0, \ldots, n-1$ ergibt. Der Nachweis von (20) erfolgt durch vollständige Induktion über $n$:

$n = 2$: $g_1(x) = 2 + x^2$, $g_2(x) = 1 + x^2$, also $1 = g_1(x) - g_2(x)$, $x^2 = 2g_1(x) - g_1(x)$ und damit $x^{2k} \in \text{span}\{g_j : j = 1, 2\}$, $k = 0, 1$ und damit $\mathbb{R}_1^{(2)}[x] \subset \text{span}\{g_j : j = 1, 2\}$.

$n - 1 \to n$: Sei $k = 0, \ldots, n-2$, dann gilt nach Induktionsvoraussetzung

$$x^{2k} \in \text{span}\{g_i^{(n-1)} : i = 1, \ldots, n-1\}$$

und $g_i^{(n-1)}(x) = \prod_{j\neq i}^{n-1} j + x^2$. Wegen $\prod_{j\neq i}^{n} j + x^2 - \prod_{j\neq n}^{n} j + x^2 = (n + x^2 - i - x^2) \prod_{j\neq i}^{n-1} j + x^2 = (n-i)g_i^{(n-1)}(x)$ gilt für $k = 0, \ldots, n-2$ auch

$$x^{2k} \in \text{span}\{g_i^{(n)} : i, \ldots, n\} . \qquad (21)$$

Für ein festes $i \in \{i, \ldots, n\}$ gilt

$$g_i^{(n)}(x) = x^{2(n-1)} + f(x) \quad \text{und} \quad f \in \mathbb{R}_{n-2}^{(2)}[x] ,$$

also $x^{2(n-1)} = g_i^{(n)} - f(x) \in \text{span}\{g_i^{(n)} : i = 1, \ldots, n\}$ nach (21) und damit ist (20) bewiesen.

**Bemerkung zu Aufgabe 1.26** Die Aufgabe illustriert den Unterschied zwischen $\mathbb{R}^n$ und unendlichdimensionalen $\mathbb{R}$-Vektorräumen. In $\mathbb{R}^n$ bedeutet, $l$ Vektoren auf lineare Unabhängigkeit zu prüfen, ein homogenes LGS aus $n$ Zeilen in $l$ Unbekannten (mit Gauss) auf Eindeutigkeit zu prüfen. Das Gleiche gilt in jedem $n$-dimensionalen $\mathbb{R}$-Vektorraum, sofern die Darstellung der $l$ Vektoren bezüglich einer Basis vorliegt. In einem unendlichdimensionalen Vektorraum ist der Ausgangspunkt das Lemma 1.61, wo die zu betrachtende Linearkombination auch endlich ist, aber die Anzahl der Summanden nicht beschränkt ist. Es müssen also konkrete Eigenschaften der Vektorraumelemente einfließen. In a) ist dies das Wachstumsverhalten der Exponentialfunktion, in b) und c) gelingt die Rückführung auf die lineare Unabhängigkeit spezieller Funktionen (hier die Monome) und von diesem Problem wiederum auf ein Eindeutigkeitsproblem für ein homogenes LGS.

## 1.5 Das euklidische Skalarprodukt im $\mathbb{R}^n$ und Vektorräume mit Skalarprodukt

**Lösung zu Aufgabe 1.27** Es ist

$$U = \text{span}(\boldsymbol{v}_1, \boldsymbol{v}_2)\,,\ \boldsymbol{v}_1 = (1,2,0,2,1)^t\,,\ \boldsymbol{v}_2 = (1,1,1,1,1)^t\,.$$

Das SCHMIDTsche Orthonormalisierungsverfahren liefert:

$$\begin{aligned}
\boldsymbol{u}_1 &= \frac{1}{\|\boldsymbol{v}_1\|}\boldsymbol{v}_1 = \frac{1}{\sqrt{10}}\boldsymbol{v}_1\,,\\
\boldsymbol{u}_2' &= \boldsymbol{v}_2 - (\boldsymbol{u}_1 . \boldsymbol{v}_2)\boldsymbol{u}_1 = \boldsymbol{v}_2 - \frac{1}{\|\boldsymbol{v}_1\|^2}(\boldsymbol{v}_1 . \boldsymbol{v}_2)\boldsymbol{v}_1\\
&= (1,1,1,1,1)^t - \frac{1}{10}\,6\,(1,2,0,2,1)^t = \frac{1}{5}(2,-1,5,-1,2)^t\,,\\
\boldsymbol{u}_2 &= \frac{1}{\|\boldsymbol{u}_2'\|}\boldsymbol{u}_2' = \frac{1}{\sqrt{35}}(2,-1,5,-1,2)^t\,.
\end{aligned}$$

Eine Basis von $\boldsymbol{v}_3, \boldsymbol{v}_4, \boldsymbol{v}_5$ von $U^\perp$ ergibt sich aus der Orthogonalitätsbedingung, d. h. dem LGS aus den Zeilen $\boldsymbol{u}_1^t, \boldsymbol{u}_2^t$ oder Vielfachen davon oder auch $\boldsymbol{v}_1^t, \boldsymbol{v}_2^t$, die dann anschließend wie oben orthonormalisiert werden kann. Die beiden Vorgänge können auch verbunden werden, um direkt zu einer ONB $\boldsymbol{u}_3, \boldsymbol{u}_4, \boldsymbol{u}_5$ von $U^\perp$ zu kommen.

*Bestimmung von* $\boldsymbol{u}_3$*:*

$$\begin{pmatrix} 1 & 1 & 1 & 1 & 1 \\ 2 & -1 & 5 & -1 & 2 \end{pmatrix} \to \begin{pmatrix} 1 & 1 & 1 & 1 & 1 \\ 0 & 1 & -1 & 1 & 0 \end{pmatrix} \tag{22}$$

ergibt als einen orthogonalen Vektoren

$$\boldsymbol{u}_3' = (-2,1,1,0,0)^t \text{ bzw. normiert } \boldsymbol{u}_3 = \frac{1}{\sqrt{6}}(-2,1,1,0,0)^t\,.$$

*Bestimmung von $\boldsymbol{u}_4$:*

$$\begin{pmatrix} 1 & 1 & 1 & 1 & 1 \\ 0 & 1 & -1 & 1 & 0 \\ -2 & 1 & 1 & 0 & 0 \end{pmatrix} \to \begin{pmatrix} 1 & 1 & 1 & 1 & 1 \\ 0 & 1 & -1 & 1 & 0 \\ 0 & 3 & 3 & 2 & 2 \end{pmatrix} \to \begin{pmatrix} 1 & 1 & 1 & 1 & 1 \\ 0 & 1 & -1 & 1 & 0 \\ 0 & 0 & 6 & -1 & 2 \end{pmatrix}$$

ergibt als einen orthogonalen Vektor

$$\boldsymbol{u}_4' = \left(-\frac{1}{3}, -\frac{1}{3}, -\frac{1}{3}, 0, 1\right)^t \quad \text{bzw. normiert } \boldsymbol{u}_4 = \frac{1}{\sqrt{12}}(-1, -1, -1, 0, 3)^t .$$

*Bestimmung von $\boldsymbol{u}_5$:*

$$\begin{pmatrix} 1 & 1 & 1 & 1 & 1 \\ 0 & 1 & -1 & 1 & 0 \\ 0 & 0 & 6 & -1 & 2 \\ 1 & 1 & 1 & 0 & -3 \end{pmatrix} \to \begin{pmatrix} 1 & 1 & 1 & 1 & 1 \\ 0 & 1 & -1 & 1 & 1 \\ 0 & 0 & 6 & -1 & 2 \\ 0 & 0 & 0 & -1 & -4 \end{pmatrix} \to \begin{pmatrix} 1 & 1 & 1 & 1 & 1 \\ 0 & 1 & -1 & 1 & 1 \\ 0 & 0 & 6 & -1 & 2 \\ 0 & 0 & 0 & 1 & 4 \end{pmatrix}$$

ergibt als einen orthogonalen Vektor

$$\boldsymbol{u}_5' = (1, 3, -1, -4, 1)^t \quad \text{bzw. normiert } \boldsymbol{u}_5' = \frac{1}{\sqrt{26}}(1, 3, -1, -4, 1)^t$$

Die Alternative, erst eine Basis von $U^\perp$ zu bestimmen und diese nach SCHMIDT zu orthonormalisieren, ist etwas rechenaufwändiger:

Basis von $U^\perp$ als Basis des Lösungsraums des homogenen LGS zu:

$$\begin{pmatrix} 1 & 1 & 1 & 1 & 1 \\ 0 & 1 & -1 & 1 & 0 \end{pmatrix}$$

$$\boldsymbol{v}_3 = (-2, 1, 1, 0, 0)^t$$
$$\boldsymbol{v}_4 = (0, -1, 0, 1, 0)^t$$
$$\boldsymbol{v}_5 = (-1, 0, 0, 0, 1)^t$$

Die Basiseigenschaft wurde also dadurch sichergestellt, dass für drei der Parameter $3, 4, 5$ die Standardbasis des $\mathbb{R}^3$ gewählt wurde (wie zum Beispiel im Beweis von Theorem 1.82).

Das SCHMIDTsche Orthonormalisierungsverfahren ergibt (nach Umordnung zu $\boldsymbol{v}_5, \boldsymbol{v}_4, \boldsymbol{v}_3$):

$$u_3 := \frac{1}{\|v_5\|}v_5 = \frac{1}{\sqrt{2}}(-1,0,0,0,1)^t$$

$$u_4' = v_4\text{ , da } v_4 \text{ und } v_5 \text{ bereits orthogonal sind, } u_4 = \frac{1}{\|v_4\|}v_4 = \frac{1}{\sqrt{2}}(0,-1,0,1,0)^t$$

$$\begin{aligned}u_5' &= v_3 - \frac{1}{\|v_5\|^2}(v_5.v_3)v_5 - \frac{1}{\|v_4\|^2}(v_4.v_3)v_4\\ &= (-2,1,1,0,0)^t - \frac{1}{2}\,2\,(-1,0,0,0,1)^t - \frac{1}{2}\,(-1)\,(0,-1,0,1,0)^t\\ &= (-1,\frac{1}{2},1,\frac{1}{2},-1)^t\\ u_5 &= \frac{1}{\sqrt{14}}(-2,1,2,1,-2)^t\end{aligned}$$

**Bemerkung zu Aufgabe 1.27** Die obigen Vorgehensweisen folgen einem festen Verfahren, könnten also auch von einem Computer entweder mittels eines numerisch arbeitenden Programms oder mit einem Computeralgebrasystem durchgeführt werden. Die konkreten Zahlen sind dann irrelevant. Dies ist anders beim Handrechnen: hier hat sich die zweite Variante als vorteilhaft erwiesen, auch weil schon 2 der Basisvektoren von $U^\perp$ orthogonal sind.

Man hätte etwa auch die erste Variante mittels der schon ermittelten ONB von $U$ beginnen können.

*Bestimmung von* $u_3$*:*

$$\begin{pmatrix}1&2&0&2&1\\2&-1&5&-1&2\end{pmatrix} \to \begin{pmatrix}1&2&0&2&1\\0&-3&5&-5&0\end{pmatrix} \tag{23}$$

was sich im weiteren Rechnungsverlauf als unhandlich erweist.

Analoges gilt für die zweite Variante, für die (23) zu folgender Basis von $U^\perp$ führt:

$$\begin{aligned}\tilde{v_3} &= \left(-\frac{10}{3},\frac{5}{3},1,0,0\right)^t \text{ bzw. } v_3 = \frac{1}{\sqrt{134}}(-10,5,3,0,0)^t,\\ \tilde{v_4} &= \left(\frac{4}{3},-\frac{5}{3},0,1,0\right)^t \text{ bzw. } v_4 = \frac{1}{\sqrt{50}}(4,-5,0,3,0)^t,\\ \tilde{v_5} &= \left(\frac{5}{3},-\frac{4}{3},0,0,1\right)^t \text{ bzw. } v_5 = \frac{1}{\sqrt{50}}(5,-4,0,0,3)^t,\end{aligned}$$

Bei einer konkreten Handrechnung ist man natürlich nicht gezwungen, einem Verfahren zu folgen, wenn man die Lösung „sehen" kann. Dies ist hier der Fall. Durch die einfachen Orthogonalitätsforderungen aus (22) lassen sich die folgenden Vektoren „erraten":

$$\begin{aligned}u_3' &= (1,0,0,0,-1)^t\\ u_4' &= (0,1,0,-1,0)^t\\ u_5' &= (-2,1,2,1,-2)^t\end{aligned}$$

## Lösung zu Aufgabe 1.28

a) $\|x\| = \|x-y+y\| \le \|x-y\| + \|y\|$, d. h.

$$\|x\| - \|y\| \le \|x-y\| \text{ für } x,y \in V.$$

Vertauschen von $\boldsymbol{x}$ und $\boldsymbol{y}$ ergibt

$$-(\|\boldsymbol{x}\| - \|\boldsymbol{y}\|) = \|\boldsymbol{y}\| - \|\boldsymbol{x}\| \leq \|\boldsymbol{y} - \boldsymbol{x}\| = \|(-1)(\boldsymbol{x} - \boldsymbol{y})\| = \|\boldsymbol{x} - \boldsymbol{y}\|$$

und daher wegen $|a| = \max(a, -a)$ für $a \in \mathbb{R}$ die Behauptung.

b) Die Behauptung folgt aus

$$(\boldsymbol{x} - \boldsymbol{y} . \boldsymbol{x} + \boldsymbol{y}) = (\boldsymbol{x} . \boldsymbol{x}) - (\boldsymbol{y} . \boldsymbol{x}) + (\boldsymbol{x} . \boldsymbol{y}) - (\boldsymbol{y} . \boldsymbol{y}) = \|\boldsymbol{x}\|^2 - \|\boldsymbol{y}\|^2 .$$

In dem vom $\boldsymbol{x}, \boldsymbol{y}$ aufgespannten Parallelogramm $P = \{c_1\boldsymbol{x} + c_2\boldsymbol{y} : 0 \leq c_i \leq 1, i = 1, 2\}$ (siehe auch Beispiel 2.102) bilden $\boldsymbol{x} + \boldsymbol{y}$ und $\boldsymbol{x} - \boldsymbol{y}$ die Diagonalen. Diese stehen also genau dann senkrecht aufeinander, wenn die Seitenlängen gleich sind, es sich also um ein Rhombus handelt.

c) Sei $\alpha := \|\boldsymbol{x}\|^2$, $s := \|\boldsymbol{y}\|^2$, dann ist die Behauptung äquivalent zu

$$\left\| \frac{1}{\alpha}\boldsymbol{x} - \frac{1}{s}\boldsymbol{y} \right\|^2 = \frac{1}{\alpha s}\|\boldsymbol{x} - \boldsymbol{y}\|^2 .$$

Dies gilt, da

$$\left\| \frac{1}{\alpha}\boldsymbol{x} - \frac{1}{s}\boldsymbol{y} \right\|^2 = \left( \frac{1}{\alpha}\boldsymbol{x} - \frac{1}{s}\boldsymbol{y} . \frac{1}{\alpha}\boldsymbol{x} - \frac{1}{s}\boldsymbol{y} \right) = \frac{1}{\alpha} - \frac{2}{\alpha s}(\boldsymbol{x} . \boldsymbol{y}) + \frac{1}{s} ,$$

$$\frac{1}{\alpha s}\|\boldsymbol{x} - \boldsymbol{y}\|^2 = \frac{1}{\alpha s}(\boldsymbol{x} - \boldsymbol{y} . \boldsymbol{x} - \boldsymbol{y}) = \frac{1}{\alpha s}(\alpha - 2(\boldsymbol{x} . \boldsymbol{y}) + s) .$$

d) Sei $\boldsymbol{x}, \boldsymbol{y}, \boldsymbol{z} \in V$. Ist $\boldsymbol{z} = \boldsymbol{0}$, dann ist die linke Seite 0, d. h. die Aussage gilt trivialerweise. Das Gleiche gilt für $\boldsymbol{x} = \boldsymbol{0}$, da sie sich dann reduziert auf

$$\|\boldsymbol{y}\| \, \|\boldsymbol{z}\| \leq \|\boldsymbol{z}\| \, \|\boldsymbol{y}\|$$

und analog für $\boldsymbol{y} = \boldsymbol{0}$. Daher muss nur der Fall, dass alle drei Vektoren ungleich $\boldsymbol{0}$ sind, betrachtet werden. Dann kann die Ungleichung durch $\|\boldsymbol{x}\| \, \|\boldsymbol{y}\| \, \|\boldsymbol{z}\|$ dividiert werden, d. h. die Behauptung lautet äquivalent

$$\frac{\|\boldsymbol{x} - \boldsymbol{y}\|}{\|\boldsymbol{x}\| \, \|\boldsymbol{y}\|} \leq \frac{\|\boldsymbol{y} - \boldsymbol{z}\|}{\|\boldsymbol{y}\| \, \|\boldsymbol{z}\|} + \frac{\|\boldsymbol{z} - \boldsymbol{x}\|}{\|\boldsymbol{z}\| \, \|\boldsymbol{x}\|} .$$

Nach c) ist dies äquivalent zu

$$\left\| \frac{\boldsymbol{x}}{\|\boldsymbol{x}\|^2} - \frac{\boldsymbol{y}}{\|\boldsymbol{y}\|^2} \right\| \leq \left\| \frac{\boldsymbol{y}}{\|\boldsymbol{y}\|^2} - \frac{\boldsymbol{z}}{\|\boldsymbol{z}\|^2} \right\| + \left\| \frac{\boldsymbol{z}}{\|\boldsymbol{z}\|^2} - \frac{\boldsymbol{x}}{\|\boldsymbol{x}\|^2} \right\| .$$

Dies folgt wiederum aus der Dreiecksungleichung.

**Bemerkung zu Aufgabe 1.28** Die Teilaussagen gelten in verschiedener Allgemeinheit. Aussage a) gilt für jeden normierten $\mathbb{R}$-Vektorraum (siehe Definition 1.91), da nur dessen Definition in den Beweis eingegangen ist. Aussage b) ergibt nur für eine von dem SKP erzeugte Norm Sinn.

In den Beweis von Aussage c) und dadurch auch d) geht ebenfalls ein, dass die Norm von einem SKP erzeugt wird. Dies bedeutet nicht, dass nicht auch ein Beweis, der nur auf Normeigenschaften aufbaut, möglich ist, aber das folgende Gegenbeispiel zeigt, dass die Aussage nicht allgemein gilt.

Sei $V = \mathbb{R}^2$. Dann ist

$$\left\|\begin{pmatrix} x_1 \\ x_2 \end{pmatrix}\right\| := \left\|\begin{pmatrix} x_1 \\ x_2 \end{pmatrix}\right\|_\infty = \max(|x_1|, |x_2|)$$

eine Norm, die nicht von einem SKP erzeugt wird.

Zu c): $\boldsymbol{x} := \begin{pmatrix} 1 \\ 0 \end{pmatrix}$, d. h. $\|\boldsymbol{x}\| = 1, \boldsymbol{y} := \begin{pmatrix} 1 \\ 2 \end{pmatrix}$ d. h. $\|\boldsymbol{y}\| = 2$. Es gilt $\boldsymbol{x} - \boldsymbol{y} = \begin{pmatrix} 0 \\ -2 \end{pmatrix}$, also ist der rechte Term gleich 1, aber der linke Term ist gleich $\frac{3}{4}$:

$$\left\|\frac{\boldsymbol{x}}{\|\boldsymbol{x}\|^2} - \frac{\boldsymbol{y}}{\|\boldsymbol{y}\|^2}\right\| = \left\|\begin{pmatrix} \frac{3}{4} \\ -\frac{1}{2} \end{pmatrix}\right\| = \frac{3}{4} \,.$$

Zu d): $\boldsymbol{x} := \begin{pmatrix} 1 \\ 0 \end{pmatrix}$, d. h. $\|\boldsymbol{x}\| = 1, \boldsymbol{y} := \begin{pmatrix} -1 \\ 1 \end{pmatrix}$, d. h. $\|\boldsymbol{y}\| = 1, \boldsymbol{z} := \begin{pmatrix} -1 \\ 2 \end{pmatrix}$, d. h. $\|\boldsymbol{z}\| = 2$ und die Behauptung lautet

$$2\|\boldsymbol{x} - \boldsymbol{y}\| \leq \|\boldsymbol{y} - \boldsymbol{z}\| + \|\boldsymbol{z} - \boldsymbol{x}\| \,.$$

Wegen $\boldsymbol{x} - \boldsymbol{y} = \begin{pmatrix} 2 \\ -1 \end{pmatrix}, \boldsymbol{y} - \boldsymbol{z} = \begin{pmatrix} 0 \\ -1 \end{pmatrix}, \boldsymbol{z} - \boldsymbol{x} = \begin{pmatrix} -2 \\ 2 \end{pmatrix}$ ist die linke Seite aber gleich 4, die rechte gleich 3.

**Lösung zu Aufgabe 1.29** $\tilde{V}$ sei wie in (1.84) definiert unter Weglassung von „$f(a) = f(b) = 0$". $\tilde{V}$ ist ein $\mathbb{R}$-Vektorraum und $V$ nach (1.84) ein linearer Unterraum. Die in (1.86) definierte Abbildung von $\tilde{V} \times \tilde{V}$ nach $\mathbb{R}$ ist wohldefiniert: Sie ist auch bilinear wegen der Linearität der Ableitungsabbildung, d. h. z. B.

$$\begin{aligned}
\langle c_1 f_1 + c_2 f_2 . g\rangle &= \int_a^b (c_1 f_1 + c_2 f_2)'(x) g'(x) dx \\
&= \int_a^b (c_1 f_1' + c_2 f_2')(x) g'(x) dx = \int_a^b (c_1 f_1'(x) + c_2 f_2'(x)) g'(x) dx \\
&= \int_a^b c_1 f_1'(x) g'(x) + c_2 f_2'(x) g'(x) dx \\
&= c_1 \langle f_1 . g\rangle + c_2 \langle f_2 . g\rangle \text{ für } f_1, f_2 \in \tilde{V}, c_1, c_2 \in \mathbb{R} \,.
\end{aligned}$$

Noch offensichtlicher ist die Abbildung symmetrisch. Also gelten (1.54) und (1.55) auf $\tilde{V}$ und damit auch auf $V$.

Die Abbildung ist nicht definit auf $\tilde{V}$, da zwar $\langle f . f\rangle = \int_a^b (f'(x))^2 dx \geq 0$ für $f \in \tilde{V}$ gilt, aber $f(x) := 1, x \in [a, b]$ erfüllt $f \in \tilde{V}, f \neq 0$ und $\langle f . f\rangle = 0$.

Die Abbildung ist definit auf $V$, denn sei $f \in V$ und $\sum_{i=1}^n S_i := \sum_{i=1}^n \int_{x_{i-1}}^{x_i} (f'(x))^2 dx = \int_a^b (f'(x))^2 dx = \langle f . f\rangle = 0$, wobei $\Delta : a = x_0 < x_1 < \ldots < x_n = b$ die zugrunde liegende Zerlegung sei. Da für alle $i \in \{1, \ldots, n\}$ $S_i \geq 0$ gilt, kann nur

$$S_i = \int_{x_{i-1}}^{x_i} (f'(x))^2 dx = 0 \text{ für alle } i = 1, \ldots, n$$

sein. Auf $[x_{i-1}, x_i)$ ist $f'$ stetig, wäre also $f'(x) = 0$ dort falsch, dann gäbe es ein Teilintervall $[\alpha, \beta]$ und ein $a > 0$, so dass

$$(f'(x))^2 \geq a \text{ für } x \in [\alpha, \beta] \text{ im Widerspruch zu } S_i = 0\,.$$

Es ist also

$$f'(x) = 0 \text{ für } x \in [a, b], x \neq x_i, i = 1, \ldots, n-1$$

(dort ist $f'$ nicht definiert für $f$ als Funktion auf $[a, b]$). Wegen der Randbedingung gilt für $x \in [x_0, x_1)$

$$f(x) = f(a) + \int_a^x f'(s) ds = 0$$

und wegen der Stetigkeit von $f$ auf $[a, b]$ auch $f(x_1) = 0$. Damit kann die gleiche Argumentation auf $[x_1, x_2)$ wiederholt werden, bis sich

$$f(x) = 0 \text{ für alle } x \in [a, b]\,,$$

d. h. $f = 0$ ergibt.

**Bemerkung zu Aufgabe 1.29** Die zweite Randbedingung „$f(b) = 0$“ ist in den Definitheitsbeweis nicht eingegangen. Es hätte also eine der Randbedingungen „$f(a) = 0$“ oder „$f(b) = 0$“ gereicht, um sicherzustellen, dass durch (1.86) ein SKP definiert wird.

**Lösung zu Aufgabe 1.30** $u \in C([a, b], \mathbb{R})$ und $u$ sei zusätzlich zweimal stetig differenzierbar, d. h. $u'$ und $u''$ existieren und $u', u'' \in C([a, b], \mathbb{R})$ und $u$ sei eine klassische Lösung von der Randwertaufgabe (1.82). Also ist insbesondere $u \in V$ und

$$\int_a^b r(x)v(x)dx = \int_a^b (-u''(x))v(x)dx \text{ für alle } v \in V\,. \tag{24}$$

Der linke Ausdruck ist $(r.v)$, der rechte lässt sich durch partielle Integration auf $I_i = [x_{i-1}, x_i]$, $i = 1, \ldots, n$, umformen zu

$$\sum_{i=1}^n \int_{x_{i-1}}^{x_i} (-u''(x))v(x)dx = \sum_{i=1}^n \left( \int_{x_{i-1}}^{x_i} u'(x)v'(x)dx + -u'(x)v(x)|_{x_{i-1}}^{x_i} \right) =: \sum_{i=1}^n S_i + T_i\,.$$

Dabei ist $v'$ die nach Definition von $V$ auf $I_i$ existierende Ableitung, wobei aber $(v|_{I_i})'(x_i) \neq (v|_{I_{i+1}})'(x_i)$ sein kann, d. h. die Funktion auf $[a, b]$ hat i. Allg. keine Ableitung in $x_i$, $i = 1, \ldots, n-1$. So verstanden, gilt die Umformung

$$\sum_{i=1}^n S_i = \int_a^b u'(x)v'(x)dx = \langle u.v \rangle\,.$$

Wegen der Stetigkeit von $u'$ und von $v$ in $x_i$, $i = 1, \ldots, n-1$, reduziert sich der zweite Term zu

$$\sum_{i=1}^{n} T_i = -u'(x_n)v(x_n) + u'(x_0)v(x_0) = 0 ,$$

wobei die Randbedingung für $v$ eingeht. Also ist $u$ auch eine schwache Lösung der Randwertaufgabe im Sinne von (1.83).

**Bemerkung zu Aufgabe 1.30** Die Bedingung $u'' \in C([a,b], \mathbb{R})$ kann abgeschwächt werden. Es reicht, dass die Integrale in (24) existieren und auf $I_i$ partiell integriert werden kann.

**Lösung zu Aufgabe 1.31** Einsetzen und Ausnutzen der Bilinearität liefert:

$$\begin{aligned}(\boldsymbol{u}.\boldsymbol{v}) &= \left(\sum_{i=1}^{n} \alpha_i \boldsymbol{u}_i . \sum_{j=1}^{n} \beta_j \boldsymbol{u}_j\right) = \sum_{i=1}^{n} \alpha_i \left(\boldsymbol{u}_i . \sum_{j=1}^{n} \beta_j \boldsymbol{u}_j\right) \\ &= \sum_{i=1}^{n} \alpha_i \sum_{j=1}^{n} \beta_j \left(\boldsymbol{u}_i . \boldsymbol{u}_j\right) = \sum_{i,j=1}^{n} \alpha_i \left(\boldsymbol{u}_i . \boldsymbol{u}_j\right) \beta_j \quad \text{(vergleiche B.6).}\end{aligned}$$

Definitheit bedeutet $(\boldsymbol{u}.\boldsymbol{u}) > 0$ für $\boldsymbol{u} \neq \boldsymbol{0}$ und damit für $\boldsymbol{u} = \sum_{i=1}^{n} \alpha_i \boldsymbol{u}_i$ wegen

$$\boldsymbol{u} \neq \boldsymbol{0} \Leftrightarrow \boldsymbol{\alpha} := (\alpha_1, \ldots, \alpha_n)^t \neq \boldsymbol{0}$$

$$(\boldsymbol{u}.\boldsymbol{u}) > 0 \text{ für } \boldsymbol{u} \neq \boldsymbol{0} \Leftrightarrow \sum_{i,j=1}^{n} \alpha_i (\boldsymbol{u}_i . \boldsymbol{u}_j) \alpha_j > 0 \text{ für } \boldsymbol{\alpha} \neq \boldsymbol{0} .$$

Diese Eigenschaft einer (symmetrischen) Matrix wird später *positiv definit* (Definition 4.133) genannt.

## 1.6 Mathematische Modellierung: Diskrete lineare Probleme und ihre Herkunft

**Lösung zu Aufgabe 1.32** Kanten und Knoten werden wie in der Skizze nummeriert und die Kanten mit einer Richtung versehen. Dann gilt $m = 5, n = 7, B \in \mathbb{R}^{(7,5)}, C \in \mathbb{R}^{(7,7)}$ und

$$B = \begin{pmatrix} -1 & 1 & 0 & 0 & 0 \\ 0 & -1 & 1 & 0 & 0 \\ 0 & 0 & -1 & 1 & 0 \\ 1 & 0 & 0 & 0 & -1 \\ 0 & 0 & 0 & -1 & 1 \\ 0 & 1 & 0 & 0 & -1 \\ 0 & 0 & 1 & 0 & -1 \end{pmatrix}, \quad C = \begin{pmatrix} 1 & & & & & & \\ & 1 & & & & 0 & \\ & & 1 & & & & \\ & & & 2 & & & \\ & & & & 1 & & \\ & 0 & & & & 1 & \\ & & & & & & 1 \end{pmatrix} \boldsymbol{b} = \begin{pmatrix} 0 \\ 1 \\ 0 \\ 0 \\ 1 \\ 0 \\ 0 \end{pmatrix}$$

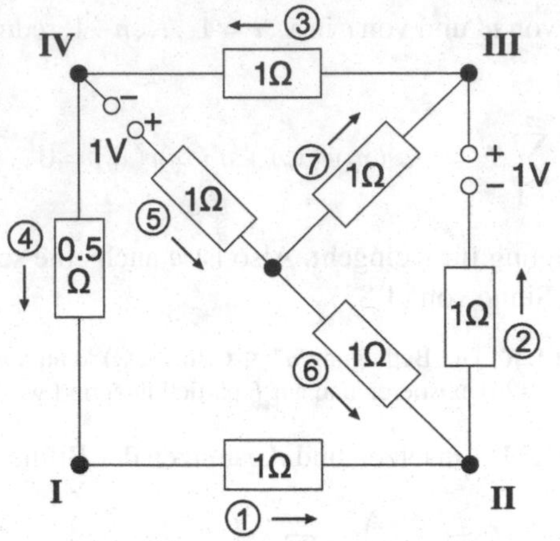


**Abb. 2** Skizze zu Aufgabe 1.32

und damit lautet das zu lösende LGS $B^tCBx = B^tCb$, d. h.

$$\begin{pmatrix} 2 & -1 & 0 & 0 & -1 \\ -1 & 3 & -1 & 0 & -1 \\ 0 & -1 & 3 & -1 & -1 \\ -1 & -1 & -1 & -1 & 4 \end{pmatrix} \boldsymbol{x} = \begin{pmatrix} 0 & -1 & 1 & -1 & 1 \end{pmatrix}, \quad \text{also}$$

$$\boldsymbol{x} = \begin{pmatrix} -0,1905 \\ -0,3810 \\ 0,0476 \\ -0,4762 \\ 0 \end{pmatrix}, \quad \boldsymbol{e} = \begin{pmatrix} 0,1905 \\ -0,4286 \\ 0,5238 \\ 0,1905 \\ -0,4762 \\ 0,3810 \\ -0,0476 \end{pmatrix}, \quad \boldsymbol{y} = \boldsymbol{e} + \boldsymbol{b} \begin{pmatrix} 0,1905 \\ 0,5714 \\ 0,5238 \\ 0,1905 \\ 0,5238 \\ 0,3810 \\ -0,0476 \end{pmatrix}$$

(jeweils auf 4 Stellen genau). Dabei ist $x_1 = 0$ („Erdung") zur Festlegung des Freiheitsgrades im LGS.

**Lösung zu Aufgabe 1.33** Kanten und Knoten werden wie in der Skizze nummeriert und die Kanten mit einer Richtung versehen. Die Kante 5 mit der Stromquelle wird vorerst nicht berücksichtigt. Dann gilt: $m = 4, n = 4$

$$B = \begin{pmatrix} -1 & 1 & 0 & 0 \\ 0 & -1 & 1 & 0 \\ 0 & 0 & -1 & 1 \\ 1 & 0 & 0 & -1 \end{pmatrix}, \quad R = C = \begin{pmatrix} 1 & 0 & 0 & 0 \\ 0 & 1 & 0 & 0 \\ 0 & 0 & 1 & 0 \\ 0 & 0 & 0 & 1 \end{pmatrix}, \quad \boldsymbol{b} = \begin{pmatrix} 0 \\ 6 \\ 0 \\ 0 \\ 0 \end{pmatrix}$$

zur Darstellung der Spannungsquelle. Die Stromquelle wird im Stromgesetz berücksichtigt, dadurch das die Ströme aus der Kante 5 mit dort eingehen. (MM.45) wird

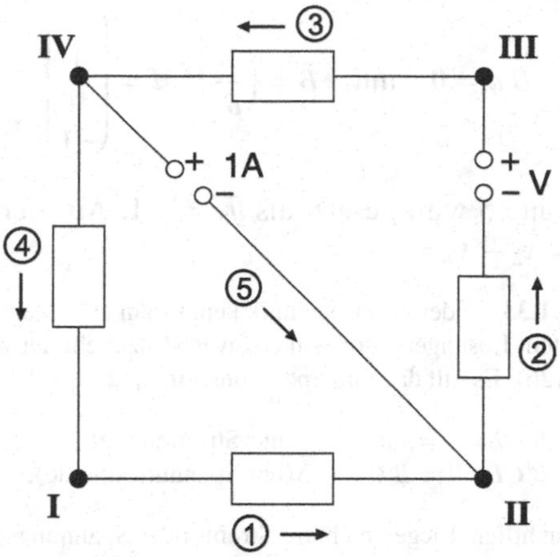


**Abb. 3** Skizze zu Aufgabe 1.33

dann analog zu (MM.38) zu

$$B^t \boldsymbol{y} = \boldsymbol{c} \quad \text{mit} \quad c = \begin{pmatrix} 0 \\ 1 \\ 0 \\ -1 \end{pmatrix} . \tag{25}$$

Umformulierung auf Spannungen $\boldsymbol{e}$ bzw. Potentiale $\boldsymbol{x}$ ergibt mit $\boldsymbol{y} = C(\boldsymbol{e} + \boldsymbol{b})$

$$B^t C \boldsymbol{e} = \boldsymbol{c} - B^t C \boldsymbol{b}$$

bzw. mit $\boldsymbol{e} = -B\boldsymbol{x}$

$$B^t C B \boldsymbol{x} = -\boldsymbol{c} + B^t C \boldsymbol{b} . \tag{26}$$

Es ist

$$B^t C B = \begin{pmatrix} 2 & -1 & 0 & -1 \\ -1 & 2 & -1 & 0 \\ 0 & -1 & 2 & -1 \\ -1 & 0 & -1 & 2 \end{pmatrix} , \quad -\boldsymbol{c} + B^t C \boldsymbol{b} = \begin{pmatrix} 0 \\ -7 \\ 6 \\ 1 \end{pmatrix} , \quad \boldsymbol{x} = \begin{pmatrix} -2 \\ -4 \\ 1 \\ 0 \end{pmatrix} ,$$

$$\boldsymbol{e} = -B\boldsymbol{x} = \begin{pmatrix} 2 \\ -5 \\ 1 \\ 2 \end{pmatrix} , \quad \boldsymbol{y} = C(\boldsymbol{e} + \boldsymbol{b}) = \begin{pmatrix} 2 \\ 1 \\ 1 \\ 2 \end{pmatrix} .$$

Dabei ist also das LGS (26) lösbar, hat aber einen Freiheitsgrad, der hier durch $x_4 = 0$ („Erdung“) gewählt wird. Die Werte für Kante 5 ergeben sich im nachhinein: Der Ansatz (25) entspricht

$$\hat{B}^t \boldsymbol{y} = \boldsymbol{0} \quad \text{mit} \quad \hat{B} = \begin{pmatrix} B \\ \boldsymbol{d}^t \end{pmatrix}, \; \boldsymbol{d} = \begin{pmatrix} 0 \\ 1 \\ 0 \\ -1 \end{pmatrix}$$

und der Strom auf Kante 5 wird gesetzt als $y_5 = -1$. Aus der Lösung $\boldsymbol{x}$ folgt aus $\boldsymbol{e} = -\hat{B}\boldsymbol{x}$ : $e_5 = \boldsymbol{d}^t\boldsymbol{x} = x_2 - x_4 = -4$.

**Bemerkung zu Aufgabe 1.33** In der Elektrotechnik kennt man ein *Überlagerungsverfahren* nach Helmholtz, das darin besteht Lösungen durch sukzessives Hinzunehmen von Quellen aufzubauen. Das ergibt sich auch aus (26). Es gilt das Superpositionsprinzip $\boldsymbol{x} = \boldsymbol{x}^{(1)} + \boldsymbol{x}^{(2)}$, wobei

$$\begin{aligned} B^t C B \boldsymbol{x}^{(1)} &= -\boldsymbol{c} && \text{(nur Stromquelle),} \\ B^t C B \boldsymbol{x}^{(2)} &= B^t C B \boldsymbol{b} && \text{(nur Spannungsquelle),} \end{aligned}$$

wie aus Theorem 1.46 ersichtlich. Liegen mehrere Strom- oder Spannungsquellen vor, kann $\boldsymbol{c}$ bzw. $\boldsymbol{b}$ weiter zerlegt werden und entsprechend auch $\boldsymbol{x}^{(1)}$ bzw. $\boldsymbol{x}^{(2)}$. Zu den (Teil-) Potentialen ergeben sich die (Teil-) Ströme als $\boldsymbol{e}^{(i)} = -B\boldsymbol{x}^{(i)}$.

**Lösung zu Aufgabe 1.34** Es gilt nach (MM.43), (MM.45)

$$\boldsymbol{y} = C(\boldsymbol{e} + \boldsymbol{b})$$

für die Ströme mit Spannungsquellen und analog

$$\tilde{\boldsymbol{y}} = C\boldsymbol{e}$$

für die Ströme ohne Spannungsquellen und

$$A^t \boldsymbol{y} = \boldsymbol{0} \, .$$

Zu a): Aus der Einzelleistung $P_i = e_i y_i$ am Leiterstück $i$ folgt für die Leistung ohne Spannungsquelle

$$P_N = (\boldsymbol{e} \, . \, C\boldsymbol{e}) = \sum_{i=1}^{n} \frac{1}{R_i} e_i^2 \, .$$

Zu b): Analog ergibt sich

$$P_Q = (\boldsymbol{e} \, . \, C\boldsymbol{b}) = \sum_{i=1}^{n} \frac{1}{R_i} b_i e_i \, .$$

Zu c): Es gilt

$$\begin{aligned} P_N + P_Q &= (\boldsymbol{e} \, . \, C(\boldsymbol{e} + \boldsymbol{b})) \\ &= (\boldsymbol{e} \, . \, \boldsymbol{y}) = -(A\boldsymbol{x} \, . \, \boldsymbol{y}) \\ &= \left(\boldsymbol{x} \, . \, A^t \boldsymbol{y}\right) = 0, \quad \text{also} \quad P_N = -P_Q \, . \end{aligned}$$

Hier geht die allgemeine Beziehung $(A\boldsymbol{x} \,.\, \boldsymbol{y}) = (\boldsymbol{x} \,.\, A^t\boldsymbol{y})$ für ein $A \in \mathbb{R}^{(n,n)}$, $\boldsymbol{x}, \boldsymbol{y} \in \mathbb{R}^n$ ein, die in Abschnitt 2.3.5 näher betrachtet wird.

## 1.7 Affine Räume I

### Lösung zu Aufgabe 1.35

a) Wir setzen die Lösungen $a$ mit affin unabhängigen Komponenten in der zweiten und dritten Komponente an und erhalten so auch affin unabhängige Punkte in $A$:

$$\begin{aligned} a_1 &= \left(\tfrac{1}{2}, 0, 0\right)^t \\ a_2 &= (0, 1, 0)^t \\ a_3 &= (2, 0, 1)^t \,. \end{aligned}$$

b) Gesucht sind also $t_1, t_2, t_3 \in \mathbb{R}$, so dass

$$\begin{aligned} t_1 a_1 + t_2 a_2 + t_3 a_3 &= x \\ t_1 + t_2 + t_3 &= 1 \end{aligned}$$

bzw. das LGS für $t = (t_1, t_2, t_3)^t$ gilt:

$$\begin{pmatrix} a_1 & a_2 & a_3 \\ 1 & 1 & 1 \end{pmatrix} t = \begin{pmatrix} x \\ 1 \end{pmatrix} . \tag{27}$$

Das Eliminationsverfahren liefert:

$$\left(\begin{array}{ccc|c} \frac{1}{2} & 0 & 2 & x_1 \\ 0 & 1 & 0 & x_2 \\ 0 & 0 & 1 & x_3 \\ 1 & 1 & 1 & 1 \end{array}\right) \to \left(\begin{array}{ccc|c} 1 & 0 & 4 & 2x_1 \\ 0 & 1 & 0 & x_2 \\ 0 & 0 & 1 & x_3 \\ 0 & 1 & -3 & 1 - 2x_1 \end{array}\right) \to \left(\begin{array}{ccc|c} 1 & 0 & 4 & 2x_1 \\ 0 & 1 & 0 & x_2 \\ 0 & 0 & 1 & x_3 \\ 0 & 0 & -3 & 1 - 2x_1 - x_2 \end{array}\right)$$

$$\to \left(\begin{array}{ccc|c} 1 & 0 & 4 & 2x_1 \\ 0 & 1 & 0 & x_2 \\ 0 & 0 & 1 & x_3 \\ 0 & 0 & 0 & 1 - 2x_1 - x_2 + 3x_3 \end{array}\right) .$$

Das LGS ist also genau für $a \in A$ lösbar, weil genau dann die 4. Bedingung erfüllt ist. Wir erhalten

$$t_3 = x_3, t_2 = x_2, t_1 = 2x_1 - 4x_3 ,$$

d. h.

$$x = (2x_1 - 4x_3)a_1 + x_2 a_2 + x_3 a_3 .$$

**Lösung zu Aufgabe 1.36**

a) Dies gilt, da

$$p_2 - p_1 = \begin{pmatrix} -1 \\ 3 \\ 0 \end{pmatrix}, \quad p_3 - p_1 = \begin{pmatrix} 1 \\ 1 \\ -1 \end{pmatrix}$$

linear unabhängig sind:

$$\begin{pmatrix} 1 & -1 \\ 1 & 3 \\ -1 & 0 \end{pmatrix} \to \begin{pmatrix} 1 & -1 \\ 0 & 4 \\ 0 & -1 \end{pmatrix}.$$

b) Wir suchen $t^i = (t_1^i, t_2^i, t_3^i)^t \in \mathbb{R}^3$ für $i = 1, 2, 3$, so dass

$$\begin{aligned} t_1^i p_1 + t_2^i p_2 + t_3^i p_3 &= a_i \\ t_1^i + t_2^i + t_3^i &= 1\,. \end{aligned}$$

Dazu sind analog zu (27) die LGS mit der erweiterten Koeffizientenmatrix zu lösen:

$$\left(\begin{array}{ccc|ccc} 1 & 0 & 2 & 2 & -2 & -5 \\ 0 & 3 & 1 & 5 & 5 & 2 \\ 1 & 1 & 0 & -1 & 2 & 5 \\ 1 & 1 & 1 & 1 & 1 & 1 \end{array}\right).$$

Mit dem Eliminationsverfahren ergibt sich:

$$\left(\begin{array}{ccc|ccc} 1 & 0 & 2 & 2 & -2 & -5 \\ 0 & 3 & 1 & 5 & 5 & 2 \\ 0 & 1 & -2 & -3 & 4 & 10 \\ 0 & 1 & -1 & -1 & 3 & 6 \end{array}\right) \to \left(\begin{array}{ccc|ccc} 1 & 0 & 2 & 2 & -2 & -5 \\ 0 & 1 & -1 & -1 & 3 & 6 \\ 0 & 0 & 4 & 8 & -4 & -16 \\ 0 & 0 & -1 & -2 & 1 & 4 \end{array}\right) \to \left(\begin{array}{ccc|ccc} 1 & 0 & 2 & 2 & -2 & -5 \\ 0 & 1 & -1 & -1 & 3 & 6 \\ 0 & 0 & 1 & 2 & -1 & -4 \\ 0 & 0 & 0 & 0 & 0 & 0 \end{array}\right).$$

Also für:

$$\begin{aligned} t_1 &:= (-2, 1, 2)^t \\ t_2 &:= (0, 2, -1)^t \\ t_3 &:= (3, 2, -4)^t\,. \end{aligned}$$

Die Lösbarkeit zeigt die Darstellbarkeit, d. h. $a_i \in \mathrm{span}_a(p_1, p_2, p_3)$. Alternativ hätte auch $a_i - p_1$ linear bezüglich $p_2 - p_1$ und $p_3 - p_1$ dargestellt werden können mit Koeffizienten $t_3$, $t_2$ und $t_1 := 1 - t_2 - t_3$.

**Lösung zu Aufgabe 1.37** Die Seite $\overline{pq}$ ist Teilmenge der Gerade $g_1 := pq$:

$$g_1 : x = sp + (1-s)q = s(p-q) + q \text{ für } s \in \mathbb{R}, \text{ d. h. } \overline{pq} : x = s(p-q) + q,\, s \in [0, 1]\,.$$

Nach Satz 1.19 und Satz 1.21 ist diese explizite Darstellung äquivalent zu einer impliziten Darstellung der Form $\alpha(x) = 0$. Für $w \in \operatorname{span}(p-q)^\perp$ erhählt man aus $x = s(p-q) + q$ ($s \in \mathbb{R}$), dass

$$w^t \cdot x = w^t \cdot q\,.$$

Wir wählen speziell $w = \begin{pmatrix} p_2 - q_2 \\ q_1 - p_1 \end{pmatrix}$ und erhalten

$$g_1 : w^t x = w^t q\,,$$

d. h.

$$\begin{aligned} g_1 &: (p_2 - q_2)x_1 + (q_1 - p_1)x_2 = (p_2 - q_2)q_1 + (q_1 - p_1)q_2 = p_2q_1 - p_1q_2\,, \\ \alpha(x) &= (p_2 - q_2)x_1 + (q_1 - p_1)x_2 - p_2q_1 + p_1q_2\,. \end{aligned}$$

Analog erhält man:

$$g_2 : x = sq + (1-s)r \text{ für } s \in \mathbb{R}$$

hat die Darstellung

$$\begin{aligned} g_2 &: (q_2 - r_2)x_1 + (r_1 - q_1)x_2 - q_2r_1 + q_1r_2 = 0\,, \\ \beta(x) &= (q_2 - r_2)x_1 + (r_1 - q_1)x_2 - q_2r_1 + q_1r_2 \end{aligned}$$

und

$$g_3 : x = sr + (1-s)p \text{ für } s \in \mathbb{R}$$

hat die Darstellung

$$\begin{aligned} g_3 &: (r_2 - p_2)x_1 + (p_1 - r_1)x_2 - r_2p_1 + r_1p_2 = 0\,, \\ \gamma(x) &= (r_2 - p_2)x_1 + (p_1 - r_1)x_2 - r_2p_1 + r_1p_2\,. \end{aligned}$$

**Bemerkung zu Aufgabe 1.37** Dies sind Darstellungen $\alpha = g_1, \beta = g_2, \gamma = g_3$ für die Geraden $pq, qr$ und $rp$. Die ursprüngliche Aufgabenformulierung (1. Auflage) war ungenau insofern, als für die Seiten noch Ungleichungsbedingungen hinzukommen müssen (siehe Aufgabe 6.1).

**Lösung zu Aufgabe 1.38** Nach (1.97) ist für $i \in \{1, \ldots, m\}$ zu zeigen:

$$\sum_{k=0}^{m} t_k a_k = a_i \text{ und } \sum_{k=0}^{m} t_k = 1 \Rightarrow t_i = 1,\ t_j = 0 \text{ für } j \in \{0, \ldots, m\},\ j \neq i\,.$$

Dies gilt, denn Umformung der ersten Summe liefert

$$\sum_{\substack{k=1\\k\neq i}}^{m} t_k a_k + (t_i - 1)a_i + (t_0 + 1)a_0 = a_0, \text{ d. h.}$$

$$\sum_{k=0}^{m} s_k a_k = a_0 \text{ mit } s_k := t_k \text{ für } k \neq 0,\ k \neq i,\ s_i := t_i - 1,\ s_0 = t_0 + 1\,.$$

Wegen $\sum_{k=0}^{m} s_k = \sum_{k=0}^{m} t_k = 1$ ist die Voraussetzung in der Form (1.97) anwendbar und liefert

$$\begin{aligned} s_k = t_k = 0 \text{ für } k \neq 0, k \neq i\,, \\ s_0 = 1, \text{d. h. } t_0 = 0\,, \\ s_i = 0, \text{d. h. } t_i = 1\,, \end{aligned}$$

wie behauptet.

**Lösung zu Aufgabe 1.39** Betrachtet werde ein Dreieck mit den Ecken $p, q, r$, wobei $p, q, r$ affin unabhängig sind. O. B. d. A. kann $V = \mathbb{A}^2$ zugrunde gelegt werden, ansonsten wird der von den 3 Punkten aufgespannte 2-dimensionale affine Raum betrachtet.

a) Im Folgenden schreiben wir für $x = (x_1, x_2)^t \in \mathbb{R}^2$ kurz

$$x^\perp := \begin{pmatrix} x_2 \\ -x_1 \end{pmatrix},$$

nicht zu verwechseln mit der Menge der orthogonalen Vektoren zu $x$. Die Mittelsenkrechte auf der Strecke $\overline{ab}$ ist die Gerade durch den Mittelpunkt $\frac{1}{2}(a + b)$ und in Richtung

$$(b - a)^\perp = \begin{pmatrix} b_2 - a_2 \\ a_1 - b_1 \end{pmatrix} \text{ für } a = \begin{pmatrix} a_1 \\ a_2 \end{pmatrix}, b = \begin{pmatrix} b_1 \\ b_2 \end{pmatrix}.$$

Es geht also um einen Schnittpunkt der 3 Geraden:

$$\begin{aligned} g_1 &: \frac{1}{2}(p + q) + t(q - p)^\perp, t \in \mathbb{R} \\ g_2 &: \frac{1}{2}(q + r) + t(r - q)^\perp, t \in \mathbb{R} \\ g_3 &: \frac{1}{2}(r + p) + t(p - r)^\perp, t \in \mathbb{R}\,. \end{aligned}$$

Es kann also der Schnittpunkt von $g_1$ und $g_2$ bestimmt und dann geprüft werden, dass dieser auf $g_3$ liegt. Die Rechnung kann dadurch vereinfacht werden, dass ein Koordinatensystem mit $q$ als Ursprung gewählt wird und so dass $r = \begin{pmatrix} r_1 \\ 0 \end{pmatrix}$.

Demgegenüber kann die Überlegung deutlich vereinfacht werden durch die äquivalente implizite Darstellung nach Aufgabe 1.37. Wegen $c^{\perp\perp} = c$ für $c \in \mathbb{A}^2$ ergibt sich:

$$\begin{aligned} g_1 &: (q-p)^t x = \frac{1}{2}(q-p)^t(p+q) \\ g_2 &: (r-q)^t x = \frac{1}{2}(r-q)^t(q+r) \\ g_3 &: (p-r)^t x = \frac{1}{2}(p-r)^t(r+p)\,. \end{aligned}$$

Dieses LGS in $x$ ist lösbar, da die Summe der 1. und 3. Gleichung die 2. Gleichung multipliziert mit $-1$ ergibt:

$$\begin{aligned} (q-p+p-r)^t x &= \frac{1}{2}\left((q-p)^t(p+q) + (p-r)^t(p+r)\right) \\ \Leftrightarrow (q-r)^t x &= \frac{1}{2}\left(q^t q - p^t p + p^t p - r^t r\right) \\ \Leftrightarrow (q-r)^t x &= \frac{1}{2}\left(q^t q - r^t r\right) = \frac{1}{2}(q-r)^t(q+r)\,. \end{aligned}$$

Das LGS aus 1. und 3. Gleichung ist lösbar, da nach Voraussetzung $q-p$ und $r-p$ linear unabhängig sind (vergleiche Aufgabe 1.38). Man beachte, dass der Schnittpunkt nicht im Dreieck liegen muss.

b) Hier sind die 3 zu betrachtenden Geraden:

$$\begin{aligned} g_1 &: p + s(r-q)^\perp,\ s \in \mathbb{R} \\ g_2 &: q + s(p-r)^\perp,\ s \in \mathbb{R} \\ g_3 &: r + s(q-p)^\perp,\ s \in \mathbb{R}\,. \end{aligned}$$

Analoges Vorgehen zu a) liefert als zu lösendes LGS

$$\begin{aligned} &\text{①} \quad (r-q)^t x = (r-q)^t p \\ &\text{②} \quad (p-r)^t x = (p-r)^t q \\ &\text{③} \quad (q-p)^t x = (q-p)^t r\,. \end{aligned}$$

Wieder gilt

$$\text{①} + \text{③}: \quad (r-p)^t x = r^t p - q^t p + q^t r - p^t r = q^t r - q^t p = (r-p)^t q\,.$$

also ① + ③ = −② und das LGS ①, ③ ist lösbar, da nach Voraussetzung $r-q$, $p-q$ linear unabhängig sind (vergleiche Aufgabe 1.38).

**Lösung zu Aufgabe 1.40** Das Tetraeder sei $\triangle := \{\sum_{i=1}^4 t_i a_i : 0 \le t_i \le 1, \sum_{i=1}^4 t_i = 1\}$, wobei $a_1, \ldots, a_4$ affin unabhängig seien. Gegenüberliegende Kanten sind solche, die keinen Eckpunkt gemeinsam haben, d. h.

$$\overline{a_0a_1} \text{ und } \overline{a_2a_3}, \quad \overline{a_1a_2} \text{ und } \overline{a_0a_3}, \quad \overline{a_0a_2} \text{ und } \overline{a_1a_3}$$

und die zu betrachtenden Geraden sind

$$\begin{aligned} g_1 &: t\frac{1}{2}(a_0+a_1)+(1-t)\frac{1}{2}(a_2+a_3),\ t\in\mathbb{R} \\ g_2 &: s\frac{1}{2}(a_1+a_2)+(1-s)\frac{1}{2}(a_0+a_3),\ s\in\mathbb{R} \\ g_3 &: r\frac{1}{2}(a_0+a_2)+(1-r)\frac{1}{2}(a_1+a_3),\ r\in\mathbb{R}\,. \end{aligned}$$

Der Schnittpunkt von $g_1$ und $g_2$ liegt bei $t = s = \frac{1}{2}$ und zwar im *Schwerpunkt*

$$x = \frac{1}{4}(a_1+a_2+a_3+a_4) \quad (\in \Delta)\,.$$

Dies sieht man durch Einsetzen bzw. ergibt sich zwingend aus der affinen Unabhängigkeit von $a_1, \ldots, a_4$. Der Schwerpunkt liegt auch auf $g_3$ ($r = \frac{1}{2}$).

**Lösung zu Aufgabe 1.41** Sei $E := \mathrm{span}(\boldsymbol{e}_3 - \boldsymbol{e}_1, \boldsymbol{e}_2 - \boldsymbol{e}_1)$ und $\pi := P_E$ die orthogonale Projektion auf $E$, also $\pi : \mathbb{R}^3 \to E$. Nach Satz 1.105 gilt

$$\pi(\boldsymbol{x}) = P_E(\boldsymbol{x}) = \boldsymbol{x} - P_{E^\perp}(\boldsymbol{x})\,.$$

für alle $\boldsymbol{x} \in \mathbb{R}^3$ und nach (1.88) (siehe Bemerkungen 1.110) gilt

$$P_{E^\perp}(\boldsymbol{x}) = \frac{x_1+x_2+x_3}{3}\begin{pmatrix}1\\1\\1\end{pmatrix},$$

da $(1,1,1)^t = e_1 + e_2 + e_3$ orthogonal zu $E$, also $E^\perp = \mathrm{span}(e_1 + e_2 + e_3)$. Damit gilt

$$\pi(\boldsymbol{x}) = \boldsymbol{x} - \frac{x_1+x_2+x_3}{3}\begin{pmatrix}1\\1\\1\end{pmatrix}$$

und

$$\|\pi(e_h) - \pi(e_l)\| = \|\pi(e_h - e_l)\| = \|e_h - e_l\| = \sqrt{2} \quad \text{für} \quad h, l = 1, 2, 3\,.$$

**Bemerkung zu Aufgabe 1.41** Durch die obige Prozedur wird also $\boldsymbol{e}_1$ zum Nullpunkt eines zweidimensionalen linearen Vektorraums $V$ gemacht, wobei $V$ der Verbindungsraum von $A$ ist. Statt $\boldsymbol{e}_1$ hätte jedes andere $\boldsymbol{a} \in A$ gewählt werden können.

# Lösungen zu Kapitel 2
# Matrizen und lineare Abbildungen

## 2.1 Lineare Abbildungen

**Lösung zu Aufgabe 2.1** a) Richtig:

$$(g \circ f)(x_1) = (g \circ f)(x_2) \underset{(1)}{\Rightarrow} f(x_1) = f(x_2) \underset{(2)}{\Rightarrow} x_1 = x_2 \text{ für alle } x_1, x_2 \in A.$$

(1): da $g$ injektiv ist, (2): da $f$ injektiv ist.

b) Richtig:

Sei $z \in C$ beliebig, dann existiert ein $y \in B$, so dass $g(y) = z$, da $g$ surjektiv ist. Zu $y \in B$ existiert ein $x \in A$, so dass $f(x) = y$, da $f$ surjektiv ist, also $(g \circ f)(x) = g(f(x)) = g(y) = z$.

c) Falsch:

Seien $A = B = C$, $f = \text{id}$, d. h. injektiv und $g$ so gewählt, dass $g$ surjektiv, aber nicht injektiv ist, dann ist $g \circ f = g$ nicht bijektiv.

Analog kann $g = \text{id}$ und $f$ als injektiv, aber nicht surjektiv gewählt werden, so dass $g \circ f$ i. Allg. weder injektiv noch surjektiv ist.

Alternativ betrachte man das Beispiel $A = [-1, 1], B = [-1, 2], C = [0, 4]$ und $f : A \to B, x \mapsto \text{sign}(x)x^2$, d. h. $f$ ist injektiv, nicht surjektiv, $g : B \to C, y \mapsto y^2$, d. h. $g$ ist surjektiv, nicht injektiv, und $g \circ f : A \to C, x \mapsto x^4$, ist weder injektiv noch surjektiv.

d) Richtig:

Sei $z \in C$, dann existiert $x \in A$, so dass $g(f(x)) = z$, da $g \circ f$ insbesondere surjektiv ist. Also erfüllt $y := f(x) \in B : g(y) = z$. Seien $x_1, x_2 \in A$, dann gilt

$$f(x_1) = f(x_2) \Rightarrow (g \circ f)(x_1) = g \circ f(x_2) \Rightarrow x_1 = x_2 \,,$$

da $g \circ f$ insbesondere injektiv ist.

e) Falsch:

Gegenbeispiel: $A := [0, 1]$, $B := [-1, 1]$, $C := A$, $f : A \to B$, $x \mapsto x$, $g : B \to C$, $y \mapsto y^2$. Dann gilt: $f$ ist injektiv (notwendig nach d)), nicht surjektiv, $g$ ist surjektiv (notwendig nach d)), nicht injektiv, aber $g \circ f : A \to A$, $x \mapsto x^2$, ist bijektiv.

**Lösung zu Aufgabe 2.2** a) „⇒“: Sei $\mathcal{B}$ ein linear unabhängiges System, $I$ eine endliche Indexmenge, $\boldsymbol{v}_i \in \mathcal{B}$ für $i \in I$, dann

$$\sum_{i\in I} c_i \Phi \boldsymbol{v}_i = \mathbf{0} \text{ für } c_i \in \mathbb{R} \Rightarrow \mathbf{0} = \Phi\mathbf{0} = \Phi\left(\sum_{i\in I} c_i \boldsymbol{v}_i\right),$$

so dass aus der Injektivität von $\Phi$ folgt:

$$\sum_{i\in I} c_i \boldsymbol{v}_i = \mathbf{0}$$

und damit nach Voraussetzung $c_i = 0$ für $i \in I$, d. h. nach Hauptsatz 1.62 ist $\Phi(\mathcal{B})$ linear unabhängig.

„⇐“: Sei $\mathcal{B}$ eine Basis von $V$, die bei endlicher Erzeugung nach Korollar 1.69 bzw. nach Seite 85 immer existiert.

Seien $\boldsymbol{v}, \boldsymbol{w} \in V$ beliebig und $\boldsymbol{v} = \sum_{i\in I} c_i \boldsymbol{v}_i, \boldsymbol{w} = \sum_{i\in I} d_i \boldsymbol{v}_i$ die Darstellung von $\boldsymbol{v}$ bzw. $\boldsymbol{w}$ mit $\boldsymbol{v}_i \in \mathcal{B}$. Dann folgt:

$$\Phi(\boldsymbol{v}) = \Phi(\boldsymbol{w}) \quad \Rightarrow \quad \sum_{i\in I} c_i \Phi \boldsymbol{v}_i = \Phi\left(\sum_{i\in I} c_i \boldsymbol{v}_i\right) = \Phi(\boldsymbol{v}) = \Phi(\boldsymbol{w}) = \sum_{i\in I} d_i \Phi \boldsymbol{v}_i .$$

Da $\Phi(\mathcal{B})$ linear unabhängig ist, folgt nach (1.47)

$$c_i = d_i \text{ für } i \in I \quad \Leftrightarrow \quad \boldsymbol{v} = \boldsymbol{w},$$

d. h. $\Phi$ ist injektiv.

b) Sei $\boldsymbol{w} \in \operatorname{Bild} \Phi$ beliebig, d. h. $\boldsymbol{w} = \Phi \boldsymbol{v}$ für ein $\boldsymbol{v} \in V$. Dann gibt es eine Darstellung von $\boldsymbol{v}$ bzgl. $\mathcal{B}$, d. h. $\boldsymbol{v} = \sum_{i\in I} c_i \boldsymbol{v}_i$ mit $\boldsymbol{v}_i \in \mathcal{B}$, und damit

$$\boldsymbol{w} = \Phi \boldsymbol{v} = \sum_{i\in I} c_i \Phi \boldsymbol{v}_i, \text{ d. h. } \boldsymbol{w} \in \operatorname{span}(\Phi(\mathcal{B})) .$$

c) „⇒“: Nach b) gilt $\operatorname{span}(\Phi(\mathcal{B})) = \operatorname{Bild} \Phi$ und nach Voraussetzung ist $\operatorname{Bild} \Phi = W$.

„⇐“: Sei $\mathcal{B}$ eine Basis von $V$ (siehe dazu a)), dann wird $W$ nach Voraussetzung von $\Phi(\mathcal{B})$ aufgespannt. Sei $\boldsymbol{w} \in W$ beliebig, also gibt es eine Darstellung

$$w = \sum_{i \in I} c_i \Phi v_i \quad \text{mit } v_i \in \mathcal{B}, \text{ also } \quad w = \Phi\left(\sum_{i \in I} c_i v_i\right),$$

d. h. $\Phi$ ist surjektiv.

**Lösung zu Aufgabe 2.3** Zu zeigen ist $\Phi(U^\perp) = W^\perp$.

Sei $\tilde{u} \in U^\perp$ und $w \in W$ beliebig, d. h. $w = \Phi u$ für ein $u \in U$, dann:

$$(\Phi\tilde{u} . w) = (\Phi\tilde{u} . \Phi u) = (\tilde{u} . u) = 0 ,$$

also gilt $\Phi\tilde{u} \in W^\perp$, d. h. $\Phi(U^\perp) \subset W^\perp$.

Sei $\tilde{w} \in W^\perp$, dann existiert wegen der Bijektivität von $\Phi$ (siehe Satz 2.16) ein $v \in V$ mit $\Phi v = \tilde{w}$.

Sei $u \in U$ beliebig, dann ist $\Phi u \in W$, d. h.

$$0 = (\tilde{w} . \Phi u) = (\Phi v . \Phi u) = (v . u)$$

und damit ist $v \in U^\perp$, d. h. $\tilde{w} \in \Phi(U^\perp)$. Das zeigt $W^\perp \subset \Phi(U^\perp)$.

**Lösung zu Aufgabe 2.4** Nach (2.9) gilt dieser Beweis für $a, b \in \mathbb{R}^n$ (nicht nur $n = 2$, und dann Spiegelung an der Hyperebene $a^\perp$) und $x \in \mathbb{R}^n$:

a)

$$\begin{aligned}(S_a \circ S_b)(x) &= S_a(x - 2\,(x\,.\,b)\,b)\\ &= x - 2\,(x\,.\,b)\,b - 2\,(x - 2\,(x\,.\,b)\,b\,.\,a)\,a\\ &= x - 2\,(x\,.\,b)\,b - 2\,(x\,.\,a)\,a + 4\,(x\,.\,b)\,(b\,.\,a)\,a\,.\end{aligned}$$

Eine Darstellung für $(S_b \circ S_a)(x)$ ergibt sich daraus durch Vertauschen von $a$ und $b$, also:

$$\begin{aligned}(S_b \circ S_a)(x) &= S_b(x - 2\,(x\,.\,a)\,a)\\ &= x - 2\,(x\,.\,a)\,a - 2\,(x\,.\,b)\,b + 4\,(x\,.\,a)\,(a\,.\,b)\,b\,.\end{aligned}$$

b) Nach a) gilt wegen der Symmetrie von $(\,.\,)$:

$$\begin{aligned}&(S_a \circ S_b)(x) = (S_b \circ S_a)(x) \quad \forall x \in \mathbb{R}^n\\ &\Leftrightarrow (a\,.\,b)\,[(x\,.\,b)\,a - (x\,.\,a)\,b] = 0 \quad \forall x \in \mathbb{R}^n\,, \qquad (1)\\ &\Rightarrow (a\,.\,b) = 0 \text{ oder } (a\,.\,b)\,a = b \quad (\text{durch Wahl } x = a)\,.\end{aligned}$$

Im zweiten Fall ist notwendigerweise $(a\,.\,b) \neq 0$, da sonst $b = 0$ wäre im Widerspruch zur Annahme. Weiterhin gilt in diesem Fall $|(a\,.\,b)| = \|(a\,.\,b)\,a\| = \|b\| = 1$ wie behauptet.

Ist andererseits $(a\,.\,b) = 0$, dann gilt (1) und auch bei $a = \lambda b$, $|\lambda| = 1$, da dann

$$(x\,.\,b)\,a - (x\,.\,a)\,b = (x\,.\,b)\,\lambda b - (x\,.\,\lambda b)\,b = 0 \quad \forall x \in \mathbb{R}^n\,.$$

**Lösung zu Aufgabe 2.5** Seien $g = \mathbb{R}\boldsymbol{u} + \boldsymbol{a}$, $h = \mathbb{R}\boldsymbol{v} + \boldsymbol{b}$, $\|\boldsymbol{u}\| = \|\boldsymbol{v}\| = 1$ zwei Geraden in $\mathbb{R}^2$, die sich unter dem Winkel $\alpha \in (0, \frac{\pi}{2}]$ schneiden. Die Überlegung wird einfacher, wenn wie in der analytischen Geometrie üblich, ein „geschicktes" Koordinatensystem gewählt wird. Dies geschieht dadurch, dass der Ursprung in den Schnittpunkt verschoben wird, wodurch sich $\boldsymbol{a} = \boldsymbol{b} = \boldsymbol{0}$ ergibt und die $x_1$-Achse in Richtung $\boldsymbol{v}$ gedreht wird, wodurch sich $\boldsymbol{v} = \boldsymbol{e}_1$ ergibt, d. h. bei Neudefinition von $\boldsymbol{u}$:

$$h = \mathbb{R}\boldsymbol{e}_1, \quad g = \mathbb{R}\boldsymbol{u}, \quad \|\boldsymbol{u}\| = 1, \quad \boldsymbol{u} \in \mathbb{R}^2 .$$

Nach Voraussetzung ist $\boldsymbol{u} = \begin{pmatrix}\cos(\alpha)\\ \sin(\alpha)\end{pmatrix}$ und die Spiegelung $s_h$ hat die Darstellung

$$s_h(\boldsymbol{x}) = S_{\boldsymbol{e}_2}(\boldsymbol{x}) = \begin{pmatrix}x_1\\ -x_2\end{pmatrix},$$

was offensichtlich ist bzw. sich wegen $h = \boldsymbol{e}_2^{\perp}$ ergibt aus $s_h(\boldsymbol{x}) = \boldsymbol{x} - 2\,(\boldsymbol{x}\,.\,\boldsymbol{e}_2)\,\boldsymbol{e}_2$. Für $s_g$ gilt analog

$$s_g(\boldsymbol{x}) = S_{\boldsymbol{b}}(\boldsymbol{x}) = \boldsymbol{x} - 2\,(\boldsymbol{x}\,.\,\boldsymbol{b})\,\boldsymbol{b} \quad \text{mit} \quad \boldsymbol{b} = \boldsymbol{u}^* := \begin{pmatrix}\sin(\alpha)\\ -\cos(\alpha)\end{pmatrix},$$

(siehe Satz 1.19). Weiter ist mit $s := \sin(\alpha)$, $c := \cos(\alpha)$

$$\begin{pmatrix}x_1\\ x_2\end{pmatrix} - 2(x_1 s - x_2 c)\begin{pmatrix}s\\ -c\end{pmatrix} = \begin{pmatrix}(1-2s^2)x_1 + 2scx_2\\ 2scx_1 + (1-2c^2)x_2\end{pmatrix}.$$

Aus den Additionstheoremen für Sinus und Kosinus folgt

$$\begin{aligned}\cos(2\alpha) &= (\cos(\alpha))^2 - (\sin(\alpha))^2 = 1 - 2s^2 ,\\ -\cos(2\alpha) &= (\sin(\alpha))^2 - (\cos(\alpha))^2 = 1 - 2c^2 ,\\ \sin(2\alpha) &= 2\sin(\alpha)\cos(\alpha) = 2sc\end{aligned}$$

und damit

$$S_{\boldsymbol{b}}(\boldsymbol{x}) = \begin{pmatrix}\cos(2\alpha)x_1 + \sin(2\alpha)x_2\\ \sin(2\alpha)x_1 - \cos(2\alpha)x_2\end{pmatrix},$$

also

$$S_{\boldsymbol{b}} \circ S_{\boldsymbol{e}_2}(\boldsymbol{x}) = S_{\boldsymbol{b}}\begin{pmatrix}x_1\\ -x_2\end{pmatrix} = \begin{pmatrix}\cos(2\alpha)x_1 - \sin(2\alpha)x_2\\ \sin(2\alpha)x_1 + \cos(2\alpha)x_2\end{pmatrix},$$

d. h. nach Beispiel 2.19 handelt es sich um eine Drehung um $2\alpha$.

Hintereinander ausgeführte Drehungen ergänzen sich zu einer Drehung mit der Summe der Winkel (das ist in $\mathbb{R}^2$ offensichtlich und wird in (2.45) allgemein gezeigt), also ist $(s_g \circ s_h)^n$ eine Drehung um den Winkel $2\alpha n$.

a) Gesucht ist also $n \in \mathbb{N}$, so dass $2\alpha n = 2\pi k$ für ein $k \in \mathbb{N}$. Dies erfordert

$$\alpha = k\frac{\pi}{n} \quad \text{für ein } k \in \mathbb{N}.$$

b) Nach Aufgabe 2.4, b) ist dies dadurch charakterisiert, dass für $\boldsymbol{a} = \boldsymbol{e}_2$ und $\boldsymbol{b} = \begin{pmatrix} \sin(\alpha) \\ -\cos(\alpha) \end{pmatrix}$ gilt $(\boldsymbol{a} \,.\, \boldsymbol{b}) = 0$, da $\boldsymbol{b} = \lambda \boldsymbol{a}$, $|\lambda| = 1$ ausgeschlossen ist (Er würde $\alpha = 0$ oder $\alpha = \pi$ bedeuten). Dies bedeutet also $\cos(\alpha) = 0$ bzw. $\alpha = \frac{\pi}{2}$.

**Bemerkung zu Aufgabe 2.5** Mit späteren Ergebnissen läßt sich die Überlegung verkürzen. Nach (2.27) wird eine Spiegelung an der Geraden $g = \boldsymbol{w}^{\perp}$, $\boldsymbol{w} = \begin{pmatrix} \cos(\frac{1}{2}(\varphi + \pi)) \\ \sin(\frac{1}{2}(\varphi + \pi)) \end{pmatrix}$ als $H(\varphi)$ geschrieben, wobei $H(\varphi)$ in *Bemerkungen 2.59 definiert wird.

Ist wie oben (bei o. B. d. A. $\boldsymbol{a} = \boldsymbol{b} = \boldsymbol{0}$) $g = \mathbb{R}\boldsymbol{v} = (\boldsymbol{v}^*)^{\perp}$, $h = \mathbb{R}\boldsymbol{u} = (\boldsymbol{u}^*)^{\perp}$, d. h. auch der Winkel zwischen $\boldsymbol{u}^*$ und $\boldsymbol{v}^*$ ist $\alpha$. Somit ist bei $\boldsymbol{v}^* = \begin{pmatrix} \cos(\psi + \frac{\pi}{2}) \\ \sin(\psi + \frac{\pi}{2}) \end{pmatrix}$ die Spiegelung an $g$ gegeben durch $H(2\psi)$ und $H(2(\psi + \alpha))$ die Spiegelung an $h$.

Nach (2.88) gilt

$$H(2\psi + 2\alpha) \circ H(2\psi) = G(2\alpha)$$

und dies ist die Drehung um $2\alpha$ wie oben verifiziert.

## 2.2 Lineare Abbildungen und ihre Matrizendarstellung

**Lösung zu Aufgabe 2.6** Zunächst muss man zeigen, dass durch die Definitionen in Gleichung (2.15) für $\Phi, \Psi \in \mathrm{Hom}(V, W)$, $\lambda \in \mathbb{R}$ Verknüpfungen in $\mathrm{Hom}(V, W)$ definiert werden. Klar ist, dass beide Definitionen Abbildungen von $V$ nach $W$ ergeben. Weiter gilt für $\lambda, \mu \in \mathbb{R}$ und $\boldsymbol{x}, \boldsymbol{y} \in V$ beliebig:

$$\begin{aligned}
(\Phi + \Psi)(\lambda \boldsymbol{x} + \mu \boldsymbol{y}) &\overset{\text{Def.}}{=} \Phi(\lambda \boldsymbol{x} + \mu \boldsymbol{y}) + \Psi(\lambda \boldsymbol{x} + \mu \boldsymbol{y}) \\
&\overset{\Phi, \Psi \in \mathrm{Hom}(V,W)}{=} \lambda \Phi \boldsymbol{x} + \mu \Phi \boldsymbol{y} + \lambda \Psi \boldsymbol{x} + \mu \Psi \boldsymbol{y} \\
&\overset{\text{VR-Axiome in } W}{=} \lambda(\Phi \boldsymbol{x} + \Psi \boldsymbol{x}) + \mu(\Phi \boldsymbol{y} + \Psi \boldsymbol{y}) \\
&\overset{\text{Def.}}{=} \lambda(\Phi + \Psi)\boldsymbol{x} + \mu(\Phi + \Psi)\boldsymbol{y}.
\end{aligned}$$

Also ist die Abbildung $\Phi + \Psi$ auch linear und insgesamt folgt $\Phi + \Psi \in \mathrm{Hom}(V, W)$. Damit ist der erste Teil von (2.15) als Verknüpfung in $\mathrm{Hom}(V, W)$ erkannt. Für den zweiten Teil wird das ganz analog gezeigt.

**Bemerkung zu Aufgabe 2.6** Ist Aufgabe 1.13 bekannt bzw. gelöst, kann der Beweis an dieser Stelle beendet werden, da dann gezeigt ist, dass $\mathrm{Hom}(V, W)$ ein linearer Unterraum des Vektorraums $\mathrm{Abb}(V, W)$ ist.

Jetzt müssen noch die Vektorraumaxiome nachgerechnet werden. Dabei „erbt“ der Raum $\mathrm{Hom}(V, W)$ die Eigenschaften des Vektorraums $W$. Z. B. für die Kommutativität ist für beliebige $\Phi, \Psi \in \mathrm{Hom}(V, W)$ zu zeigen:

$$\Phi + \Psi = \Psi + \Phi.$$

Das kann man so sehen: Sei also $\boldsymbol{x} \in V$ beliebig, dann gilt:

$$(\Phi + \Psi)\,\boldsymbol{x} \overset{\text{Def.}}{=} \Phi\boldsymbol{x} + \Psi\boldsymbol{x} \overset{\text{A.V1 in } W}{=} \Psi\boldsymbol{x} + \Phi\boldsymbol{x} \overset{\text{Def.}}{=} (\Psi + \Phi)\,\boldsymbol{x},$$

also stimmen die Abbildungen überein und die Behauptung ist gezeigt. Analog ergeben sich alle anderen Vektorraumaxiome (A.V2), (M.V1), (M.V2), (M.V3) und (M.V4), die vor Bemerkung 1.14 zu finden sind, aus der punktweisen Definition (2.15) und der Gültigkeit genau der gleichen Axiome in $W$. Die Gültigkeit in (A.V3) und (A.V4) wird dadurch sichergestellt, dass das neutrale bzw. das inverse Element punktweise über die entsprechenden Elemente in $W$ definiert wird, d. h.

$$0(\boldsymbol{x}) := \boldsymbol{0}_W, \quad (-\Phi)(\boldsymbol{x}) := -(\Phi\boldsymbol{x}) \quad \text{für alle } \boldsymbol{x} \in V \text{ und } \Phi \in \operatorname{Hom}(V, W)$$

Dann ist 0 und $-\Phi \in \operatorname{Hom}(V, W)$.

**Lösung zu Aufgabe 2.7** a) Die Forderung (2.28) für einen endlichdimensionalen Vektorraum $V$ ist bei beliebiger Wahl einer Basis $f_1, \ldots, f_n$ von $V$ wegen der Linearität von $I$ und $I_n$ äquivalent zu:

$$I(f_j) = \sum_{i=1}^{n} m_i f_j(t_i), \quad j = 1, \ldots, n\,.$$

Damit werden die $m_i$, $i = 1, \ldots, n$, durch ein quadratisches LGS mit folgender erweiterter Koeffizientenmatrix festgelegt:

$$\left(\begin{array}{ccc|c} f_1(t_1) & \cdots & f_1(t_n) & I(f_1) \\ f_2(t_1) & \cdots & f_2(t_n) & I(f_2) \\ \vdots & & \vdots & \vdots \\ f_n(t_1) & \cdots & f_n(t_n) & I(f_n) \end{array}\right).$$

Die Forderung (2.28) ist also genau dann (eindeutig) erfüllbar, wenn das LGS (eindeutig) lösbar ist. Nach Bemerkung 2.30 ist dies für $V = \mathbb{R}_{n-1}[x]$ der Fall.

b) Die LGS haben die Gestalt

(i)

$$\left(\begin{array}{ccc|c} 1 & & 0 & I(f_1) \\ & \ddots & & \vdots \\ 0 & & 1 & I(f_n) \end{array}\right),$$

wobei

$$I(f_i) = \int_a^b f_i(t)\,dt = \int_a^b \prod_{\substack{k=1\\k\neq i}}^{n} \frac{t-t_k}{t_i-t_k} dt \quad i = 1,\ldots,n$$

die Integrale über die LAGRANGE-Basispolynome sind.

(ii) Für die Monombasis ergibt sich:

$$\left(\begin{array}{ccc|c} 1 & \cdots & 1 & (b-a) \\ t_1 & \cdots & t_n & \frac{b^2-a^2}{2} \\ \vdots & & \vdots & \vdots \\ t_1^{n-1} & \cdots & t_n^{n-1} & \frac{b^n-a^n}{n} \end{array}\right).$$

(iii) Für die Zerlegung $\Delta$ mit $x_i := t_{i+1}, i = 0,\ldots,n-1$ und $S_0(\Delta)$ mit Basis nach (1.34) ergibt sich:

$$\left(\begin{array}{cccc|c} 1 & \cdots & 0 & 0 & h \\ \vdots & \ddots & \vdots & \vdots & \vdots \\ 0 & \cdots & 1 & 1 & h \end{array}\right) \in \mathbb{R}^{(n-1,n+1)}.$$

Aus den beiden letzten Gleichungen folgt $m_n = 0$. Damit kann die $n$-te Spalte weggelassen werden, was zur folgenden Matrix führt

$$\left(\begin{array}{ccc|c} 1 & \cdots & 0 & h \\ & \ddots & & \vdots \\ 0 & \cdots & 1 & h \end{array}\right) \in \mathbb{R}^{(n-1,n)}.$$

(iv) Für die Zerlegung $\Delta$ mit $x_i := t_{i+1}, i = 0,\ldots,n-1$ und $S_1(\Delta)$ mit Basis nach (1.36)–(1.37) ergibt sich:

$$\left(\begin{array}{ccc|c} 1 & & 0 & b_1 \\ & \ddots & & \vdots \\ 0 & & 1 & b_n \end{array}\right) \in \mathbb{R}^{(n,n+1)}$$

mit

$$b_1 := \frac{h}{2}, \qquad b_i := h,\ i = 2,\ldots,n-1, \qquad b_n := \frac{h}{2}.$$

Die Einheitsmatrix bei (i), (iii) und (iv) spiegelt die Eigenschaft der Basis

$$f_j(t_i) = \delta_{i,j}, \quad i,j = 1,\ldots,n, \quad \text{bei (i), (iv)},$$
$$f_j(t_i) = \delta_{i,j}, \quad i,j = 1,\ldots,n-1 \quad \text{bei (iii)}$$

wider.

Die eindeutige Lösbarkeit der Systeme (i),(iii) und (iv) ist somit klar, sowie deren Lösung. Bei (ii) ist die eindeutige Lösbarkeit aufgrund der Vorüberlegung in a) gesichert. In (2.149) und (2.150) wird dies direkt gesichert durch Betrachtung der Matrix (Invertierbarkeit, da Determinante nicht verschwindet). Der Vektor $\boldsymbol{m}$ kann also sowohl über das LGS in (i) als auch in (ii) berechnet werden. Auf jeden Fall ergibt sich eine Vereinfachung durch die Transformation auf das Intervall $[0, 1]$. Wenn man die $\tilde{m}_i$ für dieses Intervall kennt, ergeben sich die $m_i$ für das Intervall $[a, b]$ als

$$m_i = (b-a)\tilde{m}_i\,, \tag{2}$$

wenn zwischen den Stützstellen

$$a \leq t_1 \leq \cdots \leq t_n \leq b \quad \text{und} \quad 0 \leq \tilde{t}_1 \leq \cdots \leq \tilde{t}_n \leq 1$$

die Beziehung

$$t_i = a + \tilde{t}_i(b-a), \quad i = 1, \ldots, n$$

besteht. Dies folgt aus dem Hinweis (i), da dann mit $\Phi_i : V \to \mathbb{R}, f \mapsto \Phi_i(f) := f(t_i)$ aus Bemerkung 2.30 gilt:

$$\sum_{i=1}^{n} m_i \Phi_i(f) = I(f) = (b-a)\int_0^1 g(s)ds = (b-a)\sum_{i=1}^{n} \tilde{m}_i \tilde{\Phi}_i(g)\,,$$

wobei $g(s) := f(a + (b-a)s)$

und $\tilde{\Phi}_i(g) := g(\tilde{t}_i) = f(a + \tilde{t}_i(b-a)) = f(t_i) = \Phi_i(f)$

Da der Vektor $\boldsymbol{m}$ hier eindeutig existiert (für jedes Intervall), gilt (2). Es genügt also, das Intervall $[0, 1]$ zu betrachten. Wir wählen ab jetzt (auch für Teil c)) äquidistante Stützstellen

$$\tilde{t}_i = (i-1)/(n-1), \quad i = 1, \ldots, n$$

Dann ergibt sich das System in (ii) für $n = 3$ zu

$$\left(\begin{array}{ccc|c} 1 & 1 & 1 & 1 \\ 0 & \frac{1}{2} & 1 & \frac{1}{2} \\ 0 & \frac{1}{4} & 1 & \frac{1}{3} \end{array}\right) \to \left(\begin{array}{ccc|c} 1 & 1 & 1 & 1 \\ 0 & 1 & 2 & 1 \\ 0 & 0 & 6 & 1 \end{array}\right), \tag{3}$$

also

$$(\tilde{m}_1, \tilde{m}_2, \tilde{m}_3)^t = \frac{1}{6}(1, 4, 1)^t\,.$$

Bei (i) ergibt sich dieselbe Lösung, wie z. B. die Berechnung von $m_1$ über (i) bestätigt. Das LAGRANGE-Polynom $f_1$ auf $[0, 1]$ bei äquidistanten Stützstellen lautet:

$$f_1(t) = \frac{(t-\frac{1}{2})(t-1)}{(0-\frac{1}{2})(0-1)}, \text{ also}$$

$$I(f_1) = 2\int_0^1 t^2 - \frac{3}{2}t + \frac{1}{2}dt = 2\left(\frac{1}{3} - \frac{3}{4} + \frac{1}{2}\right) = \frac{1}{6}\,.$$

Diese Quadraturformel heißt *Keplersche Fassregel.*[1]

c) Durch Ausrechnen im Intervall [0, 1] ergibt sich mit den gerade berechneten Gewichten für die Funktion $f(t) = t^3$

$$I(f) = \frac{1}{4} = \frac{1}{6}\cdot 0 + \frac{2}{3}\cdot\left(\frac{1}{2}\right)^3 + \frac{1}{6}\cdot 1^3 = \sum_{i=1}^{3} m_i f(t_i)\,,$$

d. h., da obige Beziehung damit für die Monombasis von $\mathbb{R}_3[x]$ gilt, gilt sie sogar für alle $f \in \mathbb{R}_3[x]$ und nicht nur für $f \in \mathbb{R}_2[x]$, was nach der Konstruktion zu erwarten war. Um zu klären, ob dies auch für andere Stützstellen gilt, beschränken wir uns zur Reduktion des Aufwands auf den Teil

$$0 = t_1 < t_2 < t_3 = 1\,.$$

Damit wird das LGS in (2) zu

$$\left(\begin{array}{ccc|c} 1 & 1 & 1 & 1 \\ 0 & t_2 & 1 & \frac{1}{2} \\ 0 & t_2^2 & 1 & \frac{1}{3} \end{array}\right) \to \left(\begin{array}{ccc|c} 1 & 1 & 1 & 1 \\ 0 & t_2 & 1 & \frac{1}{2} \\ 0 & 0 & 1-t_2 & \frac{1}{3}-\frac{1}{2}t_2 \end{array}\right)$$

und somit

$$m_3 = \frac{\frac{1}{3}-\frac{1}{2}t_2}{1-t_2}, \qquad m_2 = \frac{\frac{1}{2}-m_3}{t_2}\,.$$

Zu klären ist, ob für andere Werte als $t_2 = \frac{1}{2}$ gilt:

$$\frac{1}{4} = 0\cdot m_1 + \frac{1}{8}m_2 + m_3\,.$$

Einsetzen liefert die quadratische Gleichung

$$t_2^2 - \frac{1}{3}t_2 - \frac{1}{12} = 0\,,$$

die neben $t_2 = \frac{1}{2}$ die Lösung $t_2 = -\frac{1}{6} \notin (0,1)$ hat.

**Bemerkung zu c)** Da die Stützstellen nur paarweise verschieden sein müssen, könnte man auch welche außerhalb von $[a, b]$ zulassen, wenn die Funktionen z. B. auf ganz $\mathbb{R}$ definiert sind. $t_2 = -\frac{1}{6}$

[1] siehe `http://de.wikipedia.org/wiki/Keplersche_Fassregel`

hätte aber das negative Gewicht $\tilde{m}_2 = -\frac{6}{7}$ und $\tilde{m}_1 = \frac{3}{2}, \tilde{m}_3 = \frac{5}{14}$ zur Folge, was numerische Instabilität nach sich ziehen kann (siehe *Numerische Mathematik*).

**Lösung zu Aufgabe 2.8** Es sind die Bilder der Basiselemente unter $\Phi$ und ihre Darstellung bezüglich der Basis zu bestimmen. Dies ergibt die jeweiligen Spalten der Darstellungsmatrix.

a) $f_i(x) := x^{i-1}$, $i = 1, 2, 3$, $\qquad \mathcal{B} = \{f_1, f_2, f_3\}$:

$$\begin{aligned} \Phi(f_1) &= 0 = \sum_{i=1}^{3} 0 \cdot f_i \,, \\ \Phi(f_2) &= f_1 = 1 \cdot f_1 + 0 \cdot f_2 + 0 \cdot f_3 \,, \\ \Phi(f_3) &= 0 \cdot f_1 + 2 \cdot f_2 + 0 \cdot f_3 \,, \end{aligned}$$

also

$$A = [\Phi] = {}_{\mathcal{B}}[\Phi]_{\mathcal{B}} = \begin{pmatrix} 0 & 1 & 0 \\ 0 & 0 & 2 \\ 0 & 0 & 0 \end{pmatrix}.$$

b) $g_1(x) := (x-1)^2, g_2(x) := x^2, g_3(x) := (x+1)^2, \qquad \tilde{\mathcal{B}} := \{g_1, g_2, g_3\}$.

Es handelt sich um eine Basis von $\mathbb{R}_2[x]$, da wegen $(x-1)^2 = x^2 - 2x + 1$ und $(x+1)^2 = x^2 + 2x + 1$ gilt:

$$f_1 = \frac{1}{2}(g_1 + g_3 - 2g_2), \qquad f_2 = \frac{1}{4}(g_3 - g_1), \qquad f_3 = g_2 \,.$$

Daraus folgt

$$\begin{aligned} (\Phi(g_1))(x) &= 2(x-1) = 2(f_2(x) - f_1(x)), \text{ also} \\ \Phi(g_1) &= 2\left(\frac{1}{4}(g_3 - g_1) - \frac{1}{2}(g_1 + g_3 - 2g_2)\right) = -\frac{3}{2}g_1 + 2g_2 - \frac{1}{2}g_3 \,, \\ \Phi(g_2) &= 2f_2 = -\frac{1}{2}g_1 + \frac{1}{2}g_3 \,, \\ (\Phi(g_3))(x) &= 2(x+1) = 2(f_2(x) + f_1(x)), \text{ also} \\ \Phi(g_3) &= 2\left(\frac{1}{4}(g_3 - g_1) + \frac{1}{2}(g_1 + g_3 - 2g_2)\right) = \frac{1}{2}g_1 - 2g_2 + \frac{3}{2}g_3 \,. \end{aligned}$$

Insgesamt folgt also

$$A = [\Phi] = {}_{\tilde{\mathcal{B}}}[\Phi]_{\tilde{\mathcal{B}}} = \begin{pmatrix} -\frac{3}{2} & -\frac{1}{2} & \frac{1}{2} \\ 2 & 0 & -2 \\ -\frac{1}{2} & \frac{1}{2} & \frac{3}{2} \end{pmatrix}.$$

**Lösung zu Aufgabe 2.9**

$$\varphi(S_1) = \begin{pmatrix} a & b \\ b & c \end{pmatrix}\begin{pmatrix} 1 & 0 \\ 0 & 0 \end{pmatrix}\begin{pmatrix} a & b \\ b & c \end{pmatrix} = \begin{pmatrix} a & 0 \\ b & 0 \end{pmatrix}\begin{pmatrix} a & b \\ b & c \end{pmatrix} = \begin{pmatrix} a^2 & ab \\ ab & b^2 \end{pmatrix}$$
$$= a^2 S_1 + abS_2 + b_2 S_3 ,$$

$$\varphi(S_2) = \begin{pmatrix} a & b \\ b & c \end{pmatrix}\begin{pmatrix} 0 & 1 \\ 1 & 0 \end{pmatrix}\begin{pmatrix} a & b \\ b & c \end{pmatrix} = \begin{pmatrix} b & a \\ c & b \end{pmatrix}\begin{pmatrix} a & b \\ b & c \end{pmatrix} = \begin{pmatrix} 2ab & ac + b^2 \\ ac + b^2 & 2bc \end{pmatrix}$$
$$= 2abS_1 + (ac + b^2)S_2 + 2bcS_3 ,$$

$$\varphi(S_3) = \begin{pmatrix} a & b \\ b & c \end{pmatrix}\begin{pmatrix} 0 & 0 \\ 0 & 1 \end{pmatrix}\begin{pmatrix} a & b \\ b & c \end{pmatrix} = \begin{pmatrix} 0 & b \\ 0 & c \end{pmatrix}\begin{pmatrix} a & b \\ b & c \end{pmatrix} = \begin{pmatrix} b^2 & bc \\ bc & c^2 \end{pmatrix}$$
$$= b^2 S_1 + bcS_2 + c^2 S_3 ,$$

$$A = [\Phi] = \begin{pmatrix} a^2 & 2ab & b^2 \\ ab & ac + b^2 & bc \\ b^2 & 2bc & c^2 \end{pmatrix} .$$

## 2.3 Matrizenrechnung

**Lösung zu Aufgabe 2.10** Es geht darum zu zeigen, dass $A$ nach (2.26) die Form (2.27) hat, wenn $\boldsymbol{a}$ gesetzt wird als

$$\boldsymbol{a} = \begin{pmatrix} \cos\left(\frac{1}{2}(\varphi + \pi)\right) \\ \sin\left(\frac{1}{2}(\varphi + \pi)\right) \end{pmatrix} . \tag{4}$$

Es müssen dazu Eigenschaften der trigonometrischen Funktionen sin, cos vorausgesetzt werden, wie sie in der Analysis bewiesen werden. Wir brauchen die trigonometrischen Identitäten

$$\cos(\varphi + \psi) = \cos(\varphi)\cos(\psi) - \sin(\varphi)\sin(\psi) \tag{5}$$
$$\sin(\varphi + \psi) = \cos(\varphi)\sin(\psi) + \sin(\varphi)\cos(\psi) \tag{6}$$

und

$$\sin\left(\frac{\pi}{2}\right) = 1, \quad \cos\left(\frac{\pi}{2}\right) = 0, \quad (\cos(\varphi))^2 + (\sin(\varphi))^2 = 1 \tag{7}$$

siehe Bemerkung zu Aufgabe 2.10. Dann folgt

$$\cos\left(\frac{1}{2}(\varphi + \pi)\right) = -\sin\left(\frac{\varphi}{2}\right) \quad \text{und} \quad \sin\left(\frac{1}{2}(\varphi + \pi)\right) = \cos\left(\frac{\varphi}{2}\right) , \tag{8}$$

d. h. es gilt

$$(\boldsymbol{a}.\boldsymbol{b}) = 0 \quad \text{mit} \quad \boldsymbol{b} = \begin{pmatrix} \cos\left(\frac{\varphi}{2}\right) \\ \sin\left(\frac{\varphi}{2}\right) \end{pmatrix} \tag{9}$$

wie behauptet. Mit dem Ansatz (4) muss

$$\cos(\varphi) = 1 - 2\left(\cos\left(\frac{1}{2}(\varphi + \pi)\right)\right)^2$$

gezeigt werden. Das gilt wegen (5) und (8), denn

$$\begin{aligned} \cos(\varphi) &= \cos\left(\frac{\varphi}{2} + \frac{\varphi}{2}\right) = \left(\cos\left(\frac{\varphi}{2}\right)\right)^2 - \left(\sin\left(\frac{\varphi}{2}\right)\right)^2 \\ &= 1 - 2\left(\sin\left(\frac{\varphi}{2}\right)\right)^2 = 1 - 2\left(\cos\left(\frac{1}{2}(\varphi + \pi)\right)\right)^2 \end{aligned}$$

und damit ist (siehe die Überlegung nach (2.27))

$$-\cos(\varphi) = -\left(\cos\left(\frac{\varphi}{2}\right)\right)^2 + \left(\sin\left(\frac{\varphi}{2}\right)\right)^2 = 1 - 2\left(\cos\left(\frac{\varphi}{2}\right)\right)^2 = 1 - 2\left(\sin\left(\frac{1}{2}(\varphi + \pi)\right)\right)^2$$

und schließlich nach (6) und (8)

$$= -2\cos\left(\frac{1}{2}(\varphi + \pi)\right)\sin\left(\frac{1}{2}(\varphi + \pi)\right) = -\sin(\varphi + \pi) = -\cos\left(\varphi + \frac{\pi}{2}\right) = \sin(\varphi)\,.$$

**Bemerkung zu Aufgabe 2.10** Geometrisch ist (9) offensichtlich, wenn man bedenkt, dass $\boldsymbol{x} := (\cos(\frac{\varphi}{2}), \sin(\frac{\varphi}{2}))^t$ der um $\varphi/2$ gedrehte Einheitsvektor $(1,0)^t$ ist, d. h. $\boldsymbol{y} = (\cos(\frac{1}{2}(\varphi+\pi)), \sin(\frac{1}{2}(\varphi+\pi)))^t$ gegenüber $\boldsymbol{x}$ nochmal um $\pi/2$ gedreht ist.

**Lösung zu Aufgabe 2.11** Die Behauptung soll für jede verträgliche Partitionierung von $A \in \mathbb{R}^{(l,m)}$, $B \in \mathbb{R}^{(m,n)}$ gezeigt werden, d. h.

$$l = l_1 + l_2, \quad m = m_1 + m_2, \quad n = n_1 + n_2,$$

aber insbesondere auch für die Grenzfälle $l = l_1$, $m = m_1$, d. h.

$$A(B_1|B_2) = (AB_1|AB_2) \tag{10}$$

$m = m_1$, $n = n_1$, d. h.

$$\left(\frac{A_1}{A_2}\right)B = \left(\frac{A_1 B}{A_2 B}\right) \tag{11}$$

$l = l_1$, $n = n_1$, d. h.

$$(A_1|A_2)\left(\frac{B_1}{B_2}\right) = A_1B_1 + A_2B_2 \,. \tag{12}$$

Andererseits folgt der allgemeine Fall aus diesen Spezialfällen, denn bei

$$A = \left(\begin{array}{c|c} A_{1,1} & A_{1,2} \\ \hline A_{2,1} & A_{2,2} \end{array}\right), \quad B = \left(\begin{array}{c|c} B_{1,1} & B_{1,2} \\ \hline B_{2,1} & B_{2,2} \end{array}\right)$$

gilt sukzessive

$$AB \overset{(10)}{=} \left(A\left(\tfrac{B_{1,1}}{B_{2,1}}\right)\middle|A\left(\tfrac{B_{1,2}}{B_{2,2}}\right)\right),$$

$$A\left(\frac{B_{1,j}}{B_{2,j}}\right) \overset{(11)}{=} \left(\frac{(A_{1,1}|A_{1,2})\left(\frac{B_{1,j}}{B_{2,j}}\right)}{(A_{2,1}|A_{2,2})\left(\frac{B_{1,j}}{B_{2,j}}\right)}\right), \quad j = 1, 2\,,$$

$$(A_{i,1}|A_{i,2})\left(\frac{B_{1,j}}{B_{2,j}}\right) \overset{(12)}{=} A_{i,1}B_{1,j} + A_{i,2}B_{2,j} \quad i, j = 1, 2\,.$$

Von den Spezialfällen folgt (10) sofort aus Definition 1.45 und Definition 2.36, (12) folgt aus (1.42) mit $B_i = (\boldsymbol{b}_i^{(1)}, \ldots, \boldsymbol{b}_i^{(n)})$, $i = 1, 2$:

$$(A_1|A_2)\left(\frac{B_1}{B_2}\right) = \left((A_1|A_2)\left(\frac{\boldsymbol{b}_1^{(j)}}{\boldsymbol{b}_2^{(j)}}\right)\right)_{j=1,\ldots,n} = (A_1\boldsymbol{b}_1^{(j)} + A_2\boldsymbol{b}_2^{(j)})_{j=1,\ldots,n} = A_1B_1 + A_2B_2$$

und (11) mit $B = (\boldsymbol{b}^{(1)}, \ldots, \boldsymbol{b}^{(n)})$

$$\left(\frac{A_1}{A_2}\right)B = \left(\left(\frac{A_1}{A_2}\right)\boldsymbol{b}^{(j)}\right)_{j=1,\ldots,n} = \left(\frac{A_1\boldsymbol{b}^{(j)}}{A_2\boldsymbol{b}^{(j)}}\right)_{j=1,\ldots,n} = \left(\frac{A_1B}{A_2B}\right)$$

wieder aus den Definitionen.

**Lösung zu Aufgabe 2.12** Der Beweis erfolgt durch vollständige Induktion über $m$, die Anzahl der linearen Unterräume. Für $m = 2$ (Induktionsanfang) folgt die Existenz der Projektion $P_1, P_2$ aus (2.55) oder Hauptsatz 2.44. Es ist $P_2 = \mathrm{id} - P_1$ und damit

$$P_1 \circ P_2 = P_1 \circ (\mathrm{id} - P_1) = P_1 - P_1^2 = 0 = P_2 \circ P_1 \,. \tag{13}$$

Im Induktionsschluss sei $V = V_1 \oplus \cdots \oplus V_m \oplus V_{m+1}$. Nach Definition 2.45 hat $\boldsymbol{v} \in V$ eine eindeutige Zerlegung

$$\boldsymbol{v} = \boldsymbol{w} + \boldsymbol{v}_{m+1}, \quad \boldsymbol{w} \in W := V_1 \oplus \cdots \oplus V_m, \quad \boldsymbol{v}_{m+1} \in V_{m+1}\,.$$

Nach (2.55) definieren

$$P : V \to W,\ \boldsymbol{v} \mapsto \boldsymbol{w}, \qquad P_{m+1} : V \to V_{m+1},\ \boldsymbol{v} \mapsto \boldsymbol{v}_{m+1}\,.$$

Projektionen mit $\mathrm{id} = P + P_{m+1}$, die nach (13) auch

$$P \circ P_{m+1} = P_{m+1} \circ P = 0 \tag{14}$$

erfüllen. Nach Induktionsvoraussetzung hat $\boldsymbol{w} \in W$ eine eindeutige Darstellung

$$\boldsymbol{w} = \sum_{i=1}^{m} \boldsymbol{v}_i, \quad \boldsymbol{v}_i \in V_i$$

und es werden Projektionen durch

$$\tilde{P}_i : W \to V_i, \quad \boldsymbol{w} \mapsto \boldsymbol{v}_i$$

definiert, die auch

$$\tilde{P}_i \circ \tilde{P}_j = 0 \quad \text{für } i, j \in \{1, \ldots, m\}, i \neq j\,,$$
$$\sum_{i=1}^{m} \tilde{P}_i := \mathrm{id}|_W\,, \quad V_i = \mathrm{Bild}\,\tilde{P}_i, \quad i = 1, \ldots, m \tag{15}$$

erfüllen. Sei

$$P_i := \tilde{P}_i \circ P : V \to V_i, \quad \boldsymbol{v} \mapsto \boldsymbol{w} \mapsto \boldsymbol{v}_i, \quad i = 1, \ldots, m$$

dann ist $P_i$ linear als Komposition linearer Abbildungen und auch eine Projektion, da $\mathrm{Bild}\,\tilde{P}_j = V_j \subset W$, $P|_W = \mathrm{id}$ und $\mathrm{Bild}\,P_i = \mathrm{Bild}\,\tilde{P}_i = V_i$. Weiter gilt ebenso

$$P_i \circ P_j = \tilde{P}_i \circ P \circ \tilde{P}_j \circ P = \tilde{P}_i \circ \tilde{P}_j \circ P = 0 \quad \text{für } i, j \in \{1, \ldots, m\}, i \neq j\,,$$

$$P_i \circ P_{m+1} = \tilde{P}_i \circ P \circ P_{m+1} = 0 \text{ und } P_{m+1} \circ P_i = P_{m+1} \circ P \circ \tilde{P}_i = 0 \quad \text{nach (14)}\,,$$

$$\mathrm{id} = P + P_{m+1} = \mathrm{id}|_W \circ P + P_{m+1} = \sum_{i=1}^{m} \tilde{P}_i \circ P + P_{m+1} = \sum_{i=1}^{m+1} P_i \quad \text{nach (15)}\,.$$

Seien andererseits $P_i \in \mathrm{Hom}(V, V)$ gegeben, die (2.60), (2.61) erfüllen, und sei $V_i := \mathrm{Bild}\,P_i$. Der Nachweis von $V = \bigoplus_{i=1}^{m} V_i$ erfolgt auch durch vollständige Induktion über $m$. Bei $m = 2$ läßt sich jedes $\boldsymbol{v} \in V$ zerlegen in

$$\boldsymbol{v} = P_1\boldsymbol{v} + P_2\boldsymbol{v}\,. \tag{16}$$

Diese Zerlegung ist direkt, denn sei $\boldsymbol{v} \in V_1 \cap V_2$, dann folgt aus (16), da die $P_i$ Projektionen sind:

$$\boldsymbol{v} = P_i\boldsymbol{v} \quad \text{und somit} \quad \boldsymbol{v} = \boldsymbol{v} + \boldsymbol{v}, \quad \text{d.h.} \quad \boldsymbol{v} = \boldsymbol{0}\,.$$

Im Induktionsschritt ist $V = V_1 + \ldots + V_{m+1}$ zu zeigen und nach Induktionsvoraussetzung bilden $V_i$, $i = 1, \ldots, m$ eine direkte Zerlegung von

$$W = V_1 + \ldots + V_m ,$$

Nun zeige, dass $V = W + V_{m+1}$ eine direkte Zerlegung von $V$ ist. Sei $\boldsymbol{v} \in W \cap V_{m+1}$. Nach (2.61) gilt

$$\boldsymbol{v} = \sum_{i=1}^{m+1} P_i \boldsymbol{v} .$$

Wegen (2.60), $V_i = \text{Bild}\, P_i$ und $\boldsymbol{v} \in V_{m+1}$ ist $P_{m+1}\boldsymbol{v} = \boldsymbol{v}$. Andererseits ist wegen $\boldsymbol{v} \in W$ nach Induktionsvoraussetzung, also für $i = 1, \ldots, m$

$$P_i \boldsymbol{v} = P_i \left( \sum_{j=1}^{m} \boldsymbol{v}_j \right) = P_i \boldsymbol{v}_i = \boldsymbol{v}_i .$$

Also

$$\boldsymbol{v} = \sum_{i=1}^{m+1} P_i \boldsymbol{v} = \boldsymbol{v} + \sum_{i=1}^{m} \boldsymbol{v}_i = \boldsymbol{v} + \boldsymbol{v} , \quad \text{also } \boldsymbol{v} = \boldsymbol{0} .$$

Damit gilt auch $V = V_1 + \ldots + V_{m+1} = \bigoplus_{i=1}^{m+1} V_i$.

**Lösung zu Aufgabe 2.13** Zur Linksinversen: a1) ⇒ a2): Nach Voraussetzung ist $\tilde{A} : \mathbb{R}^n \to \text{Bild}\, A, \boldsymbol{x} \mapsto A\boldsymbol{x}$ bijektiv, d. h.

$$B_1 : \text{Bild}\, A \to \mathbb{R}^n, \ \boldsymbol{y} \mapsto \boldsymbol{x}, \ \text{falls } A\boldsymbol{x} = \boldsymbol{y}$$

ist wohldefiniert und linear nach Satz 2.5, 3). Sei

$$B_2 : (\text{Bild}\, A)^{\perp} \to \mathbb{R}^n, \ \boldsymbol{y} \mapsto \boldsymbol{0} ,$$

also auch linear und

$$A_L := B_1 \circ P_1 + B_2 \circ P_2$$

wobei $P_1$ die orthogonale Projektion auf Bild $A$ sei und $P_2 = \text{id} - P_1$ die orthogonale Projektion auf $(\text{Bild}\, A)^{\perp}$. Dann ist $A_L$ linear und

$$A_L A \boldsymbol{x} = B_1 A \boldsymbol{x} + \boldsymbol{0} = \boldsymbol{x} .$$

Zur Rechtsinversen: b1) ⇒ b2): Sei $\boldsymbol{y} \in \mathbb{R}^m$. Nach Voraussetzung ist

$$R := \{ \boldsymbol{x} \in \mathbb{R}^n : A\boldsymbol{x} = \boldsymbol{y} \}$$

nicht leer, d. h. ein affiner Unterraum und mit einem $\tilde{\boldsymbol{x}} \in R : R = \tilde{\boldsymbol{x}} + \text{Kern}\, A$. Nach Bemerkungen 1.106, 1) existiert $\boldsymbol{x} := P_R \boldsymbol{0}$ und nach (1.77) ist

$$\boldsymbol{x} = -P_{\text{Kern}\, A} \tilde{\boldsymbol{x}} + \tilde{\boldsymbol{x}} .$$

Damit ist insbesondere $\boldsymbol{x} \in (\operatorname{Kern} A)^\perp$ und $A\boldsymbol{x} = \boldsymbol{y}$. Dieses Element ist auch eindeutig, denn seien $\boldsymbol{x}_1, \boldsymbol{x}_2 \in \mathbb{R}^n$, $A\boldsymbol{x}_1 = \boldsymbol{y} = A\boldsymbol{x}_2$ und $\boldsymbol{x}_i \in (\operatorname{Kern} A)^\perp$, dann ist $A(\boldsymbol{x}_1 - \boldsymbol{x}_2) = \boldsymbol{0}$, d. h. $\boldsymbol{x}_1 - \boldsymbol{x}_2 \in \operatorname{Kern} A$, aber auch $\boldsymbol{x}_1 - \boldsymbol{x}_2 \in (\operatorname{Kern} A)^\perp$ und damit $\boldsymbol{x}_1 - \boldsymbol{x}_2 = \boldsymbol{0}$ bzw. $\boldsymbol{x}_1 = \boldsymbol{x}_2$. Daher ist die Abbildung

$$A_R(\boldsymbol{y}) \in R, \quad A_R(\boldsymbol{y}) \in (\operatorname{Kern} A)^\perp$$

wohldefiniert. Offensichtlich ist $AA_R(\boldsymbol{y}) = \boldsymbol{y}$ und die Linearität ist schon in Bemerkung 2.49 gezeigt.

**Lösung zu Aufgabe 2.14** Zuerst wird gezeigt: Eine obere Dreiecksmatrix $R = (r_{i,j})_{ij} \in \mathbb{R}^{(n,n)}$ ist genau dann invertierbar, wenn $r_{i,i} \neq 0$ für alle $i = 1, \ldots, n$.

„$\Rightarrow$": Invertierbarkeit bedeutet die Existenz eines $C \in \mathbb{R}^{(n,n)}$, so dass

$$RC = \mathbb{1}\,, \tag{17}$$

d. h. das LGS

$$R\boldsymbol{x} = \boldsymbol{b} \tag{18}$$

ist lösbar für $\boldsymbol{b} = \boldsymbol{e}_i$, $i = 1, \ldots, n$ und damit für alle $\boldsymbol{b} \in \mathbb{R}^n$. Nach Hauptsatz 1.85 liegt also eindeutige universelle Lösbarkeit vor und damit voller Rang bei $R$. Dies ist äquivalent zu $r_{i,i} \neq 0$ für alle $i = 1, \ldots, n$.

„$\Leftarrow$": Da $R$ vollen Rang hat, liegt nach Hauptsatz 1.85 eindeutige universelle Lösbarkeit bei (18) vor, d. h. $C$ in (17) existiert (eindeutig).

Die Spalten von $R^{-1} = C$ werden durch Rückwärtssubstitution (siehe (1.10)) bestimmt, d. h. die $i$-te Spalte hat höchstens Einträge in den Positionen $1, \ldots, i$, da für die rechte Seite $\boldsymbol{e}_i$ dies gilt, also ist $R^{-1}$ eine obere Dreiecksmatrix. Insbesondere ist die Gleichung für das Diagonalelement $c_i^{(i)}$

$$r_{i,i} c_i^{(i)} = 1$$

wie behauptet, da $c_j^{(i)} = 0$ für $j = i + 1, \ldots, n$.

**Lösung zu Aufgabe 2.15** Teilweise ist dies schon in Bemerkungen 2.57 3) gezeigt worden. Wir gehen aus von dem dort in a) gezeigten

$$\operatorname{Kern}(A) = \operatorname{Kern}(A^t A)\,,$$

d. h. insbesondere

$$\dim \operatorname{Kern}(A) = \dim \operatorname{Kern}(A^t A)\,.$$

Die Dimensionsformel I (Theorem 1.82) macht daraus eine Aussage über Ränge:

$$\operatorname{Rang}(A) = n - \dim \operatorname{Kern}(A) = n - \dim \operatorname{Kern}(A^t A) = \operatorname{Rang}(A^t A)\,.$$

Anwendung dieser Aussage auf $A^t$ bedeutet

$$\text{Rang}(A^t) = \text{Rang}(AA^t)\,,$$

so dass mit Hauptsatz 1.80 die Behauptung folgt:

$$\text{Rang}(AA^t) = \text{Rang}(A^t) = \text{Rang}(A) = \text{Rang}(A^t A)\,.$$

**Lösung zu Aufgabe 2.16** Bild($AB$) ist ein linearer Unterraum von Bild($A$) und damit

$$\text{Rang}(AB) = \dim \text{Bild}(AB) \le \dim \text{Bild}(A) = \text{Rang}(A).$$

Bild($AB$) ist das Bild des linearen Unterraums Bild($B$) unter der linearen Abbildung $A$. Nach dem Bildsatz (Satz 2.3) ist

$$\text{Rang}(AB) = \dim \text{Bild}\left(A|_{\text{Bild}(B)}\right) \le \dim \text{Bild}(B) = \text{Rang}(B)\,.$$

Zusammen ergibt sich die Behauptung.

**Lösung zu Aufgabe 2.17** Nach Aufgabe 2.16 muss dann notwendig gelten

$$\text{Rang}(A) = k = \text{Rang}(B),$$

wegen

$$k = \text{Rang}(C) \le \min(\text{Rang}(A), \text{Rang}(B)) \le k\,.$$

Daher spricht man auch von einer *Voll-Rang-Faktorisierung* (siehe Bemerkung 2.83). $C$ kann durch Elementarumformungen auf Zeilenstufenform $R$ gebracht werden. Die elementaren Umformungen können nach (2.73) ff. durch Linksmultiplikation mit invertierbaren Elementarmatrizen ausgedrückt werden, d. h.

$$\hat{A}C = R\,,$$

wobei $\hat{A} \in \mathbb{R}^{(m,m)}$ invertierbar ist und $R$ die Gestalt

$$R = \left(\frac{B}{O}\right)$$

und $B \in \mathbb{R}^{(k,n)}$ den Rang $k$ hat. Also

$$C = \widetilde{A}R \quad \text{mit} \quad \widetilde{A} := \hat{A}^{-1}\,.$$

Setzt man $\widetilde{A} = (A|F)$ mit $A \in \mathbb{R}^{(m,k)}$, so ist $A$ vom Rang $k$ und nach der Lösung zu Aufgabe 2.11, (12) gilt:

$$C = \widetilde{A}R = (A|F)\left(\frac{B}{O}\right) = AB$$

**Lösung zu Aufgabe 2.18** a) Dem Hinweis folgend ist

$$(A+\mathbb{1})(A-\mathbb{1})^{-1} = (A-\mathbb{1}+2\mathbb{1})(A-\mathbb{1})^{-1} = \mathbb{1} + 2(A-\mathbb{1})^{-1}$$

und

$$(A-\mathbb{1})^{-1}(A+\mathbb{1}) = (A-\mathbb{1})^{-1}(A-\mathbb{1}+2\mathbb{1}) = \mathbb{1} + 2(A-\mathbb{1})^{-1}.$$

Damit sind beide Terme gleich.

b) Nach dem Hinweis ist

$$\begin{aligned} B-\mathbb{1} &= B-(A-\mathbb{1})(A-\mathbb{1})^{-1} = (A+\mathbb{1})(A-\mathbb{1})^{-1} - (A-\mathbb{1})(A-\mathbb{1})^{-1} \\ &= (A+\mathbb{1}-A+\mathbb{1})(A-\mathbb{1})^{-1} = 2(A-\mathbb{1})^{-1}, \end{aligned}$$

also existiert $(B-\mathbb{1})^{-1}$ und $(B-\mathbb{1})^{-1} = \frac{1}{2}(A-\mathbb{1})$.

c) Aus b) folgt:

$$\begin{aligned} (B+\mathbb{1})(B-\mathbb{1})^{-1} &= \left((A+\mathbb{1})(A-\mathbb{1})^{-1} + \mathbb{1}\right)\frac{1}{2}(A-\mathbb{1}) \\ &= \frac{1}{2}(A+\mathbb{1}+A-\mathbb{1}) = A. \end{aligned}$$

**Bemerkung zu Aufgabe 2.18** In Theorem 7.37 wird eine hinreichende Bedingung für die Invertierbarkeit von $A-\mathbb{1}$ gegeben und eine Reihendarstellung für $A-\mathbb{1}$ für diesen Fall. Man beachte auch die Verallgemeinerung der Abbildung $f : \mathbb{R}\setminus\{1\} \to \mathbb{R}\setminus\{1\}$, $x \mapsto \frac{x+1}{x-1}$, für die $f^{-1} = f$ gilt.

**Lösung zu Aufgabe 1.23 (Alternative Lösung)**

Seien $\boldsymbol{v}_1,\ldots,\boldsymbol{v}_n \in \mathbb{R}^k$, $A := (\boldsymbol{v}_1,\ldots,\boldsymbol{v}_n) \in \mathbb{R}^{(n,k)}$. Die in Aufgabe 1.23 betrachteten

$$\boldsymbol{w}_i := \sum_{j=1}^{i} \boldsymbol{v}_j$$

können durch

$$B := (\boldsymbol{w}_1,\ldots,\boldsymbol{w}_n) = AC^t$$

mit

$$C := \begin{pmatrix} 1 & & \mathbf{0} \\ \vdots & \ddots & \\ 1 & \ldots & 1 \end{pmatrix}$$

geschrieben werden (vgl. Aufgabe 1.23). Die $\boldsymbol{w}_i$ sind linear unabhängig, falls $B$ vollen Spaltenrang hat (siehe Hauptsatz 1.85$^{\mathrm{I}}$). Dies ist genau dann der Fall, wenn $A$ vollen Spaltenrang hat und $C^t$ invertierbar ist. Da $C$ bzw. $C^t$ invertierbar ist, ergibt sich die behauptete Äquivalenz der linearen Unabhängigkeit der $\boldsymbol{v}_i$ und $\boldsymbol{w}_i$ unter

Beachtung von

$$A = BC^{-t}.$$

So geht auch der Beweis zu Aufgabe 1.23 „$\Leftarrow$“ vor und berechnet

$$C^{-t} = (C^t)^{-1} = \begin{pmatrix} 1 & -1 & 0 & \dots & 0 \\ & 1 & -1 & & \vdots \\ & & \ddots & \ddots & 0 \\ & \mathbf{0} & & 1 & -1 \\ & & & & 1 \end{pmatrix}$$

(ersichtlich durch Rückwärtssubstitution, siehe auch (MM.4)).

**Lösung zu Aufgabe 1.33 (Ergänzung)** In Aufgabe Aufgabe 1.33 wird eine Lösung eines LGS der Form

$$B^t C B \boldsymbol{x} = -\boldsymbol{c} + B^t C \boldsymbol{b}$$

bestimmt. Das LGS ist zwar nicht eindeutig lösbar, aber lösbar. Für $\boldsymbol{c} = \mathbf{0}$ (nur Spannungsquellen) wird dies in Satz 1.114 begründet wegen

$$\text{Kern}\, B^t C B = \text{Kern}\, B \quad \text{und} \quad B^t C \boldsymbol{b} \in (\text{Kern}\, B)^\perp .$$

Die Lösbarkeit gilt also auch bei Stromquellen ($\boldsymbol{c} \neq \mathbf{0}$), wenn gilt

$$\boldsymbol{c} \in \text{Kern}\, B ,$$

was nach Satz 1.114 (für ein zusammenhängendes Netzwerk) bedeutet

$$\sum_{i=1}^{n} c_i = 0 .$$

Das ist in Aufgabe 1.33 und immer bei Stromquellen erfüllt.

## 2.4 Lösbare und nichtlösbare lineare Gleichungssysteme

**Lösung zu Aufgabe 2.19** In Erweiterung von Beispiel 2.75 gilt

$$A = \begin{pmatrix} 1 & t_1 & t_1^2 \\ \vdots & \vdots & \vdots \\ 1 & t_m & t_m^2 \end{pmatrix}, \quad A^t A = m \begin{pmatrix} 1 & \overline{t} & \overline{t^2} \\ \overline{t} & \overline{t^2} & \overline{t^3} \\ \overline{t^2} & \overline{t^3} & \overline{t^4} \end{pmatrix}$$

unter Erweiterung der dortigen Abkürzungen zu

$$\overline{t^k} := \frac{1}{m}\sum_{i=1}^{m} t_i^k, \quad \overline{t^k y} := \frac{1}{m}\sum_{i=1}^{n} t_i^k y_i, \quad k \in \mathbb{N}_0 .$$

Wegen

$$A^t b = m \begin{pmatrix} \overline{y} \\ \overline{ty} \\ \overline{t^2 y} \end{pmatrix}$$

ist also zu lösen

$$\begin{pmatrix} 1 & \overline{t} & \overline{t^2} \\ \overline{t} & \overline{t^2} & \overline{t^3} \\ \overline{t^2} & \overline{t^3} & \overline{t^4} \end{pmatrix} \begin{pmatrix} x_0 \\ x_1 \\ x_2 \end{pmatrix} = \begin{pmatrix} \overline{y} \\ \overline{ty} \\ \overline{t^2 y} \end{pmatrix} \tag{19}$$

und $p(t) = \sum_{i=0}^{2} x_i t^i$ ist dann die optimale Parabel.

**Bemerkung zu Aufgabe 2.19** Allgemein ist das LGS der Normalgleichungen zur polynomialen Regression in $\mathbb{R}_{n-1}[x]$:

$$\begin{pmatrix} 1 & \overline{t} & \overline{t^2} & \cdots & \overline{t^{n-1}} \\ \overline{t} & \iddots & & \iddots & \vdots \\ \overline{t^2} & & \iddots & & \vdots \\ \vdots & \iddots & & & \vdots \\ \overline{t^{n-1}} & \cdots & \cdots & \cdots & \overline{t^{2n-2}} \end{pmatrix} \boldsymbol{x} = \begin{pmatrix} \overline{y} \\ \overline{ty} \\ \vdots \\ \vdots \\ \overline{t^{n-1} y} \end{pmatrix} . \tag{20}$$

Die Matrix hat also die Eigenschaft, dass sie auf jeder Gegendiagonalen (die $i$-te *Gegendiagonale* wird von den $a_{k,l}$ mit $k + l = i + 1$ gebildet, $i = 1, \ldots, 2n - 1$) jeweils den gleichen Eintrag, nämlich auf der $i$-ten $\overline{t^{i-1}}$, hat. Eine solche Matrix heißt HANKEL-Matrix. Solche Matrizen sind verwandt mit TOELPIZ-Matrizen, die die gleiche Eigenschaft auf der Diagonalen hat. In beiden Fällen gibt es schnelle Lösungsverfahren für das LGS. Eine solche Matrix ist schon in Aufgabe 1.21 aufgetreten.

**Lösung zu Aufgabe 2.20** a) klar, da die Bedingungen aus Satz 2.80 gelten.

b) $A^+ = A$, da dann $A^+A = A$ und $AA^+ = A$ offensichtlich symmetrisch sind und auch $A^+AA^+ = A^3 = A$ bzw. $AA^+A = A^3 = A = A^+$ gilt.

c) auch klar nach Satz 2.80, da $\boldsymbol{a}\boldsymbol{a}^+ = 1/(\boldsymbol{a}^t\boldsymbol{a})\boldsymbol{a}\boldsymbol{a}^t$ und insbesondere $\boldsymbol{a}^+\boldsymbol{a} = 1$.

d) auch klar nach Satz 2.80, da $AA^+ = 1/(\boldsymbol{a}^t\boldsymbol{a})\boldsymbol{a} \otimes \boldsymbol{a}$ und $A^+A = 1/(\boldsymbol{b}^t\boldsymbol{b})\boldsymbol{b} \otimes \boldsymbol{b}$ Damit folgt auch

$$A^+AA^+ = \alpha 1/(\boldsymbol{b}^t\boldsymbol{b})\boldsymbol{b}\boldsymbol{b}^t\boldsymbol{b}\boldsymbol{a}^t = A^+ , \qquad AA^+A = 1/(\boldsymbol{a}^t\boldsymbol{a})\boldsymbol{a}\boldsymbol{a}^t\boldsymbol{a}\boldsymbol{b}^t = A .$$

**Lösung zu Aufgabe 2.21** Seien zwei solche Zerlegungen gegeben: $L_1D_1R_1 = A = L_2D_2R_2$. Da $A$ invertierbar ist, sind auch $L_i, D_i, R_i$ invertierbar (z. B. nach Aufgabe 2.16). Es gilt:

$$L_2^{-1}L_1D_1 = D_2R_2R_1^{-1} \tag{21}$$

$L_2^{-1}$ ist untere Dreiecksmatrix mit $(L_2^{-1})_{ii} = 1$ nach Aufgabe 2.14 und analog ist $R_1^{-1}$ obere Dreiecksmatrix mit $(R_1^{-1})_{ii} = 1$. Also nach Beispiele 2.39, 3):

$$L_1^{-1}L_2 = \begin{pmatrix} 1 & & 0 \\ & \ddots & \\ * & & 1 \end{pmatrix}, \quad R_2R_1^{-1} = \begin{pmatrix} 1 & & * \\ & \ddots & \\ 0 & & 1 \end{pmatrix}. \tag{22}$$

Betrachtet man die Diagonalelemente in (21), ergibt sich $d_{ii}^{(1)} = d_{ii}^{(2)}$ für alle $i = 1, \ldots, n$, d. h. $D_1 = D_2$. Da die linke Seite in (21) eine untere Dreiecksmatrix ist und die rechte Seite eine obere Dreiecksmatrix ist, müssen beide Seiten Diagonalmatrizen sein. Da $D_1, D_2$ reguläre Diagonalmatrizen sind, müssen auch $L_2^{-1}L_1$ und $R_2R_1^{-1}$ Diagonalmatrizen sein. Somit folgt mit (22)

$$L_2^{-1}L_1 = \mathbb{1} = R_2R_1^{-1}$$

und damit auch $L_1 = L_2$ und $R_1 = R_2$.

**Lösung zu Aufgabe 2.22** Sei $A = LR$ die $LR$-Zerlegung einer invertierbaren Matrix $A \in \mathbb{R}^{(n,n)}$. Wir betrachten nun

$$R = \begin{pmatrix} r_{1,1} & r_{1,2} & \ldots & r_{1,n} \\ 0 & r_{2,2} & \ldots & r_{2,n} \\ \vdots & \vdots & & \vdots \\ 0 & 0 & \ldots & r_{n,n} \end{pmatrix}.$$

Wegen der Regularität von $R$ gilt $r_{i,i} \neq 0, i = 1, \ldots, n$. Ähnlich zu (2.123) ist ein Schritt vom Gauss-Jordan-Verfahren, der die Einträge in der $i$-ten Spalte von $R$ oberhalb des Pivotelements $r_{i,i}$ eliminiert, als Multiplikation von Links mit einer Frobenius-Matrix $\overline{R}^{(i)} := \mathbb{1} - m^{(i)} \otimes e_i$ darstellbar, wobei

$$m^{(i)} := \left(\frac{r_{1,i}}{r_{i,i}}, \frac{r_{2,i}}{r_{i,i}}, \ldots, \frac{r_{i-1,i}}{r_{i,i}}, 0 \ldots, 0\right)^t.$$

Es ist klar, dass $\overline{R}^{(i)}$ und auch ihre Inversen normierte obere Dreiecksmatrizen sind. Wenn wir die Matrix $R$ als $R^{(n)}$ bezeichnen, können die Eliminationsschritte für die Matrix $R$ wie folgt aufgefasst werden:

$$R^{(i-1)} = \overline{R}^{(i)}R^{(i)}, \quad i = n, n-1, \ldots, 2,$$

woraus folgt

$$R^{(1)} = \overline{R}^{2}\overline{R}^{(3)} \ldots \overline{R}^{(n)}R^{(n)} \Leftrightarrow R = R^{(n)} = \left(\overline{R}^{(n)}\right)^{-1}\left(\overline{R}^{(n-1)}\right)^{-1} \ldots \left(\overline{R}^{(2)}\right)^{-1} R^{(1)}.$$

Dabei entspricht die Matrix $R^{(1)}$ bis auf Normierung der gesuchten reduzierten Zeilenstufenform. Nun bezeichnen wir mit $\overline{R} := \left(\overline{R}^{(n)}\right)^{-1}\left(\overline{R}^{(n-1)}\right)^{-1}\ldots\left(\overline{R}^{(2)}\right)^{-1}$; diese Matrix ist als Komposition eine normierte obere Dreiecksmatrix. Sei Matrix $D$ eine Diagonalmatrix, die die Pivoteinträge von $R^{(1)}$ enthält. Dann gilt: $R = \overline{R}D\widehat{R}$, wobei $\widehat{R}$ nun die Normierung von $R^{(1)}$ ist und damit die reduzierte Zeilenstufenform.

**Lösung zu Aufgabe 2.23** a) Aus Satz 2.87 folgt, dass A (eine normierte untere Dreiecksmatrix) als Produkt von FROBENIUS-Matrizen dargestellt werden kann (dort die Matrix $\tilde{L}^{-1}$):

$$A = \begin{pmatrix} 1&0&0&0\\ 1&1&0&0\\ 1&0&1&0\\ 1&0&0&1 \end{pmatrix} \cdot \begin{pmatrix} 1&0&0&0\\ 0&1&0&0\\ 0&1&1&0\\ 0&1&0&1 \end{pmatrix} \cdot \begin{pmatrix} 1&0&0&0\\ 0&1&0&0\\ 0&0&1&0\\ 0&0&1&1 \end{pmatrix}.$$

b) Die Inverse ergibt sich ebenfalls gemäß Satz 2.87 zu (dort die Matrix $\tilde{L}$):

$$A^{-1} = \begin{pmatrix} 1&0&0&0\\ 0&1&0&0\\ 0&0&1&0\\ 0&0&-1&1 \end{pmatrix} \cdot \begin{pmatrix} 1&0&0&0\\ 0&1&0&0\\ 0&-1&1&0\\ 0&-1&0&1 \end{pmatrix} \cdot \begin{pmatrix} 1&0&0&0\\ -1&1&0&0\\ -1&0&1&0\\ -1&0&0&1 \end{pmatrix} = \begin{pmatrix} 1&0&0&0\\ -1&1&0&0\\ 0&-1&1&0\\ 0&0&-1&1 \end{pmatrix}.$$

**Bemerkung zu Aufgabe 2.23** Man beachte, dass wie schon in Bemerkung 2.88 erwähnt, bei $A^{-1}$ (im Gegensatz zu $A$) die jeweilige Spalte der FROBENIUS-Matrix, die nicht Einheitsvektor ist, nicht die betreffende Spalte von $A^{-1}$ ergibt, da die Faktoren „in falscher Reihenfolge" stehen.

**Lösung zu Aufgabe 2.24** a)

$$A^t = \begin{pmatrix} 1&0&1\\ 2&1&-2\\ 1&-1&5\\ 2&2&-6 \end{pmatrix} \to \begin{pmatrix} 1&0&1\\ 0&1&-4\\ 0&-1&4\\ 0&2&-8 \end{pmatrix} \to \begin{pmatrix} 1&0&1\\ 0&1&-4\\ 0&0&0\\ 0&0&0 \end{pmatrix}$$

mit dem Eliminationsverfahren, so dass der Lösungsraum von $A^t\boldsymbol{x} = \boldsymbol{0}$ einen Freiheitsgrad hat. Also:

$$\mathrm{Kern}(A^t) = \mathrm{span}(\boldsymbol{w}) \quad \text{mit} \quad \boldsymbol{w} := (-1, 4, 1)^t\,.$$

b) Analog zu a) könnte Kern($A$) bestimmt werden. Da aber nur nach dim Kern($A$) gefragt wird, reicht eine Beziehung zu dim Kern($A^t$), die analog zu Aufgabe 2.15 mit der Dimensionsformel I (Theorem 1.82) erhältlich ist. Für ein $A \in \mathbb{R}^{(m,n)}$ gilt

$$n = \dim \mathrm{Kern}(A) + \mathrm{Rang}(A) \quad \text{und} \quad m = \dim \mathrm{Kern}(A^t) + \mathrm{Rang}(A^t)\,.$$

Weiter gilt wegen Hauptsatz 1.80

$$\dim \operatorname{Kern}(A) = n - \operatorname{Rang}(A^t) = n - m + \dim \operatorname{Kern}(A^t) . \tag{23}$$

D. h. hier ist $\dim \operatorname{Kern}(A^t) = 4 - 3 + 1 = 2$. Die Lösbarkeitsbedingung ist nach Theorem 2.70

$$\boldsymbol{b} \in \left(\operatorname{Kern}(A^t)\right)^{\perp} = \boldsymbol{w}^{\perp} , \quad \text{d. h.} \quad - b_1 + 4b_2 + b_3 = (\boldsymbol{w} \,.\, \boldsymbol{b}) = 0 .$$

Insbesondere erfüllt die rechte Seite $\boldsymbol{v} = (-1, 4, 1)^t$ aus der Angabe diese Bedingung nicht, d. h. das LGS $A\boldsymbol{x} = \boldsymbol{v}$ ist unlösbar. Im Existenzfall ist der Lösungsraum wegen $\dim \operatorname{Kern}(A) = 2$ zweidimensional, die Lösung ist also nie eindeutig.

c) $\left(\boldsymbol{a}^{(1)} \,.\, \boldsymbol{a}^{(2)}\right) = 1 \cdot 2 + 0 \cdot 1 + 1 \cdot (-2) = 0$, d. h. $\boldsymbol{a}^{(1)}$ und $\boldsymbol{a}^{(2)}$ sind insbesondere linear unabhängig. Dimensionsformel I (Theorem 1.82) liefert

$$\operatorname{Rang}(A) = n - \dim \operatorname{Kern}(A) = 4 - 2 = 2 ,$$

d. h. $\boldsymbol{a}^{(1)}$, $\boldsymbol{a}^{(2)}$ bilden eine Basis des Spaltenraums, d. h. vom Bild($A$) und werden durch Normierung zu einer ONB:

$$\boldsymbol{u}_1 := \frac{1}{\sqrt{2}} \boldsymbol{a}_1, \quad \boldsymbol{u}_2 := \frac{1}{3} \boldsymbol{a}_2 .$$

d) Die Menge der besten Lösungen im Sinne kleinster Quadrate ist nach (2.102)

$$A\boldsymbol{x} = P_U \boldsymbol{v} ,$$

wobei $P_U$ die orthogonale Projektion und $U = \operatorname{Bild}(A)$ ist. Für $\boldsymbol{v}$ aus der Angabe gilt $\boldsymbol{v} \in (\operatorname{Bild}(A))^{\perp}$, denn:

$$A^t \boldsymbol{v} = \boldsymbol{0} , \quad \text{also} \quad \boldsymbol{v} \in \operatorname{Kern}(A^t) = (\operatorname{Bild}(A))^{\perp} \quad \text{nach Hauptsatz 2.69} .$$

Alternativ könnte auch direkt $(\boldsymbol{v} \,.\, \boldsymbol{u}_1) = (\boldsymbol{v} \,.\, \boldsymbol{u}_2) = 0$ verifiziert werden. Wegen der Fehlerorthogonalitätscharakterisierung (siehe Hauptsatz 1.102 1)) ist also

$$\boldsymbol{0} = P_U \boldsymbol{v} \quad \text{wegen} \quad \boldsymbol{0} - \boldsymbol{v} \in U^{\perp} .$$

Der Lösungsraum von $A\boldsymbol{x} = \boldsymbol{0}$ ist zweidimensional und das Element kleinster Länge ist $\boldsymbol{x} = \boldsymbol{0}$, also

$$A^+ \boldsymbol{v} = \boldsymbol{0} .$$

**Lösung zu Aufgabe 2.25** Die nach der Lösung zu Aufgabe 2.19, (19) bzw. (20) zu bestimmenden Terme sind bei $m = 4$:

$$m\bar{t} = 2, \quad m\overline{t^2} = 6, \quad m\overline{t^3} = 8, \quad m\overline{t^4} = 18, \quad m\overline{y} = 8, \quad m\overline{ty} = 6, \quad m\overline{t^2 y} = 16 .$$

D. h. die zu lösenden LGS sind für

$$n=1:\left(\begin{array}{cc|c}4&2&8\\2&6&6\end{array}\right),\qquad n=2:\left(\begin{array}{ccc|c}4&2&6&8\\2&6&8&6\\6&8&18&16\end{array}\right).$$

Damit ergibt das Eliminationsverfahren für $n = 1$:

$$\left(\begin{array}{cc|c}4&2&8\\2&6&6\end{array}\right)\to\left(\begin{array}{cc|c}1&3&3\\0&-10&-4\end{array}\right),$$

d. h. $x_0 = \frac{9}{5}$, $x_1 = \frac{2}{5}$, also $P_1(t) = \frac{2}{5}t+\frac{9}{5}$ und damit $F(P_1) = 0,3$. Die Verwendung der Formeln (2.105) ff. ist natürlich auch möglich, aber eher umständlicher. Für $n = 2$:

$$\left(\begin{array}{ccc|c}4&2&6&8\\2&6&8&6\\6&8&18&16\end{array}\right)\to\left(\begin{array}{ccc|c}1&3&4&3\\0&-10&-10&-4\\0&-10&-6&-2\end{array}\right)\to\left(\begin{array}{ccc|c}1&3&4&3\\0&5&5&2\\0&0&4&2\end{array}\right),$$

d. h. $x_0 = \frac{13}{10}$, $x_1 = -\frac{1}{10}$, $x_2 = \frac{1}{2}$, also $P_2(t) = \frac{1}{2}t^2 - \frac{1}{10}t + \frac{13}{10}$ und damit $F(P_2) = 0,05$.

Der Fall $n = 3$ könnte genauso behandelt werden. Wegen $m = n + 1$ ist die Interpolationsaufgabe eindeutig lösbar (siehe Bemerkung 2.34), d. h. $F(P_3) = 0$. Der Vektor $\boldsymbol{x}$ errechnet sich also alternativ aus (siehe Lösung zu Aufgabe 2.7 b) (ii)):

$$\left(\begin{array}{cccc|c}1&-1&1&-1&2\\1&0&0&0&1\\1&1&1&1&2\\1&2&4&8&3\end{array}\right).$$

Durch die zweite Zeile ist $x_0 = 1$ festgelegt, was das LGS für $x_1, x_2, x_3$ verkürzt zu

$$\left(\begin{array}{ccc|c}-1&1&-1&1\\1&1&1&1\\2&4&8&2\end{array}\right)\to\left(\begin{array}{ccc|c}1&-1&1&-1\\0&2&0&2\\0&6&6&4\end{array}\right)\to\left(\begin{array}{ccc|c}1&-1&1&-1\\0&1&0&1\\0&0&6&-2\end{array}\right),$$

d. h. $x_3 = -\frac{1}{3}$, $x_2 = 1$, $x_1 = \frac{1}{3}$, also $P_3(t) = -\frac{1}{3}t^3 + t^2 + \frac{1}{3}t + 1$.

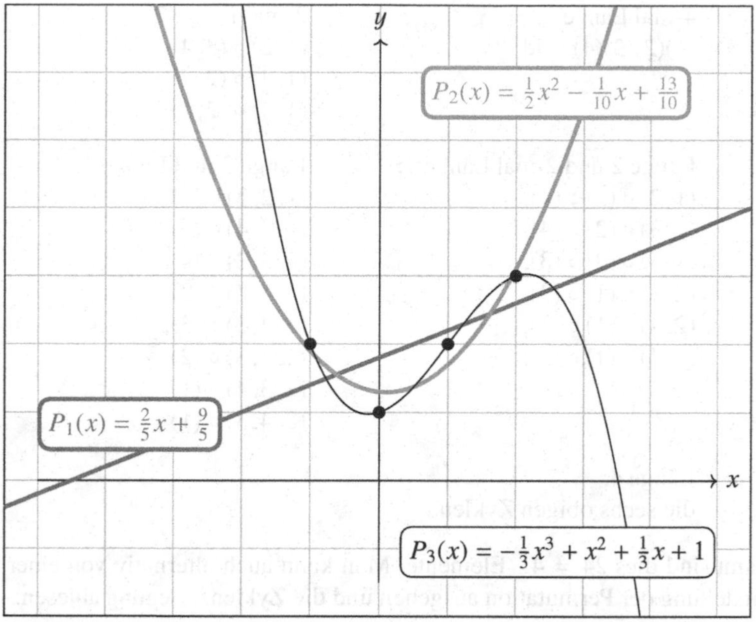


**Bemerkung zu Aufgabe 2.25** Für invertierbare $A \in \mathbb{R}^{(n,n)}$ kann statt $A\boldsymbol{x} = \boldsymbol{b}$ auch $A^t A\boldsymbol{x} = A^t\boldsymbol{b}$ gelöst werden. Wenn man den Aufstellaufwand für die erweiterte Koeffizientenmatrix jeweils vernachlässigt, sind die LGS beim Handrechnen äquivalent. Bei großen Systemen ist aber beim numerischen Rechnen das LGS $A^t A\boldsymbol{x} = A^t\boldsymbol{b}$ instabiler.

## 2.5 Permutationsmatrizen und die LR-Zerlegung einer Matrix

**Lösung zu Aufgabe 2.26** Da nach Satz 2.96 die Existenz einer solchen Zerlegung sichergestellt ist (mit Elementfremdheit der Zyklen) und nach Satz 2.97 dann auch die Reihenfolge der Faktoren beliebig ist, reicht es, die elementfremden Zyklen aus 4 Elementen aufzustellen und entsprechend zu kombinieren:

Länge 1: $(1), (2), (3), (4)$
Länge 2: $(1,2), (1,3), (1,4), (2,3), (2,4), (3,4)$
Länge 3: $(1,2,3), (1,2,4), (1,3,2), (1,3,4), (1,4,2), (1,4,3), (2,3,4), (2,4,3)$
Länge 4: $(1,2,3,4), (1,2,4,3), (1,3,2,4), (1,3,4,2), (1,4,3,2), (1,4,2,3)$.

Das ergibt folgende Kombinationsmöglichkeiten:

4-mal Länge 1:
$(1)(2)(3)(4) = \mathrm{id}$

2-mal Länge 2:
$(1,2) \circ (3,4)$,
$(1,3) \circ (2,4)$,
$(1,4) \circ (2,3)$

Länge 2 und 2-mal Länge 1:
$(1,2) \circ (3) \circ (4)$,
$(1,3) \circ (2) \circ (4)$,
$(1,4) \circ (2) \circ (3)$,
$(2,3) \circ (1) \circ (4)$,
$(2,4) \circ (1) \circ (3)$,
$(3,4) \circ (1) \circ (2)$,

Länge 3 und Länge 1:
$(1,2,3) \circ (4)$,
$(1,2,4) \circ (3)$,
$(1,3,2) \circ (4)$,
$(1,3,4) \circ (2)$,
$(1,4,2) \circ (3)$,
$(1,4,3) \circ (2)$
$(2,3,4) \circ (1)$
$(2,4,3) \circ (1)$

Länge 4:
die sechs obigen Zyklen

Insgesamt sind dies $24 = 4!$ Elemente. Man kann auch alternativ von einer Standarddarstellung der Permutation ausgehen und die Zyklenzerlegung ablesen:

| Permutation | Zyklendarstellung | Permutation | Zyklendarstellung |
|---|---|---|---|
| 1 2 3 4 | $(1) \circ (2) \circ (3) \circ (4)$ | 3 1 2 4 | $(4) \circ (1,3,2)$ |
| 1 2 4 3 | $(1) \circ (2) \circ (3,4)$ | 3 1 4 2 | $(1,3,4,2)$ |
| 1 3 2 4 | $(1) \circ (4) \circ (2,3)$ | 3 2 1 4 | $(2) \circ (4) \circ (1,3)$ |
| 1 3 4 2 | $(1) \circ (2,3,4)$ | 3 2 4 1 | $(2) \circ (1,3,4)$ |
| 1 4 2 3 | $(1) \circ (2,4,3)$ | 3 4 1 2 | $(1,3) \circ (2,4)$ |
| 1 4 3 2 | $(1) \circ (3) \circ (2,4)$ | 3 4 2 1 | $(1,3,2,4)$ |
| 2 1 3 4 | $(3) \circ (4) \circ (1,2)$ | 4 1 2 3 | $(1,4,3,2)$ |
| 2 1 4 3 | $(1,2) \circ (3,4)$ | 4 1 3 2 | $(3) \circ (1,4,2)$ |
| 2 3 1 4 | $(4) \circ (1,2,3)$ | 4 2 1 3 | $(2) \circ (1,4,3)$ |
| 2 3 4 1 | $(1,2,3,4)$ | 4 2 3 1 | $(1,4) \circ (2) \circ (3)$ |
| 2 4 1 3 | $(1,2,4,3)$ | 4 3 1 2 | $(1,4,2,3)$ |
| 2 4 3 1 | $(3) \circ (1,2,4)$ | 4 3 2 1 | $(1,4) \circ (2,3)$ |

**Lösung zu Aufgabe 2.27** Der Beweis von Satz 2.98,2) legt die folgende Identität für eine zyklische Permutation nahe:

$$\sigma = (i_1, i_2, \ldots, i_k) = \sigma_{i_1,i_2} \circ \sigma_{i_2,i_3} \circ \sigma_{i_3,i_4} \circ \cdots \circ \sigma_{i_{k-2},i_{k-1}} \circ \sigma_{i_{k-1},i_k} . \qquad (24)$$

Diese läßt sich wie folgt einsehen: $i_1$ bleibt von allen Transpositionen mit Ausnahme der letzten unverändert und wird von dieser auf $i_2$ abgebildet. Analog bleibt $i_l, l = 2, \ldots, k-1$, unter den Transpositionen vor $\sigma_{i_l,i_{l+1}}$ unverändert, und wird von $\sigma_{i_l,i_{l+1}}$ auf $i_{l+1}$ abgebildet und bleibt unter den nachfolgenden Transpositionen unverändert. Schließlich wird $i_k$ auf $i_{k-1}$, weiter auf $i_{k-2}$ bis schließlich auf $i_1$ abgebildet. Satz 2.98 impliziert wegen (24):

$$\mathrm{sign}(\sigma) = \mathrm{sign}(\sigma_{i_1,i_2}) \cdots \mathrm{sign}(\sigma_{i_{k-1},i_k}) = (-1)^{k-1} = (-1)^{k+1} .$$

**Lösung zu Aufgabe 2.28** Analog zu Satz 2.87 gilt:
Seien $\boldsymbol{x}^{(j)} \in \mathbb{R}^n$, $j = 1, \ldots, m \leq n$ mit $x_i^{(j)} = 0$ für alle $i = j+1, \ldots, n$. Dann gilt:

$$\prod_{i=1}^{m} \left(\mathbb{1} + \boldsymbol{x}^{(m-i+1)} \otimes \boldsymbol{e}_{(m-i+1)}\right) = \mathbb{1} + \sum_{j=1}^{m} \boldsymbol{x}^{(j)} \otimes \boldsymbol{e}_j .$$

Beweis durch (un)vollständige Induktion über $m$:
$m = 1$: Ist klar.
$m \to m+1$:

$$\begin{aligned}\prod_{i=1}^{m+1} \left(\mathbb{1} + \boldsymbol{x}^{(m+1-i+1)} \otimes \boldsymbol{e}_{m+1-i+1}\right) &= \left(\mathbb{1} + \boldsymbol{x}^{(m+1)} \otimes \boldsymbol{e}_{m+1}\right)\left(\prod_{i=2}^{m+1} \mathbb{1} + \boldsymbol{x}^{(m+1-i+1)} \otimes \boldsymbol{e}_{m+1-i+1}\right)\\
&= \left(\mathbb{1} + \boldsymbol{x}^{m+1} \otimes \boldsymbol{e}_{m+1}\right)\prod_{i=1}^{m} \mathbb{1} + \boldsymbol{x}^{(m-1+i)} \otimes \boldsymbol{e}_{m-i+1}\\
&= \left(\mathbb{1} + \boldsymbol{x}^{(m+1)} \otimes \boldsymbol{e}_{m+1}\right)\left(\mathbb{1} + \sum_{i=1}^{m} \boldsymbol{x}^{(i)} \otimes \boldsymbol{e}_i\right)\\
&= \mathbb{1} + \sum_{i=1}^{m+1} \boldsymbol{x}^{(i)} \otimes \boldsymbol{e}_i + \sum_{i=1}^{m} \boldsymbol{x}^{(m+1)} \boldsymbol{e}_{m+1}^t \boldsymbol{x}^{(i)} \boldsymbol{e}_i^t\\
&= \mathbb{1} + \sum_{i=1}^{m+1} \boldsymbol{x}^{(i)} \otimes \boldsymbol{e}_i ,\end{aligned}$$

denn im SKP in der letzten Summe ist $\boldsymbol{x}_{m+1}^{(i)} = 0$ für alle $i = 1, \ldots, m$. Will man das Ergebnis kombinieren mit Lemma 2.85, muss die Voraussetzung auf $\boldsymbol{x}_i^{(j)} = 0$ für $i = j, \ldots, n$ (und $m \leq n-1$) verschärft werden.

**Lösung zu Aufgabe 2.29** Mit der Ausformulierung in Aufgabe 2.28 sollte (2.142) ersichtlich sein. Zur genaueren Begründung von (2.143) gehe man von

$$P_z A P_s = L\widetilde{R} \quad \text{mit} \quad \widetilde{R} \quad \text{nach (2.140) aus.}$$

$\widetilde{R}$ kann durch Spaltenumformungen auf die Gestalt

$$\hat{R} = \left(\begin{array}{c|c} D & 0 \\ \hline 0 & 0 \end{array}\right) \tag{25}$$

mit einer invertierbaren Diagonalmatrix $D \in \mathbb{R}^{(r,r)}$ gebracht werden, denn für $\widetilde{R}$ nach (2.140) gilt

$$\widetilde{R}^t = \left(\begin{array}{c|c} \tilde{\tilde{R}}^t & 0 \\ \hline \widetilde{C}^t & 0 \end{array}\right) ,$$

wobei $\tilde{\tilde{R}}^t$ eine invertierbare untere Dreiecksmatrix ist. Da $\left(\tilde{\tilde{R}}^t\right)_{1,1} \neq 0$, kann die erste Spalte ab Zeile 2 durch Gauss-Schritte eliminiert werden. Wegen $\left(\tilde{\tilde{R}}^t\right)_{1,2} = 0$ wird dadurch $\left(\tilde{\tilde{R}}^t\right)_{2,2}$ nicht verändert, kann also ohne Zeilenvertauschungen als Pivot-Element verwendet werden, um die zweite Spalte zu eliminieren. Diese Überlegung läßt sich fortsetzen, so dass nach $r$ mit Frobenius-Matrizen zu beschreibenden Schritten die Gestalt (25) transponiert erreicht ist, also

$$\hat{R}^t = E_r \cdots E_1 \widetilde{R}^t .$$

Die $E_i$ haben die Gestalt (2.123) und die Multiplikatoren $\boldsymbol{m}^{(i)}$ sind die Zeilen von $\left(\tilde{\tilde{R}}\middle|\tilde{C}\right)$ ab Position $i+1$, geteilt durch das Diagonalelement, also $\left(\boldsymbol{m}^{(i)}\right)_j = 0$ für $j = 1, \ldots, i$. Es ist

$$\widetilde{R} = \hat{R}\overline{R} \quad \text{mit} \quad \overline{R} = (E_r \cdots E_1)^{-t} = \left(E_1^{-1} \cdots E_r^{-1}\right)^t .$$

Da die $E_i$ die Gestalt (2.123) haben, ist nach Lemma 2.85

$$E_i^{-1} = \mathbb{1} + \boldsymbol{m}^{(i)} \otimes \boldsymbol{e}_i$$

und nach Satz 2.87

$$\overline{R}^t = \prod_{i=1}^{r} E_i^{-1} = \mathbb{1} + \sum_{i=1}^{r} \boldsymbol{m}^{(i)} \otimes \boldsymbol{e}_i .$$

Daher gilt

$$\overline{R} = \mathbb{1} + \sum_{i=1}^{r} \boldsymbol{e}_i \otimes \boldsymbol{m}^{(i)}$$

und damit (2.143).

**Lösung zu Aufgabe 2.30** Eine Matrix $R \in \mathbb{R}^{(m,n)}$ in (reduzierter) Zeilenstufenform bei Stufenanzahl $r$, d. h. $\mathrm{Rang}(R) = r$, kann durch Spaltenvertauschung in die entsprechende Staffelform gebracht werden. D. h. nach Bemerkungen 2.101, 1) gilt

$$R = \widetilde{R}P$$

mit einer Permutationsmatrix $P$ und einer Matrix $\tilde{R}$ mit der Gestalt

$$\tilde{R} = \left(\begin{array}{c|c} \tilde{\tilde{R}} & \tilde{C} \\ \hline 0 & 0 \end{array}\right)$$

(siehe (2.140) bzw. (2.141)). Dabei ist $\tilde{\tilde{R}} \in \mathbb{R}^{(r,r)}$ eine invertierbare obere Dreiecksmatrix (Diagonalmatrix) und $\tilde{C} \in \mathbb{R}^{(r,n-r)}$. Nach Bemerkungen 2.82, 5) ist

$$R^+ = \left(\tilde{R}P\right)^+ = P^t\tilde{R}^+.$$

Es gibt eine Voll-Rang-Faktorisierung (siehe Bemerkung 2.83)

$$\tilde{R} = BC := \left(\frac{\mathbb{1}_r}{0}\right)\left(\tilde{\tilde{R}}\middle|\tilde{C}\right)$$

mit $B \in \mathbb{R}^{(m,r)}$, $C \in \mathbb{R}^{(r,n)}$. Nach Bemerkung 2.83 gilt also

$$\tilde{R}^+ = C^t(CC^t)^{-1}(B^tB)^{-1}B^t = \left(\frac{\tilde{\tilde{R}}^t}{\tilde{C}^t}\right)\left(\tilde{\tilde{R}}\tilde{\tilde{R}}^t + \tilde{C}\tilde{C}^t\right)^{-1}\mathbb{1}_r\left(\mathbb{1}_r|0\right)$$

$$= \left(\begin{array}{c|c} \tilde{\tilde{R}}^t\left(\tilde{\tilde{R}}\tilde{\tilde{R}}^t + \tilde{C}\tilde{C}^t\right)^{-1} & 0 \\ \hline \tilde{C}^t\left(\tilde{\tilde{R}}\tilde{\tilde{R}}^t + \tilde{C}\tilde{C}^t\right)^{-1} & 0 \end{array}\right).$$

**Bemerkung zu Aufgabe 2.30** Die reduzierte Zeilenstufenform bringt also keinen wesentlichen Auswertungsvorteil für die Pseudoinverse.

## 2.6 Die Determinante

### Lösung zu Aufgabe 2.31

a) Es ist $\det(A_n) = \det(A_n^t)$ nach Theorem 2.111, 1), deshalb betrachten wir $\det(A_n^t)$ und „bereinigen" mittels Gauss-Verfahren die erste Spalte von $A_n^t$ in ungewöhnlicher Durchführung: Dabei wird das $t_1$-fache der $(n-1)$-ten Zeile von der $n$-ten abgezogen, dann das $t_1$-fache der $(n-2)$-ten von der $(n-1)$-ten usw.. Nach Eigenschaft (III) vor Beispiel 2.103 ändert sich dadurch die Determinante nicht. Es gilt

$$A_n^t = \begin{pmatrix} 1 & 1 & \dots & 1 \\ t_1 & t_2 & \dots & t_n \\ t_1^2 & t_2^2 & \dots & t_n^2 \\ t_1^3 & t_2^3 & \dots & t_n^3 \\ \vdots & \vdots & & \vdots \\ t_1^{n-1} & t_2^{n-1} & \dots & t_n^{n-1} \end{pmatrix} \to \begin{pmatrix} 1 & 1 & \dots & 1 \\ 0 & t_2 - t_1 & \dots & t_n - t_1 \\ 0 & t_2(t_2 - t_1) & \dots & t_n(t_n - t_1) \\ 0 & t_2^2(t_2 - t_1) & \dots & t_n^2(t_n - t_1) \\ \vdots & \vdots & & \vdots \\ 0 & t_2^{n-2}(t_2 - t_1) & \dots & t_n^{n-2}(t_n - t_1) \end{pmatrix},$$

Wegen der Kästchenregel (Hauptsatz 2.114) gilt

$$\det\begin{pmatrix} 1 & 1 & \dots & 1 \\ 0 & t_2 - t_1 & \dots & t_n - t_1 \\ 0 & t_2(t_2 - t_1) & \dots & t_n(t_n - t_1) \\ 0 & t_2^2(t_2 - t_1) & \dots & t_n^2(t_n - t_1) \\ \vdots & \vdots & & \vdots \\ 0 & t_2^{n-2}(t_2 - t_1) & \dots & t_n^{n-2}(t_n - t_1) \end{pmatrix} = \det\begin{pmatrix} t_2 - t_1 & \dots & t_n - t_1 \\ t_2(t_2 - t_1) & \dots & t_n(t_n - t_1) \\ t_2^2(t_2 - t_1) & \dots & t_n^2(t_n - t_1) \\ \vdots & & \vdots \\ t_2^{n-2}(t_2 - t_1) & \dots & t_n^{n-2}(t_n - t_1) \end{pmatrix}.$$

Unter Ausnutzung der Linearität der Determinante bezüglich jeder Spalte (Theorem 2.111, 3) mit Theorem 2.106,1)) darf man schreiben:

$$\det\begin{pmatrix} t_2-t_1 & \dots & t_n-t_1 \\ t_2(t_2-t_1) & \dots & t_n(t_n-t_1) \\ t_2^2(t_2-t_1) & \dots & t_n^2(t_n-t_1) \\ \vdots & & \vdots \\ t_2^{n-2}(t_2-t_1) & \dots & t_n^{n-2}(t_n-t_1) \end{pmatrix} = (t_2-t_1)(t_3-t_1)\dots(t_n-t_1)\det\begin{pmatrix} 1 & \dots & 1 \\ t_2 & \dots & t_n \\ t_2^2 & \dots & t_n^2 \\ \vdots & & \vdots \\ t_2^{n-2} & \dots & t_n^{n-2} \end{pmatrix}.$$

Insgesamt gilt also:

$$g_n(t_1,\dots,t_n) = \det(A_n) \overset{\text{Theorem 2.111, 3)}}{=} (t_2-t_1)(t_3-t_1)\dots(t_n-t_1)g_{n-1}(t_2,\dots,t_n)\,.$$

b) Die Behauptung folgt mit vollständiger Induktion über die Aussage:

$$A(n): \text{Für beliebige } t_1,\dots,t_n \in \mathbb{R} \text{ gilt}: \det(A_n) = \prod_{\substack{i,j=1\\ i<j}}^{n} (t_j-t_i)\,.$$

Induktionsanfang $n = 1$: Es ist

$$\det(A_1) = \det(1) = 1 = \prod_{\substack{i,j=1\\ i<j}}^{1} (t_j-t_i) = 1\,,$$

da das Produkt über eine leere Indexmenge 1 ist.

Induktionsschluss $n-1 \to n$: Seien $t_1,\dots,t_n$ beliebig gewählt, dann folgt:

$$\begin{aligned} \det(A_n) &= g_n(t_1,\dots t_n) = (t_2-t_1)\cdot\ldots\cdot(t_n-t_1)\cdot g_{n-1}(t_2,\dots t_n) \\ &= (t_2-t_1)\cdot\ldots\cdot(t_n-t_1)\cdot\prod_{\substack{i,j=2\\ i<j}}^{n}(t_j-t_i) = \prod_{\substack{i,j=1\\ i<j}}^{n}(t_j-t_i)\,. \end{aligned}$$

**Lösung zu Aufgabe 2.32** Da die Besetzungsstruktur keinen Gewinn durch Entwicklung nach Zeilen oder Spalten verspricht, ist die effizienteste Berechnung die nach dem Gaussschen Eliminationsverfahren (siehe (2.154)). Dabei ist eine Vertauschung nötig.

$$A \to \begin{pmatrix} 2 & 0 & 2 & 2 & 2 \\ 0 & 1 & 1 & 1 & 1 \\ 3 & 3 & 0 & 3 & 3 \\ 4 & 4 & 4 & 0 & 4 \\ 5 & 5 & 5 & 5 & 0 \end{pmatrix} \to \begin{pmatrix} 2 & 0 & 2 & 2 & 2 \\ 0 & 1 & 1 & 1 & 1 \\ 0 & 3 & -3 & 0 & 0 \\ 0 & 4 & 0 & -4 & 0 \\ 0 & 5 & 0 & 0 & -5 \end{pmatrix} \to \begin{pmatrix} 2 & 0 & 2 & 2 & 2 \\ 0 & 1 & 1 & 1 & 1 \\ 0 & 0 & -6 & -3 & -3 \\ 0 & 0 & -4 & -8 & -4 \\ 0 & 0 & -5 & -5 & -10 \end{pmatrix} \to$$

$$\to \begin{pmatrix} 2 & 0 & 2 & 2 & 2 \\ 0 & 1 & 1 & 1 & 1 \\ 0 & 0 & -6 & -3 & -3 \\ 0 & 0 & 0 & -6 & -2 \\ 0 & 0 & 0 & -\frac{5}{2} & -\frac{15}{2} \end{pmatrix} \to \begin{pmatrix} 2 & 0 & 2 & 2 & 2 \\ 0 & 1 & 1 & 1 & 1 \\ 0 & 0 & -6 & -3 & -3 \\ 0 & 0 & 0 & -6 & -2 \\ 0 & 0 & 0 & 0 & -\frac{20}{3} \end{pmatrix} .$$

Also bei einer Vertauschung:

$$\det(A) = (-1)^1 \cdot 2 \cdot 1 \cdot (-6) \cdot (-6) \cdot \left(-\frac{20}{3}\right) = 480 .$$

**Lösung zu Aufgabe 2.33** Die Matrix werde mit $A = A(a, a_1, \dots, a_n) \in \mathbb{R}^{(n+1,n+1)}$ bezeichnet und die Aussage durch vollständige Induktion über $n$ gezeigt.

Für $n = 1$, d. h. $A = A(a, a_1) = \begin{pmatrix} a & a_1 \\ a_1 & a \end{pmatrix}$ gilt $\det(A) = a^2 - a_1^2$ und damit die Behauptung.

Im Induktionsschluss $n-1 \to n$ werde $\det(A)$ nach der ersten Spalte entwickelt (siehe Satz 2.116):

$$\det(A) = a \det(A(a, a_2, \dots, a_n)) + (-1)^{n+2} a_1 \det(B) ,$$

wobei

$$B = \begin{pmatrix} 0 & \dots & 0 & a_1 \\ a & & 0 & a_2 \\ & \ddots & & \vdots \\ 0 & & a & a_n \end{pmatrix} \in \mathbb{R}^{(n,n)} .$$

Entwicklung von $\det(B)$ nach der ersten Zeile wiederum ergibt

$$\det(B) = (-1)^{n+1} a_1 \det \begin{pmatrix} a & & 0 \\ & \ddots & \\ 0 & & a \end{pmatrix} = (-1)^{n+1} a_1 a^{n-1} .$$

D. h. zusammen mit der Induktionsannahme gilt

$$\det(A) = a(a^n - a^{n-2}(a_2^2 + \dots + a_n^2) - a_1^2 a^{n-1}) = a^{n+1} - a^{n-1}(a_1^2 + \dots + a_n^2) .$$

**Lösung zu Aufgabe 2.34** Hat $A$ eine Nullzeile, so ist gewiss $\det(A) = 0$ nach Satz 2.104. In den verbliebenen Fällen muss also in jeder Zeile eine 1 stehen, so dass nur in einer Zeile zwei Einser stehen können. Diese sei o. B. d. A. die erste

(Theorem 2.106, 2)) und es werde nach der ersten Zeile entwickelt (Satz 2.116). Dadurch ergeben sich 2 Summanden, etwa zu den Spaltenindizes $k$ und $l$. Der Summand zu Spalte $k$ verschwindet, wenn $A_{1,k}$ eine Nullzeile hat, d. h. wenn der Eintrag 1 für eine der Zeilen 2 bis $n$ in Spalte $k$ steht. Der Summand ist also genau dann nicht Null, wenn $A_{1,k}$ eine Permutationsmatrix ist, und damit ((2.147)) ist der Summand dann $\pm 1$. Der Summand zu $l$ ist dann notwendigerweise 0, wenn nicht $\det(A) = 0$ gilt, da nach den Vorüberlegungen sonst der Eintrag 1 sich in den Zeilen 2 bis $n$ jeweils nur in den Spalten $i$, $i \neq k$, $i \neq l$, befindet. Dann müssen zwei Zeilen von $A$ gleich sein, d. h. $\det(A) = 0$. In allen Fällen ergeben sich also nur die Möglichkeiten $\det(A) \in \{0, 1, -1\}$.

Bei $n = 2$ gibt es nur Möglichkeiten, die $n + 1 = 3$ Einser auf den $2^2 = 4$ möglichen Positionen zu verteilen:

$$\det\begin{pmatrix}1 & 1\\ 0 & 1\end{pmatrix} = 1\,, \quad \det\begin{pmatrix}1 & 1\\ 1 & 0\end{pmatrix} = -1\,, \quad \det\begin{pmatrix}1 & 0\\ 1 & 1\end{pmatrix} = 1\,, \quad \det\begin{pmatrix}0 & 1\\ 1 & 1\end{pmatrix} = -1\,.$$

Der Fall det = 0 kann also nicht auftreten, wie dies schon bei $n = 3$ möglich ist, z. B.

$$\det\begin{pmatrix}1 & 1 & 0\\ 0 & 1 & 1\\ 0 & 0 & 0\end{pmatrix} = 0\,, \quad \det\begin{pmatrix}1 & 0 & 0\\ 0 & 1 & 0\\ 0 & 1 & 1\end{pmatrix} = 1\,, \quad \det\begin{pmatrix}0 & 1 & 0\\ 1 & 0 & 0\\ 0 & 1 & 1\end{pmatrix} = -1\,.$$

**Lösung zu Aufgabe 2.35** Es gilt $\det(A_1) = -1$, $\det(A_2) = 2 = (-1)^2 2!$. Daher wollen wir mit vollständiger Induktion allgemein zeigen, dass gilt:

$$\det(A_n) = (-1)^n n!\,.$$

Induktionsanfang: Für $n = 1$ ist dies offensichtlich erfüllt. Induktionsschluss $n-1 \to n$: Sei $n \in \mathbb{N}$, $n \geq 2$. Die erste Spalte von $A_n$ hat nur in Position $(1, n)$ einen von 0 verschiedenen Eintrag, nämlich

$$a_{n,1} = (-1)^n n\,.$$

Streichen der letzten Zeile und ersten Spalte von $A_n$ ergibt $A_{n-1}$. Daher liefert die Entwicklung nach der $n$-ten Zeile (Satz 2.116)

$$\det(A_n) = (-1)^{n+1} a_{n,1} \det(A_{n-1}) = (-1)^{2n+1} n \det(A_{n-1}) = -n \det(A_{n-1})\,, \qquad (26)$$

da alle weiteren Summanden in der Entwicklung die Determinante einer $(n-1, n-1)$-Matrix mit einer Nullspalte beinhalten. Durch Einsetzen der Induktionsannahme folgt aus (26):

$$\det(A_n) = -n(-1)^{(n-1)}(n-1)! = (-1)^n n!\,.$$

**Lösung zu Aufgabe 2.36** Zu a): Es ist

$$\left(\begin{array}{c|c} A & B \\ \hline C & D \end{array}\right) = \left(\begin{array}{c|c} \mathbb{1} & 0 \\ \hline CA^{-1} & \mathbb{1} \end{array}\right) \left(\begin{array}{c|c} A & B \\ \hline 0 & S \end{array}\right)$$

mit $S := D - CA^{-1}B$ und damit nach Theorem 2.111, 1)

$$\begin{aligned} \det(X) &= \det \left(\begin{array}{c|c} \mathbb{1} & 0 \\ \hline CA^{-1} & \mathbb{1} \end{array}\right) \det \left(\begin{array}{c|c} A & B \\ \hline 0 & S \end{array}\right) \\ &= 1 \cdot 1 \cdot \det(A) \det(S) \end{aligned}$$

nach Kästchenregel (Hauptsatz 2.114, 1)).
Zu b): Es ist

$$\det(X) = \det(AS)$$

nach Theorem 2.111, 1) und

$$= \det(AD - CB)$$

nach Voraussetzung.

## 2.7 Das Vektorprodukt

**Lösung zu Aufgabe 2.37** Die Ebene $E := \boldsymbol{w} + \mathbb{R}\boldsymbol{a} + \mathbb{R}\boldsymbol{b}$ lässt sich in Hessescher Normalform schreiben als

$$E = \{\boldsymbol{y} \in \mathbb{R}^3 : (\boldsymbol{y} \,.\, \boldsymbol{c}) = (\boldsymbol{w} \,.\, \boldsymbol{c})\} ,$$

wobei $\boldsymbol{c} := \boldsymbol{a} \times \boldsymbol{b} / \|\boldsymbol{a} \times \boldsymbol{b}\|$. Mit der Identität nach (2.53) folgt

$$d(\boldsymbol{x}, E) = \left| \left( \boldsymbol{x} - \boldsymbol{w} \,.\, \frac{\boldsymbol{a} \times \boldsymbol{b}}{\|\boldsymbol{a} \times \boldsymbol{b}\|} \right) \right| = \frac{|(\boldsymbol{w} - \boldsymbol{x} \,.\, \boldsymbol{a} \times \boldsymbol{b})|}{\|\boldsymbol{a} \times \boldsymbol{b}\|} ,$$

d. h. die Behauptung. Nach Definition ist

$$|(\boldsymbol{w} - \boldsymbol{x} \,.\, \boldsymbol{a} \times \boldsymbol{b})| = |\det \boldsymbol{a}, \boldsymbol{b}, \boldsymbol{x} - \boldsymbol{w}| ,$$

d. h. das Volumen des von $\boldsymbol{a}$, $\boldsymbol{b}$ und $\boldsymbol{x} - \boldsymbol{w}$ aufgespannten Parallelotops mit der Grundfläche des von $\boldsymbol{a}, \boldsymbol{b}$ aufgespannten Parallelotops, d. h. Parallelogramms, also $\|\boldsymbol{a} \times \boldsymbol{b}\|$.

**Lösung zu Aufgabe 2.38** Mit der Grassmann-Entwicklung

$$\boldsymbol{a} \times (\boldsymbol{b} \times \boldsymbol{c}) = \boldsymbol{b}(\boldsymbol{a}.\boldsymbol{c}) - \boldsymbol{c}(\boldsymbol{a}.\boldsymbol{b})$$

folgt

$$\boldsymbol{a}\times(\boldsymbol{b}\times\boldsymbol{c})+\boldsymbol{b}\times(\boldsymbol{c}\times\boldsymbol{a})+\boldsymbol{c}\times(\boldsymbol{a}\times\boldsymbol{b}) = \boldsymbol{b}(\boldsymbol{a}.\boldsymbol{c})-\boldsymbol{c}(\boldsymbol{a}.\boldsymbol{b})+\boldsymbol{c}(\boldsymbol{b}.\boldsymbol{a})-\boldsymbol{a}(\boldsymbol{b}.\boldsymbol{c})+\boldsymbol{a}(\boldsymbol{c}.\boldsymbol{b})-\boldsymbol{b}(\boldsymbol{c}.\boldsymbol{a}) = \boldsymbol{0}\,.$$

**Lösung zu Aufgabe 2.39** zu $L_1$: Es ist ein $\boldsymbol{a} \in \mathbb{R}^3$ zu finden, so dass $\boldsymbol{w} = \boldsymbol{a} \times \boldsymbol{v}$ ist, wobei $\boldsymbol{v} = (1, 0, 0)^t$, $\boldsymbol{w} = (0, 1, 0)^t$. Nach Satz 2.132 wird dies von einer affinen Geraden erfüllt, die dann gleich $L_1$ ist. Die Gleichungen sind komponentenweise $a_3 = 1$, $a_2 = 0$, also ist die Gerade $L_1 : (0, 0, 1)^t + \lambda \boldsymbol{e}_1$.

zu $L_2$: Analog sind bei $\boldsymbol{v} = (1, -1, 0)^t$, $\boldsymbol{w} = (1, 1, 1)^t$ die Bestimmungsgleichungen $a_3 = 1$, $-a_1 - a_2 = 1$, d. h. die Gerade ist $(0, -1, 1)^t + \lambda(1, -1, 0)^t = L_2$.

**Lösung zu Aufgabe 2.40** zu a): Sei $L = \boldsymbol{a} + \mathbb{R}\boldsymbol{v}$, $\boldsymbol{x}_1, \boldsymbol{x}_2 \in L$ und $\boldsymbol{m}_i := \boldsymbol{x}_i \times \boldsymbol{v}$, dann gilt für ein $\alpha \in \mathbb{R}$

$$\boldsymbol{m}_1 = \boldsymbol{x}_1 \times \boldsymbol{v} = \boldsymbol{x}_2 \times \boldsymbol{v} + (\boldsymbol{x}_1 - \boldsymbol{x}_2) \times \boldsymbol{v} = \boldsymbol{x}_2 \times \boldsymbol{v} + \alpha \boldsymbol{v} \times \boldsymbol{v} = \boldsymbol{m}_2\,.$$

zu b): Klar nach Hauptsatz 2.130, 3).

zu c): Sei $L := \boldsymbol{a} + \mathbb{R}\boldsymbol{v}$ und $\boldsymbol{w} = \boldsymbol{a} \times \boldsymbol{v}$, dann gilt:

$$\tilde{L} := \{\boldsymbol{x} \in \mathbb{R}^3 : \boldsymbol{x} \times \boldsymbol{v} = \boldsymbol{w}\}$$

„$\subseteq$“:

$$\begin{aligned} \boldsymbol{x} \in L &\Rightarrow \boldsymbol{x} = \boldsymbol{a} + c\boldsymbol{v} \text{ für ein } c \in \mathbb{R} \\ &\Rightarrow \boldsymbol{x} \times \boldsymbol{v} = (\boldsymbol{a} + c\boldsymbol{v}) \times \boldsymbol{v} = \boldsymbol{a} \times \boldsymbol{v} + c\boldsymbol{v} \times \boldsymbol{v} = \boldsymbol{a} \times \boldsymbol{v} \Rightarrow \boldsymbol{x} \in \tilde{L}\,. \end{aligned}$$

„$\supseteq$“:

$$\begin{aligned} \boldsymbol{x} \in \tilde{L} &\Rightarrow \boldsymbol{x} \times \boldsymbol{v} = \boldsymbol{a} \times \boldsymbol{v} \Rightarrow (\boldsymbol{x} - \boldsymbol{a}) \times \boldsymbol{v} = \boldsymbol{0} \\ &\Rightarrow \boldsymbol{x} - \boldsymbol{a} = c\boldsymbol{v} \text{ für ein } c \in \mathbb{R} \Rightarrow \boldsymbol{x} \in \boldsymbol{a} + \mathbb{R}\boldsymbol{v}\,. \end{aligned}$$

zu d): Nach Satz 2.132, $\boldsymbol{a} := \boldsymbol{v}$, $\boldsymbol{c} := \boldsymbol{m}$, gibt es ein $\boldsymbol{b} \in \mathbb{R}^3$ mit $\boldsymbol{v} \times \boldsymbol{b} = \boldsymbol{m}$ und nach c)

$$L := -\boldsymbol{b} + \mathbb{R}\boldsymbol{v} = \{\boldsymbol{x} \in \mathbb{R}^3 : \boldsymbol{x} \times \boldsymbol{v} = \boldsymbol{m}\}\,,$$

d. h. $L$ hat $\boldsymbol{m}$ als Momentenvektor.

## 2.8 Affine Räume II

**Lösung zu Aufgabe 2.41** Es sei $T : A \to A'$.

„⇐“: Nach Voraussetzung gilt insbesondere für $a, b \in A$, $t, s \in \mathbb{R}$, $t + s = 1$, dass $T(ta + sb) = tT(a) + sT(b)$ ist.
„⇒“: Hier erfolgt der Beweis durch vollständige Induktion über die Anzahl der Summanden in der Affinkombination. Für $n = 1$ und 2 ist die Behauptung klar. Die Behauptung gelte für $n - 1$. Seien $a_1, \dots, a_n \in A$, $t_i \in \mathbb{R}$, $\sum_{i=1}^n t_i = 1$. Es ist mindestens eines der $t_i$ ungleich 1, etwa $t_j$, dann

$$\sum_{i=1}^{n} t_i a_i = t_j a_j + (1 - t_j) \sum_{\substack{i=1 \\ i \neq j}}^{n} s_i a_i \quad \text{mit } s_i := \frac{t_i}{1 - t_j} .$$

Da $T : A \to A'$ nach Voraussetzung affin-linear ist folgt:

$$T\left(\sum_{i=1}^{n} t_i a_i\right) = t_j T(a_j) + (1 - t_j) T\left(\sum_{\substack{i=1 \\ i \neq j}}^{n} s_i a_i\right)$$

Wegen $\sum s_i = \sum_{\substack{i=1 \\ i \neq j}}^{n} \frac{t_i}{1-t_j} = 1$ folgt mit der Induktionsvoraussetzung:

$$(1 - t_j) T\left(\sum_{\substack{i=1 \\ i \neq j}}^{n} s_i a_i\right) = \sum_{\substack{i=1 \\ i \neq j}}^{n} (1 - t_j) s_i T(a_i) = \sum_{\substack{i=1 \\ i \neq j}}^{n} t_i T(a_i) .$$

**Lösung zu Aufgabe 2.42**

„⇒“: Sei $a \in A$ beliebig, fest gewählt, und $\boldsymbol{v} \in V$ beliebig und $b := a + \boldsymbol{v}$, d. h. $\boldsymbol{v} = \overrightarrow{ab}$. Dann werde $\Phi : V \to V$ definiert durch $\Phi(\boldsymbol{v}) = \Phi(\overrightarrow{ab}) = \overrightarrow{T(a)T(b)}$. Zu zeigen ist, dass $\Phi$ linear ist: Nach Definition gilt für $\boldsymbol{v}, \boldsymbol{w} \in V$, $b := a + \boldsymbol{v}$, $c := b + \boldsymbol{w}$

$$T(b) = T(a) + \Phi(\overrightarrow{ab}), \quad \text{also} \quad T(c) = T(b) + \Phi(\overrightarrow{bc}) = T(a) + \Phi(\overrightarrow{ab}) + \Phi(\overrightarrow{bc})$$

und andererseits

$$T(c) = T(a) + \Phi(\overrightarrow{ac}) = T(a) + \Phi(\overrightarrow{ab} + \overrightarrow{bc}) .$$

Damit folgt

$$\Phi(\boldsymbol{v}) + \Phi(\boldsymbol{w}) = \Phi(\boldsymbol{v} + \boldsymbol{w}) .$$

Sei $\boldsymbol{v} \in V$, $b := a + \boldsymbol{v}$, $t \in \mathbb{R}$, $s = 1 - t$, dann ist

$$\begin{aligned} T(sa + tb) &= T\left(a + t\overrightarrow{ab}\right) = T(a) + \overrightarrow{T(a)T\left(a + t\overrightarrow{ab}\right)} \\ &= T(a) + \Phi\left(\overrightarrow{a(a + t\overrightarrow{ab})}\right) = T(a) + \Phi\left(t\overrightarrow{ab}\right) \end{aligned}$$

und andererseits

$$T(sa + tb) = sT(a) + tT(b) = T(a) + t\overrightarrow{T(a)T(b)} = T(a) + t\Phi\left(\overrightarrow{ab}\right)$$

und so $\Phi(tv) = t\Phi(v)$ für alle $t \in \mathbb{R}$.

„$\Leftarrow$“: Es gebe ein lineares $\Phi : V \to V$, so dass $\Phi\left(\overrightarrow{ab}\right) = \overrightarrow{T(a)T(b)}$ für $a, b \in A$, dann ist $T$ affin-linear, denn für $a, b \in A$, $s, t \in \mathbb{R}$, $s + t = 1$ gilt

$$\begin{aligned} T(sa + tb) &= T(a + t\overrightarrow{ab}) = T(a) + \overrightarrow{T(a)T\left(a + t\overrightarrow{ab}\right)} \\ &= T(a) + \Phi\left(\overrightarrow{a(a + t\overrightarrow{ab})}\right) = T(a) + \Phi\left(t\overrightarrow{ab}\right) = T(a) + t\Phi\left(\overrightarrow{ab}\right) \end{aligned}$$

und andererseits

$$sT(a) + tT(b) = T(a) + t\overrightarrow{T(a)T(b)} = T(a) + t\Phi\left(\overrightarrow{ab}\right)$$

und damit Gleichheit.

# Lösungen zu Kapitel 3
# Vom $\mathbb{R}$-Vektorraum zum $K$-Vektorraum: Algebraische Strukturen

## 3.1 Gruppen und Körper

### Lösung zu Aufgabe 3.1

a) $\det A = \det \begin{pmatrix} 1+i & -i \\ i & 1-i \end{pmatrix} = (1-i^2) + i^2 = 1,$

$$A^2 = \begin{pmatrix} 1+i & -i \\ i & 1-i \end{pmatrix} \begin{pmatrix} 1+i & -i \\ i & 1-i \end{pmatrix} = \begin{pmatrix} (1+i)^2+1 & -i+1-i-1 \\ i-1+i+1 & 1-2i \end{pmatrix} = \begin{pmatrix} 1+2i & -2i \\ 2i & 1-2i \end{pmatrix}.$$

$A^{-1}$ ergibt sich direkt aus (2.68), unter Beachtung von $(1+i)(1-i)+i^2 = 1$, da dies in einem beliebigen Körper $K$ gilt (siehe Kapitel 3.2). (Mühevolles) nochmaliges direktes Durchführen des Gauss-Verfahrens ergibt ebenso

$$\left(\begin{array}{cc|cc} 1+i & -i & 1 & 0 \\ \hline i & 1-i & 0 & 1 \end{array}\right) \xrightarrow{②\frac{1+i}{i}-①} \left(\begin{array}{cc|cc} 1+i & -i & 1 & 0 \\ \hline 0 & -i & -1 & i+1 \end{array}\right)$$

$$\to \left(\begin{array}{cc|cc} 1+i & -i & 1 & 0 \\ \hline 0 & 1 & -i & i+1 \end{array}\right) \to \left(\begin{array}{cc|cc} 1 & -\frac{1}{2}(1+i) & \frac{1}{1+i} & 0 \\ \hline 0 & 1 & -i & i+1 \end{array}\right)$$

$$\xrightarrow{①+\frac{1+i}{2}②} \left(\begin{array}{cc|cc} 1 & 0 & 1-i & i \\ \hline 0 & 1 & -i & i+1 \end{array}\right) \implies A^{-1} = \left(\begin{array}{cc} 1-i & i \\ \hline -i & i+1 \end{array}\right).$$

b)

$$\left(\begin{array}{ccc|c} 1 & i & 0 & i \\ 0 & 1 & i & i \\ i & 0 & 1 & i \end{array}\right) \to \left(\begin{array}{ccc|c} 1 & i & 0 & i \\ 0 & 1 & i & i \\ 0 & 1 & 1 & i+1 \end{array}\right) \to \left(\begin{array}{ccc|c} 1 & i & 0 & i \\ 0 & 1 & i & i \\ 0 & 0 & i-1 & -1 \end{array}\right)$$

$$\implies z = \tfrac{-1}{i-1} = \tfrac{1}{2}(i+1),\ y = i - \tfrac{i}{2}(i+1) = \tfrac{1}{2}(i+1),\ x = i - iy = \tfrac{1}{2}(i+1).$$

**Lösung zu Aufgabe 3.2** a) und b) können zusammen bearbeitet werden.

$\mathbb{F}_2$: Mit dem Gaussschen Eliminationsverfahren erhalten wir

$$\left(\begin{array}{ccc|c} 1&1&0&1\\ 0&1&1&0\\ 1&0&1&1 \end{array}\right) \overset{③+①}{\rightarrow} \left(\begin{array}{ccc|c} 1&1&0&1\\ 0&1&1&0\\ 0&1&1&0 \end{array}\right) \overset{①+②,\ ③+②}{\rightarrow} \left(\begin{array}{ccc|c} 1&0&1&1\\ 0&1&1&0\\ 0&0&0&0 \end{array}\right).$$

Daraus folgt für a): Rang = 2 und für b): $x = 1 - z$, $y = -z$, $z \in \mathbb{F}_2$ beliebig.

$\mathbb{F}_5$: Hier ergibt sich

$$\left(\begin{array}{ccc|c} 1&1&0&1\\ 0&1&1&0\\ 1&0&1&1 \end{array}\right) \overset{③+4①}{\rightarrow} \left(\begin{array}{ccc|c} 1&1&0&1\\ 0&1&1&0\\ 0&4&1&0 \end{array}\right) \overset{①+4②,\ ③+②}{\rightarrow} \left(\begin{array}{ccc|c} 1&0&4&1\\ 0&1&1&0\\ 0&0&2&0 \end{array}\right).$$

Daraus folgt für a): Rang = 3 und für b): $x = 1$, $y = z = 0$.

**Lösung zu Aufgabe 3.3**

a) Nein, nur Halbgruppe mit Eins (siehe Definition B.5, Beispiele 2.39, 3)), da eine obere Dreiecksmatrix nicht immer invertierbar ist (siehe Bemerkungen 2.50, 2)).
b) Ja (siehe Beispiele 2.39, 3), Theorem 2.111, 1)). Nach Bemerkungen 2.50, 2) ist eine äquivalente Formulierung für „Determinante ungleich 0“ „alle Diagonalelemente ungleich 0“.
c) Ja (siehe Beispiele 2.39, 3)).
d) Ja, denn Halbgruppe mit Eins ist klar und die Bedingung ist äquivalent mit

$$\left(A^t BA\boldsymbol{x} \,.\, \boldsymbol{y}\right) = (B\boldsymbol{x} \,.\, \boldsymbol{y}) \quad \text{für alle } \boldsymbol{x}, \boldsymbol{y} \in \mathbb{R}^n,$$

wobei (.) das euklidische SKP bezeichnet. D. h. die Bedingung ist äquivalent mit

$$(BA\boldsymbol{x} \,.\, A\boldsymbol{y}) = (B\boldsymbol{x} \,.\, \boldsymbol{y}) \quad \text{für alle } \boldsymbol{x}, \boldsymbol{y} \in \mathbb{R}^n .$$

Seien also $\boldsymbol{x}, \boldsymbol{y} \in \mathbb{R}^n$, $\tilde{\boldsymbol{x}} := A^{-1}\boldsymbol{x}$, $\tilde{\boldsymbol{y}} := A^{-1}\boldsymbol{y}$, dann gilt auch

$$(B\boldsymbol{x} \,.\, \boldsymbol{y}) = (BA\tilde{\boldsymbol{x}} \,.\, A\tilde{\boldsymbol{y}}) = (B\tilde{\boldsymbol{x}} \,.\, \tilde{\boldsymbol{y}}) = \left(BA^{-1}\boldsymbol{x} \,.\, A^{-1}\boldsymbol{y}\right)$$

und damit gilt die Eigenschaft auch für $A^{-1}$.

**Lösung zu Aufgabe 3.4** [1]Die definierenden Bedingungen $AB^t = BA^t$ und entsprechend $CD^t = DC^t$ sind äquivalent mit der Symmetrie von $AB^t$ und $CD^t$. Offensichtlich ist $\mathbb{1}_{2n} \in \mathrm{Sp}(2n)$. Um die Abgeschlossenheit von $\mathrm{Sp}(2n)$ bezüglich $\cdot$ zu zeigen, seien

[1] Man beachte, dass in der 1. Auflage Knabner und Barth 2012 die letzte definierende Bedingung von $\mathrm{Sp}(2n)$ verloren gegangen ist.

$$\left(\begin{array}{c|c} A_i & B_i \\ \hline C_i & D_i \end{array}\right) \in \mathrm{Sp}(2n), \text{ dann ist}$$

$$\left(\begin{array}{c|c} A_1 & B_1 \\ \hline C_1 & D_1 \end{array}\right)\left(\begin{array}{c|c} A_2 & B_2 \\ \hline C_2 & D_2 \end{array}\right) = \left(\begin{array}{c|c} A_1A_2 + B_1C_2 & A_1B_2 + B_1D_2 \\ \hline C_1A_2 + D_1C_2 & C_1B_2 + D_1D_2 \end{array}\right),$$

(siehe (2.40)). Damit ist z. B. zu überprüfen, dass

$$(A_1A_2 + B_1C_2)(A_1B_2 + B_1D_2)^t = (A_1B_2 + B_1D_2)(A_1A_2 + B_1C_2)^t .$$

Die rechte Seite ergibt die Summanden

$$\begin{aligned} A_1B_2A_2^tA_1^t &= A_1A_2B_2^tA_1^t ,\\ B_1D_2A_2^tA_1^t &= B_1A_1^t + B_1C_2B_2^tA_1^t =: I_1 + I_2 ,\\ A_1B_2C_2^tB_1^t &= A_1A_2D_2^tB_1^t - A_1B_1^t =: I_3 + I_4 ,\\ B_1D_2C_2^tB_1^t &= B_1C_2D_2^tB_1^t \end{aligned}$$

und damit genau die Summanden beim Ausmultiplizieren der linken Seite, da sich $I_1$ und $I_4$ aufheben. Die anderen Bedingungen ergeben sich analog. Die Formel (2.68) legt nahe, dass gilt

$$\left(\begin{array}{c|c} A & B \\ \hline C & D \end{array}\right)^{-1} = \left(\begin{array}{c|c} D^t & -B^t \\ \hline -C^t & A^t \end{array}\right),$$

was direkt aus

$$\left(\begin{array}{c|c} A & B \\ \hline C & D \end{array}\right)\left(\begin{array}{c|c} D^t & -B^t \\ \hline -C^t & A^t \end{array}\right) = \left(\begin{array}{c|c} AD^t - BC^t & -AB^t + BA^t \\ \hline CD^t - DC^t & -CB^t + DA^t \end{array}\right) = \left(\begin{array}{c|c} \mathbb{1} & 0 \\ \hline 0 & \mathbb{1} \end{array}\right) \tag{1}$$

folgt. Diese Matrix ist auch in $\mathrm{Sp}(2n)$: Dafür ist die Symmetrie von $D^tB$ und $C^tA$ zu überprüfen. Zu (1) ist äquivalent (siehe Bemerkungen 3.5, 2))

$$\left(\begin{array}{c|c} \mathbb{1} & 0 \\ \hline 0 & \mathbb{1} \end{array}\right) = \left(\begin{array}{c|c} D^t & -B^t \\ \hline -C^t & A^t \end{array}\right)\left(\begin{array}{c|c} A & B \\ \hline C & D \end{array}\right)$$

und durch Ausmultiplizieren dies wiederum zu

$$\begin{aligned} &D^tA - B^tC = \mathbb{1}_n, D^tB - B^tD = 0 ,\\ &A^tC - C^tA = 0 , \end{aligned} \tag{2}$$

was die gewünschte Symmetrie beinhaltet. Die weiteren Bedingungen für die Inverse

$$D^tA - B^tC = \mathbb{1}, DA^t - CB^t = \mathbb{1}$$

sind direkt erfüllt (Transposition der definierenden Bedingungen).

**Bemerkung zu Aufgabe 3.4** $\mathrm{Sp}(2n)$ ist ein Spezialfall der Gruppe aus Aufgabe 3.3, d) für

$$J = \begin{pmatrix} 0 & -\mathbb{1}_n \\ \mathbb{1}_n & 0 \end{pmatrix}, \quad \text{da} \left(\begin{array}{c|c} A & B \\ \hline C & D \end{array}\right)^t J \left(\begin{array}{c|c} A & B \\ \hline C & D \end{array}\right) = J$$

äquivalent ist zu

$$A^tC - C^tA = 0, \quad A^tD - C^tB = \mathbb{1}_n, \quad B^tD - D^tB = 0\,, \quad AD^t - C^tB = \mathbb{1}_n$$

also genau die Bedingungen aus der Definition von Sp($2n$). Man spricht auch von der *symplektischen Gruppe* (siehe Definition 5.56) und bei den Gruppen aus Aufgabe 3.3, d) von den *Isometrien* zu $\varphi(\boldsymbol{x}\,.\,\boldsymbol{y}) = (B\boldsymbol{x}\,.\,\boldsymbol{y})$ (siehe Satz 5.24).

## 3.2 Vektorräume über allgemeinen Körpern

### Lösung zu Aufgabe 3.5

a) Sei $\{\boldsymbol{a}_1, \cdots, \boldsymbol{a}_n\}$ eine Basis des $n$-dimensionalen $K$-Vektorraums $V$. Dann ist die Koordinatenabbildung

$$\psi_B : V \to K^n$$

(siehe Abschnitt 2.1) insbesondere bijektiv und damit gilt

$$\#(V) = \#(K^n) = (\#K)^n = p^n\,.$$

b) Es geht darum, die lineare Unabhängigkeit in $\mathbb{F}_2$ der Spalten der folgenden Matrix zu zeigen:

$$\begin{pmatrix} 1&0&0&0 \\ 0&1&0&0 \\ 0&0&1&0 \\ 0&0&0&1 \\ 1&0&1&1 \\ 1&1&1&0 \\ 0&1&1&1 \end{pmatrix}.$$

Wegen der Staffelform ist dies klar (Vorwärtssubstitution für das homogene System) Nach a) folgt dann wegen $\#(\mathbb{F}_2) = 2$ sofort

$$\#(U) = 2^4 = 16.$$

### Lösung zu Aufgabe 3.6

a) Nach Aufgabe 3.5, a) gilt für den Vektorraum aller linearen Abbildungen von $K^n$ nach $K^n$, d. h. für $K^{(n,n)}$:

$$\#(K^{(n,n)}) = \#(K^{n^2}) = p^{n^2}\,.$$

Für $A_n := \#(\mathrm{GL}(n, K))$ ist die Anzahl der bijektiven linearen Abbildungen von $K$ nach $K$ zu bestimmen. Sei eine Basis in $K^n$ fest gewählt. Nach Definition 3.14 ist ein $\Phi \in K^{(n,n)}$ durch die Bildvektoren eindeutig gegeben und nach Satz 2.2 bijektiv, wenn diese Bildvektoren eine Basis bilden. Damit gilt:

$$A_n = \text{ Anzahl der Basen in } K^n$$

und die Behauptung lautet

$$A_n = \prod_{\nu=0}^{n-1} (p^n - p^\nu) .$$

Eine Basis wird dadurch aufgebaut, dass eine $k$-elementige linear unabhängige Menge um einen Vektor ergänzt wird, der sich nicht als Linearkombination der $k$ Vektoren schreiben lässt. Nennt man deren Anzahl $B_k$, so ergibt sich

$$A_n = B_1 \cdots B_n .$$

$k = 1$ : Es gibt $B_1 := p^n - 1$ einelementige Mengen unter Ausschluss des Nullvektors. $k = 2, \ldots n$ : Aus $k - 1$ Vektoren können $p^{k-1}$ Linearkombinationen gebildet werden, also

$$B_k = p^n - p^{k-1} .$$

(Der Nullvektor ist schon bei den herausgenommenen Linearkombinationen enthalten). Also

$$A_n = \prod_{\nu=0}^{n-1} (p^n - p^\nu).$$

Es gilt also auch

$$\#\left(K^{(n,n)} \setminus \mathrm{GL}(n, K)\right) = p^{n^2} - \prod_{\nu=0}^{n-1} (p^n - p^\nu) = \prod_{\nu=0}^{n-1} p^\nu .$$

b) Für $\Phi \in \mathrm{GL}(n, K)$ gibt es die Möglichkeiten

$$\det(\Phi) \in \{1, \ldots, p - 1\} .$$

Alle so definierten Teilmengen haben die gleiche Anzahl von Elementen, da die Abbildung

$$\begin{aligned} T_k : \mathrm{SL}(n, K) &\to \{A \in \mathrm{GL}(n, K)\} : \det(A) = k\} \\ A = (\boldsymbol{a}^{(1)}, \ldots, \boldsymbol{a}^{(n)}) &\mapsto (k\boldsymbol{a}^{(1)}, \ldots, \boldsymbol{a}^{(n)}) \end{aligned}$$

bijektiv ist für $k \in \{1, \ldots, p-1\}$ (Theorem 2.106, 1), Theorem 2.111, 3)). Damit folgt die Behauptung.

c) O. B. d. A. kann $V = K^2$ und $K = \mathbb{F}_2$ gewählt werden, dann gilt

$$\#(\mathrm{GL}(2, K)) = (2^2 - 1)(2^2 - 2) = 6$$

und es sind alle Matrizen $A$ mit $\det(A) = 1$ anzugeben:

$$\begin{pmatrix} 1 & 0 \\ 0 & 1 \end{pmatrix}, \begin{pmatrix} 0 & 1 \\ 1 & 0 \end{pmatrix}, \begin{pmatrix} 1 & 1 \\ 0 & 1 \end{pmatrix}, \begin{pmatrix} 1 & 0 \\ 1 & 1 \end{pmatrix}, \begin{pmatrix} 0 & 1 \\ 1 & 1 \end{pmatrix}, \begin{pmatrix} 1 & 1 \\ 1 & 0 \end{pmatrix}.$$

**Lösung zu Aufgabe 3.7**

a) Mit einem beliebigen reellen Vektor $\boldsymbol{b}_3$, der im reellen Vektorraum $\mathbb{R}^3$ linear unabhängig zu $\boldsymbol{b}_1$ und $\boldsymbol{b}_2$ ist, gilt: $\{\boldsymbol{b}_1, \boldsymbol{b}_2, \boldsymbol{b}_3\}$ ist eine Basis des $\mathbb{C}$-Vektorraums $\mathbb{C}^3$, denn ein $z = \boldsymbol{x} + i\boldsymbol{y} \in \mathbb{C}^3$ lässt sich über die Darstellungen von $\boldsymbol{x}$ und $\boldsymbol{y}$ linear kombinieren und $\{\boldsymbol{b}_1, \boldsymbol{b}_2, \boldsymbol{b}_3\}$ ist auch im $\mathbb{C}$-Vektorraum $\mathbb{C}^3$ linear unabhängig.

$$z = \sum_{j=1}^{3} \gamma_j \boldsymbol{b}_j \text{ mit } \gamma_j = \alpha_j + i\beta_j \in \mathbb{C}$$

$$\iff z = \sum_{j=1}^{3} \alpha_j \boldsymbol{b}_j + i\left(\sum_{j=1}^{3} \beta_j \boldsymbol{b}_j\right) = \boldsymbol{x} + i\boldsymbol{y}. \tag{3}$$

Weiter gilt: $\{\boldsymbol{b}_1, \boldsymbol{b}_2, \boldsymbol{b}_3, i\boldsymbol{b}_1, i\boldsymbol{b}_2, i\boldsymbol{b}_3\}$ ist eine Basis des $\mathbb{R}$- Vektorraums $\mathbb{C}^3$, wie ebenfalls aus (3) ersichtlich ist. Es kann also z. B. $\boldsymbol{b}_3 = (0, 1, 0)^t$ gewählt werden.

b) Unter den gemachten Voraussetzungen bildet $f$ von $\mathbb{C}^n$ nach $\mathbb{C}^m$ ab. Die Abbildung ist auch linear auf $\mathbb{C}^n$ als $\mathbb{R}$-Vektorraum betrachtet, da sie aus solchen Summanden zusammengesetzt ist. Es ist noch die Linearität auf $\mathbb{C}^n$ als $\mathbb{C}$-Vektorraum zu zeigen, die sich nur bezüglich der Skalarmultiplikation unterscheidet. D. h. die Abbildung ist linear, da für beliebige $a + ib = c \in \mathbb{C}$ und $\boldsymbol{x} \in \mathbb{C}^n$ gilt:

$$\begin{aligned} f(c\boldsymbol{x}) &= f(a\boldsymbol{x} + bi\boldsymbol{x}) = h(a\boldsymbol{x} + bi\boldsymbol{x}) - ih(ai\boldsymbol{x} - b\boldsymbol{x}) \\ &= ah(\boldsymbol{x}) + bh(i\boldsymbol{x}) + bih(\boldsymbol{x}) - aih(i\boldsymbol{x}) = (a + ib)h(\boldsymbol{x}) - (a + ib)ih(i\boldsymbol{x}) \\ &= c(h(\boldsymbol{x}) - ih(i\boldsymbol{x})) = cf(\boldsymbol{x}). \end{aligned}$$

c) Wegen

$$\operatorname{Im} f(\boldsymbol{x}) = -\operatorname{Re} if(\boldsymbol{x}) = -\operatorname{Re} f(i\boldsymbol{x})$$

ist

$$f(\boldsymbol{x}) = \operatorname{Re} f(\boldsymbol{x}) + i \operatorname{Im} f(\boldsymbol{x}) = \operatorname{Re} f(\boldsymbol{x}) - i \operatorname{Re} f(i\boldsymbol{x}) = h(\boldsymbol{x}) - ih(i\boldsymbol{x}),$$

wenn

$$h(\boldsymbol{x}) := \operatorname{Re} f(\boldsymbol{x}) .$$

$h$ ist eine lineare Abbildung vom $\mathbb{R}$−Vektorraum $\mathbb{C}^n$ in den $\mathbb{R}$−Vektorraum $\mathbb{R}^m$.

## 3.3 Euklidische und unitäre Vektorräume

**Lösung zu Aufgabe 3.8** Es seien $(x, y), (x', y') \in V_{\mathbb{C}}, \langle\, .\, \rangle$ nach (1) definiert. Es sind zu zeigen:

HERMITE-*Symmetrie*:

$$\langle (x, y) \,.\, (x', y') \rangle = ((x \,.\, x') + (y \,.\, y')) + i\,((y \,.\, x') - (x \,.\, y')) =: T$$

und wegen der Symmetrie von $(\,.\,)$

$$\overline{T} = ((x' \,.\, x) + (y' \,.\, y)) + i\,((y' \,.\, x) - (x' \,.\, y)) = \langle (x', y') \,.\, (x, y) \rangle .$$

*Linearität im ersten Argument*:

Für $a, b \in \mathbb{R}$ gilt nach (1) und (3.11)

$$\begin{aligned}(a + ib)\,\langle (x, y) \,.\, (x', y') \rangle &= (a + ib)[((x \,.\, x') + (y \,.\, y')) + i\,((y \,.\, x') - (x \,.\, y'))] \\ &= [a((x \,.\, x') + (y \,.\, y')) - b((y \,.\, x') - (x \,.\, y'))] \\ &\quad + i[a\,((y \,.\, x') - (x \,.\, y')) + b\,((x \,.\, x') + (y \,.\, y'))] \\ &=: T_1\end{aligned}$$

und andererseits gilt nach (1) und (3.11)

$$\begin{aligned}\langle (a + ib)(x, y) \,.\, (x', y') \rangle &= \langle (ax - by, ay + bx) \,.\, (x', y') \rangle \\ &= [(ax - by \,.\, x') + (ay + bx \,.\, y')] \\ &\quad + i[(ay + bx \,.\, x') - (ax - by \,.\, y')] \\ &=: T_2 .\end{aligned}$$

Die Linearität von $(\,.\,)$ im ersten Argument zeigt $T_1 = T_2$ wie behauptet.

*Definitheit*:

$$\langle (x, y) \,.\, (x, y) \rangle = ((x \,.\, x) + (y \,.\, y)) + i\,((y \,.\, x) - (x \,.\, y)) = (x \,.\, x) + (y \,.\, y) =: T \in \mathbb{R} .$$

Ist $(x, y) \neq (0, 0)$, d. h. $x \neq 0$ oder $y \neq 0$ und damit $(x \,.\, x) > 0$ oder $(y \,.\, y) > 0$, so ist auch $T > 0$.

**Lösung zu Aufgabe 3.9** Aus (3.23) folgt

$$\begin{aligned}\|\boldsymbol{x} + \boldsymbol{y}\|^2 &= \|\boldsymbol{x}\|^2 + 2\operatorname{Re}(\langle \boldsymbol{x} \,.\, \boldsymbol{y} \rangle) + \|\boldsymbol{y}\|^2 \\ \|\boldsymbol{x} - \boldsymbol{y}\|^2 &= \|\boldsymbol{x}\|^2 - 2\operatorname{Re}(\langle \boldsymbol{x} \,.\, \boldsymbol{y} \rangle) + \|\boldsymbol{y}\|^2\end{aligned}$$

und daraus durch Subtraktion:

$$\mathrm{Re}(\langle \boldsymbol{x} \,.\, \boldsymbol{y} \rangle) = \frac{1}{4}\left(\|\boldsymbol{x}+\boldsymbol{y}\|^2 - \|\boldsymbol{x}-\boldsymbol{y}\|^2\right) \tag{4}$$

und damit a). Für b) ($\mathbb{K} = \mathbb{C}$) ergibt die Kombination von (4) mit (3.20) die Behauptung.

**Lösung zu Aufgabe 3.10** „⇒“: folgt wie bei Satz 2.13 mit Hilfe von (3.23)

$$(\Phi(\boldsymbol{x}) \,.\, \Phi(\boldsymbol{y})) = \mathrm{Re}(\langle \Phi(\boldsymbol{x}) \,.\, \Phi(\boldsymbol{y}) \rangle) = \frac{1}{2}(\|\Phi(\boldsymbol{x}) + \Phi(\boldsymbol{y})\|^2 - \|\Phi(\boldsymbol{x})\|^2 - \|\Phi(\boldsymbol{y})\|^2)$$
$$= \frac{1}{2}(\|\boldsymbol{x}+\boldsymbol{y}\|^2 - \|\boldsymbol{x}\|^2 - \|\boldsymbol{y}\|^2) = \mathrm{Re}(\langle \boldsymbol{x} \,.\, \boldsymbol{y} \rangle) = (\boldsymbol{x} \,.\, \boldsymbol{y}) \text{ für } \boldsymbol{x}, \boldsymbol{y} \in V \,.$$

Dies ist für $\mathbb{K} = \mathbb{R}$ die Behauptung und für $\mathbb{K} = \mathbb{C}$ folgt mit (3.20):

$$\langle \Phi(\boldsymbol{x}) \,.\, \Phi(\boldsymbol{y}) \rangle = (\Phi(\boldsymbol{x}) \,.\, \Phi(\boldsymbol{y})) + i\,(\Phi(\boldsymbol{x}) \,.\, i\Phi(\boldsymbol{y}))$$
$$= (\boldsymbol{x} \,.\, \boldsymbol{y}) + i\,(\Phi(\boldsymbol{x}) \,.\, \Phi(i\boldsymbol{y})) = (\boldsymbol{x} \,.\, \boldsymbol{y}) + i\,(\boldsymbol{x} \,.\, i\boldsymbol{y}) = \langle \boldsymbol{x} \,.\, \boldsymbol{y} \rangle \,.$$

Die Rückrichtung folgt sofort bei Setzung $\boldsymbol{y} = \boldsymbol{x}$.

**Lösung zu Aufgabe 3.11** Zu a): $\Phi_{\mathbb{C}}$ ist mit der Addition verträglich, da dies für die hintereinandergeschalteten Abbildungen $(x, y) \mapsto x$ (bzw. $y$), $\Phi$, und Paarbildung gilt. Die Verträglichkeit mit der Multiplikation mit $a + ib \in \mathbb{C}$ gilt wegen

$$\begin{aligned}(a+ib)\Phi_{\mathbb{C}}(x,y) &= (a+ib)(\Phi(x), \Phi(y)) \\ &= (a\Phi(x) - b\Phi(y), a\Phi(y) + b\Phi(x)) \\ &= (\Phi(ax - by), \Phi(ay + bx)) \\ &= \Phi_{\mathbb{C}}((ax - by, ay + bx)) \\ &= \Phi_{\mathbb{C}}(a+ib)(x,y)) \quad \text{für} \quad (x,y) \in V_{\mathbb{C}} \,.\end{aligned}$$

Zu b): Seien $(x, y) \in V_{\mathbb{C}}, (x', y') \in W_{\mathbb{C}}$

$$\begin{aligned}\langle \Phi_{\mathbb{C}}((x,y)) \,.\, (x',y') \rangle_W &= \langle (\Phi(x), \Phi(y)) \,.\, (x',y') \rangle_W \\ &= [(\Phi(x) \,.\, x')_W + (\Phi(y) \,.\, y')_W] + i[(\Phi(y) \,.\, x')_W - (\Phi(x) \,.\, y')_W] \\ &= [(x, \Phi^\dagger x')_V + \left(y \,.\, \Phi^\dagger y'\right)_V] + i[\left(y \,.\, \Phi^\dagger x'\right)_V - \left(x \,.\, \Phi^\dagger y'\right)_V] \\ &= \left\langle (x,y) \,.\, (\Phi^\dagger(x'), \Phi^\dagger(y')) \right\rangle_V \\ &= \left\langle (x,y) \,.\, (\Phi^\dagger)_{\mathbb{C}}((x',y')) \right\rangle_V\end{aligned}$$

jeweils unter Verwendung der Definitionen (1), (2) und (3.11) und damit gilt

$$(\Phi_{\mathbb{C}})^\dagger((x',y')) = (\Phi^\dagger)_{\mathbb{C}}((x',y'))$$

wie behauptet.

## 3.4 Der Quotientenvektorraum

**Lösung zu Aufgabe 3.12** Sei $U := \operatorname{span}(\tilde{\boldsymbol{v}})$, $\tilde{\boldsymbol{v}} := \sum_{i=1}^{n} \boldsymbol{v}_i$ für eine Basis $\boldsymbol{v}_1, \ldots, \boldsymbol{v}_n$ von $V$. Dann ist $\dim V/U = n - 1$ nach Theorem 3.36. Satz 3.41 legt nahe, dass für eine Basis von $V/U$ beliebig $n - 1$ der $\boldsymbol{v}_i$ ausgewählt werden können, etwa

$$W_i := \boldsymbol{v}_i + U, \qquad i = 2, \ldots, n\,.$$

Sei $\boldsymbol{v} + U \in V/U$, d. h. $\boldsymbol{v} = \sum_{i=1}^{n} \alpha_i \boldsymbol{v}_i$ für $\alpha_i \in K$ und damit

$$\begin{aligned}\boldsymbol{v} + U &= \left\{ \sum_{i=1}^{n} \alpha_i \boldsymbol{v}_i + \lambda \tilde{\boldsymbol{v}} : \lambda \in K \right\} = \left\{ \alpha_1 \tilde{\boldsymbol{v}} + \sum_{i=2}^{n} (\alpha_i - \alpha_1) \boldsymbol{v}_i + \lambda \tilde{\boldsymbol{v}} : \lambda \in K \right\} \\ &= \sum_{i=2}^{n} (\alpha_i - \alpha_1) \boldsymbol{v}_i + U = \sum_{i=2}^{n} (\alpha_i - \alpha_1) W_i\,.\end{aligned}$$

Die $W_i$ sind auch linear unabhängig, da

$$U = \sum_{i=2}^{n} \alpha_i (\boldsymbol{v}_i + U) = \sum_{i=2}^{n} \alpha_i \boldsymbol{v}_i + U = \left\{ \sum_{i=2}^{n} (\alpha_i + \lambda) \boldsymbol{v}_i + \lambda \boldsymbol{v}_1 : \lambda \in K \right\}.$$

Also: Zu jedem $\lambda \in K$ existiert ein $\mu \in K$, so dass

$$\lambda \boldsymbol{v}_1 + \sum_{i=2}^{n} (\alpha_i + \lambda) \boldsymbol{v}_i = \sum_{i=1}^{n} \mu \boldsymbol{v}_i$$

und damit (Koeffizientenvergleich)

$$\mu = \lambda, \qquad \mu = \alpha_i + \lambda \text{ für alle } i = 2, \ldots, n$$

und damit $\alpha_2 = \cdots = \alpha_n = 0$.

**Lösung zu Aufgabe 3.13**

„$\Leftarrow$“: Sei $\boldsymbol{v}_1 \in \boldsymbol{x} + U$, d. h. es existiert ein $\boldsymbol{u}_1 \in U$ mit $\boldsymbol{v}_1 = \boldsymbol{x} + \boldsymbol{u}_1$ Es gilt: $\boldsymbol{v}_1 = \boldsymbol{x}' + \boldsymbol{x} - \boldsymbol{x}' + \boldsymbol{u}_1$ und damit $\boldsymbol{v}_1 \in \boldsymbol{x}' + U'$, da $\boldsymbol{x} - \boldsymbol{x}' \in U'$ und $\boldsymbol{u}_1 \in U \subset U'$.
„$\Rightarrow$“:

$$\boldsymbol{x} + U \subset \boldsymbol{x}' + U' \Longrightarrow \boldsymbol{x} + \boldsymbol{u}_2 \in \boldsymbol{x}' + U' \text{ für alle } \boldsymbol{u}_2 \in U\,. \tag{5}$$

Insbesondere gilt für $\boldsymbol{u}_2 = \boldsymbol{0}$: $\boldsymbol{x} \in \boldsymbol{x}' + U'$ d. h. $\boldsymbol{x} - \boldsymbol{x}' \in U'$. Damit ist $\boldsymbol{x} - \boldsymbol{x}' \in U'$ gezeigt. Außerdem folgt aus (5): $\boldsymbol{x} - \boldsymbol{x}' + \boldsymbol{u}_2 \in U'$ für alle $\boldsymbol{u}_2 \in U$. Da $\boldsymbol{x} - \boldsymbol{x}' \in U'$ folgt: $\boldsymbol{u}_2 \in U'$ für alle $\boldsymbol{u}_2 \in U$. Damit ist $U \subset U'$ gezeigt.

**Lösung zu Aufgabe 3.14** Um zu prüfen, ob $U$ Untervektorraum von $V$, genügt es zu prüfen ob $\boldsymbol{u}_1, \boldsymbol{u}_2 \in V$, da $U$ und $V$ lineare Räume sind. D. h. man muss prüfen, ob das überbestimmte Gleichungssystem $(\boldsymbol{v}_1, \boldsymbol{v}_2, \boldsymbol{v}_3)\boldsymbol{x} = \boldsymbol{u}_i$ $(i = 1, 2)$ eine Lösung besitzt.

$$\left(\begin{array}{ccc|cc} 1 & -1 & 2 & 1 & -1 \\ 2 & 3 & -1 & 2 & -2 \\ -1 & 0 & -1 & -1 & 1 \\ -2 & -2 & 1 & 1 & -2 \end{array}\right) \to \left(\begin{array}{ccc|cc} 1 & -1 & 2 & 1 & -1 \\ 0 & 5 & -5 & 0 & 0 \\ 0 & -1 & 1 & 0 & 0 \\ 0 & -4 & 5 & 3 & -4 \end{array}\right) \to \left(\begin{array}{ccc|cc} 1 & -1 & 2 & 1 & -1 \\ 0 & 1 & -1 & 0 & 0 \\ 0 & 0 & 0 & 0 & 0 \\ 0 & 0 & 1 & 3 & -4 \end{array}\right).$$

Mit Rückwärtssubstitution folgt $\boldsymbol{x}_1 = \begin{pmatrix} -2 \\ 3 \\ 3 \end{pmatrix}$, $\boldsymbol{x}_2 = \begin{pmatrix} 3 \\ -4 \\ -4 \end{pmatrix}$. Somit gilt:

$$\boldsymbol{u}_1 = -2\boldsymbol{v}_1 + 3\boldsymbol{v}_2 + 3\boldsymbol{v}_3, \quad \boldsymbol{u}_2 = 3\boldsymbol{v}_1 - 4\boldsymbol{v}_2 - 4\boldsymbol{v}_3 \quad \text{und damit auch } \boldsymbol{u}_1, \boldsymbol{u}_2 \in V\,.$$

Es ist $\dim U = 2$, was offensichtlich ist, $\dim V = 3$ wie aus Zeilenstufenform von $(\boldsymbol{v}_1, \boldsymbol{v}_2, \boldsymbol{v}_3)$ ersichtlich, die also eine Basis von $V$ bilden und damit nach Theorem 3.36 $\dim(V/U) = 1$: Nach Satz 3.41 muss der Basisvektor $\boldsymbol{v} + U$ genau so sein, dass $\boldsymbol{u}_1, \boldsymbol{u}_2, \boldsymbol{v}$ eine Basis von $V$ bilden. Die Wahl $\boldsymbol{v} = \boldsymbol{v}_2$ erfüllt die Bedingungen, da $\boldsymbol{v}_2 \in V$ und $\boldsymbol{u}_1, \boldsymbol{u}_2, \boldsymbol{v}$ linear unabhängig sind, wie Gauss zeigt.

$$\begin{pmatrix} 1 & -1 & -1 \\ 2 & -2 & 3 \\ -1 & 1 & 0 \\ 1 & -2 & -2 \end{pmatrix} \to \begin{pmatrix} 1 & -1 & -1 \\ 0 & 0 & 5 \\ 0 & 0 & -1 \\ 0 & -1 & -1 \end{pmatrix} \to \begin{pmatrix} 1 & -1 & -1 \\ 0 & 1 & 1 \\ 0 & 0 & 1 \\ 0 & 0 & 0 \end{pmatrix}.$$

Eine mögliche Basis ist also $\boldsymbol{v}_2 + U$

**Lösung zu Aufgabe 3.15**

a) ist klar.

b) Es ist $U = \operatorname{Kern} \Phi$, $\Phi : V \to \mathbb{R}$, $f \mapsto f(0)$ und $\operatorname{Bild} \Phi = \mathbb{R}$. Damit ist nach Theorem 3.37

$$\chi : V/U \to \mathbb{R}, \quad f + U \mapsto f(0)$$

ein Isomorphismus.

## 3.5 Der Dualraum

**Lösung zu Aufgabe 3.16** Es ist $f \circ \Phi$ bzw. $g \circ \Phi$ zu bilden, d. h. hinsichtlich der Darstellungsmatrizen (siehe Satz 3.55) $\boldsymbol{a}^t A$ mit $\boldsymbol{a} = (1, 1, -1)^t$ bzw. $= (3, -2, -1)^t$, also

$$\Phi^*(f)\boldsymbol{x} = \langle \boldsymbol{x} \,.\, \boldsymbol{b} \rangle \text{ mit } \boldsymbol{b} = (0, 4, 2)^t$$
$$\Phi^*(g)\boldsymbol{x} = \langle \boldsymbol{x} \,.\, \boldsymbol{b} \rangle \text{ mit } \boldsymbol{b} = (-4, -1, 5)^t\,.$$

**Lösung zu Aufgabe 3.17** „$\Rightarrow$“: Sei $\Phi : V \to W$ injektiv, d. h. $\Phi^{-1} : \text{Bild}(\Phi) \to V$ ist wohldefiniert und linear (siehe Satz 2.5, 3)). Sei $g \in V^*$ beliebig, zu zeigen ist die Existenz eines $f \in W^*$, so dass $\Phi^*(f) = g$.
Sei $U \subset W$ ein direktes Komplement von Bild($\Phi$) (für die Existenz siehe Satz 3.41) und $f \in W^*$ definiert durch $f(\boldsymbol{y}) = \boldsymbol{0}$ für $\boldsymbol{y} \in U$, $f(\boldsymbol{y}) := g(\Phi^{-1}(\boldsymbol{y}))$ für $\boldsymbol{y} \in \text{Bild}(\Phi)$, dann gilt

$$\Phi^*(f)(\boldsymbol{x}) = f \circ \Phi(\boldsymbol{x}) = g(\Phi^{-1}(\Phi(\boldsymbol{x}))) = g(\boldsymbol{x}) \text{ für alle } \boldsymbol{x} \in V, \text{ also } \Phi^*(f) = g\,.$$

„$\Leftarrow$“: Sei $\boldsymbol{x} \in V$ und $\Phi(\boldsymbol{x}) = \boldsymbol{0}$, also auch $f(\Phi(\boldsymbol{x})) = \boldsymbol{0}$ für alle $f \in W^*$ bzw. $\Phi^*(f)(\boldsymbol{x}) = \boldsymbol{0}$ für alle $f \in W^*$. Da $\Phi^*$ surjektiv ist, gilt also für alle $g \in V^* : g(\boldsymbol{x}) = \boldsymbol{0}$ und mit der Argumentation von Bemerkungen 3.49, 3) folgt daraus $\boldsymbol{x} = \boldsymbol{0}$, d. h. $\Phi$ ist injektiv.

**Bemerkung zu Aufgabe 3.17** Sind $V$ und $W$ endlichdimensional, geht die Argumentation wesentlich direkter. Nach Satz 3.55 entsprechen sich die Darstellungsmatrizen von $\Phi$ und $\Phi^*$ (bei dualen Basen in $W^*$ bzw. $V^*$) als $A$ und $A^t$. Also

$$\Phi \text{ injektiv} \Leftrightarrow A \text{ hat vollen Zeilenrang} \Leftrightarrow A^t \text{ hat vollen Spaltenrang} \Leftrightarrow \Phi^* \text{ surjektiv.}$$

**Lösung zu Aufgabe 3.18** Dazu ist die Inverse von

$$\begin{pmatrix} 1 & -1 & 0 \\ 0 & 1 & -1 \\ -2 & 0 & 1 \end{pmatrix}$$

zu bestimmen. Die Zeilen sind dann gerade die Darstellungszeilen der $\varphi_i$. Gauss-Jordan liefert

$$\begin{pmatrix} -1 & -1 & -1 \\ -2 & -1 & -1 \\ -2 & -2 & -1 \end{pmatrix}$$

und damit $\varphi_i(\boldsymbol{x}) = \langle \boldsymbol{x} \,.\, \boldsymbol{a}_i \rangle$ und $\boldsymbol{a}_1^t = (-1, -1, -1)$, $\boldsymbol{a}_2^t = (-2, -1, -1)^t$, $\boldsymbol{a}_3^t = (-2, -2, -1)^t$.

**Lösung zu Aufgabe 3.19**

a) Ein Polynom vom Grad $\leq 3$ hat die Form:

$$f(x) = a_3x^3 + a_2x^2 + a_1x + a_0 \text{ mit der Ableitung } f'(x) = 3a_3x^2 + 2a_2x + a_1\,.$$

Dann gilt für $\boldsymbol{a} := (a_0, a_1, a_2, a_3)^t$:

$$\varphi_1(f) = a_3 + a_2 + a_1 + a_0 = (1, 1, 1, 1)\boldsymbol{a} \qquad \varphi_2(f) = 3a_3 + 2a_2 + a_1 = (0, 1, 2, 3)\boldsymbol{a}$$
$$\varphi_3(f) = -a_3 + a_2 - a_1 + a_0 = (1, -1, 1, -1)\boldsymbol{a} \qquad \varphi_4(f) = 3a_3 - 2a_2 + a_1 = (0, 1, -2, 3)\boldsymbol{a}$$

Man muss testen, ob die vier Darstellungsvektoren linear unabhängig sind:

$$\begin{pmatrix} 1 & 0 & 1 & 0 \\ 1 & 1 & -1 & 1 \\ 1 & 2 & 1 & -2 \\ 1 & 3 & -1 & 3 \end{pmatrix} \to \begin{pmatrix} 1 & 0 & 1 & 0 \\ 0 & 1 & -2 & 1 \\ 0 & 2 & 0 & -2 \\ 0 & 3 & -2 & 3 \end{pmatrix} \to \begin{pmatrix} 1 & 0 & 1 & 0 \\ 0 & 1 & -2 & 1 \\ 0 & 0 & 4 & -4 \\ 0 & 0 & 4 & 0 \end{pmatrix} \to \begin{pmatrix} 1 & 0 & 1 & 0 \\ 0 & 1 & -2 & 1 \\ 0 & 0 & 4 & -4 \\ 0 & 0 & 0 & 4 \end{pmatrix}.$$

Somit sind $\varphi_1, \ldots, \varphi_4$ linear unabhängig und eine Basis von $V^*$, da $\dim V^* = 4$.

b) Gesucht sind also die Polynome $f_i$, für die $\varphi_i(f_j) = \delta_{i,j}$ gilt. Diese erhalten wir durch Lösen des LGS

$$\begin{pmatrix} 1 & 1 & 1 & 1 \\ 1 & 0 & 2 & 3 \\ 1 & -1 & 1 & -1 \\ 0 & 1 & -2 & 3 \end{pmatrix} \begin{pmatrix} a_0 \\ a_1 \\ a_2 \\ a_3 \end{pmatrix} = \boldsymbol{e}_j\,.$$

Die Inversenberechnung kann zum Beispiel mit dem Gauss-Jordan-Verfahren durchgeführt werden und liefert

$$\left(\begin{array}{cccc|cccc} 1 & 1 & 1 & 1 & 1 & 0 & 0 & 0 \\ 0 & 1 & 2 & 3 & 0 & 1 & 0 & 0 \\ 1 & -1 & 1 & -1 & 0 & 0 & 1 & 0 \\ 0 & 1 & -2 & 3 & 0 & 0 & 0 & 1 \end{array}\right) \to \ldots \to \frac{1}{4}\begin{pmatrix} 2 & -1 & 2 & 1 \\ 3 & -1 & -3 & -1 \\ 0 & 1 & 0 & -1 \\ -1 & 1 & 1 & 1 \end{pmatrix}$$

also

$$\begin{aligned} f_1(x) &= \frac{1}{4}(-x^3 + 3x + 2) \\ f_2(x) &= \frac{1}{4}(x^3 + x^2 - x - 1) \\ f_3(x) &= \frac{1}{4}(x^3 - 3x + 2) \\ f_4(x) &= \frac{1}{4}(x^3 - x^2 - x + 1)\,. \end{aligned}$$

# Lösungen zu Kapitel 4
# Koordinatentransformationen und Normalformen von Matrizen

## 4.1 Basiswechsel und Koordinatentransformationen

**Lösung zu Aufgabe 4.1** Die Übergangsmatrix von $\{\boldsymbol{e}_1, \boldsymbol{e}_2, \boldsymbol{e}_3\}$ nach $\{\boldsymbol{a}_1, \boldsymbol{a}_2, \boldsymbol{a}_3\}$ ist

$$A = (\boldsymbol{a}_1, \boldsymbol{a}_2, \boldsymbol{a}_3) = \begin{pmatrix} 0 & 1 & 1 \\ 1 & 0 & 0 \\ 1 & 3 & 1 \end{pmatrix}$$

und die Übergangsmatrix von $\{\boldsymbol{e}_1, \boldsymbol{e}_2\}$ nach $\{\boldsymbol{b}_1, \boldsymbol{b}_2\}$ ist

$$B = (\boldsymbol{b}_1, \boldsymbol{b}_2) = \begin{pmatrix} 1 & 1 \\ 1 & -1 \end{pmatrix}.$$

Damit lautet die Darstellungsmatrix $M'$ des Homomorphismus $\varphi$ bezüglich der Basen $\{\boldsymbol{a}_1, \boldsymbol{a}_2, \boldsymbol{a}_3\}$ und $\{\boldsymbol{b}_1, \boldsymbol{b}_2\}$:

$$M' = B^{-1}MA = \frac{1}{2}\begin{pmatrix} 4 & 13 & 5 \\ 4 & -1 & -1 \end{pmatrix}.$$

**Lösung zu Aufgabe 4.2** $f$ ist die durch

$$M = \begin{pmatrix} 0 & 1 & 0 \\ 0 & 0 & 1 \\ 1 & 0 & 0 \end{pmatrix}$$

gegebene, d. h. bezüglich der Standardbasis dargestellte Abbildung. Analog zu Aufgabe 4.1 gilt für die Übergangsmatrix

$$A = \begin{pmatrix} 1 & 0 & 1 \\ 0 & 1 & 1 \\ 1 & 1 & 0 \end{pmatrix},$$

so dass

$$M' = A^{-1}MA = \frac{1}{2}\begin{pmatrix} 1 & -1 & 1 \\ -1 & 1 & 1 \\ 1 & 1 & -1 \end{pmatrix}\begin{pmatrix} 0 & 1 & 0 \\ 0 & 0 & 1 \\ 1 & 0 & 0 \end{pmatrix}\begin{pmatrix} 1 & 0 & 1 \\ 0 & 1 & 1 \\ 1 & 1 & 0 \end{pmatrix} = \begin{pmatrix} 0 & 0 & 1 \\ 1 & 0 & 0 \\ 0 & 1 & 0 \end{pmatrix}$$

gilt. Direkter erhält man das gleiche Ergebnis durch die Beobachtung, dass gilt

$$f(\boldsymbol{a}_1) = \boldsymbol{a}_2, \quad f(\boldsymbol{a}_2) = \boldsymbol{a}_3, \quad f(\boldsymbol{a}_3) = \boldsymbol{a}_1$$

und damit die angegebene Darstellungsmatrix vorliegen muss.

**Lösung zu Aufgabe 4.3** Darstellungsmatrix

$$(\boldsymbol{a}_1, \boldsymbol{a}_2, \boldsymbol{a}_3 + \boldsymbol{a}_4, \boldsymbol{a}_3 + \boldsymbol{a}_4) = \begin{pmatrix} 1 & 2 & 0 & 0 \\ 2 & 1 & 0 & 0 \\ 0 & 0 & 3 & 3 \\ 0 & 0 & 3 & 3 \end{pmatrix}.$$

**Lösung zu Aufgabe 4.4** $C \sim C$, da $\mathbb{1}^{-1}C\mathbb{1} = C$.
Wenn $C \sim C'$, d. h. $B^{-1}CA = C'$, für invertierbare $A \in \mathbb{K}^{(n,n)}$, $B \in \mathbb{K}^{(m,m)}$, dann $(B^{-1})^{-1}C'A^{-1} = C$, d. h. $C' \sim C$.
Wenn $C \sim C'$ und $C' \sim C''$, d. h. $B^{-1}CA = C'$ und $D^{-1}C'E = C''$ für invertierbare $B, D \in \mathbb{K}^{(m,m)}$, $A, E \in \mathbb{K}^{(n,n)}$, dann gilt auch $(BD)^{-1}CAE = D^{-1}B^{-1}CAE = C''$, also auch $C \sim C''$.

**Lösung zu Aufgabe 4.4'** Wir müssen zeigen, dass sich das allgemeine Problem mittels geeigneter Koordinatentransformation in den Spezialfall aus Aufgabe 1 überführen lässt. Dazu bestimmen wir eine affin lineare Abbildung $T : \mathbb{R}^2 \to \mathbb{R}^2$, $T\boldsymbol{x} = A\boldsymbol{x} + \boldsymbol{b}$ mit $A \in \mathbb{R}^{2\times 2}$ (bijektiv) und $b \in \mathbb{R}^2$, so dass die Geraden $TL_1, TL_2$ und $TL_3$ durch die Gleichungen

$$y = 0, \quad x = 0, \quad x + y = 1$$

gegeben sind. $TL_4$ erfüllt dann sofort die Gleichung (siehe Satz 1.21 bzw. Bemerkungen 1.27)

$$\frac{x}{\lambda} + \frac{y}{\mu} = 1$$

mit $\lambda, \mu \in \mathbb{R} \setminus \{0\}$ und $\lambda \neq \mu$ geeignet. Die Gleichungen $L_1$, $L_2$ und $L_3$ sind wie folgt gegeben

$$\begin{aligned} L_1 &= S_{1,2} + \mathbb{R}\boldsymbol{w}\,, & \boldsymbol{w} &:= S_{1,2} - S_{1,3}\,, \\ L_2 &= S_{1,2} + \mathbb{R}\,, & &:= S_{1,2} - S_{2,3}\,, \\ L_3 &= S_{1,3} + \mathbb{R}\boldsymbol{z}\,, & \boldsymbol{z} &:= S_{1,3} - S_{2,3}\,, \end{aligned}$$

mit paarweise linear unabhängigen Vektoren $\boldsymbol{w}, , \boldsymbol{z}$. Insbesondere ist $\boldsymbol{z} = -\boldsymbol{w} +$. Durch die Translation (siehe Beispiele 2.10) $\hat{T} : \mathbb{R}^2 \to \mathbb{R}^2$, $\hat{T}\boldsymbol{x} = \boldsymbol{x} - S_{1,2}$ erhalten wir Geraden $L_i' := \hat{T}L_i$ für $i = 1, \ldots, 4$ und $L_1'$ bzw. $L_2'$ verlaufen durch den Ursprung. Durch einen Basiswechsel können wir $\boldsymbol{w}$ und auf ein Vielfaches der Standardbasis

$\{\boldsymbol{e}_1, \boldsymbol{e}_2\}$ abbilden (siehe (4.1)-(4.3)). Die Übergangsmatrix ist (nach Definition 4.1) gegeben durch

$$A = (\alpha\boldsymbol{w}, \beta)^{-1} = \frac{1}{\alpha\beta(w_1 v_2 - w_2 v_1)} \begin{pmatrix} \beta v_2 & -\beta v_1 \\ -\alpha w_2 & \alpha w_1 \end{pmatrix}, \quad \alpha, \beta \in \mathbb{R} \setminus \{0\}.$$

Wir müssen nun $\alpha$ und $\beta$ so bestimmen, dass $AL_3'$ der Geraden

$$L_3'' = \begin{pmatrix} 1 \\ 0 \end{pmatrix} + \mathbb{R}\begin{pmatrix} -1 \\ 1 \end{pmatrix}$$

entspricht. Es gilt

$$A\boldsymbol{w} = \frac{1}{\alpha}\begin{pmatrix} 1 \\ 0 \end{pmatrix} \quad \text{und} \quad A = \frac{1}{\beta}\begin{pmatrix} 0 \\ 1 \end{pmatrix}.$$

Wir erhalten

$$AL_3' = A(S_{1,3} - S_{1,2}) + \mathbb{R}Az = A\boldsymbol{w} + \mathbb{R}Az = \frac{1}{\alpha}\begin{pmatrix} 1 \\ 0 \end{pmatrix} + \mathbb{R}Az.$$

Daher gilt $\alpha = 1$ und wir müssen $\beta$ so bestimmten, dass $Az = \begin{pmatrix} -1 \\ 1 \end{pmatrix}$ ist. Wegen $z = -\boldsymbol{w}+$ folgt

$$Az = -A\boldsymbol{w} + A = -\begin{pmatrix} 1 \\ 0 \end{pmatrix} + \frac{1}{\beta}\begin{pmatrix} 0 \\ 1 \end{pmatrix}$$

und damit ist $\beta = 1$. Wir definieren nun $T\boldsymbol{x} := A \circ \hat{T}\boldsymbol{x} = A\boldsymbol{x} - AS_{1,2}$. Nach obigen Überlegungen erfüllen die Geraden $L_i'' := TL_i$ für $i = 1, \ldots, 4$ die Gleichungen aus dem Spezialfall von Aufgabe 1 und die Mittelpunkte (siehe Beweis Aufgabe 1) $m_k''$ liegen auf einer Geraden, d.h. es existiert $\gamma \in \mathbb{R}\setminus\{0\}$, so dass $(m_1''-m_3'') = \gamma(m_1''-m_2'')$. Die Mittelpunkte $m_k$ $(k = 1, 2, 3)$ der Strecken $\overline{S_{1,2}S_{3,4}}$, $\overline{S_{1,3}S_{2,4}}$ und $\overline{S_{1,4}S_{2,3}}$ sind gegeben durch die Gleichung $m_k = T^{-1}m_k''$ und es gilt

$$m_1 - m_3 = T^{-1}m_1'' - T^{-1}m_3'' = A^{-1}(m_1'' - m_3'') = \gamma A^{-1}(m_1'' - m_2'') = \gamma(m_1 - m_2).$$

Damit folgt die Behauptung aus Lemma 1.17.

## 4.2 Eigenwerttheorie

**Lösung zu Aufgabe 4.5** Das Differentialgleichungssystem lautet

$$m\begin{pmatrix}\ddot{y}_1\\ \ddot{y}_2\end{pmatrix} = k\begin{pmatrix}-2 & 1\\ 1 & -2\end{pmatrix}\begin{pmatrix}y_1\\ y_2\end{pmatrix}.$$

Wir gehen analog zu Beispiel 3(7) vor, S. 405. Die Eigenwerte von $A = \begin{pmatrix}-2 & 1\\ 1 & -2\end{pmatrix}$ sind $\lambda_1 = -1$, $\lambda_2 = -3$, da

$$\chi_A(\lambda) = \det\begin{pmatrix}-2-\lambda & 1\\ 1 & -2-\lambda\end{pmatrix} = \lambda^2 + 4\lambda + 3 = (\lambda+1)(\lambda+3).$$

Die homogenen LGS zu

$$\begin{pmatrix}-2+1 & 1\\ 1 & -2+1\end{pmatrix} = \begin{pmatrix}-1 & 1\\ 1 & -1\end{pmatrix} \text{ bzw. } \begin{pmatrix}1 & 1\\ 1 & 1\end{pmatrix}$$

ergeben die Eigenräume $\text{span}(\boldsymbol{v}_i)$ mit

$$\boldsymbol{v}_1 = (1,1)^t, \quad \boldsymbol{v}_2 = (1,-1)^t$$

und damit lautet die allgemeine Lösung

$$\begin{pmatrix}y^1(t)\\ y^2(t)\end{pmatrix} = (\alpha_1\sin(t) + \alpha_2\cos(t))\begin{pmatrix}1\\ 1\end{pmatrix} + (\beta_1\sin(\sqrt{3}t) + \beta_2\cos(\sqrt{3}t))\begin{pmatrix}1\\ -1\end{pmatrix}.$$

**Lösung zu Aufgabe 4.6** Bestimmung der Eigenwerte: Dazu sind die charakteristischen Polynome aufzustellen, wozu die Sarrussche Regel (S. 282) benutzt werden kann:

$$\chi_M(\lambda) = \det(M - \lambda\mathbb{1}) = \det\begin{pmatrix}3-\lambda & -2 & 4\\ 4 & -3-\lambda & 4\\ -2 & 1 & -3-\lambda\end{pmatrix} = -\lambda^3 - 3\lambda^2 - 3\lambda - 1$$

$$\chi_N(\lambda) = \det(N - \lambda\mathbb{1}) = \det\begin{pmatrix}3-\lambda & -2 & 4\\ 3 & -3-\lambda & 2\\ -2 & 1 & -3-\lambda\end{pmatrix} = -\lambda^3 - 3\lambda^2 - 3\lambda - 1.$$

Also sind die charakteristischen Polynome gleich und damit auch die Eigenwerte. Von diesen kann $\lambda_1 = -1$ geraten werden und dann ist

$$\chi_M(\lambda) = \chi_N(\lambda) = (\lambda+1)(\lambda^2 + 2\lambda + 1).$$

Also tritt $\lambda = -1$ als dreifacher Eigenwert auf. Zur Bestimmung der Eigenräume und ihrer Dimensionen sind die homogenen LGS zu

$$\begin{pmatrix} 4 & -2 & 4 \\ 4 & -2 & 4 \\ -2 & -1 & -2 \end{pmatrix} \text{ bzw. } \begin{pmatrix} 4 & -2 & 4 \\ 3 & -2 & 2 \\ -2 & 1 & -2 \end{pmatrix}$$

zu lösen. GAUSS ergibt

$$\begin{pmatrix} 2 & -1 & 2 \\ 0 & 1 & 2 \\ 0 & 0 & 0 \end{pmatrix} \text{ bzw. } \begin{pmatrix} 2 & -1 & 2 \\ 0 & 0 & 0 \\ 0 & 0 & 0 \end{pmatrix}$$

und damit für die Eigenräume

$$\text{bei } M : \operatorname{span}((2,2,-1)^t), \quad \text{bei } N : \operatorname{span}((1,0,-1)^t, (0,2,1)^t)\,.$$

Damit haben die Eigenräume unterschiedliche Dimension. Folglich können $M$ und $N$ nicht ähnlich sein, denn es gilt allgemein:
Sei $C'$ ähnlich zu $C$, d. h. $A^{-1}CA = C'$, und sei $\boldsymbol{x}$ ein Eigenvektor von $C'$ zu $\lambda$, dann $CA\boldsymbol{x} = \lambda A\boldsymbol{x}$, d. h. $A\boldsymbol{x} \neq \boldsymbol{0}$ ist ein Eigenvektor von $C$ zu $\lambda$, und damit gilt für die Eigenräume $E_\lambda(C)$ bzw. $E_\lambda(C')$:

$$\dim E_\lambda(C) \geq \dim E_\lambda(C')\,.$$

Da die Rollen von $C$ und $C'$ getauscht werden können, gilt

$$\dim E_\lambda(C) = \dim E_\lambda(C')\,.$$

**Bemerkung zu Aufgabe 4.6** In Kapitel 4.5.1 ff. werden wir eine ähnliche Normalform entwickeln, die in beiden Fällen verschieden und nicht ähnlich ist.

**Lösung zu Aufgabe 4.7** Nach Satz 4.15 reicht es, die Darstellungsmatrix $A$ bezüglich der angegebenen Basis zu betrachten. Wegen $\Phi(f) = e^x = f$, $\Phi(g) = xe^x = e^x + xe^x = f + g$, $\Phi(h) = -e^{-x} = -h$ gilt

$$A = \begin{pmatrix} 1 & 1 & 0 \\ 0 & 1 & 0 \\ 0 & 0 & -1 \end{pmatrix},$$

woraus man sofort die Eigenwerte abliest (Satz 4.34, 4)): $\lambda_1 = 1$ (algebraische Vielfachheit = 2) und $\lambda_2 = -1$. Die Basen der Eigenräume erhält man durch Lösen des homogenen LGS zu $A - \lambda\mathbb{1}$, d. h. zu

$$\begin{pmatrix} 0 & 1 & 0 \\ 0 & 0 & 0 \\ 0 & 0 & -2 \end{pmatrix} : \operatorname{span}(\boldsymbol{e}_1) \text{ und}$$

$$\begin{pmatrix} 2 & 1 & 0 \\ 0 & 2 & 0 \\ 0 & 0 & 0 \end{pmatrix} : \operatorname{span}(\boldsymbol{e}_3)\,.$$

Damit hat $\Phi$ die Eigenwerte 1 und $-1$ mit den Eigenräumen $\mathrm{span}(f)$ bzw. $\mathrm{span}(h)$.

**Lösung zu Aufgabe 4.8**

a) $A$ hat 1 als Eigenwert (mit algebraischer Vielfachheit = 2 und geometrischer Vielfachheit = 2: siehe Beispiel 4.45). $C$ geht aus $A$ durch Vertauschen der Zeilen und der Spalten hervor, also nach (2.133), (2.134)

$$C = P_\pi^t A P_\pi = P_\pi^{-1} A P_\pi \,,$$

wobei $\pi$ die Vertauschung und $P_\pi$ die Permutationsmatrix dazu sei, d. h. $A$ und $C$ sind zueinander ähnlich. Wegen

$$\det(B - \lambda \mathbb{1}) = \det \begin{pmatrix} 1-\lambda & 1 \\ 1 & -\lambda \end{pmatrix} = \lambda^2 - \lambda - 1 = 0 \Leftrightarrow \lambda_{1/2} = (1 \pm \sqrt{5})/2$$

ist $B$ nicht ähnlich zu $A$ oder $C$.

b) $A$ hat offensichtlich die Eigenwerte $\lambda_1 = 1$ und $\lambda_2 = -1$ und $A$ ist diagonal(isierbar). Für $B$ errechnet man mit der Sarrusschen Regel (S. 282)

$$\chi_B(\lambda) = -\lambda^3 - \lambda^2 + \lambda + 1$$

und damit als Nullstellen $\lambda_1 = 1$ (durch Erraten) und wegen

$$\chi_B(\lambda) = (-\lambda^2 - 2\lambda - 1)(\lambda - 1)$$

hat $B$ auch die Eigenwerte $\lambda_1 = 1$, $\lambda_2 = -1$ mit algebraischer Vielfachheit 1 bzw. 2, genau wie $A$. Da

$$B - \lambda_2 \mathbb{1} = \frac{1}{9} \begin{pmatrix} 8 & 4 & 8 \\ 4 & 2 & 4 \\ 8 & 4 & 8 \end{pmatrix}$$

ist also $\mathrm{Rang}(B - \lambda_2 \mathbb{1}) = 1$ und damit $\dim \mathrm{Kern}(B - \lambda_2 \mathbb{1}) = 2$, d. h. auch $B$ ist diagonalisierbar und damit sind $A$ und $B$ zueinander ähnlich.

**Bemerkung zu Aufgabe 4.8** In Hauptsatz 4.58 wird gezeigt werden, dass alle symmetrischen reellen Matrizen diagonalisierbar sind.

**Lösung zu Aufgabe 4.9** Die eindimensionalen invarianten Unterräume sind gerade erzeugt von Eigenvektoren (siehe Bemerkungen 4.19, 2)). Daher berechnen wir mit der Sarrusschen Regel

$$\chi_A(\lambda) = \det \begin{pmatrix} 3-\lambda & -1 & 1 \\ 2 & -\lambda & 1 \\ -1 & 1 & 1-\lambda \end{pmatrix} = -\lambda^3 + 4\lambda^2 - 5\lambda + 2\,.$$

Hier kann man die Nullstelle $\lambda = 1$ raten und so die Zerlegung

$$\chi_A(\lambda) = -(\lambda - 1)^2(\lambda - 2)$$

und damit die Eigenwerte $\lambda_1 = 1$ und $\lambda_2 = 2$ bestimmen. Die Lösung des homogenen LGS $A - \lambda\mathbb{1}$ ergibt die Eigenvektoren

$$\boldsymbol{v}_1 = \begin{pmatrix} 1 \\ 1 \\ -1 \end{pmatrix} \text{ zu } \lambda_1 = 1\,, \quad \boldsymbol{v}_2 = \begin{pmatrix} 1 \\ 1 \\ 0 \end{pmatrix} \text{ zu } \lambda_2 = 2\,.$$

Somit gibt es genau die eindimensionalen Unterräume span($\boldsymbol{v}_1$) und span($\boldsymbol{v}_2$). Es ist also $\lambda_2$ halbeinfach, nicht aber $\lambda_1$. Als dreidimensionalen invarianten Unterraum bleibt nur $\mathbb{R}^3$ selbst, bei den zweidimensionalen gibt es

$$\text{span}(\boldsymbol{v}_1, \boldsymbol{v}_2)$$

und eventuell Erweiterungen eines Eigenraums durch einen Vektor, der nicht Eigenvektor ist. Allgemein gilt: Ein Eigenraum Kern($A - \lambda\mathbb{1}$) ist enthalten in den Unterräumen Kern$(A - \lambda\mathbb{1})^k$, die alle auch invariant sind:
Ist $(A - \lambda\mathbb{1})^k\boldsymbol{v} = \boldsymbol{0}$, dann auch $(A - \lambda\mathbb{1})^k A\boldsymbol{v} = A(A - \lambda\mathbb{1})^k\boldsymbol{v} = \boldsymbol{0}$. (Genaueres siehe Abschnitt 4.4.2.) Wir prüfen, ob Kern$(A - \lambda\mathbb{1})^2$ größer als Kern($A - \lambda\mathbb{1}$) ist:

$$\lambda = 2: \quad (A - 2\mathbb{1})^2 = \begin{pmatrix} -2 & 2 & -2 \\ -3 & 3 & -1 \\ -2 & 2 & -2 \end{pmatrix}$$

und damit auch Kern$(A - 2\mathbb{1})^2$ = span($\boldsymbol{v}_2$). Weiterhin ist

$$\lambda = 1: \quad (A - \mathbb{1})^2 = \begin{pmatrix} 1 & 0 & 1 \\ 1 & 0 & 1 \\ 0 & 0 & 0 \end{pmatrix}$$

und damit Kern$(A - \mathbb{1})^2$ = span($\boldsymbol{v}_1, \boldsymbol{v}_3$) mit $\boldsymbol{v}_3 = (-1, 1, 1)^t$. Somit gibt es den weiteren invarianten Unterraum

$$\text{span}(\boldsymbol{v}_1, \boldsymbol{v}_3)\,.$$

**Lösung zu Aufgabe 4.10**

a) Wegen $\chi_A(\lambda) = -\lambda^3 + \lambda = -\lambda(\lambda + 1)(\lambda - 1)$ hat $A$ die einfachen Eigenwerte $0, -1, 1$ und ist damit diagonalisierbar (Satz 4.44, 2)).

Für das Weitere vergleiche man auch Beispiel 4.41.

b) Sei $B^{-1}AB = \text{diag}(0, 1, -1)$, also gilt Rang($A$) = Rang(diag$(0, 1, -1)$) = 2. Weiter ist unter den gleichen Ähnlichkeitstransformation

$$A^2, A^2 + \mathbb{1}, A^2 - \mathbb{1}$$

ähnlich zu diag$(0, 1, 1)$, diag$(1, 2, 2)$ bzw. diag$(-1, 0, 0)$ und daraus ergeben sich die Ränge 2, 3 bzw.1.

c) Nach Ähnlichkeitstransformation bedeutet dies die Gleichung

$$r\mathbb{1} + s\,\mathrm{diag}(0,1,-1) + t\,\mathrm{diag}(0,1,1) = 0$$

bzw. $r = 0$, $r + s + t = 0$, $r - s + t = 0$, welche nur die Lösung $r = s = t = 0$ hat.

d) Für jede gerade Potenz gilt

$$A^{2k} = B\,\mathrm{diag}(0,1,1)B^{-1} = A^2, \quad k \in \mathbb{N}.$$

e) Z.B. $A = \mathrm{diag}(0,1,-1)$ und allgemein jede Ähnlichkeitstransformation davon.

**Bemerkung zu Aufgabe 4.10** Beachte bei c): Tatsächlich gilt erst $-A^3+A = -A(A+\mathbb{1})(A-\mathbb{1}) = 0$ (Theorem 4.81). Da alle Eigenwerte einfach sind, gibt es auch kein Polynom kleineren Grades mit dieser Eigenschaft (Definition 4.83, Satz 4.84, Satz 4.86, 2)).

## Lösung zu Aufgabe 4.11

a) Die Eigenwerte von $B$ werden berechnet durch

$$\chi_B(\lambda) = \det\begin{pmatrix} 1-\lambda & 5 & 6 \\ 0 & -\lambda & 2 \\ 0 & 2 & -\lambda \end{pmatrix} = (1-\lambda)\det\begin{pmatrix} -\lambda & 2 \\ 2 & -\lambda \end{pmatrix}$$
$$= (1-\lambda)(\lambda^2 - 4) = (1-\lambda)(\lambda-2)(\lambda+2),$$

durch Entwickeln nach der ersten Zeile (Satz 2.116 und S. 282). Also hat $B$ die gleichen, jeweils einfachen Eigenwerte wie $A$ (Satz 4.34, 4)), ist also genau diagonalisierbar wie $A$ (Satz 4.44, 2)) und damit ähnlich zu $A$, d. h. $T$ existiert.

b) $C$ hat nach Satz 4.34, 4) die Eigenwerte $\lambda_1 = 1$, $\lambda_2 = 2$ und kann damit nicht zu $A$ ähnlich sein (Satz 4.30, 3), d. h. $T$ existiert nicht.

**Lösung zu Aufgabe 4.12** Das charakteristische Polynom bestimmt sich mit der SARRUSschen Regel zu

$$\chi_A(\lambda) = \det\begin{pmatrix} 2-\lambda & 1 & 0 \\ 0 & 1-\lambda & -1 \\ 0 & 2 & 4-\lambda \end{pmatrix} = -\lambda^3 + 7\lambda^2 - 16\lambda + 12.$$

Rät man $\lambda = 2$ als Nullstelle, kann der Linearfaktor abdividiert werden und es ergibt sich

$$\chi_A(\lambda) = -(\lambda-3)(\lambda-2)^2.$$

Durch Lösen des homogenen LGS zu $A - \lambda\mathbb{1}$ können die Eigenräume bestimmt werden:

$$\text{zu } \lambda_1 = 3: \quad \mathrm{span}(\boldsymbol{v}_1), \text{ mit } \boldsymbol{v}_1 = (1,1,-2)^t$$
$$\text{zu } \lambda_2 = 2: \quad \mathrm{span}(\boldsymbol{v}_2), \text{ mit } \boldsymbol{v}_2 = (1,0,0)^t.$$

Die Matrix ist also nach Hauptsatz 4.47 nicht diagonalisierbar, nach Hauptsatz 4.51 zusammen mit Bemerkungen 4.52, 3) trigonalisierbar. Nach dem Beweis von Hauptsatz 4.51 sind die Eigenvektoren $\boldsymbol{v}_1$, $\boldsymbol{v}_2$ zu einer Basis von $\mathbb{R}^3$ zu ergänzen. Da es sich um den „letzten" Basisvektor handelt, sind keine Invarianzbedingungen einzuhalten. Wählt man z. B.

$$\boldsymbol{v}_3 = (0, 1, 0)^t,$$

erhält man mit $C := (\boldsymbol{v}_1, \boldsymbol{v}_2, \boldsymbol{v}_3) = \begin{pmatrix} 1 & 1 & 0 \\ 1 & 0 & 1 \\ -2 & 0 & 0 \end{pmatrix}$:

$$C^{-1}AC = \frac{1}{2}\begin{pmatrix} 0 & 0 & -1 \\ 2 & 0 & 1 \\ 0 & 2 & 1 \end{pmatrix}\begin{pmatrix} 2 & 1 & 0 \\ 0 & 1 & -1 \\ 0 & 2 & 4 \end{pmatrix}\begin{pmatrix} 1 & 1 & 0 \\ 1 & 0 & 1 \\ -2 & 0 & 0 \end{pmatrix} = \frac{1}{2}\begin{pmatrix} 0 & -2 & -4 \\ 4 & 4 & 4 \\ 0 & 4 & 2 \end{pmatrix}\begin{pmatrix} 1 & 1 & 0 \\ 1 & 0 & 1 \\ -2 & 0 & 0 \end{pmatrix} = \begin{pmatrix} 3 & 0 & -1 \\ 0 & 2 & 2 \\ 0 & 0 & 2 \end{pmatrix}.$$

Hätte man statt $\boldsymbol{v}_3$ den Vektor $\tilde{\boldsymbol{v}}_3 := (0, 1, -1)^t$ gewählt, motiviert durch $(A - 2\mathbb{1})^2\tilde{\boldsymbol{v}}_3 = \mathbf{0}$ (vergleiche Aufgabe 4.9), hätte man

$$\begin{pmatrix} 1 & 1 & 0 \\ 1 & 0 & 1 \\ -2 & 0 & -1 \end{pmatrix}^{-1}\begin{pmatrix} 2 & 1 & 0 \\ 0 & 1 & -1 \\ 0 & 2 & 4 \end{pmatrix}\begin{pmatrix} 1 & 1 & 0 \\ 1 & 0 & 1 \\ -2 & 0 & -1 \end{pmatrix} = \begin{pmatrix} 3 & 0 & 0 \\ 0 & 2 & 1 \\ 0 & 0 & 2 \end{pmatrix}$$

unter Verwendung von

$$\begin{pmatrix} 1 & 1 & 0 \\ 1 & 0 & 1 \\ -2 & 0 & -1 \end{pmatrix}^{-1} = \begin{pmatrix} 0 & -1 & -1 \\ 1 & 1 & 1 \\ 0 & 2 & 1 \end{pmatrix}$$

erhalten.

**Bemerkung zu Aufgabe 4.12** Die so erreichte ähnliche Form ist also dünner besetzt: Nur bei dem Eigenwert, der nicht algebraische = geometrische Vielfachheit erfüllt, treten Einträge in der oberen Nebendiagonalen auf: Die JORDANsche Normalform wird zeigen, dass dies allgemein gilt (Hauptsatz 4.112).

**Lösung zu Aufgabe 4.13** Sei $V$ der Lösungsraum von (1) und der Lösungsoperator

$$\Phi : \mathbb{K}^n \times \mathbb{K}^n \to V$$

sei durch $(\boldsymbol{x}_0, \boldsymbol{x}'_0) \mapsto \boldsymbol{x}$, Lösung von (1) mit $\boldsymbol{x}(a) = \boldsymbol{x}_0, \dot{\boldsymbol{x}}(a) = \boldsymbol{x}'_0$ definiert. Die Aussage im Hinweis sichert die Wohldefinition von $\Phi$. $\Phi$ ist linear, denn seien $\boldsymbol{x}^{(i)}$ Lösungen von (1) zu $\boldsymbol{x}^{(i)}(a) = \boldsymbol{x}_0^{(i)}$, $\dot{\boldsymbol{x}}^{(i)}(a) = \boldsymbol{x}_0'^{(i)}$, $i = 1, 2$, dann ist $\lambda\boldsymbol{x}^{(1)} + \mu\boldsymbol{x}^{(2)}$ eine Lösung von (1):

$$(\lambda\boldsymbol{x}^{(1)} + \mu\boldsymbol{x}^{(2)})^{\cdot\cdot} = \lambda\ddot{\boldsymbol{x}}^{(1)} + \mu\ddot{\boldsymbol{x}}^{(2)} = \lambda A\boldsymbol{x}^{(1)} + \mu A\boldsymbol{x}^{(2)} = A(\lambda\boldsymbol{x}^{(1)} + \mu\boldsymbol{x}^{(2)})$$

zu den Daten $\lambda\boldsymbol{x}_0^{(1)} + \mu\boldsymbol{x}_0^{(2)}$, $\lambda\boldsymbol{x}_0'^{(1)} + \mu\boldsymbol{x}_0'^{(2)}$, also $\lambda\Phi(\boldsymbol{x}_0^{(1)}, \boldsymbol{x}_0'^{(1)}) + \mu\Phi(\boldsymbol{x}_0^{(2)}, \boldsymbol{x}_0'^{(2)}) = \Phi(\lambda(\boldsymbol{x}_0^{(1)}, \boldsymbol{x}_0'^{(1)}) + \mu(\boldsymbol{x}_0^{(2)}, \boldsymbol{x}_0'^{(2)}))$. $\Phi$ ist offensichtlich surjektiv ($\boldsymbol{x}_0 := \boldsymbol{x}(a)$, $\boldsymbol{x}'_0 := \dot{\boldsymbol{x}}(a)$) und injektiv ($\boldsymbol{x}(t) = \mathbf{0}$ für alle $t \in [a, b] \Rightarrow \boldsymbol{x}(a) = \dot{\boldsymbol{x}}(a) = \mathbf{0}$), d. h. ein Isomorphismus. Aus Theorem 2.28 folgt dann

$$\dim V = \dim \mathbb{K}^n \times \mathbb{K}^n = 2n\,.$$

**Lösung zu Aufgabe 4.14** Sei $A$ diagonalisierbar, sei $n = k + 2l$, $0 \leq k, l \leq n$ und $A$ habe die reellen Eigenwerte $\lambda_1, \ldots, \lambda_k$ und die (echt) komplexen Eigenwerte $\tilde{\lambda}_1, \ldots, \tilde{\lambda}_l$ sowie dazu deren komplex-konjugierte (siehe Hauptsatz 4.47 und Bemerkungen B.31, 3)). Zu $\tilde{\lambda}_j = \mu_j + i\nu_j, j = 1, \ldots, l$ seien $\tilde{\boldsymbol{v}}_j = \boldsymbol{u}_j + i\boldsymbol{w}_j$ Eigenvektoren, und zu $\lambda_j, j = 1, \ldots, k$ seien $\boldsymbol{v}_j$ Eigenvektoren, so dass $\tilde{\mathcal{B}} := \{\boldsymbol{v}_1, \ldots, \boldsymbol{v}_k, \tilde{\boldsymbol{v}}_1, \ldots, \tilde{\boldsymbol{v}}_l, \bar{\tilde{\boldsymbol{v}}}_1, \ldots, \bar{\tilde{\boldsymbol{v}}}_l\}$ eine Basis des $\mathbb{C}^n$ bilden. Dann sind auch die reellen Vektoren $\mathcal{B} := \{\boldsymbol{v}_1, \ldots, \boldsymbol{v}_k, \boldsymbol{u}_1, \ldots, \boldsymbol{u}_l, \boldsymbol{w}_1, \ldots, \boldsymbol{w}_l\}$ linear unabhängig, da die Transformation

$$T : \mathbb{R}^k \times \mathbb{C}^{2l} \to \mathbb{R}^n\,, \quad \boldsymbol{v} = \left(\begin{array}{c} \boldsymbol{v}^{(1)} \\ \hline \boldsymbol{v}^{(2)} \\ \hline \boldsymbol{v}^{(3)} \end{array}\right) \mapsto \left(\begin{array}{c|c|c} \mathbb{1}_k & 0 & 0 \\ \hline 0 & \frac{1}{2}\mathbb{1}_l & \frac{1}{2}\mathbb{1}_l \\ \hline 0 & \frac{1}{2i}\mathbb{1}_l & -\frac{1}{2i}\mathbb{1}_l \end{array}\right) \boldsymbol{v}$$

linear und bijektiv ist: Dazu ist nach der Kästchenregel nur die Invertierbarkeit der unteren $2 \times 2$ Blockmatrix einzusetzen (Hauptsatz 2.114, 1) und dies folgt z. B. aus Aufgabe 2.36. $T$ bildet nämlich $\tilde{\mathcal{B}}$ auf $\mathcal{B}$ ab (siehe (3.6)) und damit ist auch $\mathcal{B}$ linear unabhängig und damit eine Basis des $\mathbb{R}^n$ (Satz 2.2). Bezüglich dieser Basis, umgeordnet zu $\boldsymbol{v}_1, \ldots, \boldsymbol{v}_k, \boldsymbol{u}_1, \boldsymbol{w}_1, \ldots, \boldsymbol{u}_l, \boldsymbol{w}_l$, ergibt sich gerade die behauptete Blockdiagonal-Darstellung, analog zum Beweis von Theorem 4.55, auf der Basis von (4.15) ff.

**Lösung zu Aufgabe 4.15** Sei $A_S := \frac{1}{2}(A + A^\dagger)$, $A_A := \frac{1}{2}(A - A^\dagger)$, dann ist $A_S$ hermitesch, $A_A$ antihermitesch und

$$A = A_S + A_A\,.$$

Gilt andererseits

$$A = A_S + A_A$$

mit hermiteschem $A_S$ und antihermiteschem $A_A$, dann gilt

$$A^\dagger = A_S^\dagger + A_A^\dagger = A_S - A_A$$

und damit

$$\frac{1}{2}(A + A^\dagger) = A_S\,, \quad \frac{1}{2}(A - A^\dagger) = A_A\,.$$

**Lösung zu Aufgabe 4.16** Die Differenzengleichung lautet nach (MM.21)

$$f_{k+m} = \sum_{i=0}^{m-1} a^{(i)} f_{k+i}\,, \quad k \in \mathbb{N}\,. \tag{1}$$

Dabei ist $a^{(0)} \neq 0$, damit wirklich auf $m$ zurückliegende Werte aufgebaut wird („$m$-te Ordnung“). Daher ist auch ein entsprechend langer Startvektor nötig, nämlich

$$x^{(0)} = \begin{pmatrix} f_1 \\ \vdots \\ f_m \end{pmatrix}.$$

Daraus bestimmt sich $x^{(k)}$, $k \in \mathbb{N}$, nach (4.34) und damit gilt bei

$$\begin{pmatrix} f_{k+1} \\ \vdots \\ f_{k+m} \end{pmatrix} = x^{(k)} \text{ (gilt für } k = 0) \tag{2}$$

$x_1^{(k+1)} = f_{k+2}, \ldots, x_{m-1}^{(k+1)} = f_{k+m}$ und so $f_{k+1+m} := x_m^{(k+1)} = \sum_{i=0}^{m-1} a^{(i)} x_{i+1}^{(k)} = \sum_{i=0}^{m-1} a^{(i)} f_{k+1+i}$, also gilt (1) und auch (2) für $k+1$, also für alle $k \in \mathbb{N}_0$. Sei $\lambda$ eine Nullstelle von (4.35), d. h. die Eigenwerte der Begleitmatrix $A$, also $\lambda \neq 0$ wegen $a^{(0)} \neq 0$. Wegen

$$A - \lambda \mathbb{1} \begin{pmatrix} -\lambda & 1 & & \\ & \ddots & \ddots & \\ & & -\lambda & 1 \\ a^{(0)} & \ldots & \ldots & a^{(m-1)} \end{pmatrix} \longrightarrow \begin{pmatrix} -\lambda & 1 & & \\ & \ddots & \ddots & \\ & & -\lambda & 1 \\ 0 & \ldots & 0 & b \end{pmatrix}$$

und damit ist der Eigenraum eindimensional. $A$ ist also diagonalisierbar genau dann, wenn $A$ $m$ verschiedene Nullstellen besitzt. Eine Basis des Eigenraums ist durch

$$\boldsymbol{v} = (\lambda, \lambda^2, \ldots, \lambda^m)^t$$

gegeben, wie Einsetzen in (4.34) zeigt. Alternativ zur Anwendung von (4.33) kann bei komplexen Nullstellen $\tilde{\lambda}_j = \mu_j + i\nu_j$, $j = 1, \ldots, l$ folgendermaßen argumentiert werden: Die obigen Überlegungen gelten in beliebigen Körpern, insbesondere in $\mathbb{C}$, so dass die komplexe Lösungsdarstellung gilt:

$$\tilde{f}_k = \sum_{i=1}^{l} \alpha_i \lambda_i^k + \sum_{j=1}^{l} |\lambda_j|^k (\cos(k\varphi_j) + i \sin(k\varphi_j)) \cdot (\beta_j + i\gamma_j), \quad \text{wobei} \quad \alpha_i, \beta_i, \gamma_j \in \mathbb{R}.$$

Da (MM.20) eine lineare Gleichung darstellt und $\mathrm{Re} : \mathbb{C} \to \mathbb{R}$ $\mathbb{R}$-linear ist, ist mit $(\tilde{f}_k)_k \in \mathbb{C}^{\mathbb{N}}$ auch $(f_k)_k \in \mathbb{R}^{\mathbb{N}}$, $f_k := \mathrm{Re}\, \tilde{f}_k$ eine Lösung und so erhält man die behauptete reelle Darstellung. Da Analoges für Im gilt und (siehe Abbildung $T$ in der Lösung zu Aufgabe 4.14) ein Isomorphismus zwischen $\mathbb{C}$ und $\mathbb{R} \times \mathbb{R}$ vermittelt wird, werden so alle reellen Lösugnen erfasst.

## 4.3 Unitäre Diagonalisierbarkeit: Die Hauptachsentransformation

**Lösung zu Aufgabe 4.17** $A$ ist reell (und orthogonal) diagonalisierbar nach Hauptsatz 4.58, d. h. $A = CDC^{-1}$ mit $C \in \mathrm{GL}(n, \mathbb{R})$ und $A = \mathrm{diag}(d_i)$, $d_i \in \mathbb{R}$. Durch Ausmultiplizieren folgt direkt $\mathbb{1} = A^5 = CD^5C^{-1}$, also $D^5 = \mathrm{diag}(d_i^5) = \mathbb{1}$ nach Beispiele 2.39, 4) und damit sind alle $d_i$ 5te Einheitswurzeln (siehe Hauptsatz B.33). Von diesen ist nur $d = 1$ reell, also $D = \mathbb{1}$ und so $A = \mathbb{1}$, da wegen Satz 4.39 alle Eigenwerte $d_i$ von $A$ reell sind. Es ist nämlich für die 5ten Einheitswurzeln, d. h. für $k = 0, \ldots, 4$ in der Notation von Satz B.32:

$$\zeta_5^k \in \mathbb{R} \quad \Leftrightarrow \quad \zeta_5^k = \overline{\zeta_5^k} = \zeta_5^{-k} \quad \Leftrightarrow \quad \zeta_5^{2k} = 1 \quad \Leftrightarrow \quad 5 \text{ teilt } 2k \quad \Leftrightarrow \quad k = 0\,.$$

**Bemerkung zu Aufgabe 4.17** Die Potenz 5 kann also durch jede ungerade ersetzt werden, auch reicht, dass $A \in \mathbb{K}^{(n,n)}$ diagonalisierbar mit reellen Eigenwerten ist, nach Hauptsatz 4.58 reicht also auch hermitesch.

**Lösung zu Aufgabe 4.18** Z. B. mittels der SARRUSschen Regel (S. 282) ergibt sich als charakteristisches Polynom

$$\chi_A(\lambda) = -\lambda^3 + \lambda^2 + \frac{1}{12}\lambda - \frac{1}{12}\,.$$

Durch Raten erhält man $\lambda = 1$ als Nullstelle und nach Abdividieren von $\lambda - 1$ die Zerlegung

$$\chi_A(\lambda) = (\lambda - 1)\left(\lambda + \frac{1}{2\sqrt{3}}\right)\left(\lambda - \frac{1}{2\sqrt{3}}\right).$$

Durch Lösen des homogenen LGS $(A - \lambda\mathbb{1})$ erhält man als Basis der jeweils eindimensionalen Eigenräume (siehe Satz 4.46)

$$\begin{pmatrix} 1 \\ 1 \\ 1 \end{pmatrix}, \quad \frac{1}{2}\begin{pmatrix} -1 - \sqrt{3} \\ -1 + \sqrt{3} \\ 2 \end{pmatrix}, \quad \frac{1}{2}\begin{pmatrix} -1 + \sqrt{3} \\ -1 - \sqrt{3} \\ 2 \end{pmatrix}$$

die notwendigerweise orthogonal sind (Satz 4.65, 6)) und daher nur normiert werden müssen, um die Spalten von $A$ zu ergeben. Zudem ist $D = \mathrm{diag}\left(1, -\frac{1}{2\sqrt{3}}, \frac{1}{2\sqrt{3}}\right)$.

**Lösung zu Aufgabe 4.19** Bestimme die Eigenwerte mit ihren Eigenvektoren. Mit Satz 2.116 (Entwicklung nach der ersten Zeile) folgt:

$$\chi_A(\lambda) = \det(S - \lambda\mathbb{1}) = (-1-\lambda)\begin{vmatrix} -1-\lambda & 0 & 2 \\ 0 & -1-\lambda & 0 \\ 2 & 0 & -1-\lambda \end{vmatrix} + 2\begin{vmatrix} 0 & 2 & 0 \\ -1-\lambda & 0 & 2 \\ 2 & 0 & -1-\lambda \end{vmatrix}$$
$$= (-1-\lambda)^2((-1-\lambda)^2 - 4) - 4((-1-\lambda)^2 - 4) = ((\lambda+1)^2 - 4)^2 = (\lambda - 1)^2(\lambda + 3)^2\,.$$

Also sind $\lambda_1 = 1, \lambda_2 = -3$ die Eigenwerte, jeweils mit algebraischer Vielfachheit 2.
Eigenraum zu $\lambda_1 = 1$: Kern von $S - \mathbb{1}$:

$$S - \mathbb{1} = \begin{pmatrix} -2 & 0 & 2 & 0 \\ 0 & -2 & 0 & 2 \\ 2 & 0 & -2 & 0 \\ 0 & 2 & 0 & -2 \end{pmatrix} \to \begin{pmatrix} -1 & 0 & 1 & 0 \\ 0 & -1 & 0 & 1 \\ 0 & 0 & 0 & 0 \\ 0 & 0 & 0 & 0 \end{pmatrix}$$

$$\Rightarrow \mathrm{Kern}(S - \mathbb{1}) = \mathrm{span}\left\{\begin{pmatrix} 0 \\ 1 \\ 0 \\ 1 \end{pmatrix}, \begin{pmatrix} 1 \\ 0 \\ 1 \\ 0 \end{pmatrix}\right\}.$$

Eigenraum zu $\lambda_2 = -3$: Kern von $S + 3\mathbb{1}$:

$$S + 3\mathbb{1} = \begin{pmatrix} 2 & 0 & 2 & 0 \\ 0 & 2 & 0 & 2 \\ 2 & 0 & 2 & 0 \\ 0 & 2 & 0 & 2 \end{pmatrix} \to \begin{pmatrix} 1 & 0 & 1 & 0 \\ 0 & 1 & 0 & 1 \\ 0 & 0 & 0 & 0 \\ 0 & 0 & 0 & 0 \end{pmatrix}$$

$$\Rightarrow \mathrm{Kern}(S + 3\mathbb{1}) = \mathrm{span}\left\{\begin{pmatrix} 1 \\ 0 \\ -1 \\ 0 \end{pmatrix}, \begin{pmatrix} 0 \\ 1 \\ 0 \\ -1 \end{pmatrix}\right\}.$$

Da die gefundenen Eigenraumbasen schon aus jeweils orthogonalen Vektoren bestehen, müssen nach Satz 4.65, 6) die Vektoren nur normiert werden, um eine Eigenvektor-ONB zu ergeben, also

$$A = \frac{1}{\sqrt{2}}\begin{pmatrix} 0 & 1 & 1 & 0 \\ 1 & 0 & 0 & -1 \\ 0 & 1 & -1 & 0 \\ 1 & 0 & 0 & -1 \end{pmatrix}, \quad A^t = \frac{1}{\sqrt{2}}\begin{pmatrix} 0 & 1 & 0 & 1 \\ 1 & 0 & 1 & 0 \\ 1 & 0 & -1 & 0 \\ 0 & -1 & 0 & -1 \end{pmatrix}, \quad A^t S A = \begin{pmatrix} 1 & 0 & 0 & 0 \\ 0 & 1 & 0 & 0 \\ 0 & 0 & -3 & 0 \\ 0 & 0 & 0 & -3 \end{pmatrix}$$

**Lösung zu Aufgabe 4.20** Gemäß Definition 3.29, 1) und Definition 2.4 ist zu zeigen, dass

a) $\Phi$ invertierbar ist,

b) $\Phi^{-1} = \Phi^\dagger$ gilt.

zu a): Nach Voraussetzung gibt es eine ONB von $V$, die aus Eigenvektoren $\boldsymbol{\varphi}_1, i = 1, \dots, n$ von $\Phi$ zu den Eigenwerten $\lambda_i$ mit $|\lambda_i| = 1$ besteht. Sei $\boldsymbol{v} \in V$ und $\alpha_i \in \mathbb{K}$, so dass $\boldsymbol{v} = \sum_{i=1}^n \alpha_i \boldsymbol{\varphi}_i$. Dann $\Phi\boldsymbol{v} = 0 \Rightarrow \Phi(\sum_{i=1}^n \alpha_i \boldsymbol{\varphi}_i) = \sum_{i=1}^n \alpha_i \Phi(\boldsymbol{\varphi}_i) = \sum_{i=1}^n \alpha_i \lambda_i \boldsymbol{\varphi}_i = 0$. Also gilt $\alpha_i = 0$ für alle $i = 1, \dots, n$, da $(\lambda_i \boldsymbol{\varphi}_i)_{i=1,\dots,n}$ ebenfalls eine (orthogonale) Basis von $V$ bilden, da $\lambda_i \neq 0$. Somit folgt Kern $\Phi = \{\mathbf{0}\}$.

zu b): Wir zeigen, dass für $\boldsymbol{v}, \boldsymbol{w} \in V$ gilt, dass $\langle \Phi\boldsymbol{v} \,.\, \boldsymbol{w} \rangle = \left\langle \boldsymbol{v} \,.\, \Phi^{-1}\boldsymbol{w} \right\rangle$. Sei hierzu $\boldsymbol{u} = \Phi^{-1}\boldsymbol{w}, \boldsymbol{v} = \sum_{i=1}^n \alpha_i \boldsymbol{\varphi}_i, \boldsymbol{u} = \sum_{i=1}^n \rho_i \boldsymbol{\varphi}_i$, dann gilt:

$$\begin{aligned}\langle \Phi v \,.\, w\rangle &= \langle \Phi v \,.\, \Phi u\rangle = \left\langle \sum_{i=1}^{n} \alpha_i \lambda_i \varphi_i \,.\, \sum_{i=1}^{n} \rho_i \lambda_i \varphi_i \right\rangle \\ &\overset{\text{ONB}}{=} \sum_{i=1}^{n} \underbrace{\lambda_i \bar{\lambda}_i}_{=1} \langle \alpha_i \varphi_i \,.\, \rho_i \varphi_i \rangle \overset{\text{ONB}}{=} \left\langle \sum_{i=1}^{n} \alpha_i \varphi_i \,.\, \sum_{i=1}^{n} \rho_i \varphi_i \right\rangle \\ &= \langle v \,.\, u\rangle = \left\langle v \,.\, \Phi^{-1} w \right\rangle .\end{aligned}$$

**Die Aufgaben aus Abschnitt 4.2 wiederbetrachtet**

Für die reellen Matrizen der Aufgaben aus Abschnitt 4.2 stellt sich die Frage, welche davon normal sind.

Die nicht diagonalisierbaren fallen sofort weg. Sind Basen der Eigenräume berechnet, kann die Orthogonalität der Eigenräume (Satz 4.65, 6))geprüft werden. Soll direkt die Normalität von $A$ geprüft werden, ergibt sich hierfür aus Satz 4.65, 2) als notwendige Bedingung, dass die $i$te Spalten- und Zeilensumme von $A$ gleiche euklidische Länge haben müssen. Also gibt es mögliche normale Matrizen

**bei Aufgabe 4.8:**

a) $A$ ist nicht normal ($\|(1,1)^t\|_2 \neq \|(1,0)^t\|_2$), analog $C$. $B$ ist symmetrisch, also normal.

b) $A$ diagonal, $B$ symmetrisch, also normal.

**bei Aufgabe 4.8:** $A$ nicht normal, da Eigenräume nicht orthogonal.

**bei Aufgabe 4.11, Aufgabe 4.12:** keine der Matrizen ist normal (analog zu Aufgabe 4.8, a)).

## 4.4 Blockdiagonalisierung aus der Schur-Normalform

**Lösung zu Aufgabe 4.21**

$$\chi_C(\lambda) = \det(C - \lambda \mathbb{1}) = \det \begin{pmatrix} -\lambda & 1 \\ 1 & -\lambda \end{pmatrix} = \lambda^2 - 1 = (\lambda + 1)(\lambda - 1) .$$

Da die Eigenwerte einfach sind, ist $C$ diagonalisierbar (Satz 4.44). Haupträume und Eigenräume fallen also zusammen (Hauptsatz 4.47, Theorem 4.88, Theorem 4.93), also sei

$$p_1(\lambda) := \lambda + 1, \quad p_2(\lambda) := \lambda - 1 .$$

Dann gilt:

$$U_1 = \text{Kern}\, p_1(C) = \text{Kern}(C + \mathbb{1}) = \text{Kern}\begin{pmatrix} 1 & 1 \\ 1 & 1 \end{pmatrix} = \text{span}\left\{\begin{pmatrix} 1 \\ -1 \end{pmatrix}\right\}$$

$$U_2 = \text{Kern}\, p_2(C) = \text{Kern}(C - \mathbb{1}) = \text{Kern}\begin{pmatrix} -1 & 1 \\ 1 & -1 \end{pmatrix} = \text{span}\left\{\begin{pmatrix} 1 \\ 1 \end{pmatrix}\right\}.$$

**Lösung zu Aufgabe 4.22** „⇒“: Sei vorerst $D = \text{diag}(d_i)$ eine Diagonalmatrix mit paarweise verschiedenen Diagonaleinträgen. Sei $C \in \mathbb{K}^{(n,n)}$, so dass

$$DC = CD.$$

Damit gilt für $k, l = 1, \ldots, n, \quad k \neq l$:

$$d_k c_{k,l} = (DC)_{k,l} = (CD)_{k,l} = d_l c_{k,l}$$

und daher wegen $d_k \neq d_l$: $c_{k,l} = 0$. D. h. auch $C$ ist notwendigerweise diagonal:

$$C = \text{diag}(c_1, \ldots, c_n).$$

Weil die $d_k$ paarweise verschieden sind, ist die Matrix

$$A := \begin{pmatrix} 1 & d_1 & \cdots & d_1^{n-1} \\ \vdots & \vdots & \ddots & \vdots \\ 1 & d_n & \cdots & d_n^{n-1} \end{pmatrix}$$

invertierbar (siehe Aufgabe 2.31). Somit existiert eindeutig ein $\boldsymbol{b} = (b_i)_{i=0,\ldots,n-1} \in \mathbb{K}^n$, so dass

$$A\boldsymbol{b} = \boldsymbol{c} = (c_i)_i \quad \text{bzw.} \quad \sum_{i=0}^{n-1} b_i d_k^i = c_k, \qquad \text{für } k = 1, \ldots, n$$

und damit

$$C = \text{diag}\left(\sum_{i=0}^{n-1} b_i d_k^i\right) = \sum_{i=0}^{n-1} b_i \,\text{diag}\left(d_k^i\right) = \sum_{i=0}^{n-1} b_i \,\text{diag}(d_k)^i = \sum_{i=0}^{n-1} b_i D^i.$$

Das zeigt die Behauptung für ein diagonales $D$.

Im allgemeinen Fall sei $\tilde{D}$ die Diagonalmatrix aus den Eigenvektoren, d. h. es gibt ein invertierbares $F \in \mathbb{K}^{(n,n)}$, so dass

$$F^{-1}DF = \tilde{D}.$$

Nach Voraussetzung gilt $DC = CD$ für $C$. Damit gilt auch für $\tilde{C} := F^{-1}CF$.

$$\tilde{C}\tilde{D} = F^{-1}CFF^{-1}DF = F^{-1}CDF = F^{-1}DCF = \tilde{D}\tilde{C}.$$

Somit gilt nach der Vorüberlegung: Es gibt $b_0, \dots, b_{n-1} \in \mathbb{K}$, so dass

$$\tilde{C} = \sum_{i=0}^{n-1} b_i \tilde{D}^i .$$

Daraus folgt unter Beachtung von $\tilde{D}^i = (F^{-1}DF)^i = F^{-1}DFF^{-1}DF \dots DF = F^{-1}D^iF$:

$$C = \sum_{i=0}^{n-1} b_i D^i .$$

„$\Leftarrow$": ist klar: $DC = D\sum_{i=0}^{n-1} b_i D^i = \sum_{i=0}^{n-1} b_i DD^i = \sum_{i=0}^{n-1} b_i D^i D = CD$.

**Lösung zu Aufgabe 4.23** Es ist also ein affiner Raum $A$ der Dimension 2 zu finden, so dass $C^k \in A$ für alle $k \in \mathbb{N}_0$ gilt. Nach Theorem 4.81 und Bemerkungen 4.82, 1) gilt für das charakteristische Polynom

$$\chi_C(C) = C^2 + aC + b\mathbb{1} = 0 . \tag{3}$$

Damit gilt sogar $C^k \in \mathrm{span}(\mathbb{1}, C)$ für alle $k \in \mathbb{N}_0$, wie man mit vollständiger Induktion einsieht. Für $k = 0, 1$ ist dies klar. Die Behauptung gelte für die Potenzen kleiner gleich als $k \geq 1$, dann folgt aus (3)

$$C^{k+1} = -aC^k - bC^{k-1} .$$

Nach Induktionsvoraussetzung gibt es $\alpha_i, \beta_i \in \mathbb{R}$, sodass

$$C^i = \alpha_i C + \beta_i \mathbb{1}, \quad \text{für } i = 0, \dots, k .$$

Damit folgt für $C^{k+1}$

$$C^{k+1} = -a(\alpha_k C + \beta_k \mathbb{1}) - b(\alpha_{k-1} C + \beta_{k-1} \mathbb{1}) = \alpha_{k+1} C + \beta_{k+1} \mathbb{1} .$$

Die Überlegung lässt sich sofort auf Matrizen $C \in K^{(n,n)}$ erweitern mit dem Ergebnis

$$C^k \in \mathrm{span}(\mathbb{1}, C, \dots, C^{n-1}) \text{ für } k \in \mathbb{N}_0 ,$$

sofern der Satz von Cayley-Hamilton gilt.

**Lösung zu Aufgabe 4.24** $B$ hat nach Satz 4.34 die Eigenwerte $\lambda_1 = 1$ und $\lambda_2 = 2$. Der Eigenraum zu $\lambda_1$ ist offensichtlich zweidimensional, so dass $B$ diagonalisierbar ist. Nach Satz Satz 4.86 gilt also

$$\mu_C(\lambda) = (1 - \lambda)(2 - \lambda) .$$

**Lösung zu Aufgabe 4.25** Ausgangspunkt ist die nach Theorem 4.55 erreichte Form (4.61): Es gibt also $\tilde{A} \in \mathrm{GL}(n, \mathbb{R})$, so dass

$$\tilde{A}^{-1} C \tilde{A} = C' := \begin{pmatrix} C_{1,1} & C_{1,2} & \cdots & C_{1,k} \\ & \ddots & & \vdots \\ & & \ddots & \vdots \\ & & & C_{k,k} \end{pmatrix}.$$

Dabei ist $C_{j,j}$ entweder eine obere Dreiecksmatrix, die jeweils nur einen reellen Eigenwert $\lambda_j$ als Diagonalelement hat (Fall 1), oder eine obere Blockdreiecksmatrix mit Diagonalblöcken

$$B_j = \begin{pmatrix} \mu_j & \nu_j \\ -\nu_j & \mu_j \end{pmatrix},$$

die zu einem echt komplexen Eigenwert $\lambda_j = \mu_j + i\nu_j$ gehören (Fall 2). Der Beweis der Ähnlichkeit von $C'$ zu der Blockdiagonalmatrix

$$\begin{pmatrix} C_{1,1} & & 0 \\ & \ddots & \\ 0 & & C_{k,k} \end{pmatrix}$$

erfolgt durch Induktion über $k$. Bei $k = 1$ ist nichts zu zeigen, bei $k = 2$ folgt die Behauptung aus Satz 4.96, wenn $C_{2,2}$ Fall 1 entspricht, ansonsten aus der Überlegung im Text nachfolgend zu Bemerkung 4.99. Die Transformationsmatrix $\hat{A}$ wird wie in (4.62) in der Form

$$\hat{A} = \left(\begin{array}{c|c} \mathbb{1} & A \\ \hline 0 & \mathbb{1} \end{array}\right)$$

gesucht, wobei die Einheitsmatrizen die Dimensionen von $C_{1,1}$ bzw. $C_{2,2}$ haben. Genauer tritt dann in $C_{2,2}$ der Diagonalblock etwa $l$ mal auf, dann hat die gesuchte Transformationsmatrix $A$ insgesamt $2l$ Spalten, wobei die Spaltendarstellung von $A$ als

$$A = (\boldsymbol{a}_1^{(1)}, \boldsymbol{a}_1^{(2)}, \ldots, \boldsymbol{a}_l^{(1)}, \boldsymbol{a}_l^{(2)})$$

bezeichnet wird. (In (4.66) wurden die erste und zweite Spalte betrachtet.) Allgemein lauten für $i = 1, \ldots, l$ die $(2i-1)$-te und $2i$-te Spalte der SYLVESTER-Gleichung

$$C_{1,1}\boldsymbol{a}_i^{(1)} - \mu\boldsymbol{a}_i^{(1)} + \nu\boldsymbol{a}_i^{(2)} = -\boldsymbol{b}^{(2i-1)} + \sum_{j=0}^{i-1} c_j^{(1)}\boldsymbol{a}_j^{(1)} + c_j^{(2)}\boldsymbol{a}_j^{(2)}$$

$$C_{1,1}\boldsymbol{a}_i^{(2)} - \nu\boldsymbol{a}_i^{(1)} - \mu\boldsymbol{a}_i^{(2)} = -\boldsymbol{b}^{(2i)} + \sum_{j=1}^{i-1} \bar{c}_j^{(1)}\boldsymbol{a}_j^{(1)} + \bar{c}_j^{(2)}\boldsymbol{a}_j^{(2)}.$$

Dabei ist $C_{1,2} = (\boldsymbol{b}^{(k)})_k$ die Spaltendarstellung und $(c_1^{(1)}, c_1^{(2)}, \ldots, c_{i-1}^{(1)}, c_{i-1}^{(2)})^t$ die $(2i-1)$-te Spalte von $C_{2,2}$ über dem Diagonalblock und analog ergibt sich mit $\bar{c}_j^{(k)}$

die $2i$-te Spalte. Die eindeutige Lösbarkeit dieses LGS ist im Text nachfolgend zu Bemerkung 4.99 untersucht worden. Damit ist für $k = 2$ die Behauptung bewiesen. Die gewünschte Ähnlichkeitstransformation ist dann gegeben durch $\tilde{A}\hat{A}$. Im Induktionsschluss von $k-1$ nach $k$ sei $C'$ wie folgt partitioniert

$$\left(\begin{array}{ccc|c} C_{1,1} & & * & C_{1,k} \\ & \ddots & & \vdots \\ 0 & & C_{k-1,k-1} & C_{k-1,k} \\ \hline & 0 & & C_{k,k} \end{array}\right)$$

Nach den Überlegungen zu $k = 2$ gibt es in beiden Fällen ein $\tilde{\tilde{A}} \in \mathrm{GL}(n, \mathbb{R})$, so dass

$$\tilde{\tilde{A}}^{-1} C' \tilde{\tilde{A}} = \left(\begin{array}{ccc|c} C_{1,1} & & * & 0 \\ & \ddots & & \\ 0 & & C_{k-1,k-1} & \\ \hline & 0 & & C_{k,k} \end{array}\right) =: \left(\begin{array}{c|c} \hat{C} & 0 \\ \hline 0 & C_{k,k} \end{array}\right).$$

Nach Induktionsvoraussetzung gibt es ein invertierbares reelles $\hat{A}$, so dass

$$\hat{A}^{-1} \hat{C} \hat{A} = \begin{pmatrix} C_{1,1} & & 0 \\ & \ddots & \\ 0 & & C_{k-1,k-1} \end{pmatrix}.$$

Damit liefert

$$\bar{A} := \left(\begin{array}{c|c} \hat{A} & 0 \\ \hline 0 & \mathbb{1} \end{array}\right) \in \mathbb{R}^{(n,n)}$$

mit $A := \tilde{A}\tilde{\tilde{A}}\bar{A}$ die gewünschte Ähnlichkeitstransformation.

**Lösung zu Aufgabe 4.26** Nach Bemerkung 2.49, reicht es, eine der Bedingungen $AA^{-1} = \mathbb{1}_{2n}$, $A^{-1}A = \mathbb{1}_{2n}$ zu überprüfen. Die Erste würde eine Reihe von Fragen aufwerfen, wir wählen daher die zweite

$$\begin{aligned} A^{-1}A &= \left(\begin{array}{c|c} D^{-1} & 0 \\ \hline 0 & D^{-1} \end{array}\right) \left(\begin{array}{c|c} A_{2,2} & -A_{1,2} \\ \hline -A_{2,1} & A_{1,1} \end{array}\right) \left(\begin{array}{c|c} A_{1,1} & A_{1,2} \\ \hline A_{2,1} & A_{2,2} \end{array}\right) \\ &= \left(\begin{array}{c|c} D^{-1} & 0 \\ \hline 0 & D^{-1} \end{array}\right) \left(\begin{array}{c|c} A_{2,2}A_{1,1} - A_{1,2}A_{2,1} & A_{2,2}A_{1,2} - A_{1,2}A_{2,2} \\ \hline -A_{2,1}A_{1,1} + A_{1,1}A_{2,1} & -A_{2,1}A_{1,2} + A_{1,1}A_{2,2} \end{array}\right) \end{aligned}$$

und damit wegen der angenommenen Vertauschbarkeit

$$A^{-1}A = \left(\begin{array}{c|c} D^{-1} & 0 \\ \hline 0 & D^{-1} \end{array}\right) \left(\begin{array}{c|c} D & 0 \\ \hline 0 & D \end{array}\right) = \mathbb{1}_{2n}$$

(und damit auch $AA^{-1} = \mathbb{1}_{2n}$).

**Lösung zu Aufgabe 4.27** Sei $B := \sum_{k=0}^{n-1} A^k$, dann gilt

$$(\mathbb{1} - A)B = \sum_{k=0}^{n-1} A^k - \sum_{k=0}^{n-1} A^{k+1} = \sum_{k=0}^{n-1} A^k - \sum_{k=1}^{n} A^k = \mathbb{1}\,,$$

wegen $A^n = 0$ nach Satz 4.78. Also ist $B$ die Inverse von $\mathbb{1} - A$.

**Lösung zu Aufgabe 4.28**

a) Die Eigenwerte lauten $\lambda_1 = 1$, $\lambda_2 = 2$, jeweils mit algebraischer Vielfachheit 2, die dazugehörigen Eigenräume sind beide nur eindimensional:

$$\mathrm{Kern}(C - \mathbb{1}) = \mathrm{span}\,((0,1,0,1)^t), \quad \mathrm{Kern}(C - 2\mathbb{1}) = \mathrm{span}\,((0,2,-1,1)^t)\,.$$

Damit ist $C$ nicht diagonalisierbar nach Hauptsatz 4.47. Nach Hauptsatz 4.51 und Theorem 4.55 ist $C$ aber (orthogonal) ähnlich zu einer reellen oberen Dreiecksmatrix („trigonalisierbar"). Wir verzichten im Folgenden auf die Orthogonalität der Transformationsmatrix und folgen sonst dem Beweis von Hauptsatz 4.51. Die Trigonalisierung erfolgt schrittweise, d. h. es werden sukzessive Nullen unterhalb der Diagonalen erzeugt. Man fängt mit einem beliebigen Eigenvektor an und ergänzt ihn um drei (möglichst „einfache") Vektoren zu einer Basis des $\mathbb{R}^4$, z.B. durch Vektoren der Standardbasis:

$$A_1 = \left(\begin{array}{r|rrr} 0 & 1 & 0 & 0 \\ 2 & 0 & 1 & 0 \\ -1 & 0 & 0 & 1 \\ 1 & 0 & 0 & 0 \end{array}\right) \quad \Rightarrow A_1^{-1} C A_1 = \left(\begin{array}{r|rrr} 2 & 0 & 0 & -1 \\ \hline 0 & 1 & -1 & -1 \\ 0 & 1 & 4 & 3 \\ 0 & -1 & -2 & -1 \end{array}\right) = \left(\begin{array}{c|ccc} 2 & 0 & 0 & -1 \\ \hline 0 & & & \\ 0 & & C' & \\ 0 & & & \end{array}\right).$$

Nun wiederholt man diesen Schritt für die Submatrix $C'$, die die (noch verbliebenen) Eigenwerte 1 (doppelt) und 2 (einfach) hat. Man erhält beispielsweise

$$\mathrm{Kern}(C' - 2\mathbb{1}) = \mathrm{span}\{(1,-2,1)^t\}$$

und füllt wieder mit Vektoren der Standardbasis zu einer Basis des $\mathbb{R}^3$ auf:

$$A_2 = \left(\begin{array}{r|r|rr} 1 & 0 & 0 & 0 \\ \hline 0 & 1 & 1 & 0 \\ 0 & -2 & 0 & 1 \\ 0 & 1 & 0 & 0 \end{array}\right) \quad \Rightarrow (A_1A_2)^{-1} C (A_1 A_2) = \left(\begin{array}{rr|rr} 2 & -1 & 0 & 0 \\ \hline 0 & 2 & -1 & -2 \\ \hline 0 & 0 & 2 & 1 \\ 0 & 0 & -1 & 0 \end{array}\right).$$

Denselben Schritt wiederholt man schließlich für die Submatrix $C'' = \begin{pmatrix} 2 & 1 \\ -1 & 0 \end{pmatrix}$ mit dem doppelten Eigenwert 1. Es ist $\mathrm{Kern}(C'' - \mathbb{1}) = \mathrm{span}\{(-1,1)^t\}$, womit man (nach Ergänzen zu einer Basis des $\mathbb{R}^2$) erhält:

$$A_3 = \left(\begin{array}{cc|cc} 1 & 0 & 0 & 0 \\ 0 & 1 & 0 & 0 \\ \hline 0 & 0 & -1 & 1 \\ 0 & 0 & 1 & 0 \end{array}\right), A = A_1 A_2 A_3 = \begin{pmatrix} 0 & 1 & -1 & 1 \\ 2 & -2 & 1 & 0 \\ -1 & 1 & 0 & 0 \\ 1 & 0 & 0 & 0 \end{pmatrix}, A^{-1}CA = \begin{pmatrix} 2 & -1 & 0 & 0 \\ 0 & 2 & -1 & -1 \\ 0 & 0 & 1 & -1 \\ 0 & 0 & 0 & 1 \end{pmatrix}.$$

b) Die Matrix $C$ hat zwei verschiedene Eigenwerte, d. h. $k = 2$. In a) wurde gezeigt, dass $C$ ähnlich zur oberen Dreiecksmatrix

$$\tilde{C} := A^{-1}CA = \left(\begin{array}{cc|cc} 2 & -1 & 0 & 0 \\ 0 & 2 & -1 & -1 \\ \hline 0 & 0 & 1 & -1 \\ 0 & 0 & 0 & 1 \end{array}\right) = \left(\begin{array}{c|c} C_{1,1} & C_{1,2} \\ \hline 0 & C_{2,2} \end{array}\right)$$

ist, wobei $C_{1,1}, C_{1,2}, C_{2,2} \in \mathbb{R}^{(2,2)}$ und $C_{1,1}$ und $C_{2,2}$ obere Dreiecksmatrizen sind. Es genügt deshalb, ein $C \in \mathbb{R}^{(2,2)}$ zu bestimmen, sodass

$$\left(\begin{array}{c|c} \mathbb{1} & -C \\ \hline 0 & \mathbb{1} \end{array}\right)\left(\begin{array}{c|c} C_{1,1} & C_{1,2} \\ \hline 0 & C_{2,2} \end{array}\right)\left(\begin{array}{c|c} \mathbb{1} & C \\ \hline 0 & \mathbb{1} \end{array}\right) = \left(\begin{array}{c|c} C_{1,1} & 0 \\ \hline 0 & C_{2,2} \end{array}\right),$$

was äquivalent ist zum linearen Gleichungssystem

$$C_{1,1}C - CC_{2,2} = -C_{1,2}\,.$$

Dieses hat die (eindeutige) Lösung $C = \begin{pmatrix} 1 & -1 \\ 1 & 0 \end{pmatrix}$. Mit $\tilde{A} = \left(\begin{array}{c|c} \mathbb{1} & C \\ \hline 0 & \mathbb{1} \end{array}\right)$ folgt nun, dass

$$\tilde{A} = \left(\begin{array}{cc|cc} 1 & 0 & 1 & -1 \\ 0 & 1 & 1 & 0 \\ \hline 0 & 0 & 1 & 0 \\ 0 & 0 & 0 & 1 \end{array}\right), \quad \tilde{A}^{-1}\tilde{C}\tilde{A} = \left(\begin{array}{c|c} C_{1,1} & 0 \\ \hline 0 & C_{2,2} \end{array}\right) = \left(\begin{array}{cc|cc} 2 & -1 & 0 & 0 \\ 0 & 2 & 0 & 0 \\ \hline 0 & 0 & 1 & -1 \\ 0 & 0 & 0 & 1 \end{array}\right),$$

d. h.

$$B^{-1}CB = \left(\begin{array}{cc|cc} 2 & -1 & 0 & 0 \\ 0 & 2 & 0 & 0 \\ \hline 0 & 0 & 1 & -1 \\ 0 & 0 & 0 & 1 \end{array}\right) \quad \text{mit } B = A\tilde{A} = \begin{pmatrix} 0 & 1 & 0 & 1 \\ 2 & -2 & 1 & -2 \\ -1 & 1 & 0 & 1 \\ 1 & 0 & 1 & -1 \end{pmatrix}$$

mit $A$ wie in a).

**Bemerkung zu Aufgabe 4.28** Nach Hauptsatz 4.51, Bemerkungen 4.52, 3) kann die Trigonalisierung auch mit orthogonalen Transformationsmatrizen erfolgen. Dazu können die Spalten von $X_1$ noch orthonormalisiert werden, mit dem SCHMIDTschen Orthonormalisierungsverfahren (siehe Theorem 1.112). Um einfacher in der Handrechnung handhabbare Zahlen zu erhalten, verzichten wir auf die Normalisierung und erhalten

$$\tilde{X}_1 = \begin{pmatrix} 0 & 1 & 0 & 0 \\ 2 & 0 & \frac{1}{3} & 0 \\ -1 & 0 & \frac{1}{3} & \frac{1}{2} \\ 1 & 0 & -\frac{1}{3} & \frac{1}{2} \end{pmatrix} .$$

Sind generell für eine Matrix $A = (\boldsymbol{a}^{(1)}, \dots, \boldsymbol{a}^{(n)})$ die Spalten (nur) orthogonal, d. h.

$$A^t A = \operatorname{diag}(\alpha_i) \text{ mit } \alpha_i = \left\|\boldsymbol{a}^{(i)}\right\|_2^2 ,$$

ergibt sich also die Inverse als

$$A^{-1} = \operatorname{diag}(1/\alpha_i) A^t .$$

Dies berücksichtigend erhält man

$$\tilde{X}_1^{-1} C \tilde{X}_1 = \left(\begin{array}{c|ccc} 2 & \frac{1}{2} & 1 & -\frac{1}{2} \\ \hline 0 & 1 & -1 & 0 \\ 0 & 0 & 2 & 0 \\ 0 & -1 & -2 & 1 \end{array}\right) = \left(\begin{array}{c|c} 2 & \frac{1}{2} \;\; 1 \;\; -\frac{1}{2} \\ \hline 0 & \\ 0 & C' \\ 0 & \end{array}\right) .$$

$C'$ hat wieder die Eigenwerte 1 (doppelt) und 2 (einfach) und der Eigenraum zu $\lambda = 2$ wird von $\boldsymbol{v} = (1, -1, 1)^t$ aufgespannt. Verfährt man mit $C'$ analog weiter, ergibt Ergänzung von $\boldsymbol{v}$ mit Standardbasiselementen und SCHMIDTsche Orthogonalisierung

$$\tilde{X}_2 = \left(\begin{array}{c|ccc} 1 & 0 & 0 & 0 \\ \hline 0 & 1 & \frac{2}{3} & 0 \\ 0 & -1 & \frac{1}{3} & \frac{1}{2} \\ 0 & 1 & -\frac{1}{3} & \frac{1}{2} \end{array}\right)$$

und bei Beachtung der obigen Bemerkung zu $\tilde{X}_2^{-1}$

$$(\tilde{X}_1 \tilde{X}_2)^{-1} C (\tilde{X}_1 \tilde{X}_2) = \left(\begin{array}{cccc} 1 & -1 & \frac{5}{6} & \frac{1}{4} \\ \hline 0 & 2 & -\frac{2}{3} & \frac{2}{3} \\ \hline 0 & 0 & \frac{3}{2} & \frac{1}{4} \\ 0 & 0 & -1 & \frac{1}{2} \end{array}\right) .$$

Es verbleibt $C'' = \begin{pmatrix} \frac{3}{2} & \frac{1}{4} \\ -1 & \frac{1}{2} \end{pmatrix}$ zu betrachten. Dies hat $\lambda = 1$ als doppelten Eigenwert und als Basis für den eindimensionalen Eigenraum $(1, -2)^t$. Dies kann mit $(2, 1)^t$ orthogonal ergänzt werden, dann ergibt sich mit

$$\tilde{X}_3 = \left(\begin{array}{cc|cc} 1 & 0 & 0 & 0 \\ 0 & 1 & 0 & 0 \\ \hline 0 & 0 & 1 & 2 \\ 0 & 0 & -2 & 1 \end{array}\right), \quad \tilde{X} = \tilde{X}_1 \tilde{X}_2 \tilde{X}_3 = \begin{pmatrix} 0 & 1 & \frac{2}{3} & \frac{4}{3} \\ 2 & -\frac{1}{3} & -\frac{2}{9} & \frac{7}{18} \\ -1 & \frac{1}{6} & -\frac{8}{9} & \frac{11}{36} \\ 1 & \frac{5}{6} & -\frac{4}{9} & -\frac{17}{36} \end{pmatrix}, \quad \tilde{X}^{-1} C \tilde{X} = \begin{pmatrix} 2 & -1 & \frac{1}{3} & \frac{23}{12} \\ 0 & 2 & \frac{2}{3} & -2 \\ 0 & 0 & 1 & \frac{5}{4} \\ 0 & 0 & 0 & 1 \end{pmatrix} .$$

Um die Spalten von $\tilde{X}$ noch zu normieren, ist von links und rechts mit $\operatorname{diag}(\alpha)_i$ bzw. $\operatorname{diag}(\overline{\alpha}_i)$ zu multiplizieren. Hier ist

$$\alpha_1 = 6, \quad \alpha_2 = \frac{11}{6}, \quad \alpha_3 = \frac{40}{27}, \quad \alpha_4 = \frac{485}{216}$$

und es ergibt schließlich

$$\begin{pmatrix} 2 & -\frac{36}{11} & \frac{27}{20} & \frac{2484}{485} \\ 0 & 2 & \frac{33}{40} & -\frac{792}{485} \\ 0 & 0 & 1 & \frac{80}{97} \\ 0 & 0 & 0 & 1 \end{pmatrix}.$$

## 4.5 Die Jordansche Normalform

**Lösung zu Aufgabe 4.29** Wegen $A^{n-1} \neq 0$ gibt es ein $\boldsymbol{a} \in K^n$ mit $A^{n-1}\boldsymbol{a} \neq 0$ und damit ist auch $A^k\boldsymbol{a} \neq \boldsymbol{0}$ für $k = 0, \ldots, n-1$. Nach Satz 4.104, 1) bildet $\boldsymbol{a}, A\boldsymbol{a}, \ldots, A^{n-1}\boldsymbol{a}$ eine Basis und $A$ hat bezüglich dieser Basis die Darstellungsmatrix $C$,d. h. $C = S_A^{-1} A S_A$ mit $S_A := (\boldsymbol{a}, A\boldsymbol{a}, \ldots, A^{n-1}\boldsymbol{a})$. Die Darstellungsmatrix ist nach Bemerkungen 4.105, 1) durch

$$C := \begin{pmatrix} 0 & & & \\ 1 & \ddots & & \\ & \ddots & \ddots & \\ & & 1 & 0 \end{pmatrix}$$

gegeben. Analog ergibt sich $C = S_B^{-1} B S_B$ mit $S_B := (\boldsymbol{b}, B\boldsymbol{b}, \ldots, B^{n-1}\boldsymbol{b})$. Damit gilt: $S_A^{-1} A S_A = S_B^{-1} B S_B$, also $A = S_A S_B^{-1} B S_B S_A^{-1} = (S_B S_A^{-1})^{-1} B S_B S_A^{-1}$. Also sind $A$ und $B$ ähnlich. (Es hätte auch gereicht sich zu erinnern, dass Ähnlichkeit eine Äquivalenzrelation ist: nach Definition 4.6.)

**Lösung zu Aufgabe 4.30** Im Beispiel 4.57 (siehe Aufgabe 4.16) ist schon gezeigt worden, dass für einen Eigenwert $\lambda \neq 0$ der Eigenraum eindimensional ist. Damit sind für $a_0 \neq 0$ alle Eigenräume eindimensional. Ist $a_0 = 0$, gibt es auch den Eigenwert $\lambda = 0$. Wegen

$$C - \lambda \mathbb{1} = C = \begin{pmatrix} 0 & 1 & & 0 \\ & \ddots & \ddots & \\ & & \ddots & 1 \\ 0 & -a_1 & \ldots & -a_{n-1} \end{pmatrix} \to \begin{pmatrix} 0 & 1 & & \\ \vdots & \ddots & \ddots & \\ \vdots & & \ddots & 1 \\ 0 & \ldots & \ldots & 0 \end{pmatrix}$$

geht es darum, den Eigenraum zu einem Jordan-Block zu bestimmen, der nach Beispiel 4.45 auch eindimensional ist. Sei also

$$\chi_C(\lambda) = (\lambda_1 - \lambda)^{r_1} \cdots (\lambda_k - \lambda)^{r_k} .$$

Nach Hauptsatz 4.112 gibt es zu jedem $\lambda_i$ einen (1 = geometrische Vielfachheit) JORDAN-Block, also ist die JORDANsche Normalform

$$J = \mathrm{diag}(J_i)$$

und $J_i$ ist der $(r_i, r_i)$-JORDAN-Block zu $\lambda_i$.

**Lösung zu Aufgabe 4.31**

a) Das GAUSSsche Eliminationsverfahren angewendet auf auf das homogene LGS ergibt

$$N := \begin{pmatrix} 0 & 0 & 0 & 0 & 0 \\ 1 & 0 & 0 & 0 & 0 \\ -1 & 0 & 0 & 0 & 0 \\ 1 & 1 & 1 & 0 & 0 \\ 0 & 0 & 0 & 1 & 0 \end{pmatrix} \to \begin{pmatrix} 0 & 0 & 0 & 0 & 0 \\ 1 & 0 & 0 & 0 & 0 \\ 0 & 0 & 0 & 0 & 0 \\ 0 & 1 & 1 & 0 & 0 \\ 0 & 0 & 0 & 1 & 0 \end{pmatrix}.$$

Damit folgt für den Eigenraum zum fünffachen Eigenwert $\lambda = 0$:

$$Z := \mathrm{Kern}(N - \lambda\mathbb{1}) = \mathrm{Kern}(N) = \mathrm{span}(\boldsymbol{e}_2 - \boldsymbol{e}_3, \boldsymbol{e}_5)\,.$$

Wir folgen der Prozedur aus Beispiel 4.123. Hierbei seien $B_i$ die Bildräume von $N^i$.

| $i$ | $N^i$ | Basis von $B_i$ | Basis von $B_i \cap Z$ |
|---|---|---|---|
| 1 | $\begin{pmatrix} 0 & 0 & 0 & 0 & 0 \\ 1 & 0 & 0 & 0 & 0 \\ -1 & 0 & 0 & 0 & 0 \\ 1 & 1 & 1 & 0 & 0 \\ 0 & 0 & 0 & 1 & 0 \end{pmatrix}$ | $\boldsymbol{e}_2 - \boldsymbol{e}_3 + \boldsymbol{e}_4, \boldsymbol{e}_4, \boldsymbol{e}_5$ | $\boldsymbol{e}_2 - \boldsymbol{e}_3, \boldsymbol{e}_5$ |
| 2 | $\begin{pmatrix} 0 & 0 & 0 & 0 & 0 \\ 0 & 0 & 0 & 0 & 0 \\ 0 & 0 & 0 & 0 & 0 \\ 0 & 0 & 0 & 0 & 0 \\ 1 & 1 & 1 & 0 & 0 \end{pmatrix}$ | $\boldsymbol{e}_5$ | $\boldsymbol{e}_5$ |
| 3 | $0$ | | |

Die maximale Blockdimension ist also 3 und wird erreicht durch die Kette

$$\boldsymbol{e}_1, \quad \boldsymbol{e}_2 - \boldsymbol{e}_3 + \boldsymbol{e}_4 = N\boldsymbol{e}_1, \quad \boldsymbol{e}_5 = N(\boldsymbol{e}_2 - \boldsymbol{e}_3 + \boldsymbol{e}_4)\,,$$

d. h. die Basiselemente $\boldsymbol{e}_5, \boldsymbol{e}_2 - \boldsymbol{e}_3 + \boldsymbol{e}_4, \boldsymbol{e}_1$ entsprechen einem $(3, 3)$ JORDAN-Block. Analog ergibt die Kette $\boldsymbol{e}_1 - \boldsymbol{e}_2, \boldsymbol{e}_2 - \boldsymbol{e}_3 = N(\boldsymbol{e}_1 - \boldsymbol{e}_2)$ die weiteren Basiselemente $\boldsymbol{e}_2 - \boldsymbol{e}_3, \boldsymbol{e}_1 - \boldsymbol{e}_2$ zu einem $(2, 2)$ JORDAN-Block.

b) Aus der Lösung zu a) folgt unmittelbar:

$$A = \begin{pmatrix} 0 & 0 & 1 & 0 & 1 \\ 0 & 1 & 0 & 1 & -1 \\ 0 & -1 & 0 & -1 & 0 \\ 0 & 1 & 0 & 0 & 0 \\ 1 & 0 & 0 & 0 & 0 \end{pmatrix}, \quad J = \left(\begin{array}{ccc|cc} 0 & 1 & 0 & & \\ 0 & 0 & 1 & & \mathbf{0} \\ 0 & 0 & 0 & & \\ \hline & \mathbf{0} & & 0 & 1 \\ & & & 0 & 0 \end{array}\right), \quad J = A^{-1}CA\,.$$

**Lösung zu Aufgabe 4.32**

a) Das charakteristische Polynom bestimmt sich zu

$$\chi_p(\lambda) = -\lambda^3 + p\,.$$

b) Im Fall $p > 0$ hat $\chi_p$ drei einfache Nullstellen, nämlich $\lambda_i = p^{\frac{1}{3}}\zeta_3^{i-1}, i = 1, 2, 3$ mit den 3-ten Einheitswurzeln $\zeta_3^{i-1}$ nach Satz B.32. Nach Satz 4.44, 2) ist also $A(p)$ diagonalisierbar mit Eigenvektoren zu $\lambda_i$ als Spalten der Transformationsmatrix.

Im Fall $p < 0$ ergeben sich analog drei einfache Nullstellen $\lambda_i = -(-p)^{\frac{1}{3}}\zeta_3^{i-1}, i = 1, 2, 3$ mit entsprechenden Konsequenzen. Für $p \neq 0$ ist also

$$J = \begin{pmatrix} \lambda_1 & 0 & 0 \\ 0 & \lambda_2 & 0 \\ 0 & 0 & \lambda_3 \end{pmatrix}$$

die Jordansche Normalform (bis auf Vertauschung).

Im Fall $p = 0$ hat $\lambda = 0$ die algebraische Vielfachheit 3, wegen

$$\begin{pmatrix} 0 & 1 & 0 \\ 1 & 0 & -1 \\ 0 & 1 & 0 \end{pmatrix} \to \begin{pmatrix} 1 & 0 & -1 \\ 0 & 1 & 0 \\ 0 & 0 & 0 \end{pmatrix}$$

ist aber nun $Z := \mathrm{Kern}(A(0)) = \mathrm{span}(\boldsymbol{e}_1 + \boldsymbol{e}_3)$ und damit ist ein Jordan-Block zu bestimmen. Die Prozedur aus Beispiel 4.123 ergibt ($B_i$ seien die Bildräume von $A^i$)

| $i$ | $A^i$ | Basis von $B_i$ | Basis von $B_i \cap Z$ |
|---|---|---|---|
| 1 | $\begin{pmatrix} 0 & 0 & 0 \\ 1 & 0 & -1 \\ 0 & 1 & 0 \end{pmatrix}$ | $\boldsymbol{e}_2, \boldsymbol{e}_3$ | |
| 2 | $\begin{pmatrix} 1 & 0 & -1 \\ 0 & 0 & 0 \\ 1 & 0 & -1 \end{pmatrix}$ | $\boldsymbol{e}_1 + \boldsymbol{e}_3$ | $\boldsymbol{e}_1 + \boldsymbol{e}_3$ |
| 3 | $0$ | | |

und damit die (umgekehrte) Kette $\boldsymbol{e}_1 + \boldsymbol{e}_3, \boldsymbol{e}_2, \boldsymbol{e}_1$, also

$$C = \begin{pmatrix} 1 & 0 & 1 \\ 0 & 1 & 0 \\ 1 & 0 & 0 \end{pmatrix}, \quad J = \begin{pmatrix} 0 & 1 & 0 \\ 0 & 0 & 1 \\ 0 & 0 & 0 \end{pmatrix}, \quad J = C^{-1}A(0)C\,.$$

c) In den Fällen $p \neq 0$ gilt $\mu_P(\lambda) = \chi_P(\lambda)$ nach (Satz 4.111 oder Satz 4.86, 2)) und für $p = 0$ ebenso $\mu_P(\lambda) = \chi_P(\lambda)$ (nach Satz 4.111).

**Bemerkung zuAufgabe 4.32** Dieses Beispiel zeigt eine unangenehme Eigenschaft der JORDANschen Normalform, ihre unstetige Abhängigkeit von der Matrix: Für $p \to 0$ gilt $A(p) \to A(0)$ (komponentenweise) und entsprechend laufen die paarweise verschiedenen Eigenwerte $\lambda_i, i = 1, 2, 3$, zu dem einen $\lambda = 0$, jetzt mit Vielfachheit 3, zusammen. Die Normalform aber „springt" von der Diagonalmatrix zum JORDAN-Block.

## Lösung zu Aufgabe 4.33

a) Die JORDANsche Normalform $J$ wird aus den Diagonalblöcken $J_1$ zu $\lambda_1 = 1$ und $J_2$ zu $\lambda_2 = -1$ gebildet, für die nach Beispiele 4.121, 2) bzw. 1) folgende Möglichkeiten bestehen (4.80):

$$J_1 = \begin{pmatrix} \lambda_1 & 1 & 0 \\ 0 & \lambda_1 & 1 \\ 0 & 0 & \lambda_1 \end{pmatrix}, \begin{pmatrix} \lambda_1 & 1 & 0 \\ 0 & \lambda_1 & 0 \\ 0 & 0 & \lambda_1 \end{pmatrix}, \begin{pmatrix} \lambda_1 & 0 & 0 \\ 0 & \lambda_1 & 0 \\ 0 & 0 & \lambda_1 \end{pmatrix}, \qquad J_2 = \begin{pmatrix} \lambda_2 & 1 \\ 0 & \lambda_2 \end{pmatrix}, \begin{pmatrix} \lambda_2 & 0 \\ 0 & \lambda_2 \end{pmatrix}.$$

b) Es seien $A, B \in \mathbb{C}^{(5,5)}$, so dass $\chi_A = \chi_B = \varphi$ und $\mu_A = \mu_B$. Damit haben $\lambda_{1,2}$ auch die gleiche Vielfachheit in $\mu_A$ bzw. $\mu_B$ und nach Satz 4.113 auch jeweils die gleiche Dimension für den größten Block in $J_1$ und $J_2$. Da die Möglichkeiten durch diese Dimension eindeutig festgelegt sind (bei $\lambda_1 : 3, 2, 1$, bei $\lambda_2 : 2, 1$) sind damit für $A$ und $B$ gleich JORDANsche Normalformen möglich und damit sind $A$ und $B$ ähnlich (da Ähnlichkeit eine Äquivalenzreaktion ist).

**Lösung zu Aufgabe 4.34** a) Wir bestimmen zunächst das charakteristische Polynom $\chi_A(\lambda)$, z. B. durch die Entwicklung nach der ersten Spalte:

$$\begin{aligned} \chi_A(\lambda) = \det(A - \lambda\mathbb{1}) &= (2-\lambda)\begin{vmatrix} -1-\lambda & -1 \\ 2 & 2-\lambda \end{vmatrix} + \begin{vmatrix} 2 & 1 \\ 2 & 2-\lambda \end{vmatrix} + \begin{vmatrix} 2 & 1 \\ -1-\lambda & -1 \end{vmatrix} \\ &= -\lambda^3 + 3\lambda^2 - 3\lambda + 1 = -(\lambda - 1)^3\,. \end{aligned}$$

Es gibt also nur einen Eigenwert $\lambda = 1$ mit der algebraischen Vielfachheit $r_\lambda = 3$. Die Berechnung von Kern$(A - \lambda\mathbb{1})$ liefert einen zweidimensionalen Unterraum:

$$A - \lambda\mathbb{1} = \begin{pmatrix} 1 & 2 & 1 \\ -1 & -2 & -1 \\ 1 & 2 & 1 \end{pmatrix} \to \begin{pmatrix} 1 & 2 & 1 \\ 0 & 0 & 0 \\ 0 & 0 & 0 \end{pmatrix}.$$

Dieser Eigenraum wird von den beiden linear unabhängigen Eigenvektoren

$$\boldsymbol{v}_1 = \begin{pmatrix} -1 \\ 0 \\ 1 \end{pmatrix} \quad \text{und} \quad \boldsymbol{v}_2 = \begin{pmatrix} -2 \\ 1 \\ 0 \end{pmatrix}$$

aufgespannt, d. h. $E_\lambda = \text{span}(\boldsymbol{v}_1, \boldsymbol{v}_2)$.

b) Wie wir in a) gesehen haben, ist $j_\lambda = 2$ und $r_\lambda = 3$. Dies liefert (wie in Kapitel 4.5.3 gezeigt) die JORDAN-Blöcke

$$\boxed{\begin{matrix} \lambda & 1 \\ 0 & \lambda \end{matrix}} \quad \text{und} \quad \boxed{\lambda}\,,$$

und somit die JORDAN-Normalform

$$J = \begin{pmatrix} \boxed{\begin{matrix} 1 & 1 \\ 0 & 1 \end{matrix}} & \begin{matrix} 0 \\ 0 \end{matrix} \\ \begin{matrix} 0 & 0 \end{matrix} & \boxed{1} \end{pmatrix}.$$

Die Reihenfolge der Blöcke kann vertauscht werden.

c) Das Minimalpoynom $\mu_A(\lambda)$ ist normiert, teilt $\chi_A(\lambda)$ und es gilt $\mu_A(A) = 0$

$$\Rightarrow \mu_A(\lambda) = (\lambda - 1)^2 .$$

## 4.6 Die Singulärwertzerlegung

**Lösung zu Aufgabe 4.35** Eine SVD lautet $A = U\Sigma V^\dagger$ mit orthogonalen / unitären $U$, $V$. Für solche Matrizen gilt

$$\begin{aligned} &|\det(U)| = |\det(V)| = 1, \\ \text{da:}\quad &1 = \det(\mathbb{1}) = \det(U^\dagger U) = \det(U^\dagger)\det(U) \\ &= \det(\overline{U})\det(U) = \overline{\det(U)}\det(U) = |\det(U)|^2 , \end{aligned}$$

unter Berücksichtigung von Theorem 2.111, 1), 3) und der aus der Definition 2.105 offensichtlichen Identität $\det(\overline{A}) = \overline{\det(A)}$.

a) Also: $|\det(A)| = |\det(U)|\,|\det(\Sigma)|\,|\det(V^\dagger)| = |\det(\Sigma)|$, da $U$ und $V^\dagger$ orthogonal / unitär sind und $|\det(\Sigma)| = |\prod_{i=1}^n \sigma_i|$ nach Hauptsatz 2.114, 2).

b) Wegen a) gilt $\det(A) = 0 \Rightarrow \prod_{i=1}^n \sigma_i = \det(\Sigma) = 0$. Also muss $\sigma_j = 0$ für ein $j \in \{1, \ldots, n\}$ gelten und damit auch $(\Sigma^+)_{jj} = 0$ (siehe (4.102)). Somit ist $\det(\Sigma^+) = 0$ und wegen $A^+ = V\Sigma^+ U^\dagger$ auch $\det(A^+) = 0$. Alternativ hätte auch so argumentiert werden können: Sei $\det(A^+) \neq 0$, also $A^+$ nichtsingulär nach Satz 2.104. Also ist auch

$$(A^+)^{-1} = A^{++} = A$$

(siehe Satz 2.81) nichtsingulär, im Widerspruch zur Annahme.

**Lösung zu Aufgabe 4.36** Da Rang$(A) = n$ ist, existiert $(A^\dagger A)^{-1}$, und die Lösung des Ausgleichsproblems ergibt sich als Lösung der Normalgleichung ((2.104)) und damit gilt für die Pseudoinverse $A^+ = (A^\dagger A)^{-1}A^\dagger$ ((2.106)). Aus der Singulärwertzerlegung $A = U\Sigma V^\dagger$ folgt:

$$A^\dagger A = V\Sigma^\dagger U^\dagger U\Sigma V^\dagger = V\Sigma^\dagger\Sigma V^\dagger .$$

Mit $V^{-1} = V^\dagger$ gilt also $(A^\dagger A)^{-1} = V(\Sigma^\dagger\Sigma)^{-1}V^\dagger$ und

$$A^+ = (A^\dagger A)^{-1}A^\dagger = V(\Sigma^\dagger\Sigma)^{-1}V^\dagger V\Sigma^\dagger U^\dagger = V(\Sigma^\dagger\Sigma)^{-1}\Sigma^\dagger U^\dagger$$

Es ist also nur zu zeigen, dass die Behauptung für diagonales $\Sigma$ gilt. Dies ist so, wegen

$$\Sigma^+ := (\Sigma^\dagger\Sigma)^{-1}\Sigma^\dagger = \begin{pmatrix} \sigma_1^2 & & \\ & \ddots & \\ & & \sigma_n^2 \end{pmatrix}^{-1} \begin{pmatrix} \sigma_1 & 0 & \cdots\cdots\cdots & 0 \\ & \ddots & \ddots & \vdots \\ & & \sigma_n & 0 \cdots 0 \end{pmatrix}$$

$$= \begin{pmatrix} \sigma_1^{-2} & & \\ & \ddots & \\ & & \sigma_n^{-2} \end{pmatrix} \begin{pmatrix} \sigma_1 & 0 & \cdots\cdots\cdots & 0 \\ & \ddots & \ddots & \vdots \\ & & \sigma_n & 0 \cdots 0 \end{pmatrix} = \begin{pmatrix} \sigma_1^{-1} & 0 & \cdots\cdots\cdots & 0 \\ & \ddots & \ddots & \vdots \\ & & \sigma_n^{-1} & 0 \cdots 0 \end{pmatrix} .$$

**Lösung zu Aufgabe 4.37**

a) Die Spalten von $V$ ergeben sich als Eigenvektor-ONB der Matrix

$$A^t A = \begin{pmatrix} 6 & 3 \\ 3 & 6 \end{pmatrix} ,$$

die die Eigenwerte $\lambda_1 = 3,\ \lambda_2 = 9$ besitzt. Die Singulärwerte lauten daher absteigend sortiert: $\sigma_1 = 3,\ \sigma_2 = \sqrt{3}$. Zu den angegebenen Eigenwerten findet man die Eigenvektoren

$$\boldsymbol{v}_1 = (1, 1)^t, \quad \boldsymbol{v}_2 = (1, -1)^t .$$

Für $V$ erhalten wir also nach Normierung der Eigenvektoren

$$V = \frac{1}{\sqrt{2}}\begin{pmatrix} 1 & 1 \\ 1 & -1 \end{pmatrix} .$$

Wegen $U\Sigma - AV$ gilt nun

$$(\sigma_1 \boldsymbol{u}_1, \sigma_2 \boldsymbol{u}_2) = AV = \frac{1}{\sqrt{2}} \begin{pmatrix} 1 & 2 \\ 2 & 0 \\ 0 & 1 \\ 1 & 1 \end{pmatrix} \begin{pmatrix} 1 & 1 \\ 1 & -1 \end{pmatrix} = \frac{1}{\sqrt{2}} \begin{pmatrix} 3 & -1 \\ 2 & 2 \\ 1 & -1 \\ 2 & 0 \end{pmatrix},$$

also

$$\boldsymbol{u}_1 = \frac{1}{3\sqrt{2}} \begin{pmatrix} 3 \\ 2 \\ 1 \\ 2 \end{pmatrix}, \quad \boldsymbol{u}_2 = \frac{1}{\sqrt{6}} \begin{pmatrix} -1 \\ 2 \\ -1 \\ 0 \end{pmatrix}.$$

Die verbleibenden Vektoren $\boldsymbol{u}_3$ und $\boldsymbol{u}_4$ (für die Indizes $r+1, r+2,\ r = \text{Rang}(A)$) sind als ONB von $\text{Kern}(A^t)$ zu bestimmen. Es gilt

$$\text{Kern}(A^t) = \text{span}\left\{(-1, 0, 1, 1)^t,\ (-2, 1, 4, 0)^t\right\}.$$

Daraus berechnet man mit dem Schmidtschen Orthogonalisierungsverfahren eine ONB für $\text{Kern}(A^t)$:

$$\boldsymbol{u}_3 = \frac{1}{\sqrt{3}}(-1, 0, 1, 1)^t, \quad \boldsymbol{u}_4 = \frac{1}{3}(0, 1, 2, -2)^t.$$

Schließlich ergibt sich $U$ zu

$$U = \begin{pmatrix} \frac{\sqrt{2}}{2} & -\frac{\sqrt{6}}{6} & -\frac{\sqrt{3}}{3} & 0 \\ \frac{\sqrt{2}}{3} & \frac{\sqrt{6}}{3} & 0 & \frac{1}{3} \\ \frac{\sqrt{2}}{6} & -\frac{\sqrt{6}}{6} & \frac{\sqrt{3}}{3} & \frac{2}{3} \\ \frac{\sqrt{2}}{3} & 0 & \frac{\sqrt{3}}{3} & -\frac{2}{3} \end{pmatrix}.$$

Eine mögliche Singulärwertzerlegung von $A$ sieht also folgendermaßen aus:

$$A = U\Sigma V^t = \begin{pmatrix} \frac{\sqrt{2}}{2} & -\frac{\sqrt{6}}{6} & -\frac{\sqrt{3}}{3} & 0 \\ \frac{\sqrt{2}}{3} & \frac{\sqrt{6}}{3} & 0 & \frac{1}{3} \\ \frac{\sqrt{2}}{6} & -\frac{\sqrt{6}}{6} & \frac{\sqrt{3}}{3} & \frac{2}{3} \\ \frac{\sqrt{2}}{3} & 0 & \frac{\sqrt{3}}{3} & -\frac{2}{3} \end{pmatrix} \cdot \begin{pmatrix} 3 & 0 \\ 0 & \sqrt{3} \\ 0 & 0 \\ 0 & 0 \end{pmatrix} \frac{1}{\sqrt{2}} \begin{pmatrix} 1 & 1 \\ 1 & -1 \end{pmatrix}.$$

b) Aus der Singulärwertzerlegung $A = U\Sigma V^t$ erhält man die Pseudoinverse durch

$$A^+ = V\Sigma^+ U^t = V \begin{pmatrix} \frac{1}{3} & 0 & 0 & 0 \\ 0 & \frac{1}{\sqrt{3}} & 0 & 0 \end{pmatrix} U^t = \frac{1}{9} \begin{pmatrix} 0 & 4 & -1 & 1 \\ 3 & -2 & 2 & 1 \end{pmatrix}.$$

**Lösung zu Aufgabe 4.38** Unter Ausnutzung der ONB-Eigenschaft von $U$ und $V$ erhält man:

$$H\left(\frac{\boldsymbol{v}_i}{\pm\boldsymbol{u}_i}\right) = \left(\begin{array}{c|c} 0 & A^\dagger \\ \hline A & 0 \end{array}\right)\left(\frac{\boldsymbol{v}_i}{\pm\boldsymbol{u}_i}\right) = \left(\frac{\pm A^\dagger\boldsymbol{u}_i}{A\boldsymbol{v}_i}\right) = \left(\frac{\pm V\Sigma^\dagger U^\dagger\boldsymbol{u}_i}{U\Sigma V^\dagger\boldsymbol{v}_i}\right)$$

$$= \left(\frac{\pm V\Sigma^\dagger\boldsymbol{e}_i}{U\Sigma\boldsymbol{e}_i}\right) = \left(\frac{\pm V\sigma_i\boldsymbol{e}_i}{U\sigma_i\boldsymbol{e}_i}\right) = \left(\frac{\pm\sigma_i\boldsymbol{v}_i}{\sigma_i\boldsymbol{u}_i}\right) = \begin{cases} \sigma_i\left(\frac{\boldsymbol{v}_i}{\boldsymbol{u}_i}\right) \\ -\sigma_i\left(\frac{\boldsymbol{v}_i}{-\boldsymbol{u}_i}\right) \end{cases} \text{mit } i \in \{1, \ldots, n\}\,.$$

## 4.7 Positiv definite Matrizen und quadratische Optimierung

**Lösung zu Aufgabe 4.39** Da $A$ selbstadjungiert ist, hat $A$ nach Satz 4.39 nur reelle Eigenwerte. Sei $\lambda_{\min}$ der kleinste davon. Wählt man $\lambda > -\lambda_{\min}$, dann gilt mit der Hauptachsentransformation nach Hauptsatz 4.58, d. h. mit $A = UDU^\dagger$ für ein $U \in \mathrm{O}(n, \mathbb{K})$, wobei $D$ eine Diagonalmatrix aus den Eigenwerten $\lambda_i$ von $A$ ist, analog zum Beweis von Satz 4.135, 1):

$$\begin{aligned}\langle(A + \lambda\mathbb{1})\boldsymbol{x}\,.\,\boldsymbol{x}\rangle &= \langle U(D + \lambda\mathbb{1})\boldsymbol{y}\,.\,\boldsymbol{x}\rangle = \langle(D + \lambda\mathbb{1})\boldsymbol{y}\,.\,\boldsymbol{y}\rangle \\ &\geq (\lambda + \lambda_{\min})\|\boldsymbol{y}\|^2 =: \alpha\|\boldsymbol{y}\|^2 = \alpha\|\boldsymbol{x}\|^2\,,\end{aligned}$$

wobei $\boldsymbol{y} = U^\dagger\boldsymbol{x}$ und $\alpha > 0$

**Bemerkung zu Aufgabe 4.39** Ist also $A$ schon positiv definit, sind negative $\lambda(> -\lambda_{\min})$ erlaubt.

**Lösung zu Aufgabe 4.40** Da $A = A^\dagger$ und $A^\dagger A = \mathbb{1}$ ist insbesondere $A^2 = \mathbb{1}$, d. h. $A$ ist eine Wurzel von $\mathbb{1}$. Da $A > 0$, ist diese eindeutig nach Satz 4.135, 3) und damit $A = \mathbb{1}$.

**Bemerkung zu Aufgabe 4.40** Man sieht also, dass die Voraussetzung auf $A \geq 0$ abgeschwächt werden kann, aber nicht weiter, da z. B. für $A = \mathrm{diag}(1, -1)$ auch alle weiteren Bedingungen gelten.

**Lösung zu Aufgabe 4.41** Sei $U$ ein Teilraum von $V$ mit $\dim(U) = j$. Sei weiterhin $\boldsymbol{u}_1, \ldots, \boldsymbol{u}_n$ eine ONB von $V$, sodass $\boldsymbol{u}_k$ ein Eigenvektor zum Eigenwert $\lambda_k$ von $\Phi$ ist. Definiere $U_j := \mathrm{span}\{\boldsymbol{u}_1, \ldots, \boldsymbol{u}_{j-1}\}$. Dann gilt $\dim(U_j^\perp) = n - (j-1) = n - j + 1$. Dies impliziert $U \cap U_j^\perp \neq \{\boldsymbol{0}\}$, da sonst die direkte Summe $U + U_j^\perp$ die Dimension $j + (n - j + 1) = n + 1 > n$ hätte. Sei also $\boldsymbol{0} \neq \overline{\boldsymbol{u}} \in U \cap U_j^\perp$. Dann hat $\overline{\boldsymbol{u}}$ die Darstellung

$$\overline{\boldsymbol{u}} = \sum_{k=1}^{n} \alpha_k\boldsymbol{u}_k, \quad \text{mit } \alpha_k = \langle\overline{\boldsymbol{u}}\,.\,\boldsymbol{u}_k\rangle = 0 \text{ für } k = 1, \ldots, j-1\,.$$

Einsetzen in $f$ ergibt

$$f(\overline{\boldsymbol{u}}) = \frac{\left\langle \Phi(\sum_{k=j}^{n} \alpha_k \boldsymbol{u}_k) \,.\, \sum_{k=j}^{n} \alpha_k \boldsymbol{u}_k \right\rangle}{\left\langle \sum_{k=j}^{n} \alpha_k \boldsymbol{u}_k \,.\, \sum_{k=j}^{n} \alpha_k \boldsymbol{u}_k \right\rangle} = \frac{\left\langle \sum_{k=j}^{n} \alpha_k \Phi \boldsymbol{u}_k \,.\, \sum_{k=j}^{n} \alpha_k \boldsymbol{u}_k \right\rangle}{\left\langle \sum_{k=j}^{n} \alpha_k \boldsymbol{u}_k \,.\, \sum_{k=j}^{n} \alpha_k \boldsymbol{u}_k \right\rangle}$$

$$= \frac{\left\langle \sum_{k=j}^{n} \lambda_k \alpha_k \boldsymbol{u}_k \,.\, \sum_{k=j}^{n} \alpha_k \boldsymbol{u}_k \right\rangle}{\left\langle \sum_{k=j}^{n} \alpha_k \boldsymbol{u}_k \,.\, \sum_{k=j}^{n} \alpha_k \boldsymbol{u}_k \right\rangle} = \frac{\sum_{k=j}^{n} \lambda_k \alpha_k^2 \langle \boldsymbol{u}_k \,.\, \boldsymbol{u}_k \rangle}{\sum_{k=j}^{n} \alpha_k^2 \langle \boldsymbol{u}_k \,.\, \boldsymbol{u}_k \rangle} \leq \lambda_j$$

$$\Longrightarrow \inf_{\substack{\boldsymbol{v} \in U \\ \boldsymbol{v} \neq \boldsymbol{0}}} f(\boldsymbol{v}) \leq f(\overline{\boldsymbol{u}}) \leq \lambda_j \,. \tag{4}$$

Da der Raum $U$ beliebig gewählt war, folgert man

$$\sup_{\substack{U \text{ Unterraum} \\ \text{von } V, \dim U = j}} \inf_{\substack{\boldsymbol{v} \in U \\ \boldsymbol{v} \neq \boldsymbol{0}}} f(\boldsymbol{v}) \leq \lambda_j \,. \tag{5}$$

Nun betrachten wir den Raum $\widetilde{U} := \operatorname{span}\{\boldsymbol{u}_1, \ldots, \boldsymbol{u}_j\}$. Dann ist $\dim(\widetilde{U}) = j$ und jedes Element $\boldsymbol{u} \in \widetilde{U}$ hat die Darstellung $\boldsymbol{u} = \sum_{k=1}^{j} \beta_k \boldsymbol{u}_k$ mit $\beta_k = \langle \boldsymbol{u} \,.\, \boldsymbol{u}_k \rangle$. Dies impliziert

$$f(\boldsymbol{u}) = \frac{\left\langle \Phi(\sum_{k=1}^{j} \beta_k \boldsymbol{u}_k) \,.\, \sum_{k=1}^{j} \beta_k \boldsymbol{u}_k \right\rangle}{\left\langle \sum_{k=1}^{j} \beta_k \boldsymbol{u}_k \,.\, \sum_{k=1}^{j} \beta_k \boldsymbol{u}_k \right\rangle} = \frac{\sum_{k=1}^{j} \lambda_k \beta_k^2 \langle \boldsymbol{u}_k \,.\, \boldsymbol{u}_k \rangle}{\sum_{k=1}^{j} \beta_k^2 \langle \boldsymbol{u}_k \,.\, \boldsymbol{u}_k \rangle} \geq \lambda_j$$

und damit

$$\inf_{\substack{\boldsymbol{v} \in \widetilde{U} \\ \boldsymbol{v} \neq \boldsymbol{0}}} f(\boldsymbol{v}) \geq \lambda_j \quad \overset{(4)}{\Rightarrow} \quad \inf_{\substack{\boldsymbol{v} \in \widetilde{U} \\ \boldsymbol{v} \neq \boldsymbol{0}}} f(\boldsymbol{v}) = \lambda_j$$

und wegen $f(\boldsymbol{u}_j) = \lambda_j$ schließlich

$$\min_{\substack{\boldsymbol{v} \in \widetilde{U} \\ \boldsymbol{v} \neq \boldsymbol{0}}} f(\boldsymbol{v}) = \lambda_j \,.$$

– Insbesondere ist damit auch Bemerkungen 4.153, 3) bewiesen. – Folglich gilt

$$\sup_{\substack{U \text{ Unterraum} \\ \text{von } V, \dim U = j}} \inf_{\substack{\boldsymbol{v} \in U \\ \boldsymbol{v} \neq \boldsymbol{0}}} f(\boldsymbol{v}) \geq \min_{\substack{\boldsymbol{v} \in \widetilde{U} \\ \boldsymbol{v} \neq \boldsymbol{0}}} f(\boldsymbol{v}) = \lambda_j \quad \Rightarrow \quad \sup_{\substack{U \text{ Unterraum} \\ \text{von } V, \dim U = j}} \inf_{\substack{\boldsymbol{v} \in U \\ \boldsymbol{v} \neq \boldsymbol{0}}} f(\boldsymbol{v}) = \lambda_j \,.$$

Da für $U = \widetilde{U}$ das Supremum angenommen wird, kann man sup durch max ersetzen. Da allgemein

$$\inf_{\substack{\boldsymbol{v} \in \widetilde{U} \\ \boldsymbol{v} \neq \boldsymbol{0}}} f(\boldsymbol{v}) = \min_{\substack{\boldsymbol{v} \in \widetilde{U} \\ \boldsymbol{v} \neq \boldsymbol{0}}} f(\boldsymbol{v})$$

gilt (siehe Bemerkungen 4.153, 1), (4.129), Satz C.11, Satz C.12) gilt für endlichdimensionales $U$, erhält man die gewünschte Aussage.

**Lösung zu Aufgabe 4.42** Wie aus Bemerkungen 4.153, 4) ersichtlich, liefert die Anwendung des normierten RAYLEIGH-Quotienten ($f$ von Satz 4.152) auf $A^\dagger A$ einerseits Aussagen über $\sigma_j^2$ und andererseits für $f$ die Gestalt

$$f(\boldsymbol{x}) = \|A\boldsymbol{x}\|_2^2/\|\boldsymbol{x}\|_2^2 \,.$$

Also gelten folgende Aussagen für $g(\boldsymbol{x}) := \|A\boldsymbol{x}\|_2/\|\boldsymbol{x}\|_2$, siehe Bemerkungen 4.153, 3)

$$\min_{\boldsymbol{v}\in V} g(\boldsymbol{v}) = \sigma_n \,, \qquad \min_{\boldsymbol{v}\in\{\boldsymbol{v}_{i+1},\ldots,\boldsymbol{v}_n\}^\perp} g(\boldsymbol{v}) = \sigma_i \,, \quad i = n-1,\ldots 1 \,,$$

wobei $V = (\boldsymbol{v}_1,\ldots,\boldsymbol{v}_n)$ die rechten singulären Vektoren der SVD sind, da nach dem Beweis von Hauptsatz 4.127 die $\boldsymbol{v}_i$ eine ONB aus Eigenvektoren von $A^\dagger A$ zu den Eigenwerten $\sigma_i^2$ bilden, und darauf aufbauend (Aufgabe 4.41)

$$\sigma_j = \max_{\substack{U \text{ Unterraum von } V \\ \dim U = j}} \; \min_{\substack{\boldsymbol{v}\in U \\ \boldsymbol{v}\neq\boldsymbol{0}}} g(\boldsymbol{v}) \,.$$

**Lösung zu Aufgabe 4.43** Durch vollständige Induktion: $n = 1$: $A = (a_{11})$, $\det(A) > 0 \Rightarrow a_{11} > 0 \Rightarrow A$ ist positiv definit.
$n-1 \to n$: Wir nehmen an, dass die Aussage für alle $n-1 \times n-1$ Matrizen erfüllt ist. Die Matrix $A \in \mathbb{K}^{(n,n)}$ hat die Darstellung

$$A = \left(\begin{array}{c|c} A_{n-1} & \boldsymbol{a} \\ \hline \boldsymbol{a}^\dagger & a_{nn} \end{array}\right), \quad \boldsymbol{a} \in \mathbb{K}^{n-1},\ a_{nn} \in \mathbb{R} \,,$$

wobei $A_{n-1} \in \mathbb{K}^{(n-1,n-1)}$ selbstadjungiert ist. Laut Voraussetzung sind alle Hauptminoren von $A$ positiv, insbesondere also $\det(A)$ und auch die Hauptminoren von $A_{n-1}$. Laut Induktionsannahme ist $A_{n-1}$ positiv definit. Es bleibt zu zeigen, dass dann auch $A$ positiv definit ist. Wegen der positiven Definitheit von $A_{n-1}$ existiert die CHOLESKY-Zerlegung $A_{n-1} = LL^\dagger$ mit einer regulären unteren Dreiecksmatrix $L \in \mathbb{K}^{(n-1,n-1)}$. Daraus folgt die Darstellung

$$A = \left(\begin{array}{c|c} A_{n-1} & \boldsymbol{a} \\ \hline \boldsymbol{a}^\dagger & a_{nn} \end{array}\right) = \left(\begin{array}{c|c} L & \boldsymbol{0} \\ \hline \boldsymbol{s}^\dagger & \alpha \end{array}\right)\left(\begin{array}{c|c} L^\dagger & \boldsymbol{s} \\ \hline \boldsymbol{0} & \alpha \end{array}\right) =: X^\dagger X \,. \tag{6}$$

Dabei ist

$$\boldsymbol{s} = L^{-1}\boldsymbol{a} \quad \text{und} \quad |\alpha|^2 = a_{n,n} - \boldsymbol{s}^\dagger\boldsymbol{s} \,.$$

Zur Durchführbarkeit dieser Zerlegung muss also $a_{n,n} - \boldsymbol{s}^\dagger\boldsymbol{s} > 0$ sichergestellt werden (und dann kann $\alpha$ auch reell und positiv gewählt werden in Übereinstimmung mit den Begriff der CHOLESKY-Zerlegung). Eine abgeschwächte Darstellung der Form

$$A = YX \text{ mit } Y = \left(\begin{array}{c|c} L & \mathbf{0} \\ \hline \mathbf{s}^\dagger & \beta \end{array}\right) \tag{7}$$

stellt die Bedingung für $\alpha$ und $\beta$:

$$\alpha\beta = a_{n,n} - \mathbf{s}^\dagger \mathbf{s}$$

die immer in $\mathbb{R}$ erfüllt werden kann und damit existiert die Darstellung (7). Es gilt aber weiter

$$0 < \det(A) = \det(X)\det(Y) = \beta\det(L)\det(L^\dagger)\alpha = |\det(L)|^2\alpha\beta$$

nach Hauptsatz 2.114 und Theorem 2.111, 1). Somit gilt wie gewünscht $\alpha\beta > 0$, d. h. $a_{n,n} - \mathbf{s}^\dagger \mathbf{s} > 0$ und damit existiert auch die Darstellung (6) mit $\alpha \in \mathbb{R}, \alpha > 0$. Also ist $X$ invertierbar. Damit ist $A$ wegen seiner Gestalt positiv semidefinit (nach Bemerkungen 4.139, 1)).

**Lösung zu Aufgabe 4.44** Wegen der Voraussetzung Rang$(A) = m$ ist das LGS lösbar (für beliebiges $\mathbf{b}$) (siehe Hauptsatz 1.85), so dass $\mathbf{x}_b$ tatsächlich $\mathbf{x}_b = A^+\mathbf{b}$ erfüllt. $\mathbf{x}_b$ ist Lösung des Minimierungsproblems

$$\text{Minimiere } f(\mathbf{x}) = \frac{1}{2}\langle 2\mathbb{1}\mathbf{x} \,.\, \mathbf{x}\rangle - \operatorname{Re}\langle \mathbf{x} \,.\, \mathbf{0}\rangle$$

unter der Nebenbedingung

$$A\mathbf{x} = \mathbf{b}\,,$$

da $f(\mathbf{x}) = \|\mathbf{x}\|^2$ und $\|\mathbf{x}\|^2$ und $\|\mathbf{x}\|$ an der gleichen Stelle ihr Minimum haben. Nach Satz 4.148 gibt es Lagrange-Multiplikatoren $\mathbf{y} \in \mathbb{K}^m$, sodass gilt:

$$2\mathbf{x} + A^\dagger \mathbf{y} = \mathbf{0}\,, \tag{8}$$

$$A\mathbf{x} = \mathbf{b}\,. \tag{9}$$

Man löse (8) nach $\mathbf{x}$ auf:

$$\mathbf{x} = -\frac{1}{2}A^\dagger \mathbf{y} \tag{10}$$

Einsetzen in (9) liefert:

$$-\frac{1}{2}AA^\dagger \mathbf{y} = \mathbf{b} \quad \Leftrightarrow \quad \mathbf{y} = -2(AA^\dagger)^{-1}\mathbf{b}\,.$$

Beachte: $AA^\dagger$ ist regulär, da Rang$(A) = m$ (siehe Bemerkungen 2.57, 3)). Dies setzt man schließlich in (10) ein und erhält

$$\mathbf{x} = A^\dagger(AA^\dagger)^{-1}\mathbf{b}\,.$$

Also wurde die Darstellung

$$A^+ = A^\dagger(AA^\dagger)^{-1}$$

aus (2.121) wiedergefunden.

**Lösung zu Aufgabe 4.45**

a) Es gilt $f(\boldsymbol{x}) = \frac{1}{2}\langle A\boldsymbol{x} \,.\, \boldsymbol{x}\rangle - \langle \boldsymbol{x} \,.\, \boldsymbol{b}\rangle$ für

$$A = \begin{pmatrix} 5 & 0 & -1 \\ 0 & 1 & 0 \\ -1 & 0 & 1 \end{pmatrix}, \quad \boldsymbol{b} = (1, -1, 2)^t\,.$$

Die Nebenbedingung lässt sich schreiben als $B^t\boldsymbol{x} = d$ für $B^r = (1, 1, 1)$ und $d = 1$. Damit hat das Problem die Form (4.118) mit einer symmetrischen Matrix $A$. Die ist positiv definit, da alle Hauptminoren positiv sind $(5, 5, 4)$. Nach Satz 4.148 existiert also das Minimum $\bar{\boldsymbol{x}}$ eindeutig.

b) Das LAGRANGE-System lautet

$$\begin{pmatrix} A & B \\ B^t & 0 \end{pmatrix}\begin{pmatrix} \bar{\boldsymbol{x}} \\ \bar{y} \end{pmatrix} = \begin{pmatrix} \boldsymbol{b} \\ \boldsymbol{d} \end{pmatrix} \quad \Leftrightarrow \quad \left(\begin{array}{ccc|c} 5 & 0 & -1 & 1 \\ 0 & 1 & 0 & 1 \\ -1 & 0 & 1 & 1 \\ \hline 1 & 1 & 1 & 0 \end{array}\right)\begin{pmatrix} \bar{x}_1 \\ \bar{x}_2 \\ \bar{x}_3 \\ \bar{y} \end{pmatrix} = \left(\begin{array}{c} 1 \\ -1 \\ 2 \\ \hline 1 \end{array}\right).$$

Es besitzt die (eindeutige) Lösung $\overline{\boldsymbol{x}} = (\frac{1}{2}, -\frac{3}{2}, 2)^t$, $\bar{y} = \frac{1}{2}$. Der Minimalwert lautet $f(\bar{\boldsymbol{x}}) = -\frac{13}{4}$.

c) Das duale Problem hat nach Satz 4.150 allgemein die Form

$$\text{Maximiere } F^*(\boldsymbol{y}) = -\frac{1}{2}\left\langle B^t A^{-1} B\boldsymbol{y} \,.\, \boldsymbol{y}\right\rangle + \left\langle \boldsymbol{y} \,.\, B^t A^{-1}\boldsymbol{b} - \boldsymbol{d}\right\rangle - \frac{1}{2}\left\langle \boldsymbol{b} \,.\, A^{-1}\boldsymbol{b}\right\rangle.$$

Mit den hier gegebenen Daten berechnet man $F^*(y) = -\frac{3}{2}y^2 + \frac{3}{2}y - \frac{29}{8}$. Der Graph ist eine nach unten geöffnete Parabel mit dem Scheitelpunkt $(\frac{1}{2}, -\frac{13}{4})$. Der Maximalwert von $F^*$ stimmt also mit dem Minimalwert des primalen Problems überein, wie in (4.127) bewiesen.

# Lösungen zu Kapitel 5
# Bilinearformen und Quadriken

## 5.1 $\alpha$-Bilinearformen

**Lösung zu Aufgabe 5.1** Für $\varphi(f,g) = \int_{-1}^{1} f(x)g(x)dx$ gilt auch für $\mathbb{R}_n[x], n \in \mathbb{N}$ beliebig, und $G = (g_{k,l})_{k,l=0,\ldots,n-1} \in \mathbb{R}^{(n,n)}$ mit Monombasis:

$$g_{k,l} = \int_{-1}^{1} x^{k+l}dx = \frac{1}{k+l+1}x^{k+l+1}\Big|_{-1}^{1} = \begin{cases} 2/(k+l+1), & \text{falls } k+l \text{ gerade} \\ 0, & \text{falls } k+l \text{ ungerade} \end{cases}$$

und damit

$$G = \begin{pmatrix} 2 & 0 & 2/3 \\ 0 & 2/3 & 0 \\ 2/3 & 0 & 2/5 \end{pmatrix}.$$

**Bemerkung zu Aufgabe 5.1** Für $\varphi(f,g) := \int_0^1 f(x)g(x)dy$ ergibt sich genau die Matrix von (1.81), d. h.

$$G = \left(\frac{1}{k+l+1}\right)_{k,l}$$

(auch für $\mathbb{R}_n[X]$, $n \in \mathbb{N}$ beliebig).

**Lösung zu Aufgabe 5.2** $V = \text{span}\{f_1, f_2\}$, $f_i(x) = x^{i-1}$, $i = 1, 2$, $G = (g_{k,l}) = (\varphi(\boldsymbol{v}_l, \boldsymbol{v}_k))$

a)

$$g_{1,1} = \varphi(f_1, f_1) = \int_0^1 \int_0^1 (x+y)\, dxdy = \int_0^1 \left[\frac{1}{2}x^2 + yx\right]_0^1 dy = \int_0^1 \left(\frac{1}{2} + y\right) dy = 1$$

$$g_{2,2} = \varphi(f_2, f_2) = \int_0^1 \int_0^1 (x+y)xy\, dxdy = \int_0^1 \int_0^1 \left(x^2y + xy^2\right) dxdy$$

$$= \int_0^1 \left[\frac{1}{3}x^3y + \frac{1}{2}x^2y^2\right]_0^1 dy = \frac{1}{3}$$

$$g_{2,1} = g_{1,2} = \varphi(f_1, f_2) = \int_0^1 \int_0^1 (x+y)y\, dxdy = \int_0^1 \left[\frac{1}{2}x^2y + xy^2\right]_0^1 dy$$

$$= \left[\frac{1}{4}y^2 + \frac{1}{3}y^3\right]_0^1 = \frac{7}{12}\,.$$

Also ist die Darstellungsmatrix

$$\begin{pmatrix} 1 & \frac{7}{12} \\ \frac{7}{12} & \frac{1}{3} \end{pmatrix}.$$

b) Da $\varphi$ schiefsymmetrisch ist, ist auch es auch alternierend (siehe Bemerkungen 5.20, 2)) also

$$g_{1,1} = g_{2,2} = 0\,.$$

$$g_{1,2} = \varphi(f_2, f_1) = \int_0^1 \int_0^1 (x-y)x\, dxdy = \int_0^1 \left[\frac{1}{3}x^3 - \frac{1}{2}x^2y\right]_0^1 dy$$

$$= \int_0^1 \left(\frac{1}{3} - \frac{1}{2}y\right) dy = \left[\frac{1}{3}y - \frac{1}{4}y^2\right]_0^1 = \frac{1}{12}\,.$$

Da $\varphi$ schiefsymmetrisch ist, ist $-g_{2,1} = g_{1,2}$, also lautet die Darstellungsmatrix

$$G = \begin{pmatrix} 0 & \frac{1}{12} \\ -\frac{1}{12} & 0 \end{pmatrix}.$$

**Lösung zu Aufgabe 5.3**

a) Seien $u, v, w \in V$ und $\lambda, \mu \in \mathbb{K}$. $\varphi$ ist Hermite-symmetrisch, da:

$$\overline{\varphi(v,w)} = \overline{\int_a^b v(x)k(x)\overline{w(x)}\, dx} = \int_a^b \overline{v(x)k(x)\overline{w(x)}}\, dx$$

$$= \int_a^b \overline{v(x)}k(x)w(x)\, dx = \int_a^b w(x)k(x)\overline{v(x)}\, dx = \varphi(w, v)\,.$$

$\varphi$ ist linear im ersten Argument, da

$$\begin{aligned}\varphi(\lambda u + \mu v, w) &= \int_a^b (\lambda u + \mu v)(x)\, k(x)\, \overline{w(x)}\, dx \\ &= \int_a^b \lambda u(x)\, k(x)\, \overline{w(x)}\, dx + \int_a^b \mu v(x)\, k(x)\, \overline{w(x)}\, dx \\ &= \lambda \int_a^b u(x)\, k(x)\, \overline{w(x)}\, dx + \mu \int_a^b v(x)\, k(x)\, \overline{w(x)}\, dx \\ &= \lambda\varphi(u, w) + \mu\varphi(v, w)\,.\end{aligned}$$

Die $\alpha$-Linearität im zweiten Argument folgt aus den ersten beiden Eigenschaften.

b) Es gilt $\varphi(v, v) = \int_a^b v(x)k(x)\overline{v(x)}\, dx = \int_a^b k(x)|v(x)|^2\, dx \geq 0$ für alle $v \in V$ und $\varphi(0_V, 0_V) = 0$. Sei nun $v \neq 0_V$. Wir definieren $g$ durch $g(x) := k(x)|v(x)|^2$. Wegen der Stetigkeit von $k$ und $v$ ist auch $g$ stetig und da $k(x) > 0$ für alle $x \in [a, b]$ gilt, folgt $g \neq 0_V$. Es existiert also ein $x_0 \in [a, b]$ mit $\varepsilon := g(x_0) > 0$. Wegen der Stetigkeit von $g$ existiert dann auch ein $\delta > 0$, sodass

$$|g(x) - g(x_0)| \leq \frac{\varepsilon}{2} \quad \text{für alle } x \in [a, b] \text{ mit } |x - x_0| < \delta$$

$\Rightarrow |g(x)| = |g(x_0) - (g(x_0) - g(x))| \geq |g(x_0)| - |g(x_0) - g(x)| \geq \frac{\varepsilon}{2}$ für alle $x \in [a, b]$ mit $|x - x_0| < \delta$. Dies impliziert schließlich $\varphi(v, v) = \int_a^b |g(x)|\, dx \geq \min\{2\delta, b - a\}\frac{\varepsilon}{2} > 0$.

**Bemerkung zu Aufgabe 5.3, a)** Es ist $k(x, y) = x + y \geq 0$ ($> 0$ für $(x, y) \neq (0, 0)$), aber wegen $\det(G) < 0$ ist nach Aufgabe 4.43 $G$ indefinit, im Gegensatz zum Beispiel aus Bemerkungen 5.2, 4) b).

**Lösung zu Aufgabe 5.4** „$\Rightarrow$“ Sei $n := \dim V$. Nach Definition 5.10 ist für eine (und damit für jede) Darstellungsmatrix $G$ (zur Basis $\boldsymbol{v}_1, \ldots, \boldsymbol{v}_n$)

$$\operatorname{Rang}(G) \leq k\,.$$

Nach Bemerkungen 2.40a, 1) (2. Auflage) gibt es also $\boldsymbol{a}_i, \boldsymbol{b}_i \in K^n, i = 1, \ldots, p \leq k$, sodass

$$G = \sum_{i=1}^{p} \boldsymbol{a}_i \otimes \boldsymbol{b}_i$$

und damit

$$\varphi(\boldsymbol{v}, \boldsymbol{w}) = \varphi\left(\sum_{i=1}^{n} x^i \boldsymbol{v}_i, \sum_{j=1}^{n} y^j \boldsymbol{v}_j\right) = \boldsymbol{x}^t G^t \alpha(\boldsymbol{y}) = \sum_{i=1}^{p} \boldsymbol{x}^t \boldsymbol{b}_i \otimes \boldsymbol{a}_i \alpha(\boldsymbol{y})$$

für $\boldsymbol{v} := \sum_{i=1}^n x^i \boldsymbol{v}_i, \boldsymbol{w} := \sum_{j=1}^n y^j \boldsymbol{v}_j, \boldsymbol{x} := (x_i)_i, \boldsymbol{y} := (y_i)_i$. Also gilt nach Bemerkungen 5.5, 2) $\varphi(\boldsymbol{v}, \boldsymbol{w}) = \sum_{i=1}^p f_i \otimes g_i$, wobei

$$f_i : \sum_{j=1}^{n} x^j \boldsymbol{v}_j \mapsto \sum_{j=1}^{n} \boldsymbol{a}_{i,j} x^j$$

$$g_i : \sum_{j=1}^{n} x^j \boldsymbol{v}_j \mapsto \sum_{j=1}^{n} \boldsymbol{b}_{i,j} x^j .$$

Die erst in Auflage 2 aufgenommenen Bemerkungen 2.40a, 1) lauten: Sei $k \in \mathbb{N}, k \leq \min(m, n)$. $\mathrm{Rang}(A) \leq k$ genau dann, wenn $p \leq k$ Rang-1-Matrizen $A_i$ existieren, sodass

$$A = \sum_{i=1}^{p} A_i .$$

*Es sei $A \neq 0$. „⇒“: Es gibt $\boldsymbol{a}_1, \dots, \boldsymbol{a}_p \in \{\boldsymbol{a}^{(1)}, \dots \boldsymbol{a}^{(n)}\}, \boldsymbol{a}_i \neq \boldsymbol{0}$, sodass sich die Spalten von A als Linearkombinationen der $\boldsymbol{a}_i$, $i = 1, \dots, p$ schreiben lassen, d.h. es gibt ein $B \in \mathbb{R}^{(p,n)}$, sodass*

$$\begin{aligned} A = (\boldsymbol{a}_1, \dots, \boldsymbol{a}_p)B &= \sum_{l=1}^{p} (0, \dots, \boldsymbol{a}_l, 0 \dots)B = \left( \sum_{l=1}^{p} \boldsymbol{a}_{l,i} \boldsymbol{b}_{(l),j} \right)_{i,j} \\ &= \sum_{l=1}^{p} \boldsymbol{a}_l \boldsymbol{b}^t_{(l)} = \sum_{l=1}^{p} \boldsymbol{a}_l \otimes \boldsymbol{b}_{(l)} \\ &=: \sum_{l=1}^{p} A_l . \end{aligned}$$

*Da für mindestens ein $l = 1, \dots, n$ gilt $\boldsymbol{b}_{(l)} \neq 0$, ist $A_l$ eine* Rang*-1-Matrix.*
*„⇒“: Sei $A = \sum_{i=1}^{p} A_i$,* $\mathrm{Rang}(A_i) = 1$. *Mehrfache Anwendung von Satz 1.86 liefert dann*

$$\mathrm{Rang}(A) \leq \sum_{1=1}^{p} \mathrm{Rang}(A_i) = p \leq k .$$

## Lösung zu Aufgabe 5.5

a) Die Darstellungsmatrix von $\varphi$ bezüglich der $\boldsymbol{e}_i$ ist $\mathbb{1}$, die Übergangsmatrix

$$A = (\boldsymbol{a}_1, \boldsymbol{a}_2, \boldsymbol{a}_3)$$

und damit die Darstellungsmatrix bezüglich der $\boldsymbol{a}_i$ ist

$$\widetilde{G} = A^t G A = A^t A = \begin{pmatrix} 1 & 1 & 0 \\ 0 & 1 & 1 \\ 1 & 0 & 1 \end{pmatrix} \begin{pmatrix} 1 & 0 & 1 \\ 1 & 1 & 0 \\ 0 & 1 & 1 \end{pmatrix} = \begin{pmatrix} 2 & 1 & 1 \\ 1 & 2 & 1 \\ 1 & 1 & 2 \end{pmatrix} .$$

b) Die Darstellungsmatrix von $\psi$ bezüglich der $\boldsymbol{a}_i$ ist $\mathbb{1}$, die Übergangsmatrix ist

$$A = \frac{1}{2} \begin{pmatrix} 1 & 1 & -1 \\ -1 & 1 & 1 \\ 1 & -1 & 1 \end{pmatrix} ,$$

da $e_1 = \frac{1}{2}(a_1 - a_2 + a_3)$, $e_2 = \frac{1}{2}(a_2 - a_3 + a_1)$, $e_3 = \frac{1}{2}(a_3 - a_1 + a_2)$. Damit ist die Darstellungsmatrix von $\psi$ bezüglich der $e_i$:

$$\widetilde{G} = A^t A = \frac{1}{4}\begin{pmatrix} 1 & -1 & 1 \\ 1 & 1 & -1 \\ -1 & 1 & 1 \end{pmatrix}\begin{pmatrix} 1 & 1 & -1 \\ -1 & 1 & 1 \\ 1 & -1 & 1 \end{pmatrix} = \frac{1}{4}\begin{pmatrix} 3 & -1 & -1 \\ -1 & 3 & -1 \\ -1 & -1 & 3 \end{pmatrix}.$$

**Lösung zu Aufgabe 5.6** Sei $\varphi : V \times V \to K$ eine nicht entartete orthosymmetrische Bilinearform.

**1. Schritt:** Zeige, dass für einen beliebigen Vektor $u \in V$ stets $\varphi(u, u) = 0$ oder $\varphi(w, u) = \varphi(u, w)$ für alle $w \in V$ gilt. Wähle $u, v, w \in V$ beliebig, aber fest. Definiere $x := \varphi(u, v)w - \varphi(u, w)v$. Es gilt

$$\begin{aligned} \varphi(u, x) &= \varphi\left(u, \varphi(u, v)w - \varphi(u, w)v\right) \\ &= \varphi\left(u, \varphi(u, v)w\right) - \varphi\left(u, \varphi(u, w)v\right) \\ &= \varphi(u, v)\varphi(u, w) - \varphi(u, w)\varphi(u, v) \\ &= 0\,. \end{aligned}$$

Hier wurden die Eigenschaften der Bilinearform (Definition 5.1) verwendet. Aufgrund der Orthosymmetrie Definition 5.13 folgt $\varphi(x, u) = 0$. Damit also

$$\begin{aligned} 0 &= \varphi\left(\varphi(u, v)w - \varphi(u, w)v, u\right) \\ &= \varphi(u, v)\varphi(w, u) - \varphi(u, w)\varphi(v, u)\,. \end{aligned} \tag{1}$$

Hier wurden wieder die Eigenschaften der Bilinearform (Definition 5.1) verwendet. Setze nun $u = v$. Dann gilt

$$\begin{aligned} 0 &= \varphi(u, u)\varphi(w, u) - \varphi(u, w)\varphi(u, u) \\ &= \varphi(u, u)\left(\varphi(w, u) - \varphi(u, w)\right)\,. \end{aligned} \tag{2}$$

**2. Schritt:** Beweise nun, dass $\varphi$ entweder alternierend (und damit antisymmetrisch, vgl. Bemerkungen 5.20, 2)) oder symmetrisch ist. Angenommen $\varphi$ sei weder alternierend noch symmetrisch. Dann gibt es sowohl ein $v_0 \in V$ mit $\varphi(v_0, v_0) \neq 0$ als auch $v_1, v_2 \in V$ mit $\varphi(v_1, v_2) \neq \varphi(v_2, v_1)$. Wegen (2) gilt nun $\varphi(v_i, v_i) = 0$ sowie $\varphi(v_0, v_i) = \varphi(v_i, v_0)$ für $i = 1, 2$. Die Eigenschaft $\varphi(v_1, v_2) \neq \varphi(v_2, v_1)$ impliziert zusammen mit (1) die Gleichungen $\varphi(v_i, v_0) = \varphi(v_0, v_i) = 0$, $i = 1, 2$. Daraus folgt aber $\varphi(v_1, v_0 + v_2) = \varphi(v_1, v_2) \neq \varphi(v_2, v_1) = \varphi(v_0 + v_2, v_1)$ und weiter mit (2)

$$0 = \varphi(v_0 + v_2, v_0 + v_2) = \varphi(v_0, v_0) + \varphi(v_0, v_2) + \varphi(v_2, v_0) + \varphi(v_2, v_2) = \varphi(v_0, v_0)\,.$$

Dies steht allerdings im Widerspruch zur Annahme $\varphi(v_0, v_0) \neq 0$. Daher gilt $\varphi$ ist alternierend (also auch antisymmetrisch, Bemerkungen 5.20, 2)) oder symmetrisch. Schließlich kann $\varphi$ nicht zugleich symmetrisch und antisymmetrisch sein, denn dies steht im Widerspruch dazu, dass $\varphi$ nicht entartet ist. Daher gilt $\varphi$ ist entweder symmetrisch oder antisymmetrisch.

Einen alternativen Beweis findet man in Huppert und Willems 2006, Hauptsatz 7.1.15.

**Lösung zu Aufgabe 5.7** Nach Voraussetzung ist für $\boldsymbol{v}, \boldsymbol{w} \in V$

$$0 = \varphi(\boldsymbol{v}+\boldsymbol{w}, \boldsymbol{v}+\boldsymbol{w}) = \varphi(\boldsymbol{v}, \boldsymbol{v}) + \varphi(\boldsymbol{v}, \boldsymbol{w}) + \varphi(\boldsymbol{w}, \boldsymbol{v}) + \varphi(\boldsymbol{w}, \boldsymbol{w}) = \varphi(\boldsymbol{v}, \boldsymbol{w}) + \varphi(\boldsymbol{w}, \boldsymbol{v}),$$

also gilt a). Bei b) folgt insbesondere $\varphi(\boldsymbol{v}, \boldsymbol{v}) = -\varphi(\boldsymbol{v}, \boldsymbol{v})$, also $2\varphi(\boldsymbol{v}, \boldsymbol{v}) = 0$ und wegen $2 \neq 0$: $\varphi(\boldsymbol{v}, \boldsymbol{v}) = 0$.

**Lösung zu Aufgabe 5.8** Seien $F\boldsymbol{v}_1, \ldots, F\boldsymbol{v}_k$ Elemente von Bild $F$ und $\boldsymbol{x}_i := \psi_{\mathcal{B}}^{-1}\boldsymbol{v}_i$ die Koordinaten bezüglich einer fest gewählten Basis $\mathcal{B}$, bezüglich der $G$ die Darstellungsmatrix von $\varphi$ sei, also $\mathrm{Rang}(\varphi) = \mathrm{Rang}(G) = \mathrm{Rang}(G^t)$ (siehe Satz 2.54). Also sind die $F\boldsymbol{v}_i$ die Funktionale

$$\boldsymbol{w} \mapsto \psi_{\mathcal{B}}(\boldsymbol{w})^{-1} G^t \boldsymbol{x}_i$$

und nach dem Kasten nach Beispiele 3.47, 3) ist die lineare Unabhängigkeit der $F\boldsymbol{v}_i$ äquivalent mit der $G^t\boldsymbol{x}_i$ und damit

$$\dim \mathrm{Bild}\, F = \mathrm{Rang}(G^t).$$

## 5.2 Symmetrische Bilinearformen und hermitesche Formen

**Lösung zu Aufgabe 5.9**

a) Für symmetrische Bilinearformen gilt nach Theorem 5.29:

$$\varphi(\boldsymbol{v}, \boldsymbol{w}) = \frac{1}{2}\left(q_\varphi(\boldsymbol{v}+\boldsymbol{w}) - q_\varphi(\boldsymbol{v}) - q_\varphi(\boldsymbol{w})\right), \quad \boldsymbol{v}, \boldsymbol{w} \in \mathbb{R}^n$$

$$q_{\varphi_1}(x,y) = x^2 : \varphi_1(\boldsymbol{v}, \boldsymbol{w}) = \frac{1}{2}\left((v_1+w_1)^2 - v_1^2 - w_1^2\right) = v_1 w_1 \qquad (\boldsymbol{v}, \boldsymbol{w} \in \mathbb{R}^2)$$

$$q_{\varphi_2}(x,y) = x^2 - y^2 :$$

$$\varphi_2(\boldsymbol{v}, \boldsymbol{w}) = \frac{1}{2}\left((v_1+w_1)^2 - (v_2+w_2)^2 - v_1^2 + v_2^2 - w_1^2 + w_2^2\right) = v_1 w_1 - v_2 w_2$$

$$q_{\varphi_3}(x,y) = 2xy : \varphi_3(\boldsymbol{v}, \boldsymbol{w}) = \frac{1}{2}(2(v_1+w_1)(v_2+w_2) - 2v_1v_2 - 2w_1w_2) = v_1 w_2 + w_1 v_2$$

$$q_{\varphi_4}(x,y) = (x+y)^2 :$$

$$\begin{aligned}\varphi_4(\boldsymbol{v}, \boldsymbol{w}) &= \frac{1}{2}\left((v_1+w_1+v_2+w_2)^2 - (v_1+v_2)^2 - (w_1+w_2)^2\right)\\ &= (v_1+v_2)(w_1+w_2) = v_1w_1 + v_1w_2 + v_2w_1 + v_2w_2\end{aligned}$$

b)

$$\begin{aligned}\varphi(\boldsymbol{v},\boldsymbol{w}) =& \frac{1}{2}\Big(a(v_1+w_1)^2 + 2b(v_1+w_1)(v_2+w_2) + c(v_2+w_2)^2 \\ &-av_1^2 - 2bv_1v_2 - cv_2^2 - aw_1^2 - 2bw_1w_2 - cw_2^2\Big) \\ =& av_1w_1 + bv_1w_2 + bv_2w_1 + cv_2w_2 = \begin{pmatrix} v_1 & v_2 \end{pmatrix}\begin{pmatrix} a & b \\ b & c \end{pmatrix}\begin{pmatrix} w_1 \\ w_2 \end{pmatrix}.\end{aligned}$$

Also ist die darstellende Matrix

$$G = \begin{pmatrix} a & b \\ b & c \end{pmatrix},$$

und damit: $\varphi$ ist nach Satz 5.15 genau dann nicht entartet, wenn die Diskriminante ungleich Null ist, also genau dann, wenn

$$ac - b^2 = \det G \neq 0 .$$

**Lösung zu Aufgabe 5.10** Als erste Möglichkeit folgen wir der Vorgehensweise von Hauptsatz 5.31. Sei

$$A = \begin{pmatrix} 0 & 0 & 1 \\ 0 & 1 & 0 \\ 1 & 0 & 0 \end{pmatrix} = A^t, \quad \varphi(\boldsymbol{x},\boldsymbol{y}) := (A\boldsymbol{x})^t\boldsymbol{y} .$$

Als $\boldsymbol{v}_1$ mit $\varphi(\boldsymbol{v}_1,\boldsymbol{v}_1) \neq 0$, kann

$$\boldsymbol{v}_1 = \boldsymbol{e}_2$$

gewählt werden, also

$$\mathbb{R}^3 = \mathbb{R}\boldsymbol{v}_1 \oplus \boldsymbol{v}_1^\perp = \mathbb{R}\boldsymbol{e}_2 + \operatorname{span}(\boldsymbol{e}_1,\boldsymbol{e}_3) .$$

Auf $V_2 := \operatorname{span}(\boldsymbol{e}_1,\boldsymbol{e}_3)$ hat $\varphi$ die darstellende Matrix

$$B := \begin{pmatrix} 0 & 1 \\ 1 & 0 \end{pmatrix}.$$

Verfährt man analog weiter, so erfüllt

$$\boldsymbol{v}_2 = (1,0,1)^t \in V_2 : \varphi(\boldsymbol{v}_2,\boldsymbol{v}_2) \neq 0$$

und schließlich ist

$$V_2 = \mathbb{R}\boldsymbol{v}_2 + \boldsymbol{v}_2^\perp = \mathbb{R}\boldsymbol{v}_2 + \mathbb{R}\boldsymbol{v}_3, \text{ wobei}$$
$$\boldsymbol{v}_3 = (1,0,-1)^t .$$

Bezüglich der (orthogonalen) Basis $\boldsymbol{v}_1,\boldsymbol{v}_2,\boldsymbol{v}_3$ hat $\varphi$ die darstellende Matrix

$$\hat{A} = \begin{pmatrix} 1 & 0 & 0 \\ 0 & 2 & 0 \\ 0 & 0 & -2 \end{pmatrix}.$$

Die $\boldsymbol{v}_i$ sind orthogonal, aber nicht normiert, daher sind die Diagonaleinträge von $\tilde{A}$ nicht die Eigenwerte von $A$, aber nach Theorem 5.35 liegen zwei positive und ein negativer Eigenwert vor. Normiert man die Basis zu

$$\tilde{\boldsymbol{v}}_1 = \boldsymbol{v}_1, \quad \tilde{\boldsymbol{v}}_2 : \frac{1}{\sqrt{2}}\boldsymbol{v}_2, \quad \tilde{\boldsymbol{v}}_3 := \frac{1}{\sqrt{2}}\boldsymbol{v}_3$$

ändert sich die darstellende Matrix zu

$$\tilde{A} = \begin{pmatrix} 1 & 0 & 0 \\ 0 & 1 & 0 \\ 0 & 0 & -1 \end{pmatrix}$$

und damit ist $\lambda_1 = 1$ zweifacher und $\lambda_2 = -1$ einfacher Eigenwert von $A$, da mit $\tilde{V} = (\tilde{\boldsymbol{v}}_1, \tilde{\boldsymbol{v}}_2, \tilde{\boldsymbol{v}}_3)$

$$\tilde{A} = \tilde{V}^t A \tilde{V} = \tilde{V}^{-1} A \tilde{V}.$$

*Alternativ* hätten auch die Eigenwerte von $A$ direkt als Nullstellen von

$$\chi_A(\lambda) = -\lambda^3 + \lambda^2 + \lambda + 1$$

bestimmt werden können und Basen der Eigenräume durch die zugehörigen homogenen LGS, mit dem obigen Ergebnis.

Wieder *alternativ* hätte die quadratische Form $q_\varphi$ zu $\varphi$ durch quadratische Ergänzung in seine quadratische Form gebracht werden können. Nach der Polarisationsformel Theorem 5.29 ist dann auch $\varphi$ diagonalisiert:

$$\begin{aligned} q_\varphi(\boldsymbol{v}) &= 2v_1v_3 + v_2^2 \quad \text{und} \\ 2v_1v_3 &= v_1^2 + 2v_1v_3 + v_3^2 - v_1^2 - v_3^2 \\ &= (v_1 + v_3)^2 - v_1^2 - v_3^2 \\ &= \frac{1}{2}((v_1 + v_3)^2 + v_1^2 + 2v_1v_3 + v_3^2 - 2v_1^2 - 2v_3^2) \\ &= \frac{1}{2}((v_1 + v_3)^2 - (v_1 - v_3)^2) \end{aligned}$$

und damit

$$q_\varphi(\boldsymbol{v}) = \frac{1}{2}(2v_2^2 + (v_1 + v_3)^2 - (v_1 - v_3)^2)$$

bzw.

$$q_\varphi(\boldsymbol{v}) = v_2^2 + (\frac{1}{\sqrt{2}}(v_1 + v_3))^2 - (\frac{1}{\sqrt{2}}(v_1 - v_3))^2,$$

woraus sich die Übergangsmatrix der Variablentransformation ergibt, also mit $\alpha = 1/\sqrt{2}$

$$\begin{pmatrix} 0 & \alpha & \alpha \\ 1 & 0 & 0 \\ 0 & \alpha & -\alpha \end{pmatrix}$$

und die Diagonalwerte (hier auch Eigenwerte) also $1, 1, -1$.

**Lösung zu Aufgabe 5.11**

a) Es gilt

$$\varphi_n(A, B) = \operatorname{sp}(AB) = \sum_{i=1}^{n} \sum_{k=1}^{n} a_{i,k} b_{k,i} = \sum_{k=1}^{n} \sum_{i=1}^{n} b_{k,i} a_{i,k} = \varphi_n(B, A) .$$

Die Bilinearität ist klar. Es gilt für $n = 2$

$$\begin{aligned} &\varphi_2(e_1, e_1) = 1 = \varphi_2(e_4, e_4), \quad \varphi_2(e_2, e_2) = 0 = \varphi_2(e_3, e_3) \\ &\varphi_2(e_1, e_2) = 0 = \varphi_2(e_1, e_3) = \varphi_2(e_1, e_4) \\ &\varphi_2(e_2, e_3) = 1, \quad \varphi_2(e_2, e_4) = 0, \varphi_2(e_3, e_4) = 0 \end{aligned}$$

und damit für die Darstellungsmatrix

$$A = \begin{pmatrix} 1 & 0 & 0 & 0 \\ 0 & 0 & 1 & 0 \\ 0 & 1 & 0 & 0 \\ 0 & 0 & 0 & 1 \end{pmatrix} .$$

b) $A$ nach a) ist eine symmetrische Permutationsmatrix, d. h. insbesondere orthogonal (siehe S. 262) und kann daher nur die Eigenwerte $\lambda = 1$ und $\lambda = -1$ haben (Satz 4.39). Da $A$ einfach nur die zweite und dritte Komponente vertauscht, lassen sich linear unabhängige (sogar orthogonale) Eigenvektoren raten:

$$\begin{aligned} \boldsymbol{v}_1 &= (1, 0, 0, 1)^t \\ \boldsymbol{v}_2 &= (1, 0, 0, -1)^t \\ \boldsymbol{v}_3 &= (0, 1, 1, 0)^t & &(\text{zu } \lambda = 1) \\ \boldsymbol{v}_4 &= (0, 1, -1, 0)^t & &(\text{zu } \lambda = -1) . \end{aligned}$$

Es kann also gewählt werden

$$f_1 = \begin{pmatrix} 1 & 0 \\ 0 & 1 \end{pmatrix}, f_2 = \begin{pmatrix} 1 & 0 \\ 0 & -1 \end{pmatrix}, f_3 = \begin{pmatrix} 0 & 1 \\ 1 & 0 \end{pmatrix}, f_4 = \begin{pmatrix} 0 & 1 \\ -1 & 0 \end{pmatrix},$$

und $\varphi_2(f_i, f_k) = 0$ für $1 \leq i < k \leq 4$ bzw.

$$\varphi_2(f_i, f_i) = 2,\ i = 1, 2, 3 \quad \text{und} \quad \varphi_2(f_4, f_4) = -2\,.$$

c) $\varphi_2$ ist indefinit, da $\varphi_2(f_1, f_1) = 2 > 0$, $\quad \varphi_2(f_4, f_4) = -2 < 0$.

**Lösung zu Aufgabe 5.12** a) „(i) $\Rightarrow$ (ii)“: Sei $r := \text{Rang}(\varphi)$, $\boldsymbol{u}_1, \ldots, \boldsymbol{u}_r$ eine Basis von $\text{Kern}(\varphi)^\perp$ und $\boldsymbol{u}_{r+1}, \ldots, \boldsymbol{u}_n$ eine Basis von $\text{Kern}(\varphi)$. Folglich ist $\boldsymbol{u}_1, \ldots, \boldsymbol{u}_n$ eine Basis des $\mathbb{C}^n$ und es gilt:

$$(\boldsymbol{f} \otimes \boldsymbol{g})_s = \varphi \;\Leftrightarrow\; (\boldsymbol{f} \otimes \boldsymbol{g})_s(\boldsymbol{u}_i, \boldsymbol{u}_j) = \varphi(\boldsymbol{u}_i, \boldsymbol{u}_j)\ \forall\, i, j = 1, \ldots, n\,.$$

Wir definiern nun $\boldsymbol{f}$ und $\boldsymbol{g}$, indem wir beiden Abbildungen einen Wert für jedes $\boldsymbol{u}_i$ zuweisen. Sei

$$\boldsymbol{f}(\boldsymbol{u}_i) = \boldsymbol{g}(\boldsymbol{u}_i) = 0\ \forall\, i > r\,,$$

dann gilt bereits $\varphi(\boldsymbol{u}_i, \boldsymbol{u}_j) = (\boldsymbol{f} \otimes \boldsymbol{g})_s(\boldsymbol{u}_i, \boldsymbol{u}_j) = 0$ falls $\max(i, j) > r$. Die Aussage ist somit für $r = 0$ bereits bewiesen. Für $r > 0$ setzen wir $\boldsymbol{f}(\boldsymbol{u}_1) = \varphi(\boldsymbol{u}_1, \boldsymbol{u}_1)$ und $\boldsymbol{g}(\boldsymbol{u}_1) = 1$. Da $(\boldsymbol{f} \otimes \boldsymbol{g})_s(\boldsymbol{u}_1, \boldsymbol{u}_1) = \varphi(\boldsymbol{u}_1, \boldsymbol{u}_1)$ ist die Aussage für $r = 1$ bewiesen. Sei $r = 2$ und $z \in \mathbb{C}$ eine Lösung von

$$\varphi(\boldsymbol{u}_1, \boldsymbol{u}_1)z^2 - 2\varphi(\boldsymbol{u}_1, \boldsymbol{u}_2)z + \varphi(\boldsymbol{u}_2, \boldsymbol{u}_2) = 0\,.$$

Wir unterscheiden 2 Fälle: **Fall 1:** Sei $z = 0$. Hieraus folgt $\varphi(\boldsymbol{u}_2, \boldsymbol{u}_2) = 0$, mit $\boldsymbol{g}(\boldsymbol{u}_2) = 0$ und $\boldsymbol{f}(\boldsymbol{u}_2) = 2\varphi(\boldsymbol{u}_1, \boldsymbol{u}_2)$ folgt die Gültigkeit der Aussage. **Fall 2:** Sei $z \neq 0$. Mit $\boldsymbol{f}(\boldsymbol{u}_2) = \varphi(\boldsymbol{u}_2, \boldsymbol{u}_2)z^{-1}$ und $\boldsymbol{g}(\boldsymbol{u}_2) = z$ folgt $(\boldsymbol{f} \otimes \boldsymbol{g})_s(\boldsymbol{u}_2, \boldsymbol{u}_2) = \varphi(\boldsymbol{u}_2, \boldsymbol{u}_2)$, sowie

$$z(\boldsymbol{f} \otimes \boldsymbol{g})_s(\boldsymbol{u}_1, \boldsymbol{u}_2) = \frac{\varphi(\boldsymbol{u}_1, \boldsymbol{u}_1)z^2 + \varphi(\boldsymbol{u}_2, \boldsymbol{u}_2)}{2} = z\varphi(\boldsymbol{u}_1, \boldsymbol{u}_2)\,.$$

Da $z \neq 0$ folgt $(\boldsymbol{f} \otimes \boldsymbol{g})_s(\boldsymbol{u}_1, \boldsymbol{u}_2) = \varphi(\boldsymbol{u}_1, \boldsymbol{u}_2)$.

b) „(ii) $\Rightarrow$ (i)“: $(\boldsymbol{f} \otimes \boldsymbol{g})_s$ ist per definitionem eine symmetrische Bilinearform, außerdem gilt

$$\begin{aligned} \text{Rang}((\boldsymbol{f} \otimes \boldsymbol{g})_s) &= \text{Rang}(\boldsymbol{f} \otimes \boldsymbol{g} + \overline{\boldsymbol{g} \otimes \boldsymbol{f}}) \\ &\leq \text{Rang}(\boldsymbol{f} \otimes \boldsymbol{g}) + \text{Rang}(\overline{\boldsymbol{g} \otimes \boldsymbol{f}}) \\ &= 1 + 1 = 2\,. \end{aligned}$$

## 5.3 Quadriken

### Lösung zu Aufgabe 5.13

a) Es gilt $q(\boldsymbol{x}) = \boldsymbol{x}^t A \boldsymbol{x} + 2\boldsymbol{b}^t \boldsymbol{x} + c$ mit

$$A = \begin{pmatrix} 1 & 1 & 1 \\ 1 & 1 & 1 \\ 1 & 1 & 1 \end{pmatrix}, \quad \boldsymbol{b} = \begin{pmatrix} 1 \\ 2 \\ 1 \end{pmatrix}, \quad c = 2\,.$$

Die erweiterte Matrix $A'$ lautet

$$A' = \left(\begin{array}{ccc|c} 1 & 1 & 1 & 1 \\ 1 & 1 & 1 & 2 \\ 1 & 1 & 1 & 1 \\ \hline 1 & 2 & 1 & 2 \end{array}\right)$$

mit $\operatorname{Rang}(A') = \operatorname{Rang}(A) + 2$. Wie unten gezeigt wird, kann man $A'$ also durch Spalten- und entsprechende Zeilenumformungen in die Form

$$\tilde{A} = \left(\begin{array}{ccc|c} 1 & 0 & 0 & 0 \\ 0 & 0 & 0 & \frac{1}{2} \\ 0 & 0 & 0 & 0 \\ \hline 0 & \frac{1}{2} & 0 & 0 \end{array}\right)$$

bringen. Wendet man wie in Aufgabe 5.10 die Spalten-Umformungsschritte in jedem Schritt auch auf $\mathbb{1}_4$ an (rechte Spalte in der folgenden Rechnung), so erhält man die affine Transformation. Dabei ist zu beachten: die letzte Zeile/Spalte darf mit keiner anderen Zeile/Spalte vertauscht werden, mit keinem Element aus $\mathbb{R}$ multipliziert und zu keiner anderen Zeile/Spalte addiert werden.

$$\begin{array}{ccc|c} 1&1&1&1\\ 1&1&1&2\\ 1&1&1&1\\ \hline 1&2&1&2 \end{array} \qquad\qquad\qquad\qquad \begin{array}{ccc|c} 1&0&0&0\\ 0&1&0&0\\ 0&0&1&0\\ \hline 0&0&0&1 \end{array}$$

$S_4 := S_4 - S_3$ $\quad$ $Z_4 := Z_4 - Z_3$ $\quad$ $S_4 := S_4 - S_3$

$$\begin{array}{ccc|c} 1&1&1&0\\ 1&1&1&1\\ 1&1&1&0\\ \hline 1&2&1&1 \end{array} \qquad \begin{array}{ccc|c} 1&1&1&0\\ 1&1&1&1\\ 1&1&1&0\\ \hline 0&1&0&1 \end{array} \qquad \begin{array}{ccc|c} 1&0&0&0\\ 0&1&0&0\\ 0&0&1&-1\\ \hline 0&0&0&1 \end{array}$$

$S_2 := S_2 - S_1$ $\quad$ $Z_2 := Z_2 - Z_1$ $\quad$ $S_2 := S_2 - S_1$

$$\begin{array}{ccc|c} 1&0&1&0\\ 1&0&1&1\\ 1&0&1&0\\ \hline 0&1&0&1 \end{array} \qquad \begin{array}{ccc|c} 1&0&1&0\\ 0&0&0&1\\ 1&0&1&0\\ \hline 0&1&0&1 \end{array} \qquad \begin{array}{ccc|c} 1&-1&0&0\\ 0&1&0&0\\ 0&0&1&-1\\ \hline 0&0&0&1 \end{array}$$

$S_3 := S_3 - S_1$ $\quad$ $Z_3 := Z_3 - Z_1$ $\quad$ $S_3 := S_3 - S_1$

$$\begin{array}{ccc|c} 1&0&0&0\\ 0&0&0&1\\ 1&0&0&0\\ \hline 0&1&0&1 \end{array} \qquad \begin{array}{ccc|c} 1&0&0&0\\ 0&0&0&1\\ 0&0&0&0\\ \hline 0&1&0&1 \end{array} \qquad \begin{array}{ccc|c} 1&-1&-1&0\\ 0&1&0&0\\ 0&0&1&-1\\ \hline 0&0&0&1 \end{array}$$

$S_4 := S_4 - 1/2S_2$ $\quad$ $Z_4 := Z_4 - 1/2Z_2$ $\quad$ $S_4 := S_4 - 1/2S_2$

$$\begin{array}{ccc|c} 1&0&0&0\\ 0&0&0&1\\ 0&0&0&0\\ \hline 0&1&0&\frac{1}{2} \end{array} \qquad \begin{array}{ccc|c} 1&0&0&0\\ 0&0&0&1\\ 0&0&0&0\\ \hline 0&1&0&0 \end{array} \qquad \begin{array}{ccc|c} 1&-1&-1&\frac{1}{2}\\ 0&1&0&-\frac{1}{2}\\ 0&0&1&-1\\ \hline 0&0&0&1 \end{array}$$

$S_2 := 1/2S_2$ $\quad$ $Z_2 := 1/2Z_2$ $\quad$ $S_2 := 1/2S_2$

$$\begin{array}{ccc|c} 1&0&0&0\\ 0&0&0&1\\ 0&0&0&0\\ \hline 0&\frac{1}{2}&0&0 \end{array} \qquad \begin{array}{ccc|c} 1&0&0&0\\ 0&0&0&\frac{1}{2}\\ 0&0&0&0\\ \hline 0&\frac{1}{2}&0&0 \end{array} \qquad \begin{array}{ccc|c} 1&-\frac{1}{2}&-1&\frac{1}{2}\\ 0&\frac{1}{2}&0&-\frac{1}{2}\\ 0&0&1&-1\\ \hline 0&0&0&1 \end{array}$$

Man liest ab:

$$C = \begin{pmatrix} 1 & -\frac{1}{2} & -1 \\ 0 & \frac{1}{2} & 0 \\ 0 & 0 & 1 \end{pmatrix}, \quad \boldsymbol{t} = \begin{pmatrix} \frac{1}{2} \\ -\frac{1}{2} \\ -1 \end{pmatrix}, \quad q(C\boldsymbol{x} + \boldsymbol{t}) = x_1^2 + x_2 .$$

b) $Q$ ist ein parabolischer Zylinder.

**Lösung zu Aufgabe 5.14**

a) Es gilt $q(\boldsymbol{x}) = \boldsymbol{x}^t A\boldsymbol{x} + 2\boldsymbol{b}^t\boldsymbol{x} + c$ mit

$$A = \begin{pmatrix} 1\,1\,0 \\ 1\,1\,0 \\ 0\,0\,0 \end{pmatrix}, \quad \boldsymbol{b} = \begin{pmatrix} \sqrt{2} \\ 3\sqrt{2} \\ \frac{3}{2} \end{pmatrix}, \quad c = 0, \ r = \operatorname{Rang}(A) = 1 .$$

Wir vollziehen die Schritte aus Abschnitt 5.3.2 nach, um die Gleichung in euklidische Normalform zu bringen:

- 1. Schritt: Wegtransformieren der gemischt-quadratischen Terme durch eine Hauptachsentransformation von $A$.
Dies ist hier nötig, da die euklidische Normalform, d. h. orthogonale Transformationen für die Diagonalisierung gesucht werden.

$$\begin{aligned}\chi_A(\lambda) &= \det\begin{pmatrix} 1-\lambda & 1 & 0 \\ 1 & 1-\lambda & 0 \\ 0 & 0 & -\lambda \end{pmatrix} = -\lambda[(1-\lambda)^2 - 1] \\ &= \lambda^2(2-\lambda), \text{ also } \lambda_1 = 2 \text{ (einfach)}, \lambda_2 = 0 \text{ (zweifach)}\end{aligned}$$

mit den Eigenräumen $\operatorname{span}\{(1,1,0)^t\}$ und $\operatorname{span}\{(0,0,1)^t, \ (-1,1,0)^t\}$ zu $\lambda_1$ bzw. $\lambda_2$. Die Eigenvektoren sind orthogonal, damit erhält man durch Normieren die orthogonale Transformationsmatrix

$$T := \begin{pmatrix} \frac{1}{2}\sqrt{2} & 0 & -\frac{1}{2}\sqrt{2} \\ \frac{1}{2}\sqrt{2} & 0 & \frac{1}{2}\sqrt{2} \\ 0 & 1 & 0 \end{pmatrix}, \quad T^t AT = \operatorname{diag}(2,0,0) =: \Lambda .$$

Die Gleichung nach dem ersten Transformationsschritt lautet mit $\tilde{\boldsymbol{b}} := T^t\boldsymbol{b} = (4, \frac{3}{2}, 2)^t$ nun

$$\begin{aligned} q(T\boldsymbol{x}) &= (T\boldsymbol{x})^t A(T\boldsymbol{x}) + 2\boldsymbol{b}^t T\boldsymbol{x} = \boldsymbol{x}^t\Lambda\boldsymbol{x} + 2\tilde{\boldsymbol{b}}^t\boldsymbol{x} \\ &= 2x_1^2 + 8x_1 + 3x_2 + 4x_3 . \end{aligned}$$

- 2. Schritt: Wegtransformieren der linearen Terme mit Index $\leq r$. Definiere dazu $\boldsymbol{v}$ komponentenweise durch

$$v_i = \begin{cases} -\tilde{b}_i/\lambda_i & i \leq r , \\ 0 & \text{sonst} , \end{cases} \tag{3}$$

also in unserem Fall $\boldsymbol{v} = (-2,0,0)^t$. Dann folgt mit $\tilde{\tilde{\boldsymbol{b}}} = (0, \tilde{b}_2, \tilde{b}_3)^t = (0, \frac{3}{2}, 2)^t$

$$q(T\boldsymbol{x}+\boldsymbol{v}) = \boldsymbol{x}^t\Lambda\boldsymbol{x} + 2\tilde{\tilde{\boldsymbol{b}}}^t\boldsymbol{x} + \boldsymbol{v}^t\Lambda\boldsymbol{v} + 2\tilde{\boldsymbol{b}}^t\boldsymbol{v}$$
$$= 2x_1^2 + 3x_2 + 4x_3 - 8\,.$$

- 3. Schritt: Wegtransformieren der linearen Terme $2b_{r+2}\,x_{r+2}, 2b_{r+3}\,x_{r+3}, \ldots$ durch eine orthogonale Transformation $Q$. Dies wird erreicht, indem die Linearform $\boldsymbol{x} \mapsto \tilde{\tilde{b}}^t\boldsymbol{x}$ auf $\boldsymbol{x} \mapsto b\boldsymbol{e}_{r+1}^t$ transformiert wird mit $b = \|\tilde{\tilde{b}}\| = \frac{5}{2}$. Man wählt zuerst die $r+1$-te Spalte von $Q$ als $\frac{1}{b}\tilde{\tilde{b}} = (0, \frac{3}{5}, \frac{4}{5})^t$ und ergänzt in den anderen Spalten zu einer ONB des $\mathbb{R}^3$:

$$Q = \begin{pmatrix} 1 & 0 & 0 \\ 0 & \frac{3}{5} & \frac{4}{5} \\ 0 & \frac{4}{5} & -\frac{3}{5} \end{pmatrix} \quad \Rightarrow \tilde{\tilde{\boldsymbol{b}}}^t Q = (0, \frac{1}{b}\left\langle \tilde{\tilde{b}}\,.\,\tilde{\tilde{b}}\right\rangle, 0) = (0, b, 0) = (0, \frac{5}{2}, 0)$$

Die transformierte Linearform lautet $\boldsymbol{x} \mapsto \tilde{\tilde{\boldsymbol{b}}}^t Q\boldsymbol{x} = bx_{r+1} = \frac{5}{2}x_2$ und damit

$$q(T(Q\boldsymbol{x}+\boldsymbol{v})) = 2x_1^2 + 2bx_2 - 8 = 2x_1^2 + 5x_2 - 8\,.$$

- 4. Schritt: Transformiere das konstante Glied weg durch Translation mit $\boldsymbol{u} = (0, \frac{8}{5}, 0)^t$. Schließlich gilt mit der Bewegung

$$F(\boldsymbol{x}) = T(Q(\boldsymbol{x}+\boldsymbol{u})+\boldsymbol{v}) = \begin{pmatrix} \frac{1}{2}\sqrt{2} & -\frac{2}{5}\sqrt{2} & \frac{3}{10}\sqrt{2} \\ \frac{1}{2}\sqrt{2} & \frac{2}{5}\sqrt{2} & -\frac{3}{10}\sqrt{2} \\ 0 & \frac{3}{5} & \frac{4}{5} \end{pmatrix}\boldsymbol{x} + \begin{pmatrix} -\frac{41}{25}\sqrt{2} \\ -\frac{9}{25}\sqrt{2} \\ \frac{24}{25} \end{pmatrix},$$

dass

$$q(F(\boldsymbol{x})) = 2x_1^2 + 5x_2\,.$$

Die Gleichung $q(F(\boldsymbol{x})) = 0$ hat euklidische Normalform.

b) Es liegt ein parabolischer Zylinder vor.

**Lösung zu Aufgabe 5.15** Die zugehörige quadratische Form ist gegeben durch

$$A = \begin{pmatrix} \frac{5}{16} & 0 & -\frac{3}{16} \\ 0 & 1 & 0 \\ -\frac{3}{16} & 0 & \frac{5}{16} \end{pmatrix} = \frac{1}{16}\begin{pmatrix} 5 & 0 & -3 \\ 0 & 16 & 0 \\ -3 & 0 & 5 \end{pmatrix} = \frac{1}{16}\tilde{A}, \quad \boldsymbol{b} = -\frac{1}{4}(1,0,1)^t, \quad c = 0\,.$$

a) Es gilt

$$\chi_{\tilde{A}}(\lambda) = -\lambda^3 + 26\lambda^2 - 176\lambda + 256$$

und damit hat $A$ die Eigenwerte $\lambda_1 = \frac{1}{8}, \lambda_2 = \frac{1}{2}, \lambda_3 = 1$ (ist also ein Ellipsoid) mit den zugehörigen normierten Eigenvektoren, d. h. Hauptachsen

$$\boldsymbol{v}_1 = \frac{1}{\sqrt{2}}(1,0,1)^t,\ \boldsymbol{v}_2 = \frac{1}{\sqrt{2}}(1,0,-1)^t,\ \boldsymbol{v}_3 = (0,1,0)^t\,.$$

Es ist $\tilde{\boldsymbol{b}} := T^t\boldsymbol{b} = (-\frac{1}{2\sqrt{2}}, 0, 0)^t$, also ist $\boldsymbol{v} = (\frac{4}{\sqrt{2}}, 0, 0)^t$ nach (3) für $T = (\boldsymbol{v}_1, \boldsymbol{v}_2, \boldsymbol{v}_3)$. Da $A$ regulär ist, gilt für den Mittelpunkt $\overline{\boldsymbol{x}}$ nach Beispiel 5.43 bzw. Aufgabe 5.17 $\overline{\boldsymbol{x}} = -A^{-1}\boldsymbol{b}$. Der (untransformierte) Mittelpunkt ist also $\overline{\boldsymbol{x}} = (2, 0, 2)^t$.

b) Durch $\boldsymbol{x} \mapsto T\boldsymbol{x} + \overline{\boldsymbol{x}} =: \boldsymbol{y}$ werden die neuen auf die alten Koordinaten abgebildet, so dass mit $D := \mathrm{diag}(\frac{1}{8}, \frac{1}{2}, 1)$

$$q(\boldsymbol{y}) = q(T\boldsymbol{x} + \overline{\boldsymbol{x}}) = \boldsymbol{x}^t D\boldsymbol{x} + \overline{\boldsymbol{x}}^t A\overline{\boldsymbol{x}} + 2\tilde{\boldsymbol{b}}^t\overline{\boldsymbol{x}} + c = \boldsymbol{x}^t D\boldsymbol{x} - 1\,.$$

Also $\boldsymbol{y} \in$ Quadrik $\Leftrightarrow \boldsymbol{x} \in$ Quadrik zu $D, \boldsymbol{b} = \boldsymbol{0}, c = -1 \Leftrightarrow (\frac{x_1}{2\sqrt{2}}, \frac{x_2}{\sqrt{2}}, x_3)^t \in S^2$ (vgl. nach Satz 4.131). Die Umkehrabbildung der bijektiven Abbildung ist also

$$\boldsymbol{y} \mapsto \boldsymbol{x} = T^t(\boldsymbol{y} - \overline{\boldsymbol{x}}) \mapsto \mathrm{diag}(\frac{1}{2\sqrt{2}}, \frac{1}{\sqrt{2}}, 1)T^t(\boldsymbol{y} - \overline{\boldsymbol{x}})$$

und damit ist ein bijektives $f : S^2 \to G$ gegeben durch

$$\boldsymbol{x} \mapsto T\,\mathrm{diag}(2\sqrt{2}, \sqrt{2}, 1)\boldsymbol{x} + \overline{\boldsymbol{x}} = \begin{pmatrix} 2 & 1 & 0 \\ 0 & 0 & 1 \\ 2 & -1 & 0 \end{pmatrix}\boldsymbol{x} + \begin{pmatrix} 2 \\ 0 \\ 2 \end{pmatrix}.$$

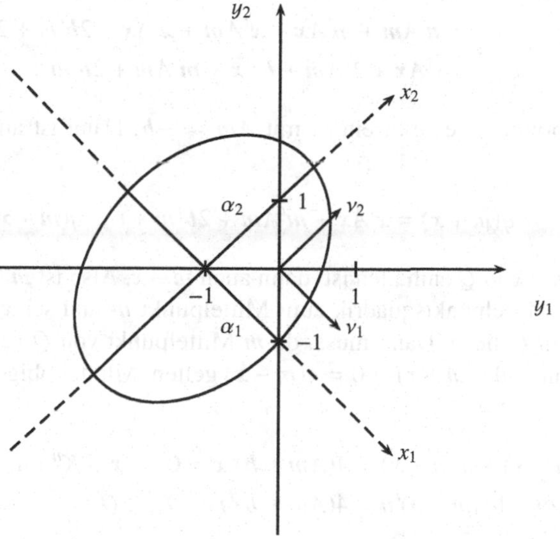


**Abb. 4** Skizze zu Aufgabe 5.16

**Lösung zu Aufgabe 5.16** Die zugehörige quadratische Form ist gegeben durch

$$A = \begin{pmatrix} 5 & -1 \\ -1 & 5 \end{pmatrix}, \quad \boldsymbol{b} = \begin{pmatrix} 5 \\ -1 \end{pmatrix}, \quad c = -6\,.$$

Zu den Eigenwerten $\lambda_1 = 6, \lambda_2 = 4$ gehören die normierten Eigenvektoren $\boldsymbol{v}_1 = \frac{1}{\sqrt{2}}(1,-1)^t, \boldsymbol{v}_2 = \frac{1}{\sqrt{2}}(1,1)^t$. Mit $T = (\boldsymbol{v}_1, \boldsymbol{v}_2)$ als orthogonale Transformation ergibt sich (siehe Lösung zu Aufgabe 5.14) wegen $\tilde{\boldsymbol{b}} := T^t\boldsymbol{b} = \frac{1}{\sqrt{2}}(6,4)^t$

$$q(T\boldsymbol{x}) = 6x^2 + 4y^2 + \sqrt{2}(6x + 4y) - 6$$

und mit der Verschiebung $\boldsymbol{v} = -\frac{1}{\sqrt{2}}(1,1)^t$, also $\tilde{\tilde{\boldsymbol{b}}} = \boldsymbol{0}$ und $\tilde{c} = \boldsymbol{v}^t\Lambda\boldsymbol{v} + 2\tilde{\boldsymbol{b}}^t\boldsymbol{v} + c = 5 - 10 - 6 = -11$:

$$q(T\boldsymbol{x} + \boldsymbol{v}) = 6x^2 + 4y^2 - 11\,.$$

Hier handelt es sich um die euklidische Normalform einer Ellipse, mit dem Mittelpunkt $\overline{\boldsymbol{x}} = -A^{-1}\boldsymbol{b} = (-1,0)^t$ (nach Beispiel 5.43 bzw. Aufgabe 5.17) und den Hauptachsenrichtungen $\boldsymbol{v}_1$ und $\boldsymbol{v}_2$. Die Hauptachsenlängen, d. h. die doppelten Halbachsen sind $2(\frac{11}{6})^{1/2}$ bzw. $2(\frac{11}{4})^{1/2}$ .

**Lösung zu Aufgabe 5.17** Man berechnet:

$$\begin{aligned} q(\boldsymbol{m}+\boldsymbol{x}) &= (\boldsymbol{m}+\boldsymbol{x})^t A(\boldsymbol{m}+\boldsymbol{x}) + 2\boldsymbol{b}^t(\boldsymbol{m}+\boldsymbol{x}) + c \\ &= \boldsymbol{m}^t A\boldsymbol{m} + \boldsymbol{m}^t A\boldsymbol{x} + \boldsymbol{x}^t A\boldsymbol{m} + \boldsymbol{x}^t A\boldsymbol{x} + 2\boldsymbol{b}^t\boldsymbol{m} + 2\boldsymbol{b}^t\boldsymbol{x} + c \\ &= \boldsymbol{x}^t A\boldsymbol{x} + 2(A\boldsymbol{m}+\boldsymbol{b})^t\boldsymbol{x} + \boldsymbol{m}^t A\boldsymbol{m} + 2\boldsymbol{b}^t\boldsymbol{m} + c \end{aligned}$$

„$\Leftarrow$“: Angenommen, es gibt ein $\boldsymbol{m}$ mit $A\boldsymbol{m} = -\boldsymbol{b}$. Dann ist aufgrund der obigen Überlegung

$$q(\boldsymbol{m}+\boldsymbol{x}) = \boldsymbol{x}^t A\boldsymbol{x} + \boldsymbol{m}^t A\boldsymbol{m} + 2\boldsymbol{b}^t\boldsymbol{m} + c = q(\boldsymbol{m}-\boldsymbol{x})\,.$$

Wenn also $\boldsymbol{m}+\boldsymbol{x}$ in $Q$ enthalten ist, dann auch $\boldsymbol{m}-\boldsymbol{x}$. Also ist $\boldsymbol{m}$ Mittelpunkt von $Q$.
„$\Rightarrow$“: Sei $Q$ Mittelpunktsquadrik zum Mittelpunkt $\boldsymbol{m}$ und sei $\boldsymbol{x} \in K^n$ so gewählt, dass $\boldsymbol{m}+\boldsymbol{x}$ in $Q$ liege. Dann muss, da $\boldsymbol{m}$ Mittelpunkt von $Q$ ist, auch $\boldsymbol{m}-\boldsymbol{x}$ in $Q$ enthalten sein und $q(\boldsymbol{m}+\boldsymbol{x}) = 0 = q(\boldsymbol{m}-\boldsymbol{x})$ gelten. Mit der obigen Rechnung erhält man

$$\begin{aligned} q(\boldsymbol{m}+\boldsymbol{x}) - q(\boldsymbol{m}-\boldsymbol{x}) &= 4(A\boldsymbol{m}+\boldsymbol{b})^t\boldsymbol{x} = 0 \quad \forall \boldsymbol{x} \in K^n \text{ mit } \boldsymbol{m}+\boldsymbol{x} \in Q \\ \text{bzw. } 4(A\boldsymbol{m}+\boldsymbol{b})^t\boldsymbol{y} &= 4(A\boldsymbol{m}+\boldsymbol{b})^t\boldsymbol{m} \quad \forall \boldsymbol{y} \in Q \end{aligned}$$

Falls $A\boldsymbol{m}+\boldsymbol{b} \neq \boldsymbol{0}$, wäre $Q$ in einer Hyperebene enthalten, was ein Widerspruch zur Annahme ist. Also gilt $A\boldsymbol{m} = -\boldsymbol{b}$.

**Lösung zu Aufgabe 5.18**

a) Die gegebenen Geraden sind

$$g_i = \boldsymbol{a}_i + \mathbb{R}\boldsymbol{b}_i \text{ mit } \boldsymbol{a}_1 = \boldsymbol{0}, \boldsymbol{b}_1 = \frac{1}{\sqrt{2}}\begin{pmatrix}1\\1\\0\end{pmatrix}, \boldsymbol{a}_2 = \begin{pmatrix}0\\0\\1\end{pmatrix}, \boldsymbol{b}_2 = \frac{1}{\sqrt{2}}\begin{pmatrix}0\\1\\1\end{pmatrix}$$

und damit gilt für $x = (x_1, x_2, x_3)^t \in \mathbb{A}^3$ nach Beispiel 2.41

$$\begin{aligned} d(\boldsymbol{x}, g_2)^2 &= \|\boldsymbol{x} - \boldsymbol{a}_2\|^2 - |\langle \boldsymbol{x} - \boldsymbol{a}_2 \,.\, \boldsymbol{b}_2\rangle|^2 \\ &= x_1^2 + x_2^2 + x_3^2 - 2x_3 + 1 - \alpha^2(x_2^2 + x_3^2 + 1 + 2x_2x_3 - 2x_1 - 2x_3) \end{aligned}$$

wobei $\alpha := 1/\sqrt{2}$, d. h. $\alpha^2 = 1/2$, und

$$d(\boldsymbol{x}, g_1)^2 = x_1^2 + x_2^2 + x_3^2 - \alpha^2(x_1^2 + x_2^2 + 2x_1x_2)\,.$$

b) Damit sind die Abstände gleich, genau dann, wenn

$$0 = 2x_3 - 1 - \alpha^2(x_1^2 + 2x_1x_2 - x_3^2 - 1 - 2x_2x_3 + 2x_2 + 2x_3)\,,$$

was wiederum äquivalent ist mit der Behauptung

$$x_1^2 - x_3^2 + 2x_1x_2 - 2x_2x_3 + 2x_2 - 2x_3 + 1 = 0\,.$$

Es handelt sich also um die Quadrik gegeben durch

$$A = \begin{pmatrix}1 & 1 & 0\\ 1 & 0 & -1\\ 0 & -1 & -1\end{pmatrix}, \quad \boldsymbol{b} = \begin{pmatrix}0\\1\\-1\end{pmatrix}, \quad c = 1\,.$$

Das charakteristische Polynom von $A$ ist $\chi_A(\lambda) = \lambda^3 - 3\lambda$ und damit sind die Eigenwerte $\lambda_1 = \sqrt{3}, \lambda_2 = -\sqrt{3}, \lambda_3 = 0$ mit einer Eigenvektorbasis

$$T = \begin{pmatrix}1 & 1 & 1\\ \sqrt{3}-1 & -\sqrt{3}-1 & -1\\ \sqrt{3}-2 & -\sqrt{3}-2 & 1\end{pmatrix}.$$

Analog zur Lösung von Aufgabe 5.14 ergibt die Transformation $\boldsymbol{x} \mapsto T\boldsymbol{x}$ die Gestalt für die quadratische Form

$$q(T\boldsymbol{x}) = \boldsymbol{x}^t\Lambda\boldsymbol{x} + 2\tilde{\boldsymbol{b}}\boldsymbol{x} + c,$$

wobei $\Lambda = \operatorname{diag}(\sqrt{3}, -\sqrt{3}, 0)$ und $\tilde{\boldsymbol{b}} := T^t\boldsymbol{b} = (1, 1, -2)^t$ und damit für die Verschiebung $\boldsymbol{v} := (-1/\sqrt{3}, -1/\sqrt{3}, 0)^t$ und so mit $\tilde{\tilde{\boldsymbol{b}}} := (0, 0, -2)^t$

$$q(T\boldsymbol{x} + \boldsymbol{v}) = \boldsymbol{x}^t\Lambda\boldsymbol{x} + 2\tilde{\tilde{\boldsymbol{b}}}^t\boldsymbol{x} + \tilde{c}$$

mit $\tilde{c} = \boldsymbol{v}^t\Lambda\boldsymbol{v} + 2\tilde{\tilde{\boldsymbol{b}}}^t\boldsymbol{v} + c = -2 + 0 + 1 = -1$. Die sich ergebende Form

$$\sqrt{3}x_1^2 - \sqrt{3}x_2^2 - 4x_3 - 1$$

hat als Quadrik eine Sattelfläche.

c) Die Ebene $E = g_2^\perp = \begin{pmatrix}1\\1\\0\end{pmatrix}^\perp = \mathbb{R}\begin{pmatrix}0\\0\\1\end{pmatrix} + \mathbb{R}\begin{pmatrix}1\\-1\\0\end{pmatrix}$ ist also durch

$$\boldsymbol{x} = \lambda\boldsymbol{v}_1 + \mu\boldsymbol{v}_2, \boldsymbol{v}_1 = \begin{pmatrix}0\\0\\1\end{pmatrix}, \boldsymbol{v}_2 = \begin{pmatrix}1\\-1\\0\end{pmatrix}$$

gegeben. Also (vergleiche Beispiele 5.48, 2)) sind die Schnittpunkte mit der durch

$$q(\boldsymbol{x}) = \boldsymbol{x}^t A\boldsymbol{x} + 2\boldsymbol{b}^t\boldsymbol{x} + c$$

gegebenen Quadrik, durch die $\lambda, \mu$ gegeben, für die gilt

$$0 = q(\lambda\boldsymbol{v}_1 + \mu\boldsymbol{v}_2) = \lambda^2\boldsymbol{v}_1^t A\boldsymbol{v}_1 + \mu^2\boldsymbol{v}_2^t A\boldsymbol{v}_2 + 2\boldsymbol{v}_1^t A\boldsymbol{v}_2\lambda\mu + 2\boldsymbol{b}^t\boldsymbol{v}_1\lambda + 2\boldsymbol{b}^t\boldsymbol{v}_1\mu + c\,.$$

Wegen $\boldsymbol{v}_1^t A\boldsymbol{v}_1 = -1 = \boldsymbol{v}_2^t A\boldsymbol{v}_2, \boldsymbol{v}_1^t A\boldsymbol{v}_2 = 1, \boldsymbol{b}^t\boldsymbol{v}_1 = -1 = \boldsymbol{b}^t\boldsymbol{v}_2$, also

$$0 = -\lambda^2 - \mu^2 + 2\lambda\mu - 2\lambda - 2\mu - 1 \quad \text{bzw.} \quad 0 = (\lambda - \mu)^2 + 2(\lambda - \mu) + 4\mu + 1$$

also mit $\tilde{\lambda} := \lambda - \mu, \tilde{\mu} := \mu$ bzw. den neuen Basisvektoren von $E$:

$$\tilde{\boldsymbol{v}}_1 := \boldsymbol{v}_1 - \boldsymbol{v}_2 = (-1, 1, 1)^t, \tilde{\boldsymbol{v}}_2 = \boldsymbol{v}_2 = (1, -1, 0)^t,$$
$$0 = \tilde{\lambda}^2 + 2\tilde{\lambda} + 4\tilde{\mu} + 1\,.$$

Bei diesem Kegelschnitt handelt es sich also um eine Parabel.

## 5.4 Alternierende Bilinearformen

**Lösung zu Aufgabe 5.19** Sei $\lambda$ Nullstelle von $\chi_A$. Wegen $A = -A^t$ folgt

$$\chi_A(-\lambda) = \det(A + \lambda\mathbb{1}) = \det(A^t + \lambda\mathbb{1}) = (-1)^n\det(-A^t - \lambda\mathbb{1}) = (-1)^n\chi_A(\lambda) = 0\,.$$

**Lösung zu Aufgabe 5.20**

a) Übertragen auf Darstellungsmatrizen lautet die Aufgabe:

Sei $G \in \mathbb{R}^{(n,n)}$ eine schiefsymmetrische Matrix, dann sind äquivalent:

(i) $\operatorname{Rang}(G) \leq 2k$ für ein $k \in \mathbb{N}$

(ii) Es gibt $\boldsymbol{a}_1, \boldsymbol{b}_1, \ldots, \boldsymbol{a}_k, \boldsymbol{b}_k \in \mathbb{R}^n$, so dass $G = \sum_{i=1}^k \boldsymbol{a}_i \wedge \boldsymbol{b}_i$

„(i) ⇒ (ii)“: Sei o. B. d. A. $\operatorname{Rang}(G) = 2k, 2k \leq n$, (siehe Korollar 5.55, 1)) und vorerst

$$\tilde{G} = \begin{pmatrix} 0 & -1 & & & & & & \\ 1 & 0 & & & & & & \\ & & \ddots & & & & & \\ & & & 0 & -1 & & & \\ & & & 1 & 0 & & & \\ & & & & & 0 & & \\ & & & & & & \ddots & \\ & & & & & & & 0 \end{pmatrix} \in \mathbb{R}^{(n,n)} \tag{4}$$

bestehend aus $k$ Diagonalblöcken, dann

$$\tilde{G} = \boldsymbol{e}_2 \wedge \boldsymbol{e}_1 + \boldsymbol{e}_4 \wedge \boldsymbol{e}_3 + \ldots + \boldsymbol{e}_{2k} \wedge \boldsymbol{e}_{2k-1} .$$

Allgemein gilt aber für ein $A \in \operatorname{GL}(n, \mathbb{R})$ und die Kongruenztransformation dazu für $\boldsymbol{a}, \boldsymbol{b} \in \mathbb{R}^n$

$$A^t(\boldsymbol{a} \otimes \boldsymbol{b})A = A^t\boldsymbol{a}\boldsymbol{b}^tA = A^t\boldsymbol{a}(A^t\boldsymbol{b})^t = A^t\boldsymbol{a} \otimes A^t\boldsymbol{b}$$

und damit auch $A^t(\boldsymbol{a} \wedge \boldsymbol{b})A = \boldsymbol{a}' \wedge \boldsymbol{b}'$, wobei $\boldsymbol{a}' := A^t\boldsymbol{a}$, $\boldsymbol{b}' := A^t\boldsymbol{b}$.
Sei also $G$ beliebig schiefsymmetrisch, so existiert nach Hauptsatz 5.54 und Satz 4.68, 2) ein $A \in \operatorname{GL}(n, \mathbb{R})$, so dass $A^t\tilde{G}A = G$ und damit

$$G = A^t\Big(\sum_{i=1}^{k} \boldsymbol{e}_{2i} \wedge \boldsymbol{e}_{2i-1}\Big)A = \sum_{i=1}^{k} A^t(\boldsymbol{e}_{2i} \wedge \boldsymbol{e}_{2i-1})A = \sum_{i=1}^{k} \boldsymbol{a}_i \wedge \boldsymbol{b}_i ,$$

wobei $\boldsymbol{a}_i := A^t\boldsymbol{e}_{2i}$, $\boldsymbol{b}_i := A^t\boldsymbol{e}_{2i-1}$.

„(ii) ⇒ (i)“: Da allgemein

$$\operatorname{Bild}(A + B) \subset \operatorname{Bild} A + \operatorname{Bild} B$$

gilt, erhalten wir mit Satz 1.86

$$\operatorname{Rang}(A + B) \leq \operatorname{Rang}(A) + \operatorname{Rang}(B) .$$

Zudem ist stets $\operatorname{Rang}(\boldsymbol{a} \otimes \boldsymbol{b}) \in \{0, 1\}$ mit $\boldsymbol{a}, \boldsymbol{b} \in \mathbb{R}^n$, woraus die Behauptung sofort folgt.

b) Seien $\boldsymbol{a}, \boldsymbol{b} \in \mathbb{R}^n$. $\boldsymbol{a} \wedge \boldsymbol{b} = \boldsymbol{0}$ bedeutet $\boldsymbol{a} \otimes \boldsymbol{b} = \boldsymbol{b} \otimes \boldsymbol{a}$. Wenn nicht $\boldsymbol{a} = \boldsymbol{b} = \boldsymbol{0}$ gilt, wo die Behauptung offensichtlich gilt, gibt es ein $i \in \{1, \ldots, n\}$, so dass $a_i \neq 0$ oder $b_i \neq 0$. Die $i$-te Spalte der obigen Gleichung lautet

$$b_i\boldsymbol{a} = a_i\boldsymbol{b}$$

und damit sind $\boldsymbol{a}, \boldsymbol{b}$ linear abhängig. Die umgekehrte Aussage folgt direkt.

**Lösung zu Aufgabe 5.21** Sei $V := \left\{f \in C^1([0,1], \mathbb{R}) : f(0) = f(1) = 0\right\}$ und $f, g \in V$. Die Form $\varphi$ ist (wohldefiniert und) bilinear auf $V$, da $f \mapsto f' \in C([0,1], \mathbb{R})$ linear ist (vgl. (1.61)). Die Form ist schiefsymmetrisch, da durch partielle Integration (siehe *Analysis*) folgt:

$$\varphi(f,g) = \int_0^1 f(x)g'(x)dx = -\int_0^1 f'(x)g(x)dx + f(x)g(x)\Big|_0^1 = -\varphi(g,f)\,.$$

Zum Nachweis der Nichtdegeneriertheit von $\varphi$ sei $f \in V, f \neq 0$. Es ist ein $g \in V$ zu finden, so dass $\varphi(f,g) \neq 0$. Sei $g(x) := \int_0^x f(s)ds - \alpha x$, wobei $\alpha := \int_0^1 f(x)dx$, also $g(0) = 0 = g(1)$ und damit $g \in V$. Es gilt

$$\varphi(f,g) = \int_0^1 f(x)(f(x) - \alpha)dx = \int_0^1 f(x)^2 dx - \left(\int_0^1 f(x)dx\right)^2 .$$

$\varphi(f,g) = 0$ bedeutet also insbesondere $\|f\|_2 = \|f\|_1$ (siehe (1.64),(1.65)). Dies bedeutet für die Funktionen $f$ und $g, g(x) := 1$ für alle $x \in [0,1]$ im $L^2$-SKP $(\,.\,)$: mit der CAUCHY-SCHWARZ-Ungleichung (C.S.U.) (1.59)

$$\|f\|_1 = (f\,.\,g) \leq \|f\|_2\|g\|_2 = \|f\|_2\,,$$

so dass also in der C.S.U. Gleichheit gilt. Dies hat aber allgemein die lineare Abhängigkeit von $f$ und $g$ zur Folge, d. h. hier müsste $f$ konstant sein. Das ist aber wegen der Randbedingungen nur für $f = 0$ der Fall.

Die Aussage über die C.S.U. lässt sich folgendermaßenm einsehen: Sei $(V, (\,.\,))$ ein $\mathbb{R}$-Vektorraum mit SKP $(\,.\,)$, seien $\boldsymbol{x}, \boldsymbol{y} \in V$, o. B. d. A. $\boldsymbol{y} \neq \boldsymbol{0}$, so dass $(\boldsymbol{x}\,.\,\boldsymbol{y}) = \|\boldsymbol{x}\|\,\|\boldsymbol{y}\|$ für die erzeugte Norm, dann folgt für alle $\lambda \in \mathbb{R}$

$$\begin{aligned} 0 \leq \|\boldsymbol{x} - \lambda\boldsymbol{y}\|^2 &= (\boldsymbol{x} - \lambda\boldsymbol{y}\,.\,\boldsymbol{x} - \lambda\boldsymbol{y}) = \|\boldsymbol{x}\|^2 - 2\lambda(\boldsymbol{x}\,.\,\boldsymbol{y}) + \lambda^2\|\boldsymbol{y}\|^2 \\ &= \|\boldsymbol{x}\|^2 - 2\|\boldsymbol{x}\|\lambda\|\boldsymbol{y}\| + (\lambda\|\boldsymbol{y}\|)^2 = (\|\boldsymbol{x}\| - \lambda\|\boldsymbol{y}\|)^2\,. \end{aligned}$$

Für die Wahl $\lambda = \|\boldsymbol{x}\|/\|\boldsymbol{y}\|$ folgt also $\boldsymbol{x} = \lambda\boldsymbol{y}$.

**Lösung zu Aufgabe 5.22**

a) Übertragen auf Darstellungsmatrizen ist die Behauptung:

Sei $\tilde{\Lambda} := \left\{A \in \mathbb{R}^{(4,4)} : A \text{ schiefsymmetrisch}\right\}$, dann ist

$$\mathcal{B} := \{\boldsymbol{e}_1 \wedge \boldsymbol{e}_2, \boldsymbol{e}_1 \wedge \boldsymbol{e}_3, \boldsymbol{e}_1 \wedge \boldsymbol{e}_4, \boldsymbol{e}_2 \wedge \boldsymbol{e}_3, \boldsymbol{e}_2 \wedge \boldsymbol{e}_4, \boldsymbol{e}_3 \wedge \boldsymbol{e}_4\}$$

eine Basis von $\tilde{\Lambda}$. Sei $A \in \tilde{\Lambda}$, dann ist $a_{i,i} = 0$ und $a_{i,j} = -a_{j,i}$, also ist $\dim \Lambda = 6$. Es ist $\mathcal{B} \subset \tilde{\Lambda}$ und bei Nummerierung wie oben angegeben für $\mathcal{B}$, d. h. $\mathcal{B} = \{A_1, \ldots, A_6\}$ gilt

$$(A_1)_{1,2} = (A_2)_{1,3} = (A_3)_{1,4} = (A_4)_{2,3} = (A_5)_{2,4} = (A_6)_{3,4} = 1$$

und sonst für $i \leq j$ $(A_k)_{i,j} = 0$, also erfüllt $A \in \tilde{\Lambda}$:

$$A = a_{1,2}A_1 + a_{1,3}A_2 + a_{1,4}A_3 + a_{2,3}A_4 + a_{2,4}A_5 + a_{3,4}A_6 \,, \tag{5}$$

d. h. $\mathcal{B}$ ist eine Basis.

b) Da $p$ als Form in zwei Variablen auf einer Basis von $\Lambda$ definiert ist, wird durch Fortsetzung (siehe Satz 5.3) eine Bilinearform auf $\Lambda$ definiert. Diese ist symmetrisch, da gilt: $\mathrm{sign}(\sigma_1) = \mathrm{sign}(\sigma_2)$, wobei $\sigma_i \in \Sigma_4$ definiert sind

$$\begin{aligned}\sigma_1 &: 1,2,3,4 \mapsto i,j,k,l\\ \sigma_2 &: 1,2,3,4 \mapsto k,l,i,j\end{aligned}$$

denn $\sigma_2 = \sigma_{2,4} \circ \sigma_{1,3} \circ \sigma_1$, wobei $\sigma_{k,l}$ die Bezeichnung für Transpositionen (siehe Beispiele 2.93) ist. Mit Satz 2.98 folgt also $\mathrm{sign}(\sigma_2) = (-1)^2 \,\mathrm{sign}(\sigma_1)$. Damit ist für $\{i,j\} \cap \{k,l\} = \emptyset$:

$$p(f^i \wedge f^j, f^k \wedge f^l) = \mathrm{sign}(\sigma_1) = \mathrm{sign}(\sigma_2) = p(f^k \wedge f^l, f^i \wedge f^j)\,,$$

der verbleibende Fall ist klar.
Die Form $p$ ist nichtdegeneriert, da die Darstellungsmatrix invertierbar ist. Diese ist nämlich bezüglich $\mathcal{B}$:

$$G = \begin{pmatrix} 0 & 0 & 0 & 0 & 0 & 1\\ 0 & 0 & 0 & 0 & -1 & 0\\ 0 & 0 & 0 & 1 & 0 & 0\\ 0 & 0 & 1 & 0 & 0 & 0\\ 0 & -1 & 0 & 0 & 0 & 0\\ 1 & 0 & 0 & 0 & 0 & 0 \end{pmatrix} .$$

Die Invertierbarkeit von $G$ sieht man z.B. durch Zeilenvertauschungen, so dass die Zeilen von unten durchlaufen werden.

c) Wegen (5) bedeutet $p(\varphi, \varphi) = 0$ für ein $\varphi \in \Lambda$: $p(A, A) = 0$ für ein $A \in \tilde{\Lambda}$ und mit (5) also: $(G\boldsymbol{x})^t \boldsymbol{x} = 0$, wobei $\boldsymbol{x} = (a_{1,2}, a_{1,3}, a_{1,4}, a_{2,3}, a_{2,4}, a_{3,4})^t$ und damit ergibt sich als Bedingung:

$$a_{1,2}a_{3,4} - a_{1,3}a_{2,4} + a_{1,4}a_{2,3} = 0 \,. \tag{6}$$

Ist $A$ von der Form $A = \boldsymbol{a} \wedge \boldsymbol{b}$, dann bedeutet (6):

$$\begin{aligned}(a_1b_2 - a_2b_1)(a_3b_4 - a_4b_3) - (a_1b_3 - a_3b_1)(a_2b_4 - a_4b_2)&\\ + (a_1b_4 - a_4b_1)(a_2b_3 - a_3b_2) &= 0\,,\end{aligned}$$

was gilt.

Gilt hingegen (6) für die Einträge der schiefsymmetrischen Matrix $A \in \tilde{\Lambda}$, dann ist $\det A = 0$. Dies lässt sich wie folgt einsehen: Angenommen $a_{3,4} \neq 0$, dann haben wir mit (6) und elementaren Spaltenumformungen ($a_{3,4}II - a_{2,4}III + a_{2,3}IV$)

$$\det A = \det\begin{pmatrix} 0 & a_{1,2} & a_{1,3} & a_{1,4} \\ -a_{1,2} & 0 & a_{2,3} & a_{2,4} \\ -a_{1,3} & -a_{2,3} & 0 & a_{3,4} \\ -a_{1,4} & -a_{2,4} & -a_{3,4} & 0 \end{pmatrix} = \frac{1}{a_{3,4}} \det\begin{pmatrix} 0 & a_{3,4}a_{1,2} - a_{2,4}a_{1,3} + a_{2,3}a_{1,4} & a_{1,3} & a_{1,4} \\ -a_{1,2} & -a_{2,4}a_{2,3} + a_{2,3}a_{2,4} & a_{2,3} & a_{2,4} \\ -a_{1,3} & -a_{3,4}a_{2,3} + a_{2,3}a_{3,4} & 0 & a_{3,4} \\ -a_{1,4} & -a_{3,4}a_{2,4} + a_{2,4}a_{3,4} & -a_{3,4} & 0 \end{pmatrix}$$

$$= \frac{1}{a_{3,4}} \det\begin{pmatrix} 0 & 0 & a_{1,3} & a_{1,4} \\ -a_{1,2} & 0 & a_{2,3} & a_{2,4} \\ -a_{1,3} & 0 & 0 & a_{3,4} \\ -a_{1,4} & 0 & -a_{3,4} & 0 \end{pmatrix} = 0 .$$

Ist andererseits $a_{3,4} = 0$, so erhalten wir durch Entwicklung nach der letzten Zeile

$$\det A = a_{1,4}\begin{pmatrix} a_{1,2} & a_{1,3} & a_{1,4} \\ 0 & a_{2,3} & a_{2,4} \\ -a_{2,3} & 0 & 0 \end{pmatrix} - a_{2,4}\begin{pmatrix} 0 & a_{1,3} & a_{1,4} \\ -a_{1,2} & a_{2,3} & a_{2,4} \\ -a_{1,3} & 0 & 0 \end{pmatrix} = (a_{1,4}a_{2,3} - a_{1,3}a_{2,4})^2 = 0 ,$$

nach (5). Nach Korollar 5.55, 1) ist also $\mathrm{Rang}(A) \in \{0, 2\}$ und mit Aufgabe 5.20, a) die Behauptung bewiesen.

# Lösungen zu Kapitel 6
# Polyeder und lineare Optimierung

## 6.1 Elementare konvexe Geometrie

**Lösung zu Aufgabe 6.1** $x \in \mathrm{conv}(\{e_0, e_1, \ldots, e_n\}) \Leftrightarrow x = s_0 e_0 + s_1 e_1 + \ldots + s_n e_n$ mit $s_0, \ldots, s_n \geq 0$, $\sum_{i=0}^{n} s_i = 1 \Leftrightarrow x = s_1 e_1 + \ldots + s_n e_n$ mit $s_1, \ldots, s_n \geq 0$, $\sum_{i=1}^{n} s_i \leq 1 \Leftrightarrow x_1, \ldots, x_n \geq 0$, $\sum_{i=1}^{n} x_i \leq 1$.

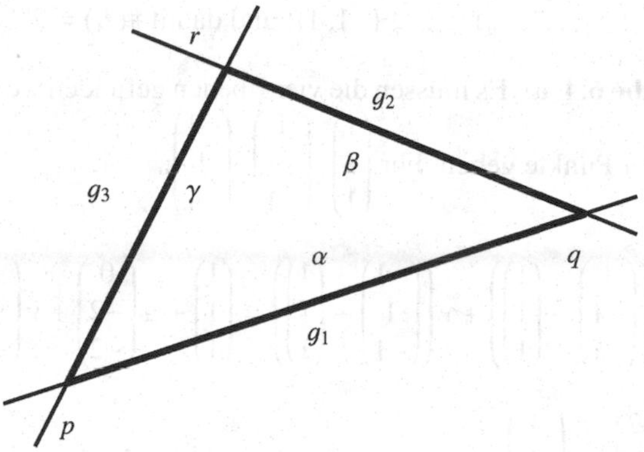


**Abb. 5** Veranschaulichung von Aufgabe 6.2

**Lösung zu Aufgabe 6.2** $g_1$ (siehe Abb. 3) definiert 2 Halbräume

$$H_{1,1} := \{x \in \mathbb{A}^2 : \alpha(x) \geq 0\} \text{ und } H_{1,2} := \{x \in \mathbb{A}^2 : \alpha(x) \leq 0\}.$$

$\triangle$ gehört ganz zu einem dieser Halbräume und wegen $r \in \triangle$ also $\alpha(x)\alpha(r) \geq 0$. Ist nämlich etwa $\alpha(r) \geq 0$, dann gehören $p, q, r$ zu $H_{1,1}$ und wegen der Konvexität von $H_{1,1}$ auch $\operatorname{conv}(p, q, r) \subset H_{1,1}$. Analog ergeben sich die weiteren Aussagen. In Ergänzung von Aufgabe 1.37 gilt weiter: Die Seite $\overline{pq}$ ist dann gegeben durch $\alpha(x) = 0$ und $\beta(x), \beta(p)$ und $\gamma(x), \gamma(q)$ haben das gleiche Vorzeichen, d. h. $\beta(x)\beta(p) \geq 0$, $\gamma(x)\gamma(q) \geq 0$und analog für $\overline{qr}$ und $\overline{rp}$.

**Bemerkung zu Aufgabe 6.2** Die Darstellung in baryzentrischen statt kartesischen Koordinaten ist also viel einfacher.

## 6.2 Polyeder

**Lösung zu Aufgabe 6.3** $W$ wird durch $2n$ Ungleichungen

$$\begin{array}{lll} \text{(i)} & x_i \geq -1, & i = 1, \ldots, n \\ \text{(i+n)} & -x_i \geq -1, & i = 1, \ldots, n \end{array}$$

beschrieben. Für eine Ecke müssen davon $n$ aktiv sein und durch linear unabhängige Linearformen gegeben sein (Theorem 6.34). Daher kann (i) mit (i+n) nicht kombiniert werden und für jedes $i = 1, \ldots, n$ muss gelten $x_i = -1$ oder $x_i = 1$, also gilt für die Menge der Ecken $E$

$$E = \{(x_1, \ldots, x_n)^t : x_i \in \{-1, 1\}\} \text{ und damit } \#(E) = 2^n .$$

**Lösung zu Aufgabe 6.4** a) Es müssen die vier Ebenen gefunden werden, die durch jeweils drei der vier Punkte gehen. Für $\begin{pmatrix}1\\1\\1\end{pmatrix}, \begin{pmatrix}1\\-1\\-1\end{pmatrix}, \begin{pmatrix}-1\\1\\-1\end{pmatrix}$:

$$\begin{pmatrix}1\\1\\1\end{pmatrix} + \mu\left(\begin{pmatrix}1\\-1\\-1\end{pmatrix} - \begin{pmatrix}1\\1\\1\end{pmatrix}\right) + \nu\left(\begin{pmatrix}-1\\1\\-1\end{pmatrix} - \begin{pmatrix}1\\1\\1\end{pmatrix}\right) = \begin{pmatrix}1\\1\\1\end{pmatrix} + \mu\begin{pmatrix}0\\-2\\-2\end{pmatrix} + \nu\begin{pmatrix}-2\\0\\-2\end{pmatrix} .$$

Wegen $\begin{pmatrix}0\\-2\\-2\end{pmatrix} \times \begin{pmatrix}-2\\0\\-2\end{pmatrix} = \begin{pmatrix}4\\4\\-4\end{pmatrix}$ ist die gesuchte Ebene von der Form $x_1 + x_2 - x_3 = c$ (siehe Bemerkungen 2.134 ,1)). Einsetzen von $\begin{pmatrix}1\\1\\1\end{pmatrix}$ liefert $c = 1$. Also ist eine Seitenfläche $F_4$ (Seite der Dimension 2) gegeben durch

$$\begin{pmatrix}1\\1\\1\end{pmatrix} + \mu\begin{pmatrix}0\\-2\\-2\end{pmatrix} + \nu\begin{pmatrix}-2\\0\\-2\end{pmatrix}, \ 0 \leq \mu,\ \nu \leq 1$$

bzw.

$$x_1 + x_2 - x_3 = 1, \; \boldsymbol{x} \in S \quad \text{und es ist} \quad (\boldsymbol{x}, \boldsymbol{p}_4) = -1$$

für die nicht enthaltene Ecke $\boldsymbol{p}_4$, wenn $\boldsymbol{p}_i$ die Ecken von $S$ in der obigen Reihenfolge bezeichnen. Also ist $-x_1 - x_2 + x_3 \geq -1$ der zugehörige Halbraum. Für die anderen Seiten von $S$ erhält man ganz analog:

$$\begin{aligned} F_1 &: -x_1 + x_2 - x_3 = -1, \; \boldsymbol{x} \in S \\ F_2 &: \quad x_1 - x_2 - x_3 = -1, \; \boldsymbol{x} \in S \\ F_3 &: \quad x_1 + x_2 + x_3 = -1, \; \boldsymbol{x} \in S \end{aligned}$$

und

$$\begin{aligned} -x_1 + x_2 - x_3 &\geq -1 \\ x_1 - x_2 - x_3 &\geq -1 \\ x_1 + x_2 + x_3 &\geq -1 \end{aligned}$$

für die Halbräume, eine Charakterisierung für $\boldsymbol{x} \in S$. Für $S'$ erhält man:

$$\begin{aligned} x_1 - x_2 + x_3 &\geq -1 \\ -x_1 + x_2 + x_3 &\geq -1 \\ -x_1 - x_2 - x_3 &\geq -1 \\ x_1 + x_2 - x_3 &\geq -1 \,, \end{aligned}$$

denn die Ecken von $S'$ gehen aus denen von $S$ durch $\boldsymbol{x} \mapsto -\boldsymbol{x}$ hervor, und damit ist (siehe Theorem 6.42) $S' = -S$.

b) Nach a) ist $S \cap S'$ invariant unter der Drehspiegelung $\boldsymbol{x} \mapsto -\boldsymbol{x}$ und $S \cap S'$ wird durch die acht Ungleichungen aus a) beschrieben, also $S \cap S' = \{\boldsymbol{x} \in \mathbb{R}^3 : (\boldsymbol{x} \,.\, \boldsymbol{p}_i) \in [-1, 1]\}$, wobei $\boldsymbol{p}_i \in S$, $i = 1, ..., 4$ die in der Aufgabenstellung gegebenen Ecken von $S$ darstellen. Zwar findet man für die in der Aufgabenstellung gegebenen Punkte (Ecken von $S$ bzw. $S'$) jeweils drei Ungleichungen, in denen Gleichheit gilt und die linear unabhängig sind, diese sind aber nicht in $S \cap S'$ enthalten, d.h. sie erfüllen nicht alle acht Ungleichungen aus a). Lediglich die sechs Punkte $(\pm 1, 0, 0)^t, (0, \pm 1, 0)^t, (0, 0, \pm 1)^t \in S \cap S'$ erfüllen die Voraussetzungen des Eckenkriteriums (siehe Theorem 6.34, ii)), da ihre Drehspiegelung wieder zur Menge gehört, und sind daher die Ecken von $S \cap S'$. Der Schnitt ist also eine Doppelpyramide.

**Lösung zu Aufgabe 6.5** a) Definiere die Linearformen $h_i$ durch

$$h_i(\boldsymbol{x}) = x_i, \; i = 1, 2, 3, \quad h_j(\boldsymbol{x}) = -\sum_{\substack{k=1 \\ k \neq j-3}}^{3} x_k, \; j = 4, 5, 6 \,,$$

die von den Vektoren $(1, 0, 0)^t$, $(0, 1, 0)^t$, $(0, 0, 1)^t$, $(-1, -1, 0)^t$, $(-1, 0, -1)^t$ und $(0, -1, -1)^t$ erzeugt werden und von denen maximal 3 linear unabhängig sind. Eine

Ecke des Polyeders

$$\{\boldsymbol{x} \in \mathbb{R}^3 \ : \ h_i(\boldsymbol{x}) \geq 0 \text{ für } i = 1,2,3, \ h_j(\boldsymbol{x}) \geq -1 \text{ für } j = 4,5,6\}$$

ist nach Theorem 6.34 ein Punkt, bei dem in drei Ungleichungen Gleichheit gilt, die linear unabhängig sind.
1. Fall: Gleichheit in den drei Ungleichungen $h_i(\boldsymbol{x}) \geq 0$ für $i = 1,2,3$.
Dies erfüllt nur der Punkt $(0,0,0)^t$. Dieser ist Ecke, da $h_1, h_2, h_3$ linear unabhängig sind.

2. Fall: Gleichheit in zwei der Ungleichungen $h_i(\boldsymbol{x}) \geq 0$, $i \leq 3$.

Für $x_1 = x_2 = 0, x_3 > 0$ folgt für die anderen Ungleichungen: $0 \leq 1, x_3 \leq 1, x_3 \leq 1$ mit Gleichheit in einer weiteren Ungleichung genau für $x_3 = 1$. Der Punkt $(0,0,1)^t$ erfüllt die Ungleichungen für $h_1, h_2, h_5$ und $h_6$ mit Gleichheit, von denen $h_1, h_2$ und $h_5$ linear unabhängig sind. Also ist $(0,0,1)^t$ Ecke. Analog ergeben sich die weiteren Fälle. Insgesamt: $(1,0,0)^t$, $(0,1,0)^t$, $(0,0,1)^t$ sind Ecken in diesem Fall.

3. Fall Gleichheit in einer der Ungleichungen $h_i(\boldsymbol{x}) \geq 0$, $i \leq 3$.
Für $x_1 = 0, \ x_2, \ x_3 > 0$ folgt für die anderen Ungleichungen: $x_2 \leq 1, \ x_3 \leq 1, \ x_2 + x_3 \leq 1$. Gleichheit in zwei weiteren Ungleichungen kann nur gelten für $x_2 = 1$ oder $x_3 = 1$. Dann folgt aus $x_2 + x_3 \leq 1$ aber, dass $x_3 \leq 0$ oder $x_2 \leq 0$, im Widerspruch zu $x_2, x_3 > 0$. In diesem Fall gibt es keine Ecken.

4. Fall Gleichheit in den drei Ungleichungen $h_i(\boldsymbol{x}) \geq -1$, $i = 4,5,6$. Einzige Lösung ist $(\frac{1}{2}, \frac{1}{2}, \frac{1}{2})^t$. Da $h_4, h_5, h_6$ linear unabhängig sind, ist $(\frac{1}{2}, \frac{1}{2}, \frac{1}{2})^t$ eine Ecke.

b) Die gleiche Vorgehensweise wie in a) liefert die Ecken

$$(\frac{1}{2}, \frac{1}{2}, \frac{1}{2})^t, \ (0,1,1)^t, \ (1,1,0)^t, \ (1,0,1)^t \,.$$

**Lösung zu Aufgabe 6.6** a)

$$x_1 + 2x_2 \geq 3 \iff -x_1 - 2x_2 \leq -3 \iff -x_1 - 2x_2 + y_1 = -3\,, \quad y_1 \geq 0 \text{ (Schlupfvariabl}$$
$$\iff -x_1^+ + x_1^- - 2x_2^+ + 2x_2^- + y_1 = -3\,, \quad x_1^\pm, x_2^\pm, y_1 \geq 0$$

($x_i^\pm$ erfüllen $x_i = x_i^+ - x_i^-$)

$$x_1 - 2x_2 \geq -4 \iff -x_1 + 2x_2 + y_2 = 4\,, \quad y_2 \geq 0$$
$$\iff -x_1^+ + x_1^- + 2x_2^+ - 2x_2^- + y_2 = 4\,, \quad x_1^\pm, x_2^\pm, y_2 \geq 0$$
$$x_1 + 7x_2 \leq 6 \iff x_1 + 7x_2 + y_3 = 6\,, \quad y_3 \geq 0$$
$$\iff x_1^+ - x_1^- + 7x_2^+ - 7x_2^- + y_3 = 6\,, \quad x_1^\pm, x_2^\pm, y_3 \geq 0$$

Gesuchtes Gleichungssystem ist:

$$\begin{pmatrix} -1 & 1 & -2 & 2 & 1 & 0 & 0 \\ -1 & 1 & 2 & -2 & 0 & 1 & 0 \\ 1 & -1 & 7 & -7 & 0 & 0 & 1 \end{pmatrix} \begin{pmatrix} x_1^+ \\ x_1^- \\ x_2^+ \\ x_2^- \\ y_1 \\ y_2 \\ y_3 \end{pmatrix} = \begin{pmatrix} -3 \\ 4 \\ 6 \end{pmatrix}, \qquad \begin{pmatrix} x_1^+ \\ x_1^- \\ x_2^+ \\ x_2^- \\ y_1 \\ y_2 \\ y_3 \end{pmatrix} \geq 0$$

b)

$$\begin{aligned} x_1 + x_2 \geq 2 &\iff -x_1 - x_2 + y_1 = -2\,, \quad y_1 \geq 0 \\ &\iff -x_1^+ + x_1^- - x_2^+ + x_2^- + y_1 = -2\,, \quad x_1^\pm, x_2^\pm, y_1 \geq 0 \\ x_1 - x_2 \leq 4 &\iff x_1 - x_2 + y_2 = 4\,, \quad y_2 \geq 0 \\ &\iff x_1^+ - x_1^- - x_2^+ + x_2^- + y_2 = 4\,, \quad x_1^\pm, x_2^\pm, y_2 \geq 0 \\ x_1 + x_2 \leq 7 &\iff x_1 + x_2 + y_3 = 7\,, \quad y_3 \geq 0 \\ &\iff x_1^+ - x_1^- + x_2^+ - x_2^- + y_3 = 7\,, \quad x_1^\pm, x_2^\pm, y_3 \geq 0 \end{aligned}$$

Gesuchtes Gleichungssystem ist:

$$\begin{pmatrix} -1 & 1 & -1 & 1 & 1 & 0 & 0 \\ 1 & -1 & -1 & 1 & 0 & 1 & 0 \\ 1 & -1 & 1 & -1 & 0 & 0 & 1 \end{pmatrix} \begin{pmatrix} x_1^+ \\ x_1^- \\ x_2^+ \\ x_2^- \\ y_1 \\ y_2 \\ y_3 \end{pmatrix} = \begin{pmatrix} -2 \\ 4 \\ 7 \end{pmatrix}, \qquad \begin{pmatrix} x_1^+ \\ x_1^- \\ x_2^+ \\ x_2^- \\ y_1 \\ y_2 \\ y_3 \end{pmatrix} \geq 0$$

Das Polyeder aus a) ist definiert durch

$$\begin{aligned} (I)\ & -x_1 - 2x_2 \leq -3 \\ (II)\ & -x_1 + 2x_2 \leq 4 \\ (III)\ & \phantom{-}x_1 + 7x_2 \leq 6 \end{aligned}$$

$$\text{Also gilt: } 1{,}8(I) + 0{,}8(III)\ -x_1 + 2x_2 \leq -0{,}6 \leq 4\,,$$

und damit ist (II) automatisch erfüllt, wenn (I) und (III) erfüllt sind und kann deshalb weggelassen werden. Alternativ kann nach Satz 6.29 die Dimension von $S := P \cap \{\boldsymbol{x} \in \mathbb{R}^2 : -x_1 + 2x_2 = 4\}$ betrachtet werden. $(I)$ liefert dann $x_2 \geq 7/4$, $(III)$ $x_2 \leq 10/9$ und damit $S = \emptyset$.

**Lösung zu Aufgabe 6.7** Für $m = 2$ ist die Behauptung klar. Im Induktionsschluss sei $m > 2$. Nach (6.8) ist $P = \operatorname{conv}\{\boldsymbol{p}_0, \ldots, \boldsymbol{p}_m\}$ das Polyeder zu den Ungleichungen $h_i(\boldsymbol{x}) \geq c_i$, $i = 0, \ldots, m$, wobei $h_i$ charakterisiert ist durch

$$\{x \in \mathbb{R}^m : h_i(x) = c_i\} = \text{span}_a(p_0, \ldots, p_{i-1}, p_{i+1}, \ldots, p_m)$$

(wenn man o. B. d. A. $P \subset \mathbb{R}^m$ annimmt). Eine $(m-1)$-dimensionale Seite ist also gerade charakterisiert durch

$$\begin{aligned}\{x \in P : h_i(x) = c_i\} &= \text{span}_a(p_0, \ldots, p_{i-1}, p_{i+1}, \ldots, p_m) \cap \text{conv}\{p_0, \ldots, p_m\} \\ &= \text{conv}\{p_0, \ldots, p_{i-1}, p_{i+1}, \ldots, p_m\} =: S_i\end{aligned}$$

und damit die Behauptung für $d = m$. Anwendung der Induktionsvoraussetzung auf $S_i$ liefert die restliche Behauptung, unter Berücksichtigung von Satz 6.28. (Der Beweis von Satz 6.28 zeigt, dass jede $d$-dimensionale Seite eines Polyeders $P$ mit $\dim P > d + 1$ auch aufgefasst werden kann (nicht eindeutig) als $d$-dimensionale Seite einer $\overline{d}$- dimensionalen Seite, wobei $\overline{d} > d$).

## 6.3 Beschränkte Polyeder

**Lösung zu Aufgabe 6.8** a) Ein Polyeder ist genau dann unbeschränkt, wenn ein $a \neq 0$ existiert mit $h_i(a) \geq 0$ für $i = 1, \ldots, k$ (Satz 6.39). Wenn kein solches $a$ existiert, ist es also beschränkt. Dies wollen wir hier zeigen. Unser Polyeder ist definiert durch:

$$\begin{aligned} h_i(x) &= x_i \geq 0, \ i = 1, 2, 3 \\ h_4(x) &= -x_1 - x_2 \geq -1 \\ h_5(x) &= -x_1 - x_3 \geq -1 \\ h_6(x) &= -x_2 - x_3 \geq -1 \,. \end{aligned}$$

Also

$$h_i(a) \geq 0, \ i = 1, \ldots, 6 \Leftrightarrow \left\{ \begin{array}{rl} a_1 \geq 0 & (1) \\ a_2 \geq 0 & (2) \\ a_3 \geq 0 & (3) \\ -a_1 - a_2 \geq 0 & (4) \\ -a_1 - a_3 \geq 0 & (5) \\ -a_2 - a_3 \geq 0 & (6) \end{array} \right\} .$$

(1)+(2): $a_1 + a_2 \geq 0$. Mit (4) folgt daraus $a_1 + a_2 = 0$. Wegen (1), (2) gilt deshalb $a_1 = a_2 = 0$. Mit (3) und (5) folgt schließlich $a_3 = 0$. Es existiert also kein $a \neq 0$ mit $h_i(a) \geq 0$ für $i = 1, \ldots, k$. Also ist das Polyeder beschränkt.

b) Man betrachte den Strahl

$$S = \left\{ \begin{pmatrix} 1 \\ 1 \\ 1 \end{pmatrix} + t \begin{pmatrix} 1 \\ 1 \\ 1 \end{pmatrix} : t \geq 0 \right\}$$

Für $\boldsymbol{x} \in S$ gilt: für $i, j = 1, 2, 3$

$$x_i = 1 + t \geq 0, \quad x_i + x_j = 1 + t + 1 + t \geq 2 \geq 1\,.$$

Der Strahl liegt deshalb ganz im Polyeder. Nach Satz 6.39 ist es somit unbeschränkt.

**Lösung zu Aufgabe 6.9** a)

$$\begin{aligned} \boldsymbol{x} \in \operatorname{cone}_{\boldsymbol{q}}(M_1 \cup M_2) &= \{\boldsymbol{x} \in V : \boldsymbol{x} = \boldsymbol{q} + \lambda(\boldsymbol{p} - \boldsymbol{q}), \boldsymbol{p} \in M_1 \cup M_2\} \\ &= \bigcup_{i=1}^{2} \{\boldsymbol{x} \in V : \boldsymbol{x} = \boldsymbol{q} + \lambda(\boldsymbol{p} - \boldsymbol{q}), \boldsymbol{p} \in M_i\} = \bigcup_{i=1}^{2} \operatorname{cone}_{\boldsymbol{q}}(M_i) \end{aligned}$$

b) Es gilt immer:

$$\operatorname{cone}_{\boldsymbol{q}}(M_1 \cap M_2) \subset \operatorname{cone}_{\boldsymbol{q}}(M_1) \cap \operatorname{cone}_{\boldsymbol{q}}(M_2)\,,$$

wie die Definition analog zu a) sofort zeigt. Die umgekehrte Inklusion ist i. Allg. nicht richtig:
Am einfachsten sei dazu $M_1 \cap M_2 = \emptyset$, also $\operatorname{cone}_{\boldsymbol{q}}(M_1 \cap M_2) = \emptyset$, aber $\bigcap_{i=1}^{2} \operatorname{cone}_{\boldsymbol{q}}(M_i) \neq \emptyset$, wie z. B. bei $V = \mathbb{R}^2$, $M_1 = \overline{B}_1((2,0))$, $M_2 = \overline{B}_1((5,0))$ (siehe Definition C.2), dann ist $\operatorname{cone}_0(M_2) \subset \operatorname{cone}_0(M_1)$, denn sei $\boldsymbol{x} = \lambda(\boldsymbol{y} + (5,0)) \in \operatorname{cone}_0(M_2)$, wobei $\|\boldsymbol{y}\|_2 \leq 1$, dann $\boldsymbol{x} = \frac{5}{2}\lambda(\frac{2}{5}\boldsymbol{y} + (2,0)) \in \operatorname{cone}_0(M_1)$, denn $\left\|\frac{2}{5}\boldsymbol{y}\right\| \leq \frac{2}{5} \leq 1$.
Analog lassen sich Beispiele mit nichtleerem Schnitt definieren, siehe Abbildung auf Seite Abbildung 6.

**Lösung zu Aufgabe 6.10** „$\Rightarrow$“: Seien $\boldsymbol{x}, \boldsymbol{y} \in \operatorname{cone}_0(M) =: K$, dann $\boldsymbol{x} + \boldsymbol{y} = \frac{1}{2}(2\boldsymbol{x} + 2\boldsymbol{y})$ und $2\boldsymbol{x}, 2\boldsymbol{y} \in K$ nach Definition, also $\boldsymbol{x} + \boldsymbol{y} \in K$ mit Satz 6.6, da $K$ konvex ist.
„$\Leftarrow$“: Seien $\boldsymbol{x}, \boldsymbol{y} \in K$, $\lambda \in [0,1]$ dann $\lambda\boldsymbol{x}, (1-\lambda)\boldsymbol{y} \in K$ nach Definition und nach Voraussetzung also $\lambda\boldsymbol{x} + (1-\lambda)\boldsymbol{y} \in K$, also ist $K$ konvex nach Satz 6.6.

## 6.4 Das Optimierungsproblem

**Lösung zu Aufgabe 6.11** a) Nach Theorem 6.34: $\boldsymbol{p} \in P$ ist Ecke, wenn Gleichheit in drei Gleichungen gilt und die Linearformen dieser Gleichungen linear unabhängig sind. $\boldsymbol{p}_1 := (0,0,0)^t$ ist Ecke, da $x_1 = 0$, $x_2 = 0$, $x_3 = 0$ und $\begin{pmatrix}1\\0\\0\end{pmatrix}, \begin{pmatrix}0\\1\\0\end{pmatrix}, \begin{pmatrix}0\\0\\1\end{pmatrix}$ linear unabhängig sind. $\boldsymbol{p}_2 := (1,0,0)^t$ ist Ecke, da $x_2 = 0$, $x_3 = 0$, $x_1 = 1 + x_2 + x_3$ und $\begin{pmatrix}0\\1\\0\end{pmatrix}, \begin{pmatrix}0\\0\\1\end{pmatrix}, \begin{pmatrix}-1\\1\\1\end{pmatrix}$ linear unabhängig sind. Weitere Ecken gibt es nicht, da

- $x_1 = 0$, $x_2 = 0$, $x_3 \geq 0$, $x_1 = 1 + x_2 + x_3$ keine Lösung hat. (Einsetzen von $x_1, x_2 = 0$: $0 = 1 + x_3 \iff x_3 = -1$, $x_3 \geq 0$)

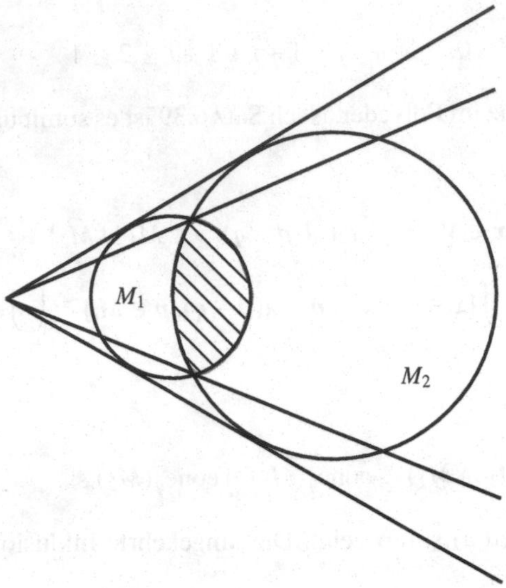


**Abb. 6** Veranschaulichung des Gegenbeispiels zu Aufgabe 6.9

- $x_1 = 0$, $x_2 \geq 0$, $x_3 = 0$, $x_1 = 1 + x_2 + x_3$ keine Lösung hat. (Analog zu oben)

b) Wegen

$$-\begin{pmatrix} 1 \\ -1 \\ -2 \end{pmatrix} = 0\begin{pmatrix} 0 \\ 1 \\ 0 \end{pmatrix} + \begin{pmatrix} 0 \\ 0 \\ 1 \end{pmatrix} + \begin{pmatrix} -1 \\ 1 \\ 1 \end{pmatrix}$$

ist $-f$ eine nichtnegative Linearkombination der bei $\boldsymbol{p}_2$ aktiven Bedingungen. Nach Satz 6.51 ist $(1,0,0)^t$ minimal für $-f$, d. h. $f$ nimmt sein Maximum über $P$ in $(1,0,0)^t$ an. Eine Kante von $P$ ist gegeben durch $x_1 = 0$, $x_2 = 0$, $x_3 \geq 0$ (Alle Ungleichungen erfüllt, zwei mal gilt Gleichheit, Linearformen zu Ungleichungen mit Gleichheit sind linear unabhängig). Für $x$ auf dieser Kante gilt: $f(x) = -2x_3$, d. h. $f$ wird auf dieser Kante beliebig klein. Es gilt also $\inf_{x \in P} f(\boldsymbol{x}) = -\infty$ und es gibt kein Minimum.

**Lösung zu Aufgabe 6.12** Analog zu Aufgabe 6.11 ergibt sich: $\boldsymbol{p}_1 := (0,0,0)^t$ ist Ecke, es gibt keine Ecken mit $x_1 = x_2 = 0, x_3 > 0$, d. h. $x_3 = -1$.

$\boldsymbol{p}_2 := (1,0,0)^t$ ist Ecke, da $x_2 = x_3 = 0$ und $x_3 = x_1 + 2x_2 - 1$ erfüllt und die Bedingungen linear unabhängig sind. Außerdem ist $\boldsymbol{p}_3 := (0, \frac{1}{2}, 0)^t$ eine Ecke, da $x_1 = x_3 = 0$ und $x_3 = x_1 + 2x_2 - 1$ erfüllt und die Bedingungen linear unabhängig sind.

Es ist $(0,0,\lambda)^t$ für $\lambda \geq 0$ in $P$, da $\lambda \geq 0 + 2 \cdot 0 - 1$ erfüllt ist und damit ist $f$ wegen $f((0,0,\lambda)^t) = 2\lambda$ nach oben unbeschränkt auf $P$, d. h. es gibt kein Maximum. Wegen $x_1 \leq x_3 - 2x_2 + 1$ ist $f(\boldsymbol{x}) \geq x_3 + 2x_2 - 1 \geq -1$, also $\inf_{\boldsymbol{x}\in P} f(\boldsymbol{x}) \in \mathbb{R}$. Nach Hauptsatz 6.48 muss $f$ dieses Infimum in einer Ecke als Minimum annehmen. Wegen $f(\boldsymbol{p}_1) = f(\boldsymbol{p}_3) = 0, f(\boldsymbol{p}_2) = -1$ ist dies $\boldsymbol{p}_2$.

**Lösung zu Aufgabe 6.13** Bezeichne $x_{ij} \geq 0$ die Zementlieferung von $Z_i$ nach $G_j$ mit $i = 1,2,3$ und $j = 1,2$. Wegen der maximalen Zementproduktion gilt

$$\begin{aligned} x_{11} + x_{12} &\leq 20 \\ x_{21} + x_{22} &\leq 30 \\ x_{31} + x_{32} &\leq 50 \,. \end{aligned}$$

Wegen des Zementbedarfs gilt:

$$\begin{aligned} x_{11} + x_{21} + x_{31} &= 40 \\ x_{12} + x_{22} + x_{32} &= 60 \,. \end{aligned}$$

Umwandlung der Ungleichungen in Gleichungen:

$$\begin{aligned} x_{11} + x_{12} + y_1 &= 20, \quad y_1 \geq 0 \\ x_{21} + x_{22} + y_2 &= 30, \quad y_2 \geq 0 \\ x_{31} + x_{32} + y_3 &= 50, \quad y_3 \geq 0 \,. \end{aligned}$$

Tägliche Transportkosten:

$$f(\boldsymbol{x}) = 70x_{11} + 10x_{12} + 20x_{21} + 100x_{22} + 40x_{31} + 60x_{32} \,.$$

Für die Nebenbedingung gilt:

$$A = \begin{pmatrix} 1\,1\,0\,0\,0\,0\,1\,0\,0 \\ 0\,0\,1\,1\,0\,0\,0\,1\,0 \\ 0\,0\,0\,0\,1\,1\,0\,0\,1 \\ 1\,0\,1\,0\,1\,0\,0\,0\,0 \\ 0\,1\,0\,1\,0\,1\,0\,0\,0 \end{pmatrix}, \quad \boldsymbol{x} = \begin{pmatrix} x_{11} \\ x_{12} \\ x_{21} \\ x_{22} \\ x_{31} \\ x_{32} \\ y_1 \\ y_2 \\ y_3 \end{pmatrix}, \quad \boldsymbol{b} = \begin{pmatrix} 20 \\ 30 \\ 50 \\ 40 \\ 60 \end{pmatrix}.$$

## 6.5 Ecken und Basislösungen

**Lösung zu Aufgabe 6.14**

1) $B = \{1, 2, 3\}$:

$$A_B^{-1} A \boldsymbol{x} = A_B^{-1} \boldsymbol{b}$$

$$\Leftrightarrow \begin{pmatrix} 2 & 3 & -2 \\ 1 & 1 & 1 \\ 1 & -1 & 1 \end{pmatrix}^{-1} \begin{pmatrix} 2 & 3 & -2 & -7 \\ 1 & 1 & 1 & 3 \\ 1 & -1 & 1 & 5 \end{pmatrix} \boldsymbol{x} = \begin{pmatrix} 2 & 3 & -2 \\ 1 & 1 & 1 \\ 1 & -1 & 1 \end{pmatrix}^{-1} \begin{pmatrix} 1 \\ 6 \\ 4 \end{pmatrix}$$

$$\Leftrightarrow \begin{pmatrix} 1 & 0 & 0 & 1 \\ 0 & 1 & 0 & -1 \\ 0 & 0 & 1 & 3 \end{pmatrix} \boldsymbol{x} = \begin{pmatrix} 2 \\ 1 \\ 3 \end{pmatrix}$$

$\Rightarrow$ Basislösung: $(2, 1, 3, 0)^t$. Diese erfüllt $\boldsymbol{x} \geq \boldsymbol{0}$, ist also zulässig.

2) $B = \{1, 2, 4\}$:

$$A_B^{-1} A \boldsymbol{x} = A_B^{-1} \boldsymbol{b} \Leftrightarrow \begin{pmatrix} 1 & 0 & -\frac{1}{3} & 0 \\ 0 & 1 & \frac{1}{3} & 0 \\ 0 & 0 & \frac{1}{3} & 1 \end{pmatrix} \boldsymbol{x} = \begin{pmatrix} 1 \\ 2 \\ 1 \end{pmatrix}$$

$\Rightarrow$ Basislösung $(1, 2, 0, 1)^t$. Diese ist zulässig.

3) $B = \{1, 3, 4\}$:

$$A_B^{-1} A \boldsymbol{x} = A_B^{-1} \boldsymbol{b} \Leftrightarrow \begin{pmatrix} 1 & 1 & 0 & 0 \\ 0 & 3 & 1 & 0 \\ 0 & -1 & 0 & 1 \end{pmatrix} \boldsymbol{x} = \begin{pmatrix} 3 \\ 6 \\ -1 \end{pmatrix}$$

$\Rightarrow$ Basislösung $(3, 0, 6, -1)^t$. Diese ist nicht zulässig, da die 4. Komponente negativ ist.

4) $B = \{2, 3, 4\}$:

$$A_B^{-1} A \boldsymbol{x} = A_B^{-1} \boldsymbol{b} \Leftrightarrow \begin{pmatrix} 1 & 1 & 0 & 0 \\ -3 & 0 & 1 & 0 \\ 1 & 0 & 0 & 1 \end{pmatrix} \boldsymbol{x} = \begin{pmatrix} 3 \\ -3 \\ 2 \end{pmatrix}$$

$\Rightarrow$ Basislösung $(0, 3, -3, 2)^t$. Diese ist nicht zulässig.

**Bemerkung zu Aufgabe 6.14** Man sieht generell, dass das Aufstellen von $A_B^{-1} A$ nicht nötig ist, d.h. das Lösen des LGS $A_B \boldsymbol{v}_i = \boldsymbol{a}^{(i)}$ für die Spalten, die die Einheitsspalten zu $A_B^{-1} A$ ergänzen, sondern nur die modifizierte rechte Seite $A_B^{-1} \boldsymbol{b}$ (durch ein LGS) benötigt wird, da sich die Basislösung daraus durch Ergänzung um Nullkomponenten ergibt.

**Lösung zu Aufgabe 6.15** Transformation in die Gestalt (6.20) ergibt für $\boldsymbol{x} = (x_1^+, x_1^-, x_2^+, x_2^-, x_3, x_4, x_5, x_6) \in \mathbb{R}^8$ mit den Schlupfvariablen $x_3, \ldots, x_6$:

$$A = \begin{pmatrix} 1 & -1 & 1 & -1 & 1 & 0 & 0 & 0 \\ 1 & -1 & -1 & 1 & 0 & 1 & 0 & 0 \\ -1 & 1 & -1 & 1 & 0 & 0 & 1 & 0 \\ -1 & 1 & 1 & -1 & 0 & 0 & 0 & 1 \end{pmatrix}, \quad \boldsymbol{b} = \begin{pmatrix} 1 \\ 1 \\ 1 \\ 1 \end{pmatrix}, \quad \boldsymbol{x} \geq \boldsymbol{0}.$$

Da die Spalten $\boldsymbol{a}^{(1)}$, $\boldsymbol{a}^{(2)}$ bzw. $\boldsymbol{a}^{(3)}$, $\boldsymbol{a}^{(4)}$ linear abhängig sind, können ihre Indizes nicht beide zur Basismenge $B$ gehören, o. B. d. A. sei also immer $2, 4 \in N$:

1) $B = \{1, 3, 5, 6\}$
   also

$$A_B = \begin{pmatrix} 1 & 1 & 1 & 0 \\ 1 & -1 & 0 & 1 \\ -1 & -1 & 0 & 0 \\ -1 & 1 & 0 & 0 \end{pmatrix},$$

d.h. es ist das LGS (siehe Aufgabe Aufgabe 6.14, Bemerkung) $A_B \boldsymbol{x}_B = \boldsymbol{b}$ zu lösen, was mit Gauss-Elimination auf

$$\boldsymbol{x}_B = (-1, 0, 2, 2)^t$$

bzw.

$$\boldsymbol{p}_1 = (-1, 0, 0, 0, 2, 2, 0, 0)^t$$

führt. Da auch $x_2^+ = x_2^- = 0$, ist diese Basislösung bzw. Ecke entartet und hat noch zwei weitere Darstellungen (unter Beachtung der obigen Normalisierung). Wegen der einfachen Struktur der Gleichungen und der hohen Anzahl an Schlupfvariablen kann hier die Lösung auch leichter gefunden werden: $N = \{2, 4, 7, 8\}$, also $x_1^- = x_2^- = 0$, $-x_1^+ - x_2^+ = 1$, $-x_1^+ + x_2^+ = 1$, und damit $x_1^+ = -1$, $x_2^+ = 0$ und die Schlupfvariablen ergeben sich daraus direkt.

Mit den anderen Fällen wird analog verfahren:

2) $N = \{2, 4, 6, 7\}$, also $x_1^- = x_2^- = 0$, $x_1^+ - x_2^+ = 1$, $-x_1^+ - x_2^+ = 1$ und damit $x_1^+ = 0$, $x_2^+ = -1$:

$$\boldsymbol{p}_2 = (0, 0, -1, 0, 2, 0, 0, 2)^t.$$

3) $N = \{2, 4, 6, 8\}$: nicht möglich, da $x_1^+ - x_2^+ = 1$ und $-x_1^+ + x_2^+ = 1$ sich widersprechen.
4) $N = \{2, 4, 5, 8\}$

$$\boldsymbol{p}_3 = (0, 0, 1, 0, 0, 2, 2, 0)^t$$

5) $N = \{2, 4, 5, 7\}$ Widerspruch
6) $N = \{2, 4, 5, 6\}$

$$p_4 = (1, 0, 0, 0, 0, 0, 2, 2)^t$$

7) $N = \{2, 4, 3, 8\}$ wieder $\boldsymbol{p}_1$
8) $N = \{2, 4, 1, 8\}$ wieder $\boldsymbol{p}_3$
9) $N = \{2, 4, 3, 7\}$ wieder $\boldsymbol{p}_1$
10) $N = \{2, 4, 1, 7\}$ wieder $\boldsymbol{p}_2$
11) $N = \{2, 4, 3, 6\}$ wieder $\boldsymbol{p}_4$
12) $N = \{2, 4, 1, 6\}$ wieder $\boldsymbol{p}_2$
13) $N = \{2, 4, 3, 5\}$ wieder $\boldsymbol{p}_4$
14) $N = \{2, 4, 1, 5\}$ wieder $\boldsymbol{p}_3$

In $x_1$, $x_2$ ergeben sich also die Ecken

$$\boldsymbol{p}_1 = \begin{pmatrix} -1 \\ 0 \end{pmatrix}, \boldsymbol{p}_2 = \begin{pmatrix} 0 \\ -1 \end{pmatrix}, \boldsymbol{p}_3 = \begin{pmatrix} 0 \\ 1 \end{pmatrix}, \boldsymbol{p}_4 = \begin{pmatrix} 1 \\ 0 \end{pmatrix}$$

in jeweils 3 Darstellungen in Übereinstimmung mit Abbildung 7.

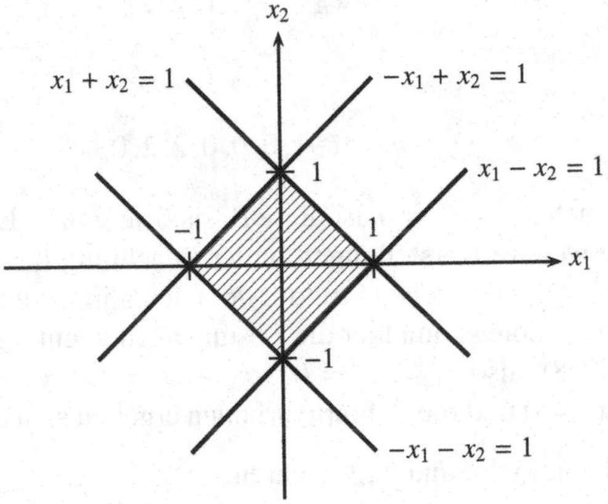


**Abb. 7** zu Aufgabe 6.15

**Lösung zu Aufgabe 6.16** Direkt oder nach Umschreiben in die Form (6.20) sieht man für $\boldsymbol{x} = (1, 1)^t$

$$x_1 + x_2 = 2, \quad x_1 - x_2 = 0, \quad x_1 - 2x_2 = -1,$$

d.h. nicht nur 2 sondern 3 der Ungleichungen sind als Gleichung erfüllt, d.h. alle 3 Schlupfvariablen sind 0 und können beliebig mit $x_1$, $x_2$ zu 3 möglichen Auswahlen von Basiskoordinaten kombiniert werden (bei zur Aufgabe 6.15 analogen Normierung der Aufteilungen $x_i = x_i^+ - x_i^-$).

## 6.6 Das Simplex-Verfahren

**Lösung zu Aufgabe 6.17** Es wird das Hilfsproblem

$$\tilde{f}(\boldsymbol{x}, \boldsymbol{z}) = z_1 + z_2 \to \min$$

$$\begin{pmatrix} 2 & 1 & 3 \\ 0 & 1 & 1 \end{pmatrix} \boldsymbol{x} + \boldsymbol{z} = \begin{pmatrix} 1 \\ 1 \end{pmatrix}, \ \boldsymbol{x} \geq \boldsymbol{0}, \ \boldsymbol{z} \geq \boldsymbol{0}$$

betrachtet und geprüft, ob im Minimum $\tilde{f} = 0$ gilt. Genau dann wenn ein Minimum mit $\tilde{\boldsymbol{z}} = \boldsymbol{0}$ bzw. $\tilde{f}(\tilde{\boldsymbol{x}}, \tilde{\boldsymbol{z}}) = 0$ vorliegt, ist $\tilde{\boldsymbol{x}}$ eine zulässige Basislösung für das Ausgangsproblem. Durchführung der Phase II des Simplex-Verfahrens für das Hilfsproblem, beginnend bei der zulässigen Basislösung $(\boldsymbol{0}, \boldsymbol{b}) = (0, 0, 0, 1, 1)^t$

| | | | | | |
|---|---|---|---|---|---|
| 2 | 1 | 3 | 1 | 0 | 1 |
| 0 | 1 | 1 | 0 | 1 | 1 |
| 0 | 0 | 0 | 1 | 1 | 0 |

→ Zeilenumformung (reduzierte Kosten)

| | | | | | |
|---|---|---|---|---|---|
| 2 | 1 | 3 | 1 | 0 | 1 |
| 0 | 1 | 1 | 0 | 1 | 1 |
| −2 | −2 | −4 | 0 | 0 | −2 |

kein Optimum, da $\tilde{c}_s < 0$ für $s = 1, 2, 3$ $t_1 = \frac{1}{2}$, $t_2 = 1$, $t_3 = \frac{1}{3}$, $\tilde{c}_1 t_1 = -1$, $\tilde{c}_2 t_2 = -2$, $\tilde{c}_3 t_3 = -\frac{4}{3}$, also sollte als Pivot-Zeile 1 (= $s$, für den Austausschritt, siehe Lösung zu Aufgabe 6.18 und auch (6.31), (6.32)), als Spalte 2 (= $r$) gewählt werden, das Pivotelement ist fettgedruckt. Zeilenumformung mit der Pivotzeile führt zu

| | | | | | |
|---|---|---|---|---|---|
| 2 | 1 | 3 | 1 | 0 | 1 |
| −2 | 0 | −2 | −1 | 1 | 0 |
| 2 | 0 | 2 | 2 | 0 | 0 |

Da alle $c_s \geq 0$, liegt ein Optimum vor, wegen $\tilde{f} = 0$ ist auch $\boldsymbol{z} = \boldsymbol{0}$ und damit wegen $B = \{2, 5\}$, d.h. $x_1 = x_3 = 0$, als zulässige Basislösung $\boldsymbol{x} = (0, 1, 0)^t$. Diese hätte auch direkt abgelesen werden können.

**Lösung zu Aufgabe 6.18** Es gilt $\max\{-x_1 + 2x_2 + 4x_3\} = -\min\{x_1 - 2x_2 - 4x_3\}$, d. h. wir suchen mit dem Simplex-Verfahren das Minimum von $x_1 - 2x_2 - 4x_3$ unter den angegebenen Nebenbedingungen. Das Ausgangstableau lautet

| | | | | | | | | |
|---|---|---|---|---|---|---|---|---|
| 2 | 1 | 1 | 0 | 0 | 1 | 0 | 0 | 7 |
| −1 | −1 | 1 | 1 | 0 | 0 | 1 | 0 | 1 |
| −3 | **2** | 1 | 0 | −1 | 0 | 0 | 1 | 8 |
| 1 | −2 | −4 | 0 | 0 | 0 | 0 | 0 | 0 |

Die Matrix $A$ des Tableaus enthält bereits die Einheitsmatrix. Somit ist

$$x_1 = \ldots = x_5 = 0, \ y_1 = 7, \ y_2 = 1, \ y_3 = 8$$

eine zulässige Basislösung. Wähle jetzt $s$ mit $s \in \{\mu \in \mathbb{N} : c_\mu < 0\}$ und $r$ so, dass $c_s t_s$ minimal wird, wobei

$$t_s = \min_{i=1}^{3}\{\frac{b_i}{a_i^s} : a_i^s > 0\} = \frac{b_r}{a_r^s}\,.$$

Wir wählen $(s, r) = (2, 3)$ (siehe das fettgeschriebene Pivotelement) und bringen $x_2$ in die Basis, indem wir die zweite Spalte durch Zeilenumformungen in $\boldsymbol{e}_r$ umwandeln. Dabei sollte man nur Vielfache der Pivotzeile zu anderen Zeilen addieren, damit die Einträge der letzten Spalte für $\boldsymbol{b}$ nicht negativ werden. Denn man wählt das Pivotelement genau so, dass dies der Fall ist und man den negativen Zielfunktionalwert gleichzeitig möglichst stark vergrößert. Nach dem Basisaustausch lautet das Tableau:

$$\begin{array}{|cccccccc|c|}
\hline
\frac{7}{2} & 0 & \frac{1}{2} & 0 & \frac{1}{2} & 1 & 0 & -\frac{1}{2} & 3 \\
-\frac{5}{2} & 0 & \boldsymbol{\frac{3}{2}} & 1 & -\frac{1}{2} & 0 & 1 & \frac{1}{2} & 5 \\
-\frac{3}{2} & 1 & \frac{1}{2} & 0 & -\frac{1}{2} & 0 & 0 & \frac{1}{2} & 4 \\
\hline
-2 & 0 & -3 & 0 & -1 & 0 & 0 & 1 & 8 \\
\hline
\end{array}$$

Es gibt noch negative Einträge im Zielfunktionalvektor, d. h. wir führen einen weiteren Austauschschritt durch. Die Pivotspalte/-zeile ist $(s, r) = (3, 2)$. Dieses Vorgehen setzt man fort, bis kein Pivotelement mehr gefunden werden kann (wenn alle Einträge über negativen Zielfunktionalwerten Null oder negativ sind) oder bis der Zielfunktionalvektor keine negativen Einträge mehr hat. Dann ist man im Minimum angelangt, dessen negativer Wert der Eintrag rechts unten ist.

$$\begin{array}{|cccccccc|c|}
\hline
\frac{13}{3} & 0 & 0 & -\frac{1}{3} & \boldsymbol{\frac{2}{3}} & 1 & -\frac{1}{3} & -\frac{2}{3} & \frac{4}{3} \\
-\frac{5}{3} & 0 & 1 & \frac{2}{3} & -\frac{1}{3} & 0 & \frac{2}{3} & \frac{1}{3} & \frac{10}{3} \\
-\frac{2}{3} & 1 & 0 & -\frac{1}{3} & -\frac{1}{3} & 0 & -\frac{1}{3} & \frac{1}{3} & \frac{7}{3} \\
\hline
-7 & 0 & 0 & 2 & -2 & 0 & 2 & 2 & 18 \\
\hline
\end{array}
\qquad
\begin{array}{|cccccccc|c|}
\hline
\frac{13}{2} & 0 & 0 & -\frac{1}{2} & 1 & \frac{3}{2} & -\frac{1}{2} & -1 & 2 \\
\frac{1}{2} & 0 & 1 & \frac{1}{2} & 0 & \frac{1}{2} & \frac{1}{2} & 0 & 4 \\
\frac{3}{2} & 1 & 0 & -\frac{1}{2} & 0 & \frac{1}{2} & -\frac{1}{2} & 0 & 3 \\
\hline
6 & 0 & 0 & 1 & 0 & 3 & 1 & 0 & 22 \\
\hline
\end{array}$$

$\Rightarrow x_1 = 0,\ x_2 = 3,\ x_3 = 4,\ x_4 = 0,\ x_5 = 2,\ y_1 = y_2 = y_3 = 0$ ist die gesuchte Lösung mit Zielfunktionalwert $-22$. Also hat das Maximierungsproblem das Maximum 22 an diesem Punkt.

**Lösung zu Aufgabe 6.19** Um eine zulässige Basislösung zu finden, führen wir hier die Phase I des Simplex-Verfahrens durch. Wir lösen also das Optimierungsproblem

$$\begin{cases}
y_1 + y_2 = \min \\
2x_1 + x_2 + x_3 + y_1 \qquad = 4 \\
\ \ x_1 + x_2 \qquad\qquad + y_2 = 2 \\
\boldsymbol{x} \geq \boldsymbol{0}, \boldsymbol{y} \geq \boldsymbol{0}
\end{cases}$$

Es hat die zulässige Basislösung $(\boldsymbol{x}, \boldsymbol{y}) = (\boldsymbol{0}, \boldsymbol{b})$ mit $\boldsymbol{b} = (4, 2)^t$. Falls der Minimalwert 0 ist, etwa für $(\boldsymbol{x}, \boldsymbol{y}) = (\bar{\boldsymbol{x}}, \boldsymbol{0})$, so ist $\bar{\boldsymbol{x}}$ eine zulässige Startlösung für das Ausgangsproblem. Das Simplextableau lautet:

| | | | | | |
|---|---|---|---|---|---|
| 2 | 1 | 1 | 1 | 0 | 4 |
| 1 | 1 | 0 | 0 | 1 | 2 |
| 0 | 0 | 0 | 1 | 1 | 0 |

Die Variablen $y_1$ und $y_2$ sind im ersten Schritt die Basisvariablen, d.h. man bringt durch Zeilenumformungen die Einträge in der letzten Zeile, die zu $y_1$ und $y_2$ gehören auf 0:

| | | | | | |
|---|---|---|---|---|---|
| 2 | 1 | 1 | 1 | 0 | 4 |
| 1 | 1 | 0 | 0 | 1 | 2 |
| −3 | −2 | −1 | 0 | 0 | −6 |

Der Zielfunktionalvektor hat noch negative Einträge, also ist unsere Basislösung noch nicht optimal und wir führen einen Basisaustauschschritt durch. Wähle dazu $s \in \{\mu \in \mathbb{N} : \tilde{c}_\mu < 0\}$, sodass $c_s t_s$ minimal wird, wobei

$$t_s = \min_{i=1}^{2}\{\frac{b_i}{a_i^s} : a_i^s > 0\} = \frac{b_r}{a_r^s} .$$

Die Zahlen $s$ und $r$ geben die Pivotspalte bzw. -zeile an. Wir wählen $(s, r) = (1, 2)$ (möglich wäre auch $(s, r) = (1, 1)$) und bringen im nächsten Schritt die Variable $x_1$ in die Basis, indem wir durch Zeilenumformungen die erste Spalte des Tableaus in die Form $e_2$ bringen:

| | | | | | |
|---|---|---|---|---|---|
| 0 | −1 | **1** | 1 | −2 | 0 |
| 1 | 1 | 0 | 0 | 1 | 2 |
| 0 | 1 | −1 | 0 | 3 | 0 |

Der Zielfunktionalvektor hat zwar noch einen negativen Eintrag, aber der Zielfunktionalwert kann nicht mehr verkleinert werden, da $\tilde{b}_1 = 0$ ist. Wir befinden uns in einer entarteten Ecke. Den negativen Zielfunktionalwert könnte man mit dem Pivotelement $(s, r) = (3, 1)$ noch entfernen, indem man $x_3$ in die Basis aufnimmt:

| | | | | | |
|---|---|---|---|---|---|
| 0 | −1 | 1 | 1 | −2 | 0 |
| 1 | 1 | 0 | 0 | 1 | 2 |
| 0 | 0 | 0 | 1 | 1 | 0 |

Wie erwartet hat sich der Zielfunktionalwert nicht mehr verkleinert. Die optimale Lösung lautet $x_1 = 2, x_2 = x_3 = 0, y_1 = y_2 = 0$ und wir haben mit $x_1 = 2, x_2 = x_3 = 0$ eine zulässige Startlösung für das ursprüngliche Problem gefunden.

Nun streicht man die Spalten zu $y_1$ und $y_2$ und trägt als Zielfunktionalvektor das Zielfunktional des Ausgangsproblems ein (mit 0 als Zielfunktionalwert):

| | | | |
|---|---|---|---|
| 0 | −1 | 1 | 0 |
| 1 | 1 | 0 | 2 |
| 1 | −1 | 1 | 0 |

Durch Zeilenumformungen erzeugt man im Zielfunkltionalvektor Nullen unter den Basisspalten 1 und 3:

| | | | |
|---|---|---|---|
| 0 | −1 | 1 | 0 |
| 1 | **1** | 0 | 2 |
| 0 | −1 | 0 | −2 |

Das Pivotelement lautet $(s, r) = (2, 2)$ und man bringt die zweite Spalte auf die Form $e_2$:

| | | | |
|---|---|---|---|
| 1 | 0 | 1 | 2 |
| 1 | 1 | 0 | 2 |
| 1 | 0 | 0 | 0 |

Alle Einträge des Zielfunktionalvektors sind nicht-negativ, also ist der Minimalwert 0 und wird für $x_1 = 0$, $x_2 = 2$, $x_3 = 2$ angenommen.

## 6.7 Optimalitätsbedingungen und Dualität

**Lösung zu Aufgabe 6.20** Man beachte, dass für $\bar{\boldsymbol{x}} \in \mathbb{R}^n$, für die $\nabla f(\bar{\boldsymbol{x}}) = \boldsymbol{0}$ gilt, immer $\bar{\boldsymbol{y}} = \boldsymbol{0}$ zur Erfüllung von (6.42) gewählt werden kann. Ein mögliches Gegenbeispiel ist also $n = 2$, $B = (0, 1)^t, \boldsymbol{d} = \boldsymbol{0}$, d.h. die Nebenbedingung ist $x_2 = 0$ und $f(x_1, x_2) = x_1^3$. Dann: $\bar{\boldsymbol{x}} = \boldsymbol{0}$ erfüllt $\nabla f(\bar{\boldsymbol{x}}) = \boldsymbol{0}$, ist aber kein lokales Extremum. Wählt man $f(x_1, x_2) = x_1^3 + \varrho(x_2)$ mit differenzierbarem $\varrho$, so ist $\nabla f(x_1, x_2) = (3x_1^2, \varrho'(x_2))^t = (0, \varrho'(0))^t$ für $\bar{\boldsymbol{x}} = \boldsymbol{0}$, also erfüllt $\bar{\boldsymbol{x}}$ die Gleichung $\nabla f(\bar{\boldsymbol{x}}) + B\bar{y} = \boldsymbol{0}$ für $\bar{y} = -\varrho'(0)$, ist aber kein lokales Extremum.

**Lösung zu Aufgabe 6.21** Tatsächlich gilt für $A = \mathbb{R}^n$ und differenzierbares $f$ sogar die Äquivalenz von

$$f(\alpha\boldsymbol{x} + (1-\alpha)\boldsymbol{y}) \le \alpha f(\boldsymbol{x}) + (1-\alpha)f(\boldsymbol{y}) \quad \text{für alle } \alpha \in [0,1],\ \boldsymbol{x}, \boldsymbol{y} \in \mathbb{R}^n \qquad (1)$$

und (6.47).
(1) $\Rightarrow$ (6.47): Seien $\boldsymbol{x}, \boldsymbol{y} \in \mathbb{R}^n$ und $f$ erfülle (1). Wir definieren die Hilfsfunktion $h : \mathbb{R} \to \mathbb{R}$ durch

$$h(\lambda) := (1-\lambda)f(\boldsymbol{x}) + \lambda f(\boldsymbol{y}) - f((1-\lambda)\boldsymbol{x} + \lambda\boldsymbol{y})\,.$$

Nun gilt für $\lambda \in [0, 1]$, dass $h(\lambda) \ge 0$. Außerdem ist $h(0) = 0$. Daher gilt für die Ableitung von $h$ an der Stelle $\lambda = 0$:

$$0 \leq \left.\frac{\mathrm{d}h}{\mathrm{d}\lambda}\right|_{\lambda=0} = -f(\boldsymbol{x}) + f(\boldsymbol{y}) - \nabla f(\boldsymbol{x})^t(\boldsymbol{y} - \boldsymbol{x}) ,$$

und damit gilt auch (6.47).
(6.47) $\Rightarrow$ (1): Es gelte (6.47) für alle $\boldsymbol{x}, \boldsymbol{y} \in \mathbb{R}^n$. Mit $\lambda \in [0, 1]$ und $z := \lambda\boldsymbol{x} + (1 - \lambda)\boldsymbol{y}$ für $\boldsymbol{x}, \boldsymbol{y} \in \mathbb{R}^n$ gilt also auch

$$f(\boldsymbol{x}) \geq f(z) + \nabla f(z)^t(\boldsymbol{x} - z) , \tag{2}$$

und aus demselben Grund

$$f(\boldsymbol{y}) \geq f(z) + \nabla f(z)^t(\boldsymbol{y} - z) . \tag{3}$$

Multiplizieren wir nun (2) mit $\lambda$ und (3) mit $(1-\lambda)$, und addieren beide Ungleichungen, so erhalten wir

$$\begin{aligned}\lambda f(\boldsymbol{x}) + (1 - \lambda)f(\boldsymbol{y}) &\geq f(z) + \nabla f(z)^t \underbrace{[\lambda(\boldsymbol{x} - z) + (1 - \lambda)(\boldsymbol{y} - z)]}_{=0} \\ &= f(\lambda\boldsymbol{x} + (1 - \lambda)\boldsymbol{y}) .\end{aligned}$$

**Lösung zu Aufgabe 6.22** Analog zu Bemerkungen 6.67,1) ergibt sich zu 2): Von den folgenden linearen Ungleichungssystemen

i) Gesucht ist $\boldsymbol{x} \in \mathbb{R}^n$, so dass $A\boldsymbol{x} \leq \boldsymbol{b}$, $\boldsymbol{x} \geq \boldsymbol{0}$.
ii) Gesucht ist $\boldsymbol{y} \in \mathbb{R}^n$, so dass $A^t\boldsymbol{y} \geq \boldsymbol{0}$, $\boldsymbol{y} \geq \boldsymbol{0}$, $\boldsymbol{y}^t\boldsymbol{b} < 0$.

ist genau eines lösbar.
Zu 3): analog mit

i) Gesucht ist $\boldsymbol{x} \in \mathbb{R}^n$, so dass $A\boldsymbol{x} \leq \boldsymbol{b}$.
ii) Gesucht ist $\boldsymbol{y} \in \mathbb{R}^m$, so dass $A^t\boldsymbol{y} = \boldsymbol{0}$, $\boldsymbol{y} \geq \boldsymbol{0}$, $\boldsymbol{y}^t\boldsymbol{b} < 0$.

**Lösung zu Aufgabe 6.23** Wie im dargestellten Beweis von Theorem 6.66 ist nur $K' \subset K$ zu zeigen, also die Existenz einen $\boldsymbol{x} \in K' \backslash K$ zum Widerspruch zu führen. Nach Bemerkungen 7.52 existiert ein $\boldsymbol{a} \in \mathbb{R}^n$, so dass

$$(\boldsymbol{v} \,.\, \boldsymbol{a}) > d := (\boldsymbol{x} \,.\, \boldsymbol{a}) \qquad \text{für alle } \boldsymbol{v} \in K$$

gilt, da $K$ konvex und abgeschlossen ist. Wegen $\boldsymbol{0} \in K$ ist also $d < 0$ und weiter für beliebige $t \geq 0$: $\left(t\boldsymbol{a}^{(i)} \,.\, \boldsymbol{a}\right) > d$ und damit

$$tA^t\boldsymbol{a} > d\mathbb{1} ,$$

wobei $\mathbb{1} = (1, \ldots, 1)^t$. Damit muss sogar $A^t\boldsymbol{a} \geq \boldsymbol{0}$ gelten, da $(A^t\boldsymbol{u})_i < 0$ für ein $i \in \{1, \ldots, n\}$ durch ein $t > 0$ groß genug zum Widerspruch geführt werden kann. Also ist wegen $\boldsymbol{x} \in K'$ auch $(\boldsymbol{x} \,.\, \boldsymbol{a}) \geq 0$ im Widerspruch zu $d < 0$.

**Lösung zu Aufgabe 6.24** Die Standardform für das primale Problem in Bemerkungen 6.72,1) lautet

$$\text{Minimum } f(\boldsymbol{x}) = \boldsymbol{c}_1^t\boldsymbol{x}_1 + \boldsymbol{c}_2^t\boldsymbol{x}_2 = \boldsymbol{c}_1^t\boldsymbol{x}_1 + \boldsymbol{c}_2^t\boldsymbol{x}_2^1 - \boldsymbol{c}_2^t\boldsymbol{x}_2^2 + \boldsymbol{0}^t\boldsymbol{z}$$

mit den Nebenbedingungen

$$\begin{aligned} B_1^t\boldsymbol{x}_1 + B_2^t(\boldsymbol{x}_2^1 - \boldsymbol{x}_2^2) &= \boldsymbol{d} \\ C_1^t\boldsymbol{x}_1 + C_2^t(\boldsymbol{x}_2^1 - \boldsymbol{x}_2^2) + \boldsymbol{z} &= \boldsymbol{e}\,, \quad \boldsymbol{x}_1, \boldsymbol{x}_2^i, \boldsymbol{z} \geq \boldsymbol{0}\,. \end{aligned}$$

Die (Gleichungs-)Nebenbedingungen sind also gegeben durch

$$\tilde{B}^t = \begin{pmatrix} B_1^t & B_2^t & -B_2^t & 0 \\ C_1^t & C_2^t & -C_2^t & \mathbb{1} \end{pmatrix} \quad \text{und} \quad \tilde{\boldsymbol{d}} = \begin{pmatrix} \boldsymbol{d} \\ \boldsymbol{e} \end{pmatrix}$$

damit

$$\tilde{B} = \begin{pmatrix} B_1 & C_1 \\ B_2 & C_2 \\ -B_2 & -C_2 \\ 0 & \mathbb{1} \end{pmatrix}.$$

Nach (6.45)ff. lautet das dazu duale Problem mit den in Theorem 6.71 gezeigten Eigenschaften

$$\text{Maximiere } g(\boldsymbol{\lambda}) = \boldsymbol{d}^t\boldsymbol{\lambda}_1 + \boldsymbol{e}^t\tilde{\boldsymbol{\lambda}}_2$$

mit den Nebenbedingungen

$$\tilde{B}\boldsymbol{\lambda} \leq \tilde{\boldsymbol{c}} \quad \text{mit } \tilde{\boldsymbol{c}} = \left(\boldsymbol{c}_1^t, \boldsymbol{c}_2^t, -\boldsymbol{c}_2^t, \boldsymbol{0}\right)^t, \quad \text{also}$$

$$\begin{aligned} B_1\boldsymbol{\lambda}_1 + C_1\tilde{\boldsymbol{\lambda}}_2 &\leq \boldsymbol{c}_1 \\ B_2\boldsymbol{\lambda}_1 + C_2\tilde{\boldsymbol{\lambda}}_2 &\leq \boldsymbol{c}_2 \\ -B_2\boldsymbol{\lambda}_1 - C_2\tilde{\boldsymbol{\lambda}}_2 &\leq -\boldsymbol{c}_2 \\ \tilde{\boldsymbol{\lambda}}_2 &\leq \boldsymbol{0} \end{aligned}$$

und damit wie behauptet

$$\begin{aligned} B_1\boldsymbol{\lambda}_1 + C_1\tilde{\boldsymbol{\lambda}}_2 &\leq \boldsymbol{c}_1 \\ B_2\boldsymbol{\lambda}_1 + C_2\tilde{\boldsymbol{\lambda}}_2 &= \boldsymbol{c}_2 \\ \tilde{\boldsymbol{\lambda}}_2 &\leq \boldsymbol{0}\,. \end{aligned}$$

Formuliert man das duale Problem statt in $\tilde{\boldsymbol{\lambda}}_2$ in $\boldsymbol{\lambda}_2 := -\tilde{\boldsymbol{\lambda}}_2$, dann lautet es wie behauptet:

$$\text{Maximiere} \quad g(\boldsymbol{\lambda}) = \boldsymbol{d}^t\boldsymbol{\lambda}_1 - \boldsymbol{e}_2^t\boldsymbol{\lambda}_2$$

unter den Bedingungen

$$\begin{aligned} B_1\boldsymbol{\lambda}_1 - C_1\boldsymbol{\lambda}_2 &\leq \boldsymbol{c}_1 \\ B_2\boldsymbol{\lambda}_1 - C_2\boldsymbol{\lambda}_2 &= \boldsymbol{c}_2 \\ \boldsymbol{\lambda}_2 &\geq \mathbf{0}\,, \end{aligned}$$

was zu zeigen war.

# Lösungen zu Kapitel 7
# Lineare Algebra und Analysis

## 7.1 Normierte Vektorräume

**Lösung zu Aufgabe 7.1** Man nutzt die Dreiecksungleichung $\|\boldsymbol{v}+\boldsymbol{w}\| \le \|\boldsymbol{v}\| + \|\boldsymbol{w}\|$ für $\boldsymbol{v}, \boldsymbol{w} \in V$.
Mit $\boldsymbol{v} - \boldsymbol{w}$ statt $\boldsymbol{v}$ erhält man

$$\|(\boldsymbol{v}-\boldsymbol{w}) + \boldsymbol{w}\| \le \|\boldsymbol{v}-\boldsymbol{w}\| + \|\boldsymbol{w}\| \quad \Leftrightarrow \quad \|\boldsymbol{v}\| - \|\boldsymbol{w}\| \le \|\boldsymbol{v}-\boldsymbol{w}\|$$

und analog

$$\|\boldsymbol{v} + (\boldsymbol{w}-\boldsymbol{v})\| \le \|\boldsymbol{v}\| + \|\boldsymbol{w}-\boldsymbol{v}\| \quad \Leftrightarrow \quad \|\boldsymbol{v}\| - \|\boldsymbol{w}\| \ge -\|\boldsymbol{v}-\boldsymbol{w}\|\,.$$

Zusammen also $\big|\|\boldsymbol{v}\| - \|\boldsymbol{w}\|\big| \le \|\boldsymbol{v}-\boldsymbol{w}\|$ für $\boldsymbol{v}, \boldsymbol{w} \in V$.
(Man nennt diese Beziehung auch *umgekehrte Dreiecksungleichung.*)

**Lösung zu Aufgabe 7.2** a) $|\langle \boldsymbol{x}.\boldsymbol{y}\rangle| = |\sum_{i=1}^{n} x_i\bar{y}_i| \le \sum_{i=1}^{n} |x_i||y_i| \le \sum_{i=1}^{n} |x_i|\|\boldsymbol{y}\|_\infty = \|\boldsymbol{x}\|_1\|\boldsymbol{y}\|_\infty$
Der allgemeine Fall kann auf die Youngsche Ungleichung

$$\text{Für } a, b \in \mathbb{R}, a, b \ge 0 \text{ gilt} : ab \le \frac{1}{p}a^p + \frac{1}{q}b^q$$

zurückgeführt werden:

$$|\langle \boldsymbol{x}.\boldsymbol{y}\rangle| \le \sum_{i=1}^{n} |x_i||y_i| \le \frac{1}{p}\sum_{i=1}^{n} |x_i|^p + \frac{1}{q}\sum_{i=1}^{n} |y_i|^q = \frac{1}{p}\|\boldsymbol{x}\|_p^p + \frac{1}{q}\|\boldsymbol{y}\|_q^q\,. \tag{1}$$

Ersetzen wir in (1) nun $\boldsymbol{x}$ bzw. $\boldsymbol{y}$ durch $\boldsymbol{x}/\|\boldsymbol{x}\|_p$ bzw. $\boldsymbol{y}/\|\boldsymbol{y}\|_q$, so erhalten wir wegen $\frac{1}{p} + \frac{1}{q} = 1$ die Behauptung. Die Youngsche Ungleichung gehört zum Standardstoff der *Analysis*: Sie ergibt sich daraus, dass der Logarithmus konkav ist (d.h. -log konvex ist) im Sinne von Aufgabe Aufgabe 6.21):

$$\log(ab) = \log a + \log b = \frac{1}{p}\log a^p + \frac{1}{q}\log b^q \leq \log(\frac{1}{p}a^p + \frac{1}{q}b^q)$$

wegen $\frac{1}{p} + \frac{1}{q} = 1$, also $ab = \exp(\log(ab)) \leq \frac{1}{p}a^p + \frac{1}{q}b^q$.

b) Seien $\boldsymbol{u}, \boldsymbol{v} \in V$, dann gilt

$$\begin{aligned}
\|(\boldsymbol{u} + U) + (\boldsymbol{v} + U)\| &= \|(\boldsymbol{u} + \boldsymbol{v}) + U\| = \inf\{\|\boldsymbol{w}\| : \boldsymbol{w} \in (\boldsymbol{u} + \boldsymbol{v}) + U\} \\
&= \inf\{\|\boldsymbol{u} + \boldsymbol{v} + \widetilde{\boldsymbol{u}}\| : \widetilde{\boldsymbol{u}} \in U\} \leq \inf\{\|\boldsymbol{u} + \widetilde{\boldsymbol{u}} - \widehat{\boldsymbol{u}}\| + \|\boldsymbol{v} + \widehat{\boldsymbol{u}}\| : \widetilde{\boldsymbol{u}} \in U, \widehat{\boldsymbol{u}} \in U\} \\
&= \inf\{\|\boldsymbol{u} + \overline{\boldsymbol{u}}\|\} + \|\boldsymbol{v} + \hat{\boldsymbol{u}}\| : \overline{\boldsymbol{u}}, \hat{\boldsymbol{u}} \in U\} \\
&= \inf\{\|\boldsymbol{u} + \bar{\boldsymbol{u}}\| : \bar{\boldsymbol{u}} \in U\} + \inf\{\|\boldsymbol{v} + \widehat{\boldsymbol{u}}\| : \widehat{\boldsymbol{u}} \in U\} = \|\boldsymbol{u} + U\| + \|\boldsymbol{v} + U\|,
\end{aligned}$$

da allgemein gilt für $A, B \subset \mathbb{R}$:

$$\inf(A + B) = \inf(A) + \inf(B),$$

denn mit $a := \inf(A)$, $b := \inf(B)$, $c := \inf(A + B)$ gilt $a \leq x$ für alle $x \in A, b \leq y$ für alle $y \in B$, es gibt zu $\varepsilon > 0\, \overline{x} \in A, \overline{y} \in B$, so dass $\overline{x} \leq a - \varepsilon, \overline{y} \leq b - \varepsilon$ und damit $a + b \leq x + y$ für alle $x \in A, y \in B$, d. h. $c \geq a + b$ und $\overline{x} + \overline{y} \leq a + b - 2\varepsilon$, also $c \leq a + b - 2\varepsilon$ für alle $\varepsilon > 0$, d. h. $c \leq a + b$.

Auch die Homogenität folgt ohne Vorraussetzung der Abgeschlossenheit, allgemein ist also $\|.\|$ eine Halbnorm auf $V/U$.

**Lösung zu Aufgabe 7.3** Wegen der eindeutigen Darstellung, welche $\boldsymbol{v} \in V$ bezüglich der Basis $\{\boldsymbol{v}_1, \ldots, \boldsymbol{v}_n\}$ hat, ist $\|\,.\,\|'$ wohldefiniert.

1) Definitheit: $\|\boldsymbol{v}\|' \geq 0$, da $\|\boldsymbol{a}\|_2 \geq 0$. Außerdem gilt $\|\boldsymbol{v}\|' = 0 \Rightarrow \boldsymbol{a} = \boldsymbol{0} \Rightarrow \boldsymbol{v} = \boldsymbol{0}$.
2) Homogenität: $\|\gamma\boldsymbol{v}\|' = \|\gamma \sum_{i=1}^n a_i\boldsymbol{v}_i\|' = \|\sum_{i=1}^n \gamma a_i\boldsymbol{v}_i\|' = \|\gamma\boldsymbol{a}\|_2 = |\gamma|\,\|\boldsymbol{a}\|_2 = |\gamma|\,\|\boldsymbol{v}\|'$.
3) Dreiecksungleichung:

$$\begin{aligned}
\|\boldsymbol{u} + \boldsymbol{v}\|' &= \left\|\sum_{l=1}^n a_l\boldsymbol{v}_l + \sum_{l=1}^n b_l\boldsymbol{v}_l\right\|' = \left\|\sum_{l=1}^n (a_l + b_l)\boldsymbol{v}_l\right\| \\
&= \|\boldsymbol{a} + \boldsymbol{b}\|_2 \leq \|\boldsymbol{a}\|_2 + \|\boldsymbol{b}\|_2 = \|\boldsymbol{v}\|' + \|\boldsymbol{w}\|'.
\end{aligned}$$

**Bemerkung zu Aufgabe 7.3** Die Wahl der Norm auf $\mathbb{K}^n$ ist also beliebig.

**Lösung zu Aufgabe 7.4** Es seien also die Folgen $A := (a_n)_{n=1,2,...}$, $B := (b_n)_{n=1,2,...}$ und $(a'_n)_{n=1,2,...} = A' := TA$, sowie $(b'_n)_{n=1,2,...} = B' := TB$ definiert.

- Es gilt nach Definition von $T$ und $\langle\,.\,\rangle$:

$$\langle TA.TB\rangle = \langle A'.B'\rangle = \sum_{n=1}^{\infty} a'_n b'_n = \sum_{n=2}^{\infty} a_{n-1}b_{n-1} = \sum_{n=1}^{\infty} a_n b_n = \langle A.B\rangle.$$

- Injektivität: Es ist zu zeigen: $TA = TB \quad \Rightarrow \quad A = B$.
  Nun ist $a'_n = a_{n-1}$ für $n \geq 2$ und $b'_n = b_{n-1}$ für $n \geq 2$ sowie $a'_1 = 0 = b'_1$. Aus

$a_n' = b_n'$ für $n \in \mathbb{N}$ folgt also $a_{n-1} = b_{n-1}$ für $n \geq 2$, d. h.

$$a_n = b_n \text{ für } n \in \mathbb{N} \text{ und damit } A = B\,.$$

- Definiere $\tilde{T} : l^2 \to l^2$ mit $b_n := a_{n+1} = (\tilde{T}(A))_n$, $n = 1, 2, ...,$ dann: $\tilde{T}T = id$. $T$ ist nicht surjektiv (also nicht bijektiv), weil eine Folge $(c_n)_n$ mit $c_1 \neq 0$ nicht im Bild von $T$ enthalten ist:

$$T(l^2) = \{A \in l^2 \mid a_1 = 0\}\,.$$

(Man beachte den Unterschied zu endlichdimensionalen Vektorräumen, Hauptsatz 2.31.)

**Lösung zu Aufgabe 7.5** Es sei $(x_n)_n \in l^p(\mathbb{K})$ und $1 \leq p \leq q < \infty$. Dann konvergiert die Reihe $\sum_{n=1}^{\infty} |x_n|^p$, d. h. $(x_n)_n$ ist eine Nullfolge. Also existiert ein $N \in \mathbb{N}$ mit $|x_n| < 1$ für alle $n \geq N$. Für solche $n \geq N$ gilt nun $|x_n|^q \leq |x_n|^p$. Daraus folgt

$$\sum_{n=N}^{\infty} |x_n|^q \leq \sum_{n=N}^{\infty} |x_n|^p < \infty \qquad \text{und folglich} \qquad \sum_{n=1}^{\infty} |x_n|^q < \infty\,.$$

Also ist auch $(x_n)_n \in l^q(\mathbb{K})$. Die Inklusion ist echt, da für $(x_n)_n$ mit $x_n := n^{-1/p}$ gilt

$$(x_n)_n \in l^q(\mathbb{K}), (x_n)_n \notin l^p(\mathbb{K})\,.$$

Es bleibt die Abschätzung zu zeigen, d. h. dass $p \mapsto \|(x_n)_n\|_p$ monoton fallend ist. Damit ist die Einbettung von $l^p(\mathbb{K})$ nach $l^q(\mathbb{K})$ stetig mit gleichmäßiger Lipschitz-Konstante 1. O. B. d. A. sei $\|(x_n)\|_p > 0$ bzw. durch Normierung $\|(x_n)\|_p = 1$, also $\sum_{n=1}^{\infty} |x_n|^p = 1$ und damit $|x_n| \leq 1$ für alle $n \in \mathbb{N}$ und damit (vgl. oben)

$$|x_n|^p \geq |x_n|^q \qquad \text{und somit} \qquad \sum_{n-1}^{\infty} |x_n|^q \leq \sum_{n=1}^{\infty} |x_n|^p = 1\,,$$

also $\|(x_n)\|_q \leq 1 = \|(x_n)\|_p$.

**Bemerkung zu Aufgabe 7.5** Damit existiert $\lim_{p\to\infty} \|(x_n)_n\|_p =: c$ und $c \geq \|(x_n)_n\|_\infty$. Tatsächlich gilt Gleichheit.

## 7.2 Normierte Algebren

**Lösung zu Aufgabe 7.6**

$$\|AB\|_F^2 = \sum_{i=1}^n \sum_{j=1}^n |(AB)_{ij}|^2 = \sum_{i=1}^n \sum_{j=1}^n \left| \sum_{k=1}^n a_{ik} b_{kj} \right|^2 \le \sum_{i=1}^n \sum_{j=1}^n \left( \sum_{k=1}^n |a_{ik} b_{kj}| \right)^2$$

$$= \sum_{i=1}^n \sum_{j=1}^n \left( \sum_{k=1}^n |a_{ik}||b_{kj}| \right)^2 \overset{(*)}{\le} \sum_{i=1}^n \sum_{j=1}^n \left( \sum_{k=1}^n |a_{ik}|^2 \sum_{k=1}^n |b_{kj}|^2 \right) = \|A\|_F^2 \|B\|_F^2 .$$

Bei (*) wurde Cauchy-Schwarz auf die Vektoren $(|a_{i1}|, \ldots, |a_{in}|)^t$ und $(|b_{1j}|, \ldots, |b_{nj}|)^t$ angewendet. Also ist $\|\cdot\|_F$ submultiplikativ.
Für $n > 1$ gilt weiterhin $\|\mathbb{1}_n\|_F = \sqrt{n} \neq 1$. Deshalb ist $\|\cdot\|_F$ keine erzeugte Norm, denn für diese gilt

$$\|\mathbb{1}\| = \sup\left\{ \frac{\|\mathbb{1}\boldsymbol{x}\|}{\|\boldsymbol{x}\|} \ : \ \boldsymbol{x} \neq \boldsymbol{0} \right\} = 1.$$

**Lösung zu Aufgabe 7.7** Zu zeigen ist also $\begin{array}{l} \|A\boldsymbol{x}\|_\infty \le \|A\|_G \cdot \|\boldsymbol{x}\|_\infty \\ \|A\boldsymbol{x}\|_1 \le \|A\|_G \cdot \|\boldsymbol{x}\|_1 \end{array}$ für $A \in \mathbb{K}^{(n,n)}$, $\boldsymbol{x} \in \mathbb{K}^n$:

$$\text{i)}\ \|A\boldsymbol{x}\|_\infty = \max_{1\le i\le n} \left| \sum_{j=1}^n a_{ij} x_j \right| \le \max_{1\le j\le n} |x_j| \cdot \max_{1\le i\le n} \sum_{j=1}^n |a_{ij}| \le$$

$$\le \|\boldsymbol{x}\|_\infty \cdot n \cdot \max_{1\le i\le n} \max_{1\le j\le n} |a_{ij}| = \|\boldsymbol{x}\|_1 \cdot \|A\|_G ,$$

$$\text{ii)}\ \|A\boldsymbol{x}\|_1 = \sum_{i=1}^n \left| \sum_{j=1}^n a_{ij} x_j \right| \le \sum_{i=1}^n \sum_{j=1}^n |a_{ij}| \cdot |x_j| = \sum_{j=1}^n |x_j| \sum_{i=1}^n |a_{ij}| \le$$

$$\le \sum_{j=1}^n |x_j| \cdot n \cdot \max_{1\le i,j\le n} |a_{ij}| = \|\boldsymbol{x}\|_1 \cdot \|A\|_G , \quad \text{da} \sum_{i=1}^n |a_{ij}| \le n \cdot \max_i |a_{ij}| .$$

**Bemerkung zu Aufgabe 7.7** Analog zu Aufgabe 7.6 ist $\|.\|_G$ für $n > 1$ wegen $\|\mathbb{1}\|_G = n$ keine erzeugte Norm.

**Lösung zu Aufgabe 7.8** Ist $\|A^k\| = \|A\|^k$ für alle $k$, so folgt mit Bemerkungen 7.33,1) $\rho(A) = \lim_{k\to\infty} \sqrt[k]{\|A\|^k} = \|A\|$. Ist umgekehrt $\rho(A) = \|A\|$, so erhalten wir $\rho(A^k) = \rho(A)^k = \|A\|^k \ge \|A^k\| \ge \rho(A^k)$. Somit gilt $\|A\|^k = \|A^k\|$.

**Lösung zu Aufgabe 7.9** Sei $\|.\|_0$ eine submultiplikative Norm auf $\mathbb{K}^{(n,n)}$ (eine solche existiert, z. B. sind die Normen aus Theorem 7.30 gemäß Satz 7.26 submultiplikativ). Da nach Hauptsatz 7.10 auf $\mathbb{K}^{(n,n)}$ alle Normen äquivalent sind, gibt es $c_1, c_2 > 0$ mit

$$\|M\| \le c_1 \|M\|_0 \quad \text{und} \quad \|M\|_0 \le c_2 \|M\| \quad \text{für alle} \quad M \in \mathbb{K}^{(n,n)} .$$

Es folgt

$$\|AB\| \le c_1 \|AB\|_0 \le c_1 \|A\|_0 \|B\|_0 \le c_1 c_2^2 \|A\| \, \|B\|$$

für alle $A, B \in \mathbb{K}^{(n,n)}$.

**Lösung zu Aufgabe 7.10**

$$AB = \begin{pmatrix} 0 & 2 \\ 0 & 0 \end{pmatrix} \neq \begin{pmatrix} 0 & 3 \\ 0 & 0 \end{pmatrix} = BA$$

Diagonalisieren liefert:

$$A + B = \begin{pmatrix} 2 & 1 \\ 0 & 3 \end{pmatrix} = \begin{pmatrix} 1 & 1 \\ 0 & 1 \end{pmatrix} \begin{pmatrix} 2 & 0 \\ 0 & 3 \end{pmatrix} \begin{pmatrix} 1 & 1 \\ 0 & 1 \end{pmatrix}^{-1}, \text{ also}$$

$$\exp(A + B) = \exp \begin{pmatrix} 2 & 1 \\ 0 & 3 \end{pmatrix} = \begin{pmatrix} 1 & 1 \\ 0 & 1 \end{pmatrix} \exp \begin{pmatrix} 2 & 0 \\ 0 & 3 \end{pmatrix} \begin{pmatrix} 1 & 1 \\ 0 & 1 \end{pmatrix}^{-1}$$

$$= \begin{pmatrix} 1 & 1 \\ 0 & 1 \end{pmatrix} \begin{pmatrix} e^2 & 0 \\ 0 & e^3 \end{pmatrix} \begin{pmatrix} 1 & 1 \\ 0 & 1 \end{pmatrix}^{-1} = \begin{pmatrix} e^2 & e^3 - e^2 \\ 0 & e^3 \end{pmatrix}, \text{ da} \begin{pmatrix} 1 & 1 \\ 0 & 1 \end{pmatrix}^{-1} = \begin{pmatrix} 1 & -1 \\ 0 & 1 \end{pmatrix}.$$

Andererseits ist $\exp(A) = \begin{pmatrix} e^2 & 0 \\ 0 & e^3 \end{pmatrix}$

und $\exp(B) = \frac{1}{0!} B^0 + \frac{1}{1!} B^1 = \begin{pmatrix} 1 & 1 \\ 0 & 1 \end{pmatrix}$, da $B$ nilpotent ist.

Also folgt $\exp(A) \exp(B) = \begin{pmatrix} e^2 & e^2 \\ 0 & e^3 \end{pmatrix} \neq \exp(A + B)$.

**Lösung zu Aufgabe 7.11**

a) Das charakteristische Polynom von $A$ ergibt sich als

$$\chi_A(\lambda) = \det(A - \lambda \mathbb{1}) = (a + 1 - \lambda)(a - 1 - \lambda) + 1 = (a - \lambda)^2 .$$

Aus dem Satz von Cayley-Hamilton (Theorem 4.81) folgt also $0 = (A - a\mathbb{1})^2 = A^2 - 2aA + a^2\mathbb{1}$ und damit $A^2 = a(2A - a\mathbb{1})$, also die Behauptung für $n = 2$. Wir zeigen durch vollständige Induktion nach $k$ die behauptete Relation:
$k = 1 : A^1 = A = a^0(1 \cdot A - 0 \cdot \mathbb{1})$, $k = 2$ s.o.
$k \to k + 1 : A^{k+1} = A \cdot A^k = a^{k-1}(kA^2 - a(k - 1)A) \overset{(*)}{=}$
$\overset{(*)}{=} a^{k-1} \left[ k \cdot 2aA - ka^2\mathbb{1} - a(k - 1)A \right] = a^k [(k + 1)A - ak\mathbb{1}]$
Dabei geht bei (*) die Behauptung für $k = 2$ ein.

b) Mit Hilfe der Matrix-Exponentialfunktion $e^{tA}$ erhält man die Lösung nach Beispiel Beispiel 7.44 in der Form

$$\boldsymbol{y}(t) = \exp((t - t_0)A)\boldsymbol{y}(t_0).$$

Es gilt hier:

$$\begin{aligned}\exp(tA) &= \mathbb{1} + \sum_{k=1}^{\infty} \frac{t^k}{k!} A^k = \mathbb{1} + t \sum_{k=1}^{\infty} \frac{(at)^{k-1}}{(k-1)!} A - \sum_{k=1}^{\infty} \frac{(at)^k (k-1)}{k!} \mathbb{1} \\ &= t \exp(at) A + (1 - at) \exp(at) \mathbb{1} \\ &= \exp(at) \begin{bmatrix} 1+t & t \\ -t & 1-t \end{bmatrix},\end{aligned}$$

da

$$\sum_{k=1}^{\infty} \frac{(at)^k (k-1)}{k!} = at \sum_{k=1}^{\infty} \frac{(at)^{k-1}}{(k-1)!} - \sum_{k=1}^{\infty} \frac{(at)^k}{k!} = (at-1)\exp(at) + 1 .$$

Also folgt

$$\boldsymbol{y}(t) = \exp(a(t-t_0)) \cdot \begin{bmatrix} 1+t-t_0 & t-t_0 \\ -(t-t_0) & 1-(t-t_0) \end{bmatrix} \begin{bmatrix} 1 \\ -1 \end{bmatrix} = e^{a(t-t_0)} \begin{bmatrix} 1 \\ -1 \end{bmatrix} .$$

Die Lösung ist also vom Typ (4.85) $\boldsymbol{y}(t) = \exp(\lambda(t-t_0))\boldsymbol{v}$, wie sie für einen Eigenwert $\lambda$ und zugehörigem Eigenvektor $\boldsymbol{v}$ als Anfangsvektor entsteht. Tatsächlich ist nach a) $\chi_A(\lambda) = (a-\lambda)^2$, d.h. $\lambda = a$ doppelter Eigenwert, der zugehörige Eigenraum ist aber nur eindimensional mit Eigenvektor $(1,-1)^t$. Im Allgemeinen hat also die Lösung tatsächlich polynomiale Anteile (siehe (4.87) ff. bzw. (7.28) ff.), nicht aber für diesen Anfangsvektor. Allgemein kann auch nach (7.22) ff. vorgegangen werden. Wegen $(A - a\mathbb{1})^2 = 0$ kann $(1,-1)^t$ beliebig mit einem linear unabhängigen Vektor zu einer Hauptvektorbasis ergänzt werden, etwa

$$C = \begin{pmatrix} 1 & 1 \\ -1 & 0 \end{pmatrix}$$

und damit

$$\begin{aligned}\exp(At) &= C \exp(at) \begin{pmatrix} 1 & t \\ 0 & 1 \end{pmatrix} C^{-1} = \exp(at) \begin{pmatrix} 1 & 1 \\ -1 & 0 \end{pmatrix} \begin{pmatrix} 1 & t \\ 0 & 1 \end{pmatrix} \begin{pmatrix} 0 & -1 \\ 1 & 1 \end{pmatrix} \\ &= \exp(at) \begin{pmatrix} t+1 & t \\ -t & -t+1 \end{pmatrix} .\end{aligned}$$

Alternativ kann nach (4.87) vorgegangen werden. Der Hauptvektor 1. Stufe $(1,-1)^t$ liefert die Lösung der Differentialgleichung $\boldsymbol{y}_1(t) = \exp(a\bar{t}) \begin{pmatrix} 1 \\ -1 \end{pmatrix}$, wobei $\bar{t} := t - t_0$, der Hauptvektor 2. Stufe $(1,0)^t$ liefert

$$\boldsymbol{y}_2(t) = \exp(a\bar{t}) \left( \begin{pmatrix} 1 \\ 0 \end{pmatrix} + t(A - a\mathbb{1}) \begin{pmatrix} 1 \\ 0 \end{pmatrix} \right) = \exp(a\bar{t}) \begin{pmatrix} 1+t \\ -t \end{pmatrix} .$$

$\tilde{Y}(t) = (\boldsymbol{y}_1(t), \boldsymbol{y}_2(t))$ erfüllt aber $\tilde{Y}(t_0) = (\boldsymbol{y}_1(t_0), \boldsymbol{y}_2(t_0)) \neq \mathbb{1}$, so dass erst $Y(t) = \tilde{Y}(t)\tilde{Y}^{-1}(t_0)$ dies erfüllt und weiter die Spalten Lösungen der Differentialgleichung sind und damit $Y(t) = \exp(\bar{t}A)$ (siehe Kapitel 8) und damit

$$Y(t) = \exp(a\bar{t})\begin{pmatrix} 1+t & t \\ -t & -t+1 \end{pmatrix}.$$

**Lösung zu Aufgabe 7.12** „$\Leftarrow$": Sei $B$ schiefhermetisch und $\boldsymbol{y}, z$ Lösungen der Differentialgleichung zu $B$, d.h.

$$\dot{\boldsymbol{y}}(t) = B\boldsymbol{y}(t)\,, \quad \dot{z}(t) = Bz(t)\,,$$

dann

$$\begin{aligned}\frac{\mathrm{d}}{\mathrm{d}t}\langle \boldsymbol{y}(t) \,.\, z(t)\rangle &= \langle \dot{\boldsymbol{y}}(t) \,.\, z(t)\rangle + \langle \boldsymbol{y}(t) \,.\, \dot{z}(t)\rangle \\ &= \langle B\boldsymbol{y}(t) \,.\, z(t)\rangle + \left\langle B^{\dagger}\boldsymbol{y}(t) \,.\, z(t)\right\rangle = 0\,,\end{aligned}$$

d.h. $\langle \boldsymbol{y}(t) \,.\, z(t)\rangle$ ist konstant (auf einem Existenzintervall), o. B. d. A.

$$\langle \boldsymbol{y}(0) \,.\, z(0)\rangle = \langle \boldsymbol{y}(T) \,.\, z(T)\rangle\,.$$

$\exp(B)$ ist die Lösung der Differentialgleichung bei $t = 1$ zum Anfangswert $\mathbb{1}$ bei $t = 0$, und entsprechend $\exp(B)\boldsymbol{y}_0$ zum Anfangswert $\boldsymbol{y}_0$. Also für beliebige $\boldsymbol{y}_0, z_0 \in \mathbb{K}^n$:

$$\langle \boldsymbol{y}_0 \,.\, z_0\rangle = \langle \boldsymbol{y}(0) \,.\, z(0)\rangle = \langle \boldsymbol{y}(1) \,.\, z(1)\rangle = \langle A\boldsymbol{y}_0 \,.\, Az_0\rangle$$

und damit ist $A$ unitär (siehe (3.30)).
„$\Rightarrow$": Die Rückrichtung ergibt sich durch Umkehrung der Argumente. Mit $\exp(B)$ ist auch $\exp(Bt)$ unitär für jedes $t > 0$ und damit gilt für $\boldsymbol{y}_0, z_0 \in \mathbb{K}^n$, $t > 0$

$$\langle \boldsymbol{y}_0 \,.\, z_0\rangle = \langle \exp(Bt)\boldsymbol{y}_0 \,.\, \exp(Bt)z_0\rangle = \langle \boldsymbol{y}(t) \,.\, z(t)\rangle\,,$$

also ist $t \mapsto \langle \boldsymbol{y}(t) \,.\, z(t)\rangle$ konstant für Lösungen $\boldsymbol{y}, z$ der Anfangswertaufgaben zu $B$ und den Anfangswerten $\boldsymbol{y}_0, z_0$ bei $t = 0$. Wie oben gilt

$$0 = \frac{\mathrm{d}}{\mathrm{d}t}\langle \boldsymbol{y}(t) \,.\, z(t)\rangle = \left\langle (B + B^{\dagger})\boldsymbol{y}(t) \,.\, z(t)\right\rangle\,.$$

Da $\exp(B)$ invertierbar ist, kann zu beliebigen $\boldsymbol{y}, z \in \mathbb{K}^n$ $\boldsymbol{y}_0, z_0 \in \mathbb{K}^n$ so gewählt werden, dass

$$\boldsymbol{y} = \exp(B)\boldsymbol{y}_0\,, \quad z = \exp(B)z_0$$

und damit folgt für $t = 1$

$$\left\langle (B + B^{\dagger})\boldsymbol{y} \,.\, z\right\rangle = 0, \text{ also } B = -B^{\dagger}\,.$$

**Lösung zu Aufgabe 7.13** Wir benutzen die Notation von Hauptsatz 4.112 und die dort garantierte Hauptvektorbasis in der lexikographischen Anordnung Eigenwert -

JORDAN-Block - Basiselement, zur Vereinfachung aber in einer Notation

$$\boldsymbol{v}_{i,j,k}\ , \quad i = 1, \ldots, I,\ j = 1, \ldots, M_i,\ k = 1, \ldots, s_{i,j}$$

($I$ =Anzahl der Eigenwerte, $M_i$=Anzahl der JORDAN-Blöcke zu $\lambda_i$, $s_{i,j}$ =Dimension des JORDAN-Blocks $J_{i,j}$), also

$$C = \left(\boldsymbol{v}_{1,1,1}, \ldots, \boldsymbol{v}_{I,M_I,s_{I,M_I}}\right)$$

und damit für $\bar{t} = t - t_0$

$$\boldsymbol{y}(t) = \exp(A\bar{t})\boldsymbol{y}_0 = C\exp(J\bar{t})\boldsymbol{\alpha}\ , \quad C\boldsymbol{\alpha} = \boldsymbol{y}_0$$

und $\boldsymbol{\alpha}$ wird analog indiziert. Da $J$ in die Diagonalblöcke $J_{i,j}$ zerfällt und entsprechend $\exp(J)$ nach (7.24) entsteht eine Summe $\sum\limits_{i=1}^{I}\sum\limits_{j=1}^{M_i}\sum\limits_{k=1}^{s_{i,j}}$ wo nur die innerste Summe (für einen Block) dargestellt werden muss, dabei sei zur Abkürzung $\boldsymbol{v}_{\cdot\ell}$ für $\boldsymbol{v}_{i,j,\ell}$ und analog $\alpha_{\cdot k}$ und $s.$ für $s_{i,j}$. Mit (7.29) folgt dann für die innerste Summe bis auf den Vorfaktor $\exp(\lambda_i\bar{t})$

$$\sum_{k=1}^{s.}\alpha_{\cdot k}\sum_{\ell=1}^{k}\boldsymbol{v}_{\cdot\ell}\frac{\bar{t}^{k-\ell}}{(k-\ell)!} = \sum_{\ell=1}^{s.}\boldsymbol{v}_{\cdot\ell}\sum_{k=\ell}^{s.}\alpha_{\cdot k}\frac{\bar{t}^{k-\ell}}{(k-\ell)!}$$

durch Umordnung. Dies ergibt die Lösungsdarstellung

$$\boldsymbol{y}(t) = \sum_{i=1}^{I}\exp(\lambda_i\bar{t})\sum_{j=1}^{M_i}\sum_{\ell=1}^{s_{i,j}}\boldsymbol{v}_{i,j,\ell}\sum_{k=0}^{s_{i,j}-\ell}\alpha_{i,j,k+\ell}\frac{\bar{t}^k}{k!}\,.$$

**Lösung zu Aufgabe 7.14** Wir fahren in der Notation der Lösung zu Aufgabe 7.13 fort. Es reicht Eigenwerte $\lambda \in \mathbb{C}\backslash\mathbb{R}$, $\lambda = \mu + i\nu$, $\nu \neq 0$ zu betrachten. Da die Basisvektoren jeweils aus Paaren von Real-Imaginärteil von komplexen Hauptvektoren bestehen, ist die Blockdimension $M.$ und auch die einzelnen JORDAN-Blöcke $s.$ gerade. Die Basisvektoren werden entsprechend als

$$C. = (\boldsymbol{u}_{\cdot 1}, \boldsymbol{w}_{\cdot 1}, \ldots, \boldsymbol{u}_{\cdot s./2}, \boldsymbol{w}_{\cdot s./2})$$

(vgl. (7.27)). Damit gelten die Darstellungen von Lösung zu Aufgabe 7.13 mit folgenden Modifikationen

1) $\boldsymbol{v}_{\cdot\ell}$ ist zu ersetzen durch $\cos(\nu\bar{t})\boldsymbol{u}_{\cdot(\ell+1)/2} - \sin(\nu\bar{t})\boldsymbol{w}_{\cdot(\ell+1)/2}$ falls $\ell$ ungerade ist bzw. $\cos(\nu\bar{t})\boldsymbol{w}_{\cdot\ell/2} + \sin(\nu\bar{t})\boldsymbol{u}_{\cdot\ell/2}$ falls $\ell$ gerade ist.
2) Die Gestalt von $N_{s.}$ verändert sich zu

$$
N_{s.} = \begin{pmatrix} 0 & 0 & 1 & & 0 \\ & \ddots & \ddots & \ddots & \\ & & \ddots & \ddots & 1 \\ & & & \ddots & 0 \\ 0 & & & & 0 \end{pmatrix} = \left(\begin{array}{c|c|c|c|c|c} 0 & \mathbb{1} & & & & \\ \hline & 0 & \mathbb{1} & & & \\ \hline & & 0 & \mathbb{1} & & \\ \hline & & & 0 & \mathbb{1} & \\ \hline & & & & 0 & \mathbb{1} \\ \hline & & & & & 0 \end{array}\right)
$$

(z.B. für $s. = 12$) wobei $\mathbb{1}, 0 \in \mathbb{R}^{(2,2)}$ und alle nicht besetzten Kästchen als 0 zu interpretieren sind. Es ist also mit Elementen aus $\mathbb{R}^{(2,2)}$ statt aus $\mathbb{R}$ zu rechnen und somit

$$
\exp(N_{s.}) = \left(\begin{array}{c|c|c|c|c|c} \bar{t}\mathbb{1} & \frac{\bar{t}^2}{2}\mathbb{1} & & & & \frac{\bar{t}^{s./2}}{(s./2)!}\mathbb{1} \\ \hline & \bar{t}\mathbb{1} & \cdot & & & \\ \hline & & \bar{t}\mathbb{1} & \cdot & & \\ \hline & & & \bar{t}\mathbb{1} & \cdot & \\ \hline & & & & \bar{t}\mathbb{1} & \frac{\bar{t}^2}{2}\mathbb{1} \\ \hline & & & & & \bar{t}\mathbb{1} \end{array}\right) .
$$

Dies bedeutet, dass die Monomfaktoren gleich bleiben unter Berücksichtigung der obigen Indextransformation. Zerlegt man $\alpha.$ entsprechend in $(\beta_{\cdot,1}, \gamma_{\cdot,1}, \ldots, \beta_{\cdot s./2}, \gamma_{\cdot s./2})^t$ (siehe (7.27)), ergibt sich für die erste Summenaufstellung aus der Lösung zu Aufgabe 7.13

$$
\begin{aligned}
\sum_{k=1}^{s./2} \beta_{\cdot k} \sum_{\ell=1}^{k} \Big(\cos(\nu\bar{t})\boldsymbol{u}_{\cdot\ell} - \sin(\nu\bar{t})\boldsymbol{w}_{\cdot\ell}\Big) \frac{\bar{t}^{\,k-\ell}}{(k-\ell)!} \\
+\gamma_{\cdot k} \sum_{\ell=1}^{k} \Big(\cos(\nu\bar{t})\boldsymbol{w}_{\cdot\ell} + \sin(\nu\bar{t})\boldsymbol{u}_{\cdot\ell}\Big) \frac{\bar{t}^{\,k-\ell}}{(k-\ell)!}
\end{aligned}
$$

und entsprechend die weiteren Formen.

**Lösung zu Aufgabe 7.15**

1) Es gilt $\|\boldsymbol{x}\|_2 \leq \|\boldsymbol{x}\|_1$ wegen $\sum_{i=1}^n |x_i|^2 \leq \left(\sum_{i=1}^n |x_i|\right)^2$. Anwenden der Cauchy-Schwarz-Ungleichung auf $(|x_1|, \ldots, |x_n|)^t, (1, \ldots, 1)^t$ liefert

$$
\|\boldsymbol{x}\|_1 = \left\langle \begin{pmatrix} |x_1| \\ \vdots \\ |x_n| \end{pmatrix} . \begin{pmatrix} 1 \\ \vdots \\ 1 \end{pmatrix} \right\rangle \leq \|x\|_2 \cdot n^{\frac{1}{2}} .
$$

2) Annahme: Es existiert ein $\beta > 0$, sodass $\|u\|_\infty \leq \beta \|u\|_2$ für alle $u \in V$. Jetzt definiert man ein spezielles $u$, das diese Eigenschaft nicht erfüllen kann:

$$
u(x) = \begin{cases} \beta - \frac{\beta}{\varepsilon} x & \text{für } 0 \leq x \leq \varepsilon \\ 0 & \text{für } \varepsilon < x \leq 1 \end{cases}
$$

Offenbar ist $u$ stetig und $\|u\|_\infty = \beta$. Weiterhin kann man abschätzen:

$$\|u\|_2 = \left(\int_0^1 |u(x)|^2\, dx\right)^{1/2} \leq \left(\varepsilon\beta^2\right)^{1/2} = \sqrt{\varepsilon}\beta\,,$$

da $u(x) \leq \beta$ in $[0, \varepsilon]$ ist. Dann folgt

$$\|u\|_\infty \leq \beta\|u\|_2 \quad\Rightarrow\quad \beta \leq \beta\sqrt{\varepsilon}\beta \quad\Leftrightarrow\quad 1 \leq \beta\sqrt{\varepsilon}\,.$$

Wählt man jetzt $\varepsilon < \frac{1}{\beta^2}$, erhält man einen Widerspruch. Also können die Normen nicht äquivalent sein.

## 7.3 Hilbert-Räume

**Lösung zu Aufgabe 7.16** Sei $\boldsymbol{v} = \lim_{n\to\infty} \boldsymbol{v}_n$ und $\boldsymbol{w} = \lim_{n\to\infty} \boldsymbol{w}_n$.

a) Nach der Cauchy-Schwarz-Ungleichung gilt

$$\begin{aligned} |\langle \boldsymbol{v}_n \,.\, \boldsymbol{w}_n\rangle - \langle \boldsymbol{v} \,.\, \boldsymbol{w}\rangle| &= |\langle \boldsymbol{v}_n \,.\, \boldsymbol{w}_n - \boldsymbol{w}\rangle + \langle \boldsymbol{v}_n - \boldsymbol{v} \,.\, \boldsymbol{w}\rangle| \\ &\leq \|\boldsymbol{v}_n\|\|\boldsymbol{w}_n - \boldsymbol{w}\| + \|\boldsymbol{v}_n - \boldsymbol{v}\|\|\boldsymbol{w}\| \overset{n\to\infty}{\longrightarrow} 0\,, \end{aligned}$$

da $\|\boldsymbol{v}_n\|$ wegen der Konvergenz von $(\boldsymbol{v}_n)_n$ beschränkt ist.

b) Dies folgt aus a), indem man das Resultat auf die Folge der Partialsummen $\sum_{k=1}^n \boldsymbol{v}_k$ und die konstante Folge $(\boldsymbol{w})_n$ anwendet:

$$\sum_{k=1}^{\infty} \boldsymbol{v}_k = \lim_{n\to\infty} \sum_{k=1}^{n} \boldsymbol{v}_k.$$

Alternativ kann mit der Stetigkeit der Linearform $\varphi(\boldsymbol{v}) := \langle \boldsymbol{v} \,.\, \boldsymbol{w}\rangle$ (als Folge von Cauchy-Schwarz: $|\varphi(\boldsymbol{v})| \leq \|\boldsymbol{w}\|\|\boldsymbol{v}\|$) argumentiert werden bzw. bei a) schon mit der Stetigkeit der bilinearen Abbildung $\Phi : V \times V \mapsto \mathbb{R}$, $(\boldsymbol{v}, \boldsymbol{w}) \to \langle \boldsymbol{v} \,.\, \boldsymbol{w}\rangle$ (gilt nach (7.11)) wegen Cauchy-Schwarz).

**Lösung zu Aufgabe 7.17** Mit Cauchy-Schwarz gilt

$$|\langle \boldsymbol{y} \,.\, \boldsymbol{x}\rangle| \leq \|\boldsymbol{x}\|\|\boldsymbol{y}\| = \|\boldsymbol{x}\| \text{ für } \boldsymbol{y} \in V, \|\boldsymbol{y}\| = 1\,,$$

also ist $\|\boldsymbol{x}\|$ eine obere Schranke von $\{|\langle \boldsymbol{y} \,.\, \boldsymbol{x}\rangle| : \|\boldsymbol{y}\| = 1\}$, die sogar angenommen wird, denn für $\boldsymbol{y} := \boldsymbol{x}/\|\boldsymbol{x}\|$ (o. B. d. A. sei $\boldsymbol{x} \neq \boldsymbol{0}$), ist

$$\langle \boldsymbol{y} \,.\, \boldsymbol{x}\rangle = \|\boldsymbol{x}\|\,,$$

also gilt sogar

$$\|\boldsymbol{x}\| = \max_{\|\boldsymbol{y}\|=1} |\langle \boldsymbol{y} \,.\, \boldsymbol{x}\rangle|\,.$$

**Bemerkung zu Aufgabe 7.17** Damit hat also $\psi_x \in V''$ nach Bemerkungen 3.49,3), als $\psi_x(\varphi) = \varphi(x)$ für $\varphi \in V'$ unter Berücksichtigung des Rieszschen Darstellungssatzes Theorem 7.53 die gleiche Norm

$$\|x\| = \|\psi_x\| .$$

Damit ist die Einbettung $\psi : V \to V''$ isometrisch. $\psi$ ist aber nicht nur injektiv, sondern auch surjektiv als Folge von Theorem 7.53. Solche Räume nennt man auch *reflexiv*. Zu $\psi \in V''$ ist nämlich ein $x \in V$ gesucht, so dass $\psi_x = \psi$, d.h. $\varphi(x) = \psi(\varphi)$ für $\varphi \in V'$. Wegen $\varphi(x) = \langle x \,.\, a\rangle$ für ein $a \in V$ bedeutet das

$$\langle a \,.\, x\rangle = \overline{\psi(\langle . \,.\, a\rangle)} \text{ für alle } a \in V .$$

Da aber die rechte Seite in $a$ eine lineare, stetige Abbildung auf $V$ ist, d.h. aus $V'$, gibt es das gewünschte Darstellungselement $x$ nach Theorem 7.53.

**Lösung zu Aufgabe 7.18** „$\Rightarrow$": Sei $\Phi$ selbstadjungiert, dann gilt laut Definition

$$\langle \Phi x \,.\, x\rangle = \langle x \,.\, \Phi x\rangle = \overline{\langle \Phi x \,.\, x\rangle} \text{ für alle } x \in V .$$

„$\Leftarrow$": Für $\lambda \in \mathbb{C}$ betrachte man die reelle Zahl

$$\langle \Phi(x + \lambda y) \,.\, x + \lambda y\rangle = \langle \Phi x \,.\, x\rangle + \bar{\lambda}\,\langle \Phi x \,.\, y\rangle + \lambda\,\langle \Phi y \,.\, x\rangle + |\lambda|^2\,\langle \Phi y \,.\, y\rangle .$$

Durch komplexe Konjugation erhält man

$$\langle \Phi(x + \lambda y) \,.\, x + \lambda y\rangle = \langle \Phi x \,.\, x\rangle + \lambda\,\langle y \,.\, \Phi x\rangle + \bar{\lambda}\,\langle x \,.\, \Phi y\rangle + |\lambda|^2\,\langle \Phi y \,.\, y\rangle .$$

Schließlich setzt man $\lambda = 1$ und $\lambda = -i$ ein und subtrahiert jeweils die beiden Gleichungen. Dies liefert die beiden Beziehungen

$$\begin{aligned}\langle \Phi x \,.\, y\rangle + \langle \Phi y \,.\, x\rangle &= \langle y \,.\, \Phi x\rangle + \langle x \,.\, \Phi y\rangle \\ \langle \Phi x \,.\, y\rangle - \langle \Phi y \,.\, x\rangle &= -\langle y \,.\, \Phi x\rangle + \langle x \,.\, \Phi y\rangle\end{aligned}$$

und damit $\langle \Phi x \,.\, y\rangle = \langle x \,.\, \Phi y\rangle$.

**Lösung zu Aufgabe 7.19** Man rechnet nach, dass $\langle g_k \,.\, g_l\rangle = \delta_{kl}$ gilt. Offenbar gilt $\langle g_0 \,.\, g_0\rangle = 1$.
1. Fall: $k, n > 0,\ k \neq n$: Durch partielle Integration erhält man

$$\begin{aligned}\langle g_k \,.\, g_n\rangle &= \frac{1}{\pi}\int_{-\pi}^{\pi} \sin(kx)\sin(nx)\,dx \\ &= \frac{1}{n\pi}[-\sin(kx)\cos(nx)]_{-\pi}^{\pi} + \frac{k}{n\pi}\int_{-\pi}^{\pi}\cos(kx)\cos(nx)\,dx \\ &= \frac{k}{n^2\pi}[\cos(kx)\sin(nx)]_{-\pi}^{\pi} + \frac{k^2}{n^2\pi}\int_{-\pi}^{\pi}\sin(kx)\sin(nx)\,dx = \frac{k^2}{n^2}\,\langle g_k \,.\, g_n\rangle .\end{aligned}$$

Also folgt $\langle g_k \,.\, g_n\rangle = 0$.

2. Fall: $k, n < 0,\ k \neq n$: Dieser kann analog zum 1. Fall behandelt werden.
3. Fall: $k = n > 0$:

$$\begin{aligned}\langle g_k \cdot g_k \rangle &= \frac{1}{\pi} \int_{-\pi}^{\pi} \sin(kx)^2 \, dx = \frac{1}{k\pi} [-\sin(kx)\cos(kx)]_{-\pi}^{\pi} + \frac{1}{\pi} \int_{-\pi}^{\pi} \cos(kx)^2 \, dx \\ &= \frac{1}{\pi} \int_{-\pi}^{\pi} \cos(kx)^2 \, dx = \frac{1}{\pi} \int_{-\pi}^{\pi} 1 - \sin(kx)^2 \, dx = 2 - \langle g_k \cdot g_k \rangle \, .\end{aligned}$$

Also folgt $\langle g_k \cdot g_k \rangle = 1$.

4. Fall: $k = n < 0$: Dieser kann analog zum 3. Fall behandelt werden.
5. Fall: $k > 0, n < 0$:

$$\langle g_k \cdot g_n \rangle = \frac{1}{\pi} \int_{-\pi}^{\pi} \sin(kx)\cos(nx) \, dx = 0 \, , \quad \text{da } \sin \cdot \cos \text{ eine ungerade Funktion ist.}$$

6. Fall: $k < 0, n > 0$: Dieser kann analog zum 5. Fall behandelt werden.
7. Fall: $k > 0, n = 0$:

$$\langle g_k \cdot g_0 \rangle = \frac{1}{\sqrt{2\pi}} \int_{-\pi}^{\pi} \sin(kx) \, dx = 0 \, , \quad \text{da } \sin \text{ eine ungerade Funktion ist.}$$

8. Fall: $k < 0, n = 0$:

$$\langle g_k \cdot g_0 \rangle = \frac{1}{\sqrt{2\pi}} \int_{-\pi}^{\pi} \cos(kx) \, dx = \frac{1}{k\sqrt{2\pi}} [\sin(kx))]_{-\pi}^{\pi} = 0 \, .$$

Die verbleibenden Fälle $k = 0, n > 0$ und $k = 0, n < 0$ können analog zu den Fällen 7 und 8 behandelt werden.

**Lösung zu Aufgabe 7.20** $M$ ist als abzählbare Vereinigung abzählbarer Mengen abzählbar. Es muss also noch gezeigt werden, dass $M$ dicht in $X$ ist. Sei dazu $\boldsymbol{x} \in X$ beliebig gewählt. Laut Definition existiert dann genau eine Folge $(a_n)_n$ in $\mathbb{C}$, sodass $\boldsymbol{v} = \sum_{n=1}^{\infty} a_n \boldsymbol{v}_n$. Sei $\varepsilon > 0$ beliebig vorgegeben. Dann existiert $N \in \mathbb{N}$, sodass

$$\| \sum_{n=1}^{N} a_n \boldsymbol{v}_n - \boldsymbol{v} \| < \frac{\varepsilon}{2} \, .$$

Für $n = 1, 2, \ldots, N$ wählen wir $\alpha_n \in \mathbb{Q} + i\mathbb{Q}$ so, dass

$$|a_n - \alpha_n| < \frac{\varepsilon}{2N \|\boldsymbol{v}_n\|} .$$

Dies ist möglich, da $\mathbb{Q} + i\mathbb{Q}$ dicht in $\mathbb{C}$ liegt. Offenbar gilt $\sum_{n=1}^{N} \alpha_n \boldsymbol{v}_n \in M$ und weiterhin

$$\begin{aligned}\| \sum_{n=1}^{N} \alpha_n \boldsymbol{v}_n - \boldsymbol{v} \| &\leq \| \sum_{n=1}^{N} a_n \boldsymbol{v}_n - \sum_{n=1}^{N} \alpha_n \boldsymbol{v}_n \| + \| \sum_{n=1}^{N} a_n \boldsymbol{v}_n - \boldsymbol{v} \| \\ &< \sum_{n=1}^{N} |a_n - \alpha_n| \|\boldsymbol{v}_n\| + \frac{\varepsilon}{2} < \sum_{n=1}^{N} \frac{\varepsilon}{2N \|\boldsymbol{v}_n\|} \|\boldsymbol{v}_n\| + \frac{\varepsilon}{2} = \frac{\varepsilon}{2} + \frac{\varepsilon}{2} = \varepsilon \, .\end{aligned}$$

Also kann jedes $\boldsymbol{v} \in X$ durch Elemente in $M$ beliebig genau approximiert werden. Damit liegt $M$ dicht in $X$.

**Lösung zu Aufgabe 7.21** Das innere Produkt auf dem Raum $\ell^2(\mathbb{K})$ ist gegeben durch $\langle (x_n)_n \,.\, (y_n)_n \rangle = \sum_{n=1}^{\infty} x_n \bar{y}_n$. Offenbar ist bezüglich dieses inneren Produkts $\mathcal{B}$ ein Orthonormalsystem. Wir zeigen, dass span($\mathcal{B}$) dicht in $\ell^2(\mathbb{K})$ liegt. Seien dazu $(\boldsymbol{a}_n)_n \in \ell^2(\mathbb{K})$ und $\varepsilon > 0$ beliebig vorgegeben. Da $(\boldsymbol{a}_n)_n \in \ell^2(\mathbb{K})$, gilt $\sum_{n=1}^{\infty} |a_n|^2 < \infty$. Deshalb existiert $N_\varepsilon \in \mathbb{N}$, sodass $\sum_{n=N_\varepsilon+1}^{\infty} |a_n|^2 < \varepsilon$. Definiere nun $(\boldsymbol{b}_n^\varepsilon)_n \in$ span ($\mathcal{B}$) durch $(\boldsymbol{b}_n^\varepsilon)_n = \sum_{i=1}^{N_\varepsilon} a_i (e_n^i)_n = (a_1, \ldots, a_{N_\varepsilon}, 0, \ldots)$. Damit gilt

$$\|(\boldsymbol{a}_n)_n - (b_n^\varepsilon)_n\|^2 = \sum_{n=1}^{\infty} |a_n - b_n^\varepsilon|^2 = \sum_{n=N_\varepsilon+1}^{\infty} |a_n|^2 < \varepsilon\,.$$

Also kann jedes Element aus $\ell^2(\mathbb{K})$ beliebig genau durch ein Element aus span($\mathcal{B}$) approximiert werden und span($\mathcal{B}$) liegt dicht in $\ell^2(\mathbb{K})$. Nach Theorem 7.71 ist $\mathcal{B}$ dann eine SCHAUDER-Orthonormalbasis.

## 7.4 Ausblick: Lineare Modelle, nichtlineare Modelle, Linearisierung

**Lösung zu Aufgabe 7.22** Nach Beispiel 4.143 ist im Fall a) die HESSE-Matrix $Df^2(\boldsymbol{x}_0)$ positiv definit und im Fall b) negativ definit. Nach (7.45) gilt:

$$\begin{aligned} f(\boldsymbol{x}) &= f(\boldsymbol{x}_0) + Df(\boldsymbol{x}_0)\boldsymbol{h} + D^2 f(\boldsymbol{x}_0)(\boldsymbol{h}, \boldsymbol{h}) + o(\boldsymbol{h}^2) \\ &= f(\boldsymbol{x}_0) + \boldsymbol{h}^t D^2 f(\boldsymbol{x}_0)\boldsymbol{h} + o(\boldsymbol{h}^2) \geq f(\boldsymbol{x}_0) + \alpha\|\boldsymbol{h}\|^2 + o(\boldsymbol{h}^2) \end{aligned}$$

im Fall a) für ein $\alpha \geq 0$ nach Bemerkung 4.136,1) und damit existiert ein $\varepsilon \geq 0$, so dass für $\|\boldsymbol{h}\| \leq \varepsilon$:

$$f(\boldsymbol{x}) \geq f(\boldsymbol{x}_0)\,.$$

Bei b) ergibt sich analog

$$f(\boldsymbol{x}) \leq f(\boldsymbol{x}_0) - \alpha\|\boldsymbol{h}\|^2 + o(\boldsymbol{h}^2) \leq f(\boldsymbol{x}_0) \quad \text{für } \|\boldsymbol{h}\| \leq \varepsilon\,.$$

Im Fall c) ist $D^2 f(\boldsymbol{x}_0)$ weder positiv definit noch negativ definit und wegen $\det(D^2 f(\boldsymbol{x}_0)) = \delta < 0$ kann 0 kein Eigenwert sein, d.h. ein Eigenwert, $\lambda_1$, ist positiv und einer, $\lambda_2$, negativ; insbesondere ist $D^2 f(\boldsymbol{x}_0)$ orthogonal diagonalisierbar, da die Matrix symmetrisch ist. Sei $\boldsymbol{v}_1, \boldsymbol{v}_2$ eine ONB aus Eigenvektoren, dann folgt für $\boldsymbol{h} = t\boldsymbol{v}_1$, $t \geq 0$:

$$f(\boldsymbol{x}) = f(\boldsymbol{x}_0) + t^2\lambda_1 + o(t^2)\,,$$

so dass in $\boldsymbol{x}_0$ kein lokales Maximum vorliegt. Analog folgt für $\boldsymbol{h} = t\boldsymbol{v}_2$, $t \geq 0$:

$$f(\boldsymbol{x}) = f(\boldsymbol{x}_0) + t^2 \lambda_2 + o(t^2) \,,$$

so dass in $\boldsymbol{x}_0$ kein lokales Minimum vorliegen kann.

# Lösungen zu Kapitel 8
# Einige Anwendungen der Linearen Algebra

## 8.1 Lineare Gleichungssysteme, Ausgleichsprobleme und Eigenwerte unter Datenstörungen

**Lösung zu Aufgabe 8.1** Die Konditionszahl $\kappa(A)$ ist definiert als $\kappa(A) = \|A\| \cdot \|A^{-1}\|$ bezüglich der entsprechenden Matrixnorm. Hier:

$$\kappa(A) = \max\{1, \varepsilon\} \cdot \max\{1, \varepsilon^{-1}\} = \varepsilon^{-1} \text{ bzgl. } \|\,.\,\|_\infty \text{ für } \varepsilon \leq 1$$

$$\text{und auch } \kappa(A) = \frac{|\lambda_{\max}|}{|\lambda_{\min}|} = \varepsilon^{-1} \text{ bzgl. } \|\,.\,\|_2\,.$$

**Bemerkung zu Aufgabe 8.1** Dieses Beispiel zeigt, dass die Konditionsabschätzung mit der normbasierten Konditionszahl manchmal zu pessimistisch ist, da die Multiplikation $(\cdot 1, \cdot\varepsilon^{-1})$ in $\mathbb{R}$ zur Lösung eines LGS zu $A$ gut konditioniert ist (siehe Bemerkung 8.6, 1)).

**Lösung zu Aufgabe 8.2** Sei $\boldsymbol{e}(\boldsymbol{x}) := \boldsymbol{x} - A^{-1}\boldsymbol{b}$ für den Fehler. Die erste Abschätzung folgt aus

$$\begin{aligned}\|\boldsymbol{r}(\boldsymbol{x})\| &= \left\|A(\boldsymbol{x} - A^{-1}\boldsymbol{b})\right\| \leq \|A\|\,\|\boldsymbol{e}(\boldsymbol{x})\| \text{ und}\\ \|\boldsymbol{e}(\boldsymbol{x})\| &= \left\|A^{-1}(A\boldsymbol{x} - \boldsymbol{b})\right\| \leq \left\|A^{-1}\right\|\,\|\boldsymbol{r}(\boldsymbol{x})\|\end{aligned}$$

und daraus wegen $\kappa(A)\,\|\boldsymbol{b}\| = \|A\|\,\left\|A^{-1}\right\|\,\|\boldsymbol{b}\| \geq \|A\|\,\left\|A^{-1}\boldsymbol{b}\right\|$ die linke Hälfte der zweiten Behauptung. Für die rechte Hälfte beachte man

$$\|\boldsymbol{b}\| = \|A(A^{-1}\boldsymbol{b})\| \leq \|A\|\|A^{-1}\boldsymbol{b}\| \quad \Rightarrow \quad \|A^{-1}\boldsymbol{b}\| \geq \frac{\|\boldsymbol{b}\|}{\|A\|}$$

und damit

$$\frac{\|\boldsymbol{e}(\boldsymbol{x})\|}{\left\|A^{-1}\boldsymbol{b}\right\|} \leq \|A\|\,\frac{\|\boldsymbol{e}(\boldsymbol{x})\|}{\|\boldsymbol{b}\|} \leq \kappa(A)\frac{\|\boldsymbol{r}(\boldsymbol{x})\|}{\|\boldsymbol{b}\|}$$

nach der ersten Abschätzung rechts.

**Lösung zu Aufgabe 8.3** Man berechnet $A^{-1}$

$$\begin{array}{cc|cc} 40 & 40 & 1 & 0 \\ 39 & 40 & 0 & 1 \end{array} \rightsquigarrow \begin{array}{cc|cc} 1 & 1 & \frac{1}{40} & 0 \\ 0 & \frac{40}{39} & -1 & \frac{40}{39} \end{array} \rightsquigarrow \begin{array}{cc|cc} 1 & 0 & 1 & -1 \\ 0 & 1 & -\frac{39}{40} & 1 \end{array},$$

also $A^{-1} = \begin{pmatrix} 1 & -1 \\ -\frac{39}{40} & 1 \end{pmatrix}$ und $\|A\|_\infty = 80 = \|\boldsymbol{b}\|_\infty$ sowie $\left\|A^{-1}\right\|_\infty = 2$. Dann ist

$$\kappa(A) = \|A\|_\infty \cdot \left\|A^{-1}\right\|_\infty = 160\,.$$

Um Theorem 8.2 anwenden zu können muss gelten $\left\|A^{-1}\right\| \cdot \|\delta A\| < 1$. Dann gilt für den relativen Fehler

$$\frac{\|\delta \boldsymbol{x}\|}{\|\boldsymbol{x}\|} \leq \kappa(A) \cdot \left(1 - \kappa(A)\frac{\|\delta A\|}{\|A\|}\right)^{-1} \cdot \left(\frac{\|\delta \boldsymbol{b}\|}{\|\boldsymbol{b}\|} + \frac{\|\delta A\|}{\|A\|}\right)\,. \tag{$*$}$$

Um die Voraussetzung zu erfüllen, brauchen wir $\left\|A^{-1}\right\|_\infty \cdot \|\delta A\|_\infty = \kappa(A)\,\|\delta A\|_\infty \,/\, \|A\| < 1$, also $S_A < 1/\kappa(A) = 6.25 \cdot 10^{-3}$. Mit ($*$) ergibt sich

$$\frac{\|\delta \boldsymbol{x}\|_\infty}{\|\boldsymbol{x}\|_\infty} \leq 160 \cdot \frac{1}{1 - 160 S_A} \cdot (S_A + S_{\boldsymbol{b}}) \overset{!}{<} 10^{-2}\,.$$

Sei $\xi := \max(S_A, S_{\boldsymbol{b}})$. Dann kann die Forderung erfüllt werden, wenn gilt

$$\frac{160(S_A + S_{\boldsymbol{b}})}{1 - 160 S_A} \leq \frac{160 \cdot 2\xi}{1 - 160\xi} < 10^{-2}\,.$$

Dies ist für $\xi < 3.1095 \cdot 10^{-5}$ der Fall.

**Bemerkung zu Aufgabe 8.3** Man sieht also, dass $\log_{10} \kappa(A) \approx 2{,}2$ zur Folge hat, dass $2-3$ Dezimalstellen an Genauigkeit verloren gehen.

**Lösung zu Aufgabe 8.4** Es gilt $\|L\|_2 = \left\|L^\dagger\right\|_2$ und $\left\|L^{-1}\right\|_2 = \left\|L^{-\dagger}\right\|_2$ nach Bemerkungen 7.31, 3). Dies folgt sofort aus $A = U\Sigma V^\dagger \Rightarrow A^\dagger = V\Sigma U^\dagger$ für eine (normierte) SVD.
Sei $L = U\Sigma V^\dagger$ eine normierte SVD, dann ist

$$A = LL^\dagger = U\Sigma V^\dagger V\Sigma U^\dagger = U\Sigma^2 U^\dagger$$

und damit $\|A\|_2 = \|\Sigma^2\|_2 = \|\Sigma\|_2^2 = \|L\|_2^2$ und analog $\left\|A^{-1}\right\|_2 = \left\|L^{-1}\right\|_2^2$ und damit

$$\kappa_2(A) = \|A\|_2 \left\|A^{-1}\right\|_2 = \left(\|L\|_2 \left\|L^{-1}\right\|_2\right)^2 = \kappa_2(L)^2\,,$$

also

$$\kappa_2(L) = \kappa_2(L^\dagger) = \sqrt{\kappa_2(A)} \leq \kappa_2(A)\,,$$

da $\kappa_2(A) \geq 1$. Gleichheit kann aber nur für $\kappa_2(A) = 1$ vorliegen.

**Lösung zu Aufgabe 8.5** „$\Rightarrow$" Für $\varepsilon > 0$ existiert ein $\overline{\alpha} > 0$, so dass $\|A\boldsymbol{x}_\alpha - \boldsymbol{b}\| < \varepsilon \ \forall \alpha < \overline{\alpha}$. Damit konvergiert $(A\boldsymbol{x}_\alpha)_{\alpha>0} \subset \text{Bild}(A)$ gegen $\boldsymbol{b}$. Da $\text{Bild}(A) \subset \mathbb{K}^m$ ein endlichdimensionaler Unterraum ist, ist es nach Satz 7.16, 3) abgeschlossen. Also ist auch $\boldsymbol{b} \in \text{Bild}(A)$.

„$\Leftarrow$" Sei $\boldsymbol{b} \in \text{Bild}(A)$, d. h. es existiert $\boldsymbol{x}_0 \in \mathbb{K}^n$ mit $A\boldsymbol{x}_0 = \boldsymbol{b}$. Da $\boldsymbol{x}_\alpha$ das Ausgleichsproblem (8.7) löst, gilt insbesondere

$$\|A\boldsymbol{x}_\alpha - \boldsymbol{b}\|_2^2 + \alpha\|\boldsymbol{x}_\alpha\|_2^2 \leq \|A\boldsymbol{y} - \boldsymbol{b}\|_2^2 + \alpha\|\boldsymbol{y}\|_2^2 \ \forall \boldsymbol{y} \in \mathbb{K}^n .$$

Setze $\boldsymbol{y} = \boldsymbol{x}_0$, so folgt

$$\|A\boldsymbol{x}_\alpha - \boldsymbol{b}\|_2^2 \leq \|A\boldsymbol{x}_\alpha - \boldsymbol{b}\|_2^2 + \alpha\|\boldsymbol{x}_\alpha\|_2^2 \leq \|A\boldsymbol{x}_0 - \boldsymbol{b}\|_2^2 + \alpha\|\boldsymbol{x}_0\|_2^2 = \alpha\|\boldsymbol{x}_0\|_2^2 .$$

Da $\boldsymbol{x}_0$ unabhängig von $\alpha$ gewählt werden kann, folgt $\|A\boldsymbol{x}_\alpha - \boldsymbol{b}\|_2 \overset{\alpha\to 0}{\longrightarrow} 0$.

**Lösung zu Aufgabe 8.6** Sei $\boldsymbol{x} \in \mathbb{C}^n$ ein Eigenvektor zu $\lambda$ und $j \in \{1,\ldots,n\}$ so, dass $\|\boldsymbol{x}\|_\infty = |x_j|$. Dann gilt

$$\sum_{\substack{i=1\\i\neq j}}^{n} a_{j,i}x_i = \lambda x_j - a_{j,j}x_j = (\lambda - a_{j,j})x_j ,$$

also

$$|\lambda - a_{j,j}| = \frac{1}{|x_j|}\left|\sum_{\substack{i=1\\i\neq j}}^{n} a_{j,i}x_i\right| \leq \frac{\|\boldsymbol{x}\|_\infty}{|x_j|}\sum_{\substack{i=1\\i\neq j}}^{n} |a_{j,i}|$$

und damit die Behauptung.

## 8.2 Klassische Iterationsverfahren für lineare Gleichungssysteme und Eigenwerte

**Lösung zu Aufgabe 8.7** Wir betrachten $B_1\boldsymbol{x} = \boldsymbol{b}$: für das Jacobi-Verfahren ergibt sich

$$M = \mathbb{1} - D^{-1}A = \begin{pmatrix}1&0&0\\0&1&0\\0&0&1\end{pmatrix} - \begin{pmatrix}1&-2&2\\-1&1&-1\\-2&-2&1\end{pmatrix} = \begin{pmatrix}0&2&-2\\1&0&1\\2&2&0\end{pmatrix} .$$

Hier ist $M^3 = 0$, d. h. man erhält nach drei Schritten die exakte Lösung nach (8.25), das Gesamtschrittverfahren konvergiert ($\rho(M) = 0$). Für das Gauss-Seidel-Verfahren ergibt sich $(D + L)\boldsymbol{x}^{(k+1)} = -R\boldsymbol{x}^{(k)} + \boldsymbol{b}$, d. h.

$$M = -(D+L)^{-1}R = \begin{pmatrix} 1 & 0 & 0 \\ -1 & 1 & 0 \\ -2 & -2 & 1 \end{pmatrix}^{-1} \begin{pmatrix} 0 & 2 & -2 \\ 0 & 0 & 1 \\ 0 & 0 & 0 \end{pmatrix} = \begin{pmatrix} 1 & 0 & 0 \\ 1 & 1 & 0 \\ 4 & 2 & 1 \end{pmatrix} \begin{pmatrix} 0 & 2 & -2 \\ 0 & 0 & 1 \\ 0 & 0 & 0 \end{pmatrix} = \begin{pmatrix} 0 & 2 & -2 \\ 0 & 2 & -1 \\ 0 & 8 & -6 \end{pmatrix}$$

und die Eigenwerte von $M$ ergeben sich als $\lambda_1 = 0$ und die von $\begin{pmatrix} 2 & -1 \\ 8 & -6 \end{pmatrix}$ nach Hauptsatz 2.114, 1), also $(\lambda - 2)(\lambda + 6) + 8 = 0$, d.h. $\lambda^2 + 4\lambda - 4 = 0$ und damit ist $\lambda_{2,3} = \pm\sqrt{8} - 2$ und damit $\rho(M) > 1$, also ist das Verfahren nicht global konvergent. Dies kann man auch direkt dadurch sehen, indem man $\boldsymbol{x}_i^{(0)} = B_1^{-1}\boldsymbol{b} + \boldsymbol{v}_2$ mit einem Eigenvektor $\boldsymbol{v}_2$ zu $\lambda_2$ setzt, dann ist $\boldsymbol{e}^{(0)} = \boldsymbol{v}_2$ und damit $\boldsymbol{e}^{(k)} = \lambda_2^k \boldsymbol{v}_2$, also $\left\|\boldsymbol{e}^{(k)}\right\| \to \infty$.
Wir betrachten jetzt $B_2\boldsymbol{x} = \boldsymbol{b}$: Hier erhält man für das Jacobi-Verfahren

$$M = \mathbb{1} - D^{-1}A = \begin{pmatrix} 0 & \frac{1}{2} & \frac{1}{2} \\ -1 & 0 & 1 \\ -\frac{1}{2} & -\frac{1}{2} & 0 \end{pmatrix}.$$

Die Eigenwerte lauten $\lambda_1 = 0$, $\lambda_{2/3} = \pm i\frac{\sqrt{5}}{2}$, also $\rho(M) > 1$. Das Gesamtschrittverfahren konvergiert nicht global mit Begründung wie oben.

Für das Gauss-Seidel-Verfahren ergibt sich

$$M = \frac{1}{2}\begin{pmatrix} 0 & 1 & 1 \\ 0 & -1 & 1 \\ 0 & 0 & -1 \end{pmatrix}, \quad M^2 = \frac{1}{4}\begin{pmatrix} 0 & -1 & 0 \\ 0 & 1 & -2 \\ 0 & 0 & 1 \end{pmatrix}$$

und damit $\left\|M^2\right\|_1 = \frac{1}{2} < 1$ oder auch $\left\|M^2\right\|_\infty = \frac{3}{4} < 1$. Wegen $\rho(M) \le \left\|M^k\right\|^{\frac{1}{k}}$ für $k \in \mathbb{N}$ nach Bemerkungen 7.33, 2) ist auch $\rho(M) < 1$ und das Einzelschrittverfahren konvergiert global nach Theorem 8.20.

**Bemerkung zu Aufgabe 8.7** Es kann von der Konvergenz des einen Verfahrens nicht auf die Konvergenz des anderen geschlossen werden.

**Lösung zu Aufgabe 8.8** Aus $\boldsymbol{x}^{(k+\frac{1}{2})} = M\boldsymbol{x}^{(k)} + N\boldsymbol{b}$ und $\boldsymbol{x}^{(k+1)} = \boldsymbol{x}^{(k)} - \omega(\boldsymbol{x}^{(k)} - \boldsymbol{x}^{(k+\frac{1}{2})})$ folgt

$$\begin{aligned} \boldsymbol{x}^{(k+1)} = (1-\omega)\boldsymbol{x}^{(k)} + \omega\boldsymbol{x}^{(k+\frac{1}{2})} &= (1-\omega)\boldsymbol{x}^{(k)} + \omega(M\boldsymbol{x}^{(k)} + N\boldsymbol{b}) \\ &= ((1-\omega)\mathbb{1} + \omega M)\boldsymbol{x}^{(k)} + \omega N\boldsymbol{b}\,. \end{aligned}$$

Also: $M_\omega := (1-\omega)\mathbb{1} + \omega M$ hat die Eigenwerte

$$\lambda_j(M_\omega) = (1-\omega) + \omega\lambda_j(M) = 1 - \omega\underbrace{\left(1 - \cos\left(\frac{j\pi}{n+1}\right)\right)}_{\in(0,2)}, \quad j = 1, \ldots, n\,.$$

Für $\omega > 0$ gilt also immer $\lambda_j(M_\omega) < 1$ und weiter:

$$\lambda_j(M_\omega) \geq -1 \quad \Leftrightarrow \quad \omega\left(1 - \cos\left(\frac{j\pi}{n+1}\right)\right) \leq 2 \quad \Leftrightarrow \quad \omega \leq \frac{2}{1 - \cos\left(\frac{j\pi}{n+1}\right)} .$$

$2/(1 - \cos(\frac{j\pi}{n+1}))$ wird minimal für $j = 1$ oder $n$. Somit gilt

$$\lambda_j(M_\omega) \geq -1 \text{ für alle } j = 1, ..., n \quad \Leftrightarrow \quad \omega \leq 2/(1 - \cos(\frac{n\pi}{n+1})) .$$

Das gedämpfte Jacobi-Verfahren konvergiert also für $\omega \in (0, 2/(1 - \cos(\frac{n\pi}{n+1})))$.

**Lösung zu Aufgabe 8.9** O. B. d. A. können $\boldsymbol{x}$ und $\boldsymbol{y}$ als normiert bzgl. $\|\,.\,\|_A$ vorausgesetzt werden, so dass mit dem Winkel $\varphi$ bzgl. $\langle\,.\,\rangle_A$ $\cos(\varphi) = \langle \boldsymbol{x} \,.\, \boldsymbol{y}\rangle_A$ gilt. Weiterhin ist

$$\begin{aligned} \|\boldsymbol{x} \pm \boldsymbol{y}\|_A^2 &= \langle \boldsymbol{x} \pm \boldsymbol{y} \,.\, \boldsymbol{x} \pm \boldsymbol{y}\rangle_A = \\ &= \|\boldsymbol{x}\|_A^2 \pm 2\cos(\varphi)\,\|\boldsymbol{x}\|_A \cdot \|\boldsymbol{y}\|_A + \|\boldsymbol{y}\|_A^2 \\ &= 2\,(1 \pm \cos(\varphi)) \,. \end{aligned} \tag{1}$$

Es gilt wegen $A > 0$

$$\lambda_{\min} \|\boldsymbol{x}\|_2^2 \leq \langle A\boldsymbol{x} \,.\, \boldsymbol{x}\rangle = \|\boldsymbol{x}\|_A^2 \leq \lambda_{\max} \|\boldsymbol{x}\|_2^2 \,,$$

wobei $\lambda_{\min}$, $\lambda_{\max} > 0$ den minimalen und maximalen Eigenwert von $A$ bezeichnen (siehe Bemerkungen 8.25, 4), Satz 4.135, 1)). Also kann man abschätzen (beachte: $\boldsymbol{x}^t\boldsymbol{y} = 0$)

$$\|\boldsymbol{x} \pm \boldsymbol{y}\|_A^2 \begin{cases} \leq \lambda_{\max} \|\boldsymbol{x} \pm \boldsymbol{y}\|_2^2 = \lambda_{\max}\left(\|\boldsymbol{x}\|_2^2 + \|\boldsymbol{y}\|_2^2\right) \\ \geq \lambda_{\min} \|\boldsymbol{x} \pm \boldsymbol{y}\|_2^2 = \lambda_{\min}\left(\|\boldsymbol{x}\|_2^2 + \|\boldsymbol{y}\|_2^2\right) \end{cases} \tag{2}$$

Aus (1) folgt

$$\frac{1 - \cos(\varphi)}{1 + \cos(\varphi)} = \frac{\|\boldsymbol{x} - \boldsymbol{y}\|_A^2}{\|\boldsymbol{x} + \boldsymbol{y}\|_A^2}$$

und damit

$$\frac{1 - \cos(\varphi)}{1 + \cos(\varphi)} \leq \frac{\lambda_{\max}}{\lambda_{\min}}$$

und mit $\kappa = \lambda_{\max}/\lambda_{\min}$ (nach Theorem 7.30, 4)) auch

$$\frac{1}{\kappa} = \frac{\lambda_{\min}}{\lambda_{\max}} \leq \frac{\|\boldsymbol{x} - \boldsymbol{y}\|_A^2\left(\|\boldsymbol{x}\|_2^2 + \|\boldsymbol{y}\|_2^2\right)}{\|\boldsymbol{x} + \boldsymbol{y}\|_A^2\left(\|\boldsymbol{x}\|_2^2 + \|\boldsymbol{y}\|_2^2\right)} = \frac{1 - \cos(\varphi)}{1 + \cos(\varphi)} \leq \kappa \,.$$

Also:

$$\frac{1}{\kappa}(1+\cos(\varphi)) \leq 1-\cos(\varphi) \leq \kappa(1+\cos(\varphi))\,.$$

Die linke Ungleichung ist äquivalent mit

$$1+\cos(\varphi) \leq \kappa(1-\cos(\varphi)) \Leftrightarrow (\kappa+1)\cos(\varphi) \leq \kappa-1 \Leftrightarrow \cos(\varphi) \leq (\kappa-1)/(\kappa+1)$$

und die rechte Ungleichung ist äquivalent mit

$$1-\kappa \leq (\kappa+1)\cos(\varphi) \Leftrightarrow -(\kappa-1)/(\kappa+1) \leq \cos(\varphi)\,.$$

Zusammen:

$$\frac{\langle \boldsymbol{x} \,.\, \boldsymbol{y}\rangle_A}{\|\boldsymbol{x}\|_A\,\|\boldsymbol{y}\|_A} \leq |\cos(\varphi)| \leq \frac{\kappa-1}{\kappa+1}\,.$$

Folgendes Beispiel zeigt, dass die Abschätzung scharf ist (auch für $A \neq \mathbb{1}$):

$$A = \begin{pmatrix} 1 & 0 \\ 0 & 2 \end{pmatrix}\,,\ \text{d. h. } \kappa = 2\,,\ \boldsymbol{x} = \begin{pmatrix} -1 \\ 1 \end{pmatrix}\,,\ \boldsymbol{y} = \begin{pmatrix} 1 \\ 1 \end{pmatrix}\,,\ \text{d. h. } \boldsymbol{x}^t\boldsymbol{y} = 0$$

und

$$\|\boldsymbol{x}\|_A = 3^{\frac{1}{2}} = \|\boldsymbol{y}\|_A\ ,\ \langle \boldsymbol{x} \,.\, \boldsymbol{y}\rangle_A = 1\,,$$

also

$$\frac{|\langle \boldsymbol{x} \,.\, \boldsymbol{y}\rangle_A|}{\|\boldsymbol{x}\|_A\,\|\boldsymbol{y}\|_A} = \frac{1}{3} = \frac{2-1}{2+1} = \frac{\kappa-1}{\kappa+1}\,.$$

**Lösung zu Aufgabe 8.10** a) Die gewichtete Adjazenzmatrix des Netzwerks lautet (s. vor Definition 8.17)

$$B = \begin{pmatrix} 0 & \frac{1}{2} & 0 & \frac{1}{2} & 0 & 0 \\ 1 & 0 & 0 & 0 & 0 & 0 \\ 0 & 0 & 0 & 1 & 0 & 0 \\ \frac{1}{2} & 0 & 0 & 0 & 0 & \frac{1}{2} \\ 0 & 0 & \frac{1}{2} & \frac{1}{2} & 0 & 0 \\ 0 & 0 & 0 & \frac{1}{2} & \frac{1}{2} & 0 \end{pmatrix}\,.$$

Für den Eigenraum zum Eigenwert 1 von $B^t$ gilt

$$\text{Kern}(B^t - \mathbb{1}) = \text{span}\{(8,4,1,8,2,4)^t\}\,.$$

Die Normierung mit dem Faktor $6/\left\|(8,4,1,8,2,4)^t\right\|_1 = 6/27$ führt auf den Gewichtsvektor

$$x = \left(\frac{48}{27}, \frac{24}{27}, \frac{6}{27}, \frac{48}{27}, \frac{12}{27}, \frac{24}{27}\right)^t \approx (1.78, 0.89, 0.22, 1.78, 0.44, 0.89)^t .$$

b) Die gewichtete Adjazenzmatrix des modifizierten Netzwerks lautet nun

$$B' = \begin{pmatrix} 0 & 1 & 0 & 0 & 0 & 0 \\ 1 & 0 & 0 & 0 & 0 & 0 \\ 0 & 0 & 0 & 1 & 0 & 0 \\ 0 & 0 & 0 & 0 & 0 & 1 \\ 0 & 0 & \frac{1}{2} & \frac{1}{2} & 0 & 0 \\ 0 & 0 & 0 & \frac{1}{2} & \frac{1}{2} & 0 \end{pmatrix}$$

und es gilt

$$\operatorname{Kern}(B'^t - \mathbb{1}) = \operatorname{span}\{(0,0,1,4,2,4)^t, (1,1,0,0,0,0)^t\} .$$

Da der Graph nicht mehr zusammenhängend ist, ist der Lösungsraum nicht eindimensional.

c) Zu lösen ist das System

$$\begin{pmatrix} 1 & -0.85 & 0 & 0 & 0 & 0 \\ -0.85 & 1 & 0 & 0 & 0 & 0 \\ 0 & 0 & 1 & 0 & -0.425 & 0 \\ 0 & 0 & -0.85 & 1 & -0.425 & -0.425 \\ 0 & 0 & 0 & 0 & 1 & -0.425 \\ 0 & 0 & 0 & -0.85 & 0 & 1 \end{pmatrix} x = \begin{pmatrix} 0.15 \\ 0.15 \\ 0.15 \\ 0.15 \\ 0.15 \\ 0.15 \end{pmatrix} .$$

Es besitzt die Lösung

$$x \approx (1.00, 1.00, 0.461, 1.436, 0.732, 1.370)^t .$$

Diese eindeutige Lösung $x$ hat $\|x\|_1 = 6$ (zwingend nach Aufgabe 8.11), was die obige Normierung nahe legt.

**Lösung zu Aufgabe 8.11** a) Es soll gezeigt werden, dass (8.12) und (1) äquivalent sind. Nach der Diskussion nach Definition 8.18 ist das LGS (8.13) für $\omega < 1$ eindeutig lösbar mit einer Lösung $\overline{x} > 0$.

„$\Rightarrow$": Sei $\overline{x} > \mathbf{0}$ die eindeutige Lösung von (8.13). Wir multiplizieren die Gleichung (8.12) von links mit $\mathbf{1}^t$ und erhalten:

$$\begin{aligned}\sum_{i=1}^{n} \overline{x}_i &= \mathbf{1}^t\overline{\boldsymbol{x}} = \omega\mathbf{1}^t B^t\overline{\boldsymbol{x}} + (1-\omega)\mathbf{1}^t\mathbf{1} = \omega(B\mathbf{1})^t\overline{\boldsymbol{x}} + (1-\omega)n \\ &\overset{(*)}{=} \omega\mathbf{1}^t\overline{\boldsymbol{x}} + (1-\omega)n = \omega\sum_{i=1}^{n}\overline{x}_i + (1-\omega)n \\ &\Leftrightarrow\ (1-\omega)\sum_{i=1}^{n}\overline{x}_i = (1-\omega)n \ \Leftrightarrow\ \sum_{i=1}^{n}\overline{x}_i = n \ \Leftrightarrow\ \left\|\overline{\boldsymbol{x}}\right\|_1 = n\,.\end{aligned}$$

In $(*)$ geht ein, dass jede Seite mindestens einen ausgehenden Link hat. Denn dann kann keine Zeile von $B$ eine reine Nullzeile sein und jede Zeilensumme ergibt 1.

Aus $\left\|\overline{\boldsymbol{x}}\right\|_1 = n$ und $\overline{\boldsymbol{x}} > \mathbf{0}$ folgt $S\overline{\boldsymbol{x}} = \mathbf{1}$, also erfüllt $\overline{\boldsymbol{x}}$ die Eigenwertgleichung

$$\boldsymbol{x} = M\boldsymbol{x} = (\omega B^t + (1-\omega)S)\boldsymbol{x}$$

und damit ist $\overline{\boldsymbol{x}}$ eine Lösung von (1).

„$\Leftarrow$": Sei andererseits $\overline{\boldsymbol{y}}$ eine Lösung von (1), d. h. es gilt $\left\|\overline{\boldsymbol{y}}\right\|_1 = n$, $\overline{\boldsymbol{y}} > \mathbf{0}$ und $M\overline{\boldsymbol{y}} = \overline{\boldsymbol{y}}$. Dann gilt wieder $S\overline{\boldsymbol{y}} = \mathbf{1}$ und $\overline{\boldsymbol{y}}$ ist Lösung von (8.12).

b) Da von jeder Seite mindestens ein Link ausgeht, gilt $\sum_{i=1}^{n} M_{ij} = 1$ für alle $j = 1,\dots,n$. Sei $\boldsymbol{w} = M\boldsymbol{v}$ mit $\boldsymbol{v} \in V$. Dann gilt

$$\sum_{i=1}^{n} w_i = \sum_{i=1}^{n}\sum_{j=1}^{n} M_{ij}v_j = \sum_{j=1}^{n} v_j \sum_{i=1}^{n} M_{ij} = \sum_{j=1}^{n} v_j = 0\,,$$

also $\boldsymbol{w} \in V$ bzw. kürzer: Die Eigenschaft von $M$ lautet $M^t\mathbf{1} = \mathbf{1}$ und damit: $(M\boldsymbol{v}\,.\,\mathbf{1}) = (\boldsymbol{v}\,.\,M^t\mathbf{1}) = (\boldsymbol{v}\,.\,\mathbf{1}) = 0$ für $\boldsymbol{v} \in V$. Weiterhin gilt mit $s_i := \operatorname{sign}(w_i)$:

$$\|\boldsymbol{w}\|_1 = \sum_{i=1}^{n} s_i w_i = \sum_{i=1}^{n} s_i \sum_{j=1}^{n} M_{ij}v_j = \sum_{j=1}^{n} v_j\left(\sum_{i=1}^{n} s_i M_{ij}\right) = \sum_{j=1}^{n} v_j a_j$$

mit $a_j := \sum_{i=1}^{n} s_i M_{ij}$. Für jedes $1 \leq j \leq n$ gilt mit $\tilde{s}_i := \operatorname{sign}(a_j)s_i$

$$\begin{aligned}|a_j| = \operatorname{sign}(a_j)a_j &= \sum_{i=1}^{n} \tilde{s}_i M_{ij} = \sum_{\substack{i=1\\ \tilde{s}_i>0}}^{n} M_{ij} - \sum_{\substack{i=1\\ \tilde{s}_i<0}}^{n} M_{ij} \\ &= \sum_{i=1}^{n} M_{ij} - 2\sum_{\substack{i=1\\ \tilde{s}_i<0}}^{n} M_{ij} = 1 - 2\sum_{\substack{i=1\\ \tilde{s}_i<0}}^{n} M_{ij} \\ &\leq 1 - 2\min_{1\leq i\leq n} M_{ij} < 1\,, \text{da } M_{ij} > 0 \text{ für alle } i,j = 1,\dots,n,\end{aligned}$$

Da auch $M_{ij} < 1$ für alle $i,j = 1,\dots,n$, gilt analog $-2\min_{1\leq i\leq n} M_{ij} > -1$, also insgesamt

$$|a_j| \le \left|1 - 2 \min_{1\le i\le n} M_{ij}\right| < 1\,.$$

Definiere nun $c := \max_{1\le j\le n} \left|1 - 2\min_{1\le i\le n} M_{ij}\right|$, dann gilt $c < 1$ und $|a_j| \le c$ für alle $j = 1,\dots,n$. Schließlich erhält man damit

$$\|\boldsymbol{Mv}\|_1 = \|\boldsymbol{w}\|_1 = \sum_{j=1}^n a_j v_j = \left|\sum_{j=1}^n a_j v_j\right| \le \sum_{j=1}^n |a_j|\,|v_j| \le c\sum_{j=1}^n |v_j| = c\,\|\boldsymbol{v}\|_1\,.$$

c) Sei $\boldsymbol{x}_0 \in \mathbb{R}^n$, $\boldsymbol{x}_0 \ge 0$, ein beliebiger Vektor mit $\|\boldsymbol{x}_0\|_1 = n$ und sei $\overline{\boldsymbol{x}}$ die Lösung von (1). Dann gilt $\boldsymbol{v} := \boldsymbol{x}_0 - \overline{\boldsymbol{x}} \in V$ und

$$M^k\boldsymbol{x}_0 = M^k\overline{\boldsymbol{x}} + M^k\boldsymbol{v} = \overline{\boldsymbol{x}} + M^k\boldsymbol{v}\,.$$

Mit Teilaufgabe b) folgt $\left\|M^k\boldsymbol{v}\right\|_1 \le c^k\,\|\boldsymbol{v}\|_1$, also $\lim_{k\to\infty} M^k\boldsymbol{v} = \boldsymbol{0}$ und damit

$$\overline{\boldsymbol{x}} = \lim_{k\to\infty} M^k\boldsymbol{x}_0\,.$$

**Lösung zu Aufgabe 8.12**

**Algorithmus Pagerank**

```
function x = pagerank(B, omega)
% PAGERANK  Diese Funktion erwartet eine quadratische gewichtete
% Adjazenzmatrix B sowie einen skalaren Gewichtungsfaktor 0 <
    omega < 1 und
% berechnet mit Hilfe der Potenzmethode einen Vektor mit
    Seitengewichten x
% nach dem Page-Rank-Verfahren.
validateattributes(B, {'numeric'}, {'square', '>=', 0, '<=', 1},
    mfilename, 'B')
validateattributes(omega, {'numeric'}, {'scalar', '>', 0, '<',
    1}, mfilename, 'omega')
%
n = size(B,1);
M = omega * B.' + (1-omega)/n * ones(n);
x_k = 1/n * ones(n,1);
x = M * x_k;
%
while norm(x - x_k,1) >= 1e-10
  x_k = x;
  x = M * x_k;
end % while
end % function
```

**Lösung zu Aufgabe 8.13** Bei 2) wird wegen

$$A\boldsymbol{x} = \lambda\boldsymbol{x} \iff A^{-1}\boldsymbol{x} = \frac{1}{\lambda}\boldsymbol{x}$$

für $\lambda \neq 0$ ein Eigenvektor zum betragsgrößten Eigenwert von $A^{-1}$ gesucht und der Kehrwert des Eigenwerts dazu. Wegen

$$\tilde{\boldsymbol{x}}^{(k+1)} := A^{-1}\boldsymbol{x}^{(k)} \Leftrightarrow A\tilde{\boldsymbol{x}}^{(k+1)} = \boldsymbol{x}^{(k)}$$

erklärt dies den Algorithmus aus dem Algorithmus 7.
Bei 3) hat $A - \mu\mathbb{1}$ den betragskleinsten Eigenwert $\lambda_\ell - \mu$. Ein Algorithmus zur Bestimmung von $\lambda_\ell$ und einem (normierten) Eigenvektor dazu ist also gegeben durch

Wähle Startvektor $\boldsymbol{x}^{(0)}$ mit $\|\boldsymbol{x}^{(0)}\|_2 = 1$,
für $k = 0, 1, \ldots$

Löse $(A - \mu\mathbb{1})\tilde{\boldsymbol{x}}^{(k+1)} = \boldsymbol{x}^{(k)}$

$$\lambda^{(k)} := \frac{1}{\left(\boldsymbol{x}^{(k)} \, . \, \tilde{\boldsymbol{x}}^{(k+1)}\right)} + \mu$$

$$\boldsymbol{x}^{(k+1)} := \frac{\tilde{\boldsymbol{x}}^{(k+1)}}{\|\tilde{\boldsymbol{x}}^{(k+1)}\|_2}$$

## 8.3 Datenanalyse, -synthese und -kompression

**Lösung zu Aufgabe 8.14** Vater-Wavelet $\chi$ und HAAR-Wavelet $\psi$ erfüllen folgende Beziehungen für $x \in \mathbb{R}$

$$\chi(x) = \chi(2x) + \chi(2x - 1) ,$$
$$\psi(x) = \chi(2x) - \chi(2x - 1) ,$$

wie man für die verschiedenen Argumentbereiche

$$[0, \tfrac{1}{2}) , \ [\tfrac{1}{2}, 1) , \ \mathbb{R} \setminus [0, 1) \text{ bzw.}$$
$$(0, \tfrac{1}{2}] , \ (\tfrac{1}{2}, 1] , \ \mathbb{R} \setminus (0, 1]$$

überprüft und damit

$$\begin{aligned} f_{k+1,2j}(x) + f_{k+1,2j+1}(x) &= 2^{\frac{1}{2}}\left(2^{\frac{k}{2}}\left(\chi(2(2^k x - j)) + \chi(2(2^k x - j) - 1)\right)\right) \\ &\overset{(*)}{=} 2^{\frac{1}{2}}\left(2^{\frac{k}{2}}\chi(2^k x - j)\right) = 2^{\frac{1}{2}} f_{k,j}(x) , \\ f_{k+1,2j}(x) - f_{k+1,2j+1}(x) &= 2^{\frac{1}{2}}\left(2^{\frac{k}{2}}\left(\chi(2(2^k x - j)) - \chi(2(2^k x - j) - 1)\right)\right) \\ &\overset{(*)}{=} 2^{\frac{1}{2}}\left(2^{\frac{k}{2}}\psi(2^k x - j)\right) = 2^{\frac{1}{2}} g_{k,j}(x) , \end{aligned}$$

wobei in $(*)$ jeweils die Vorbemerkung eingeht.

**Lösung zu Aufgabe 8.15** a) Basis $f_{2,j}$, $j = 0, \ldots, 3$:

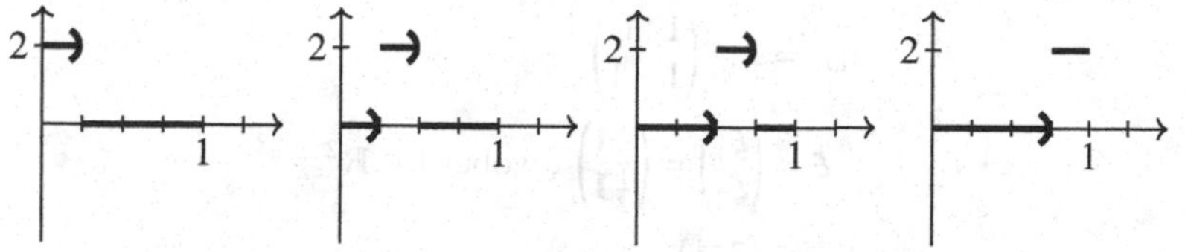


Basis $f_{1,0}, f_{1,1}, g_{1,0}, g_{1,1}$:

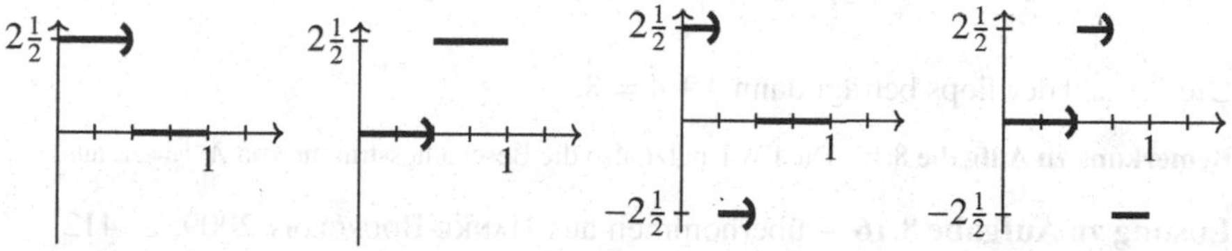


b)

$$A = \begin{pmatrix} 2^{-\frac{1}{2}} & 0 & 2^{-\frac{1}{2}} & 0 \\ 2^{-\frac{1}{2}} & 0 & -2^{-\frac{1}{2}} & 0 \\ 0 & 2^{-\frac{1}{2}} & 0 & 2^{-\frac{1}{2}} \\ 0 & 2^{-\frac{1}{2}} & 0 & -2^{-\frac{1}{2}} \end{pmatrix} = 2^{-\frac{1}{2}} \begin{pmatrix} 1 & 0 & 1 & 0 \\ 1 & 0 & -1 & 0 \\ 0 & 1 & 0 & 1 \\ 0 & 1 & 0 & -1 \end{pmatrix}$$

Die Spalten von $A$ sind orthonormal, also

$$A^{-1} = A^t = 2^{-\frac{1}{2}} \begin{pmatrix} 1 & 1 & 0 & 0 \\ 0 & 0 & 1 & 1 \\ 1 & -1 & 0 & 0 \\ 0 & 0 & 1 & -1 \end{pmatrix}.$$

c) $\boldsymbol{\xi} = \frac{1}{2}\mathbf{1} \in \mathbb{R}^4$ ist die Darstellung von $\chi_{[0,1]}$ bzgl. der Basis $\{f_{2,i} : i = 0, \ldots, 3\}$, also ist die Darstellung bzgl. $\{f_{1,i}, g_{i,1} : i = 0, 1\}$

$$A^{-1}\boldsymbol{\xi} = \begin{pmatrix} 2^{-\frac{1}{2}} \\ 2^{-\frac{1}{2}} \\ 0 \\ 0 \end{pmatrix}.$$

Die Anzahl der Elementaroperationen in flop (= 1 Multiplikation + 1 Addition) beträgt $4^2 = 16$ (ohne Berücksichtigung der Nulleinträge in $A^{-1}$, sonst 8). Schnelle Wavelet-Transformation (FWT):

$$A_{\text{loc}} = 2^{-\frac{1}{2}} \begin{pmatrix} 1 & 1 \\ 1 & -1 \end{pmatrix}$$

$$\boldsymbol{\xi} = \begin{pmatrix} \boldsymbol{\xi}_1 \\ \boldsymbol{\xi}_2 \end{pmatrix} = \begin{pmatrix} \frac{1}{2}\mathbf{1} \\ \frac{1}{2}\mathbf{1} \end{pmatrix}, \text{ wobei } \mathbf{1} \in \mathbb{R}^2$$

$$A_{\text{loc}}\boldsymbol{\xi}_1 = \begin{pmatrix} 2^{-\frac{1}{2}} \\ 0 \end{pmatrix} \text{ liefert die Einträge } 1, 3$$

$$A_{\text{loc}}\boldsymbol{\xi}_2 = \begin{pmatrix} 2^{-\frac{1}{2}} \\ 0 \end{pmatrix} \text{ liefert die Einträge } 2, 4 .$$

Die Anzahl der flops beträgt dann $4 + 4 = 8$.

**Bemerkung zu Aufgabe 8.15** Die FWT nutzt also die Besetzungsstruktur von $A^{-1} = A^t$ aus.

**Lösung zu Aufgabe 8.16** – übernommen aus HANKE-BOURGEOIS 2009, S. 412 f. – Zur Vereinfachung der Notation werden die $c_i$-Werte zyklisch fortgesetzt durch

$$c_{-k} := c_{N-k} \text{ für } 0 < k \leq N - 1 .$$

Dann gilt also für das Matrix-Vektorprodukt bei $C = (c_{j,\nu})_{j,\nu}$

$$(C\boldsymbol{v})_j = \sum_{\nu=0}^{N-1} c_{j,\nu} v_\nu = \sum_{\nu=0}^{N-1} c_{\nu-j} v_\nu .$$

Sei $F_N^\dagger = (\boldsymbol{v}_0, \ldots, \boldsymbol{v}_{N-1})$ die Spaltendarstellung, d. h. zur Vereinfachung der Notation werden die Spalten um 1 erniedrigt indiziert und entsprechend auch nachfolgend Vektoren, d. h.

$$\boldsymbol{v}_k = (1, \bar{\omega}^k, ..., \bar{\omega}^{(N-1)k})^t , \tag{3}$$

dann errechnet sich für $j = 0, ..., N - 1$

$$\begin{aligned}
(C\boldsymbol{v}_k)_j &= \sum_{\nu=0}^{N-1} c_{\nu-j} \omega^{-k\nu} = \omega^{-jk} \sum_{\nu=0}^{N-1} c_{\nu-j} \omega^{(j-\nu)k} \\
&= \omega^{-jk} \sum_{\mu=j+1-N}^{j} c_{-\mu} \omega^{\mu k} \\
&= \omega^{-jk} \left( \sum_{\mu=j+1-N}^{-1} c_{-\mu} \omega^{\mu k} + c_0 + \sum_{\mu=1}^{j} c_{-\mu} \omega^{\mu k} \right) \\
&= T_1 + T_2 + T_3
\end{aligned}$$

und

$$T_1 = \sum_{\mu=j+1}^{N-1} c_{N-\mu} \omega^{(-N+\mu)k} = \sum_{\mu=j+1}^{N-1} c_{-\mu} \omega^{\mu k} ,$$

da nach Definition von $c_{-\mu}$ und wegen $\omega^{Nk} = 1$ gilt $c_{-\mu}\omega^{\mu k} = c_{N-\mu}\omega^{(-N+\mu)k}$. Also

$$(C\boldsymbol{v}_k)_j = \lambda_k \omega^{-jk} ,$$

wobei

$$\lambda_k = \sum_{\nu=0}^{N-1} c_{-\nu}\omega^{\nu k} = \sum_{\nu=0}^{N-1} c_{N-\nu}\omega^{\nu k} ,$$

also

$$C\boldsymbol{v}_k = \lambda_k \boldsymbol{v}_k ,$$

d. h. $\boldsymbol{v}_k$ ist Eigenvektor zum Eigenwert $\lambda_k$, $k = 0, \dots, N-1$ bzw. $CF_N^\dagger = F_N^\dagger D$. Nach Definition von $\lambda_k$ ist

$$F \begin{pmatrix} c_0 \\ c_{N-1} \\ \vdots \\ c_1 \end{pmatrix} = \begin{pmatrix} \lambda_0 \\ \vdots \\ \lambda_{N-1} \end{pmatrix} =: \boldsymbol{\lambda} ,$$

also

$$\boldsymbol{\lambda} = F_N^{-1}\boldsymbol{c}^{(1)} = \frac{1}{N}F_N^\dagger \boldsymbol{c}^{(1)} = \frac{1}{N}\overline{F_N \overline{\boldsymbol{c}^{(1)}}} ,$$

wobei $\boldsymbol{c}^{(1)}$ die erste Spalte von $C$ bezeichnet, d. h. $\boldsymbol{\lambda}$ kann durch eine FFT berechnet werden.

**Bemerkung zu Aufgabe 8.16** Weiter ist

$$C = F_N^\dagger D F_N^{-\dagger} = \frac{1}{N}\overline{F_N} D F_N ,$$

$$C^{-1} = F_N^\dagger D^{-1} F_N^{-\dagger} = \frac{1}{N}\overline{F_N} D^{-1} F_N ,$$

d. h. sowohl $C\boldsymbol{x}$ als auch $C^{-1}\boldsymbol{b}$, d. h. die Lösung des LGS $C\boldsymbol{x} = \boldsymbol{b}$, lassen sich nach Berechnung von $D$ mit 2 weiteren FFT berechnen, so dass insgesamt ein Aufwand von nur $O(N \log_2 N)$ Elementaroperationen besteht.

## 8.4 Lineare Algebra und Graphentheorie

**Lösung zu Aufgabe 8.17** Anzahl der Knoten = $n$ = 6, Anzahl der Kanten = $m$ = 10. Adjazenzmatrix:

$$A = \begin{pmatrix} 0&1&0&1&0&0 \\ 1&0&0&0&0&0 \\ 0&0&0&1&0&0 \\ 1&0&0&0&0&1 \\ 0&0&1&1&0&0 \\ 0&0&0&1&1&0 \end{pmatrix} \in \mathbb{R}^{(6,6)}$$

Inzidenzmatrix:

$$B = \begin{pmatrix} -1&1&0&0&0&0 \\ 1&-1&0&0&0&0 \\ -1&0&0&1&0&0 \\ 1&0&0&-1&0&0 \\ 0&0&-1&1&0&0 \\ 0&0&1&0&-1&0 \\ 0&0&0&1&-1&0 \\ 0&0&0&0&1&-1 \\ 0&0&0&-1&0&1 \\ 0&0&0&1&0&-1 \end{pmatrix} \in \mathbb{R}^{(10,6)}$$

**Lösung zu Aufgabe 8.18** Der zugehörende Adjanzgraph hat die Gestalt (ohne Darstellung der für jeden Knoten entstehende Schleifen)

$$1 \rightleftarrows 2 \rightleftarrows 3 \ldots n-2 \rightleftarrows n-1 \rightleftarrows n$$

und ist also zusammenhängend. Nach Satz 8.43, 1) ist also $A$ irreduzibel.

## 8.5 (Invers-)Monotone Matrizen und Input-Output-Analyse

**Lösung zu Aufgabe 8.19** Sei $B \in \mathbb{R}^{(n,n)}$, $b_{i,j} \leq 0$ für $i, j = 1, \ldots, n$, $i \neq j$. Sei $\tilde{s} := \max\{b_{i,j} : i, j = 1, \ldots, n\}$ und für ein $\epsilon > 0$

$$s = \begin{cases} \tilde{s} & \text{, wenn } \tilde{s} > 0 \\ \epsilon & \text{, wenn } \tilde{s} \leq 0\,. \end{cases}$$

$A := s\mathbb{1} - B \trianglerighteq 0$, also $B = s\mathbb{1} - A$, $s > 0$, d. h. aus der Darstellung (8.86) folgt die von (8.87). Umgekehrt gilt $b_{i,j} = -a_{i,j} \leq 0$ für $i, j = 1, \ldots, n$, $i \neq j$, wenn $B$ (8.87) erfüllt.

**Lösung zu Aufgabe 8.20** Wir setzen $B := \mathbb{1} - A$. Für eine gegebene Nachfrage $f \in \mathbb{R}^n$ ist der Output $\boldsymbol{x} \in \mathbb{R}^n$ gegeben durch die Gleichung

$$B\boldsymbol{x} = f\,.$$

Ein Zuwachs der Endnachfrage im Sektor $i$ entspricht einer neuen rechten Seite $f + \lambda e_i$ mit $\lambda > 0$. Der neue Output $\tilde{x}$ ist die Lösung von

$$B\tilde{x} = f + \lambda e_i .$$

Sei $\Delta := \tilde{x} - x$. Nach Voraussetzung ist $B\mathbf{1} = (\mathbb{1} - A)\mathbf{1} \geq \mathbf{0}$ und erfüllt damit die Voraussetzung von Lemma 8.59, d. h.

$$(B^{-1})_{i,i} \geq (B^{-1})_{i,k}, \quad i,k \in \{1,\dots,n\} .$$

Nun gilt $\Delta = B^{-1}(\lambda e_i) = \lambda B^{-1} e_i$ und damit $\Delta_i = \lambda(B^{-1})_{i,i} \geq \lambda(B^{-1})_{k,i} = \Delta_k$ für $k \in \{1,\dots,n\}$. Dies ergibt die erste Behauptung. Die zweite Behauptung ergibt sich analog, indem man überall „$\geq$" durch „$>$" ersetzt.

**Lösung zu Aufgabe 8.21** a) Es ist

$$(Bx \,.\, x) - \sum_{j=1}^{n}\sum_{k=1}^{n} b_{j,k}\left|x_j\right|^2 = \sum_{j=1}^{n}\sum_{k=1}^{n} b_{j,k}(x_k - x_j)x_j = \sum_{j=1}^{n}\sum_{\substack{k=1\\k>j}}^{n} + \sum_{j=1}^{n}\sum_{\substack{k=1\\k<j}}^{n} =: T_1 + T_2$$

und da $B$ symmetrisch ist:

$$T_2 = \sum_{k=1}^{n}\sum_{\substack{j=1\\j>k}}^{n} b_{k,j}(x_k - x_j)x_j = \sum_{j=1}^{n}\sum_{\substack{k=1\\k>j}}^{n} b_{j,k}(x_j - x_k)x_k$$

und damit

$$T_1 + T_2 = -\sum_{j=1}^{n}\sum_{\substack{k=1\\k>j}}^{n} b_{j,k}(x_k - x_j)(x_k - x_j)$$

und schließlich

$$(Bx \,.\, x) = \sum_{j=1}^{n}\left(\sum_{k=1}^{n} b_{j,k}\right)\left|x_j\right|^2 + \sum_{j=1}^{n}\sum_{\substack{k=1\\k>j}}^{n}(-b_{j,k})\left|x_j - x_k\right|^2 .$$

Unter den Zusatzvoraussetzungen ist jeder Summand nichtnegativ, also $B \geq 0$.

b) Nach Korollar 8.55 ist $B$ eine invertierbare $M$-Matrix, d. h. 0 ist kein Eigenwert und nach a) und Satz 4.135 ist also $B > 0$.

**Bemerkung zu Aufgabe 8.21** Für symmetrische $B$ sind die durch Korollar 8.55, 1) beschriebenen invertierbaren $M$-Matrizen also positiv definit. Die $M$-Matrixeigenschaft kann als Verallgemeinerung der Positivdefinitheit auf nicht symmetrische Matrizen verstanden werden.

## 8.6 Kontinuierliche und diskrete dynamische Systeme

**Lösung zu Aufgabe 8.22**

$x$ = Ort (eindimensional) = Länge = $[m]$
$u$ = Konzentration = Masse/Volumen = [kg/m$^3$] oder Stoffmenge/Volumen = [mol/m$^3$]
$q$ = Massenfluss = Masse/(Fläche · Zeit) = $[\mathrm{kg}/(m^2 s)]$ oder $[\mathrm{mol}/(m^2 s)]$
$f$ = Massenquelldichte = Masse/(Volumen · Zeit) = $[\mathrm{kg}/(m^3 s)]$ oder $[\mathrm{mol}/(m^3 s)]$
$C$ = Diffusionskoeffizient = Fläche/Zeit = $[m^2/s]$

**Lösung zu Aufgabe 8.23** Mit den Basisfunktionen $\varphi_i$, $i = 0, \ldots, n$ von $S_1(\Delta)$, definiert in (1.36), (1.37), wird im zeitabhängigen Fall die Lösung approximiert durch

$$u(x,t) = \sum_{i=0}^{n} u_i(t)\,\varphi_i(x)$$

und damit

$$\partial_t \dot{u}(x,t) = \sum \dot{u}_i(t)\,\varphi_i(x)\,.$$

In (MM.108) ist die (Massen-)Quelldichte $f - \partial_t u$ variabel in $x$, also ist die dortige rechte Seite zu ersetzen durch

$$\int_{x_{i-1/2}}^{x_{i+1/2}} f(x) - \partial_t u(x,t)\,dx \quad \text{für } i = 1, \ldots, n-1$$

bzw.

$$\int_{x_0}^{x_{1/2}} \quad \text{für } i = 0\,, \quad \int_{x_{n-1/2}}^{x_n} \quad \text{für } i = n\,.$$

Hier soll weiter $\int_{x_i}^{x_{i+1}} f(x)\,dx$ durch $f_i \overline{h_i}$ approximiert werden, könnte aber auch analog zum $\partial_t u$-Anteil behandelt werden. Der Beitrag in (MM.108) bzw. (MM.115) durch $\partial_t u$ ist also für $i = 1, \ldots, n-1$

$$\int_{x_{i-1}}^{x_{i+1}} \sum_{j=0}^{n} \dot{u}_j(t)\varphi_j(x)\,dx = \sum_{j=0}^{n} M_{i,j}\dot{u}_j(t)$$

mit

$$M_{i,j} = \int_{x_{i-1}}^{x_{i+1}} \varphi_j(x)\,dx$$

und analog

$$M_{0,j} = \int_{x_0}^{x_{1/2}} \varphi_j(x)\,dx\,,\ M_{n,j} = \int_{x_{n-1/2}}^{x_n} \varphi_j(x)\,dx$$

für $j = 0, \ldots, n$ (im Fall von DIRICHLET-Randbedingungen ist das LGS auf die Indizes $1, \ldots, n-1$ zu verkürzen bzw. analog bei einseitigen DIRICHLET-Bedingungen). Aus (1.36), (1.37) folgt für $i = 1, \ldots, n-1$:

$$M_{i,j} = \frac{3}{4}\overline{h_i}\,,\ M_{i,i-1} = \frac{1}{4}\frac{h_i}{2}\,,\ M_{i,i+1} = \frac{1}{4}\frac{h_{i+1}}{2}\,,\ M_{i,j} = 0 \text{ sonst,}$$

für $i = 0$:

$$M_{0,0} = \frac{3}{4}\overline{h_0}\,,\ M_{0,1} = \frac{1}{4}\overline{h_0}\,,\ M_{i,j} = 0 \text{ sonst}$$

und für $i = n$:

$$M_{n-1,n} = \frac{1}{4}\overline{h_n}\,,\ M_{n,n} = \frac{3}{4}\overline{h_n} \text{ und } M_{i,j} = 0 \text{ sonst.}$$

**Bemerkung zu Aufgabe 8.23** $M$ ist also eine tridiagonale Matrix mit positiven Einträgen auf Diagonale und Nebendiagonalen, deren Zeilensumme die vorige Diagonalmatrix $\operatorname{diag}(\overline{h_i})$ ergibt. Man beachte die Ähnlichkeit zu (1.80). Benutzt man zur Approximation der Integrale die Quadraturformel

$$\int_a^b f(x)\,dx \sim (b-a)f(\tfrac{1}{2}(a+b))\,,$$

die *Mittelpunktsregel*, erhält man wieder die alte diagonale Form.

## Lösung zu Aufgabe 8.24

$$\begin{aligned}
u_i &= \text{Temperatur}, i = 0, \ldots, n\\
q_i &= \text{Wärmeflussdichte}, i = 0, \tfrac{1}{2}, \ldots, n-\tfrac{1}{2}, n\\
f_i &= \text{Wärmequelldichte}, i = 0, \ldots, n\\
\text{Energieerhaltung} &= \text{(MM.108)}\\
\text{FOURIERsches Gesetz} &= \text{(MM.109)}\\
c_i &= \text{Wärmeleitkoeffizient}, i = \tfrac{1}{2}, \ldots, n-\tfrac{1}{2}\,,\\
C &= \operatorname{diag}\left(c_i - \tfrac{1}{2}\right), \ i = 1, \ldots, n\,.
\end{aligned}$$

Zeitabhängiger Fall: Weiterer Term in Energieerhaltung: Zeitableitung der (inneren) Energie $E_i(t) = E(\overline{u}_i)$. Ist die Wärmekapazität $k$ und die Masse des Mediums konstant, gilt $E(T) = mkT$ und damit $\frac{d}{dt}E_i(t) = mc\dot{u}_i$, d. h. (MM.45) erhält die Gestalt der (ortsdiskreten) *linearen* Wärmeleitungsgleichung

$$h^2 mk\dot{u} + B^t C B u = \tilde{f}$$

bzw. (ortskontinuierlich) ist (8.138) zu modifizieren zu

$$mk\partial_t u - \partial_x(c\partial_x u) = f\,.$$

**Lösung zu Aufgabe 8.25** Sei $\varepsilon > 0$ beliebig. Dann existiert wegen der Konvergenz der Matrix-Folge $\{A_i\}_{i\in\mathbb{N}}$ ein $N \in \mathbb{N}$, sodass

$$\|A_i - A\| \le \frac{\varepsilon}{2} \quad \text{für alle} \quad i \ge N$$

mit einer Matrixnorm $\|\cdot\|$. Weiter existiert ein $M \in \mathbb{N}$ derart, dass

$$\frac{1}{M}\,\|A_i - A\| \le \frac{\varepsilon}{2N} \quad \text{für alle} \quad 0 \le i \le N-1$$

gilt. Damit ergibt sich dann insgesamt

$$\begin{aligned}\left\|\frac{1}{k}\sum_{i=0}^{k-1} A_i - A\right\| &\le \frac{1}{k}\sum_{i=0}^{N-1}\|A_i - A\| + \frac{1}{k}\sum_{i=N}^{k-1}\|A_i - A\| \\ &\le \frac{1}{M}\sum_{i=0}^{N-1}\|A_i - A\| + \frac{1}{k}\sum_{i=N}^{k-1}\|A_i - A\| \\ &\le N\frac{\varepsilon}{2N} + \frac{\varepsilon}{2} = \varepsilon \quad \text{für alle} \quad k \ge \max\{N, M\}\; k.\end{aligned}$$

Somit resultiert die Konvergenz des „arithmetischen Mittels“, d. h.,

$$P := \lim_{k\to\infty}\frac{1}{k}\sum_{i=0}^{k-1} A_i$$

existiert und $P = A$.

**Lösung zu Aufgabe 8.26** Sei $0 < p + q < 2$. Wir schreiben $A = \mathbb{1} + B$ mit $B = \begin{pmatrix} -p & q \\ p & -q \end{pmatrix}$. Dann ist $B^2 = -(p+q)B$ und allgemein für $j \ge 2$

$$B^j = (-1)^{j-1}(p+q)^{j-1}B\,.$$

Wir wenden die binomische Formel an, für kommutierende Matrizen (siehe Beweis von (7.42), 2)) und auch in $\mathbb{R}$ (nach B.6) und erhalten

$$A^k = (\mathbb{1} + B)^k = \sum_{j=0}^{k} \binom{k}{j} B^j = \mathbb{1} + \sum_{j=1}^{k} \binom{k}{j} (-1)^{j-1}(p+q)^{j-1} B$$

$$= \mathbb{1} + \frac{1}{p+q} B - \frac{1}{p+q} \left( \sum_{j=0}^{k} \binom{k}{j} (-1)^j (p+q)^j \right) B = \frac{1}{p+q} \begin{pmatrix} q & q \\ p & p \end{pmatrix} - \frac{(1-p-q)^k}{p+q} B .$$

Wegen $-1 < 1 - p - q < 1$ gilt $\lim_{k\to\infty}(1-p-q)^k = 0$ und somit

$$\lim_{k\to 0} A^k = \frac{1}{p+q} \begin{pmatrix} q & q \\ p & p \end{pmatrix} .$$

Ist $p = q = 0$, also $A = \mathbb{1}$, so gilt $A^k = \mathbb{1}$ für alle $k \in \mathbb{N}$, d.h. $\lim_{k\to\infty} A^k = \mathbb{1}$. Ist aber $p = q = 1$, also $A = \begin{pmatrix} 0 & 1 \\ 1 & 0 \end{pmatrix}$, so gilt $A^{2k} = \mathbb{1}$ und $A^{2k-1} = A$ für alle $k \in \mathbb{N}$, d.h. die Folge $(A^k)_k$ hat keinen Grenzwert.

*Alternativ:* Für $p, q \in (0, 1)$ ist das charakteristische Polynom von $A$ gegeben durch

$$\chi_A(\lambda) = \lambda^2 - (2-p-q)\lambda + 1 - p - q = (\lambda - 1)(\lambda - (1-p-q)) .$$

Wir sehen also, dass $\lambda_1 := 1$ und $\lambda_2 := 1 - p - q$ die Eigenwerte von $A$ sind. Mit diesen Eigenwerten und den zugehörigen Eigenvektoren $\boldsymbol{v}_1 := (q, p)^t$ bzw. $\boldsymbol{v}_2 := (1, -1)^t$ erhalten wir mit $C = \begin{pmatrix} q & 1 \\ p & -1 \end{pmatrix}$, d. h. $C^{-1} = \frac{1}{p+q} \begin{pmatrix} 1 & 1 \\ p & -q \end{pmatrix}$

$$A = \frac{1}{p+q} \begin{pmatrix} q & 1 \\ p & -1 \end{pmatrix} \begin{pmatrix} 1 & 0 \\ 0 & 1-p-q \end{pmatrix} \begin{pmatrix} 1 & 1 \\ p & -q \end{pmatrix} .$$

Somit $A^k = C \begin{pmatrix} 1 & 0 \\ 0 & 1-p-q \end{pmatrix}^k C^{-1}$, also wegen $|1 - p - q| < 1$

$$\lim_{k\to\infty} A^k = C \begin{pmatrix} 1 & 0 \\ 0 & 0 \end{pmatrix} C^{-1} = \frac{1}{p+q} \begin{pmatrix} q & q \\ p & p \end{pmatrix} .$$

# Literaturverzeichnis


DANTZIG, G. (1966). *Lineare Programmierung und Erweiterungen.* Berlin: Springer.

FISCHER, G. (1978). *Analytische Geometrie.* Reinbek bei Hamburg: Rowohlt.

GLAESER, G. (2008). *Der mathematische Werkzeugkasten: Anwendungen in Natur und Technik.* 3. Aufl. München: Spektrum Akademischer Verlag.

HANKE-BOURGEOIS, M. (2009). *Grundlagen der Numerischen Mathematik und des Wissenschaftlichen Rechnens.* 3. Aufl. Wiesbaden: Teubner.

HUPPERT, B. und W. WILLEMS (2006). *Lineare Algebra.* 1. Aufl. Wiesbaden: Teubner.

KNABNER, P. und W. BARTH (2012). *Lineare Algebra: Grundlagen und Anwendungen.* Berlin: Springer.

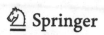

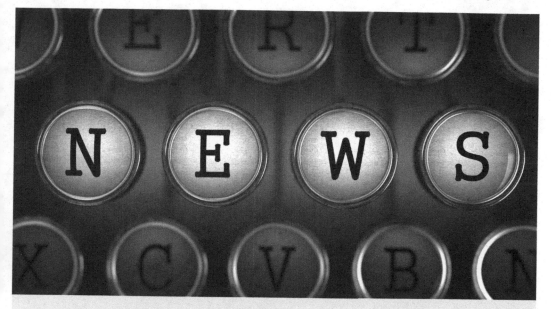

Printed in the United States
By Bookmasters